城镇生命线复杂网络系统可靠性规划

黄　勇　石亚灵　等　著

科学出版社

北京

内 容 简 介

本书以城乡人居环境建设发展的现实需求和可靠性研究的理论需要作为研究科学问题的出发点，在城乡规划学和复杂系统科学的交叉领域，运用复杂网络分析等技术方法，瞄准城镇生命线系统可靠性科学问题，提出对城镇生命线系统可靠性机制的科学认识。对西南山地人居环境建设发展中区域空间尺度的铁路交通系统，城镇空间尺度的排涝、地面公交、公园绿地系统以及街区空间尺度的商业步行系统等典型的生命线系统，进行复杂网络模型的构建和定量分析，总结出一些规律性特征，探讨提升西南山地城镇生命线系统可靠性服务能力的规划设计基本原理及方法。

本书主要适用于城乡规划学、风景园林学、建筑学等相关学科的学者、规划设计者以及管理人员。

图书在版编目(CIP)数据

城镇生命线复杂网络系统可靠性规划 / 黄勇等著. —北京：科学出版社，2018.12

ISBN 978-7-03-057418-3

Ⅰ.①城⋯ Ⅱ.①黄⋯ Ⅲ.①城镇−城市规划−系统可靠性−研究 Ⅳ.①TU984

中国版本图书馆 CIP 数据核字 (2018) 第 103780 号

责任编辑：罗　莉　陈　杰 / 责任校对：彭　映
责任印制：罗　科 / 封面设计：墨创文化

科 学 出 版 社出版

北京东黄城根北街16号
邮政编码：100717
http://www.sciencep.com

四川煤田地质制图印刷厂印刷
科学出版社发行　各地新华书店经销

*

2018 年 12 月第 一 版　　开本：787×1092 1/16
2018 年 12 月第一次印刷　　印张：23 1/4
字数：570 千字

定价：178.00 元
(如有印装质量问题，我社负责调换)

本书对应研究受以下科研课题资助

国家重点研发计划"村镇空间扩展的时空模拟关键技术"（2018YFD1100804）

重庆市社会事业与民生保障科技创新专项"重庆山地城镇排涝网络规划关键技术及工程示范"（cstc2016shmszx30001）

重庆市研究生科研创新项目"重庆山地历史街区社会网络评价与保护规划技术研究"（CYB17028）

本书对应课题主要研究人员

黄　勇　石亚灵　万　丹　郭凯睿　王亚风　冯　洁　张启瑞

邓良凯　宋洋洋　李　林　张美乐　齐　童　张四朋　王雷雷

常笑笑　李欣蔚　张　然　胡东洋　姜俊宏　蔡浩田　魏　猛

前　　言

本书尝试在城乡规划学和复杂系统科学交叉领域，瞄准城乡人居环境发展过程中城镇生命线系统的可靠性科学问题，运用复杂网络分析（complex network analysis，CNA）等技术方法，刻画城镇生命线系统内部各个要素之间的相互作用和关系，揭示城镇生命线系统的互通性、传导性、协同性等作用机理及客观规律，探索城乡人居环境可靠性建设的规划设计原理及方法。

人类聚居的发展，自先祖"冬则居营窟，夏则居橧巢"的迁徙状态，次第发展出血肉丰盈的固定聚落，直至演进为形神兼具的人居环境系统，一方面构建出满足世俗人性需求的物质空间，另一方面也传递出典雅脱俗的精神意境。从中国古代《周礼·考工记》记载的王城营建制度，到古希腊维特鲁威《建筑十书》描绘的"理想城市"构想，大抵如此。但不管城镇物质空间如何建构，传递出何种精神意境，人居环境的营建过程和事实形成的空间场所通常都是"受控"的，不会超出"人"作为一个使用者的感官体验、经验理解或认知能力。恰如古代城镇的规模，往往不会"突破步行可达和听觉所及的范围"[①]，基本都在人的真实生命或外在自然节奏的掌握之中。西方工业革命之后，城乡建设迅速进入了另外一番"空间的生产"图景[②]。无论是城市早期的美化运动或晚近的精明增长模式，不管是西方国家普遍存在的"城市蔓延"现象或我国大规模的城镇化进程，当代人居环境的演变轨迹和发展结果，虽然在物质的基本形式和精神的诉求方式方面仍然保持着与传统人居环境相对稳定的承继脉络，但就人与聚居物质环境的构成关系而言，正在展现出深刻的变革。尤其是全球化、信息化以来的城乡建设实践显示，人类"有意识"的人居环境营建模式正在向人居环境作为一个有机体"自发性"生长的趋势转变。一方面，人在整体上获得了较过往更为全面的物质环境支撑和丰富的空间场所体验；另一方面，城乡人居环境越来越深刻地摆脱了人的思维能力和认知方式所能够掌控的范畴，成为一个不可控的"超空间"复杂巨系统[③]。这也可以理解为，提升城乡人居环境的可靠性能力，不管是平时满足城乡居民日常生活的稳定运行能力，还是灾时保障居民生命财产免受灾害侵袭的防灾适灾能力，已非某几个城市需要偶然应对的突发事件，而正在发展成为人居环境建设必须面对的普遍客观规律。可靠性矛盾，已经成为城乡人居环境建设发展的主要科技问题和城乡规划科学研究的关键任务之一。

可靠性研究发端于工业生产领域，主要关注工业产品在规定条件和时间内完成预定功能的能力，如结构的安全性、适用性和耐久性等。因其面对不同复杂系统在结构稳定性及

---

① 芒福德 L.城市发展史[M].宋俊岭，倪文彦，译.北京：中国建筑工业出版社，2005.

② Lefebvre H.The Production of Space [M].Oxford（UK），Cambridge，Mass：Blackwell，1991.

③ 爱德华·W. 苏贾.后现代地理学——重申批判社会理论中的空间[M].北京：商务印书馆，2004.

功能保障研究方面具有广泛的适应性,关注焦点从单一产品生产逐渐发展到复杂系统构成和运行规律研究,研究内容快速扩展到人居环境建设的功能布局、空间结构、组织管理、工程系统、防灾减灾等方面面。

城乡人居环境发展的诸多经验教训表明,保障和提升城镇生命线系统的平时稳定运行能力和灾时应急保障能力是化解人居环境可靠性矛盾的关键途径。城镇生命线系统在防灾避难工作中,或提供有形的产品与设施,如城镇通信、供电、供水、供气等系统,或发挥防灾避难的应急保障功能,如交通、防洪、抗震、避难公园绿地等系统,它们共同为城乡人居环境的稳定运行和防灾减灾提供物质保障。

随着城镇化进程的迅速推进,我国城乡规划建设进入新的历史发展阶段。城镇规模急剧扩张,资源集聚程度不断提升、要素复杂程度迅速提高,与之对应,城镇生命线系统结构也愈发复杂,可靠性分析亟待科学水平和技术手段的不断提升。受益于近年来国内外针对城乡交通、市政基础设施和区域空间格局等领域与复杂网络交叉研究成果的启发,城镇生命线系统在内在机理上具有共同性,无论城镇规模大小或类型差异,或是要素多寡、构成繁简,总是可以抽象为以各要素为"节点"(node)、要素间相互作用为"连接"(link)的复杂网络模型。该模型在拓扑结构(topology)方面通常存在小世界性(small-world)、无标度性(scale-free)等复杂性特征,故称复杂网络(complex network)。犹如一栋建筑需要"结构"来支撑自身的稳定和运行,复杂系统同样需要复杂网络这个基础"结构"的支撑。就此而言,针对城镇生命线系统抽象出来的复杂网络模型展开可靠性规律研究,也成为研究城镇生命线系统可靠性问题和提升城乡人居环境防灾减灾能力的关键技术之一。

综合以上认识,本书选择重庆、四川、云南等我国西南地区的一些具有代表性的城镇作为研究样本,运用复杂网络分析原理和方法,在人居环境的区域、城镇和街区三个空间尺度上,分别针对铁路交通、排涝、地面公交、公园绿地以及步行等生命线系统进行抽象、建模和刻画分析。在区域空间尺度上,以成渝城市群为典型样本,从铁路基础设施和车流去向角度分别构建物理网和车流网,对这些复杂网络的可靠性进行研究,提出区域铁路交通系统发展的一些规划策略。在城镇空间尺度上做三方面的工作:一是以重庆的长寿区、綦江区和潼南区为典型样本,构建城镇排涝复杂网络模型,明确城镇排涝网络特征、识别雨水管网结构风险生成机制、模拟雨水管段故障情况下的排涝风险,提出城镇排涝规划策略;二是以重庆和成都的两个主城区为典型样本,提炼重庆主城区公交系统在空间地理约束下的可靠性特征及成因机制,对山地城镇公共交通系统的可靠性建设提出一些规划策略;三是以四川内江市、云南玉溪市和重庆涪陵区为典型样本,分析公园绿地的协同服务能力。在街区空间尺度上,以解放碑等重庆主城区五个典型商业街区为样本,聚焦步行系统的可靠性机制,提出商业街区步行系统可靠性建设的一些具体做法。

西南地区山水环境复杂,生态敏感,城乡建设造价高、难度大、技术力量薄弱,是国家城乡规划和建设的弱点和难点地区。城镇化的人工建设活动作用于山地的特殊地表结构和敏感的自然生态环境,引发的人地矛盾突出,面临着灾害频发等诸多现实问题。加之地域经济社会水平尚不发达,传统社会和文化形态的灾害承受能力更为薄弱等特点,城镇人居环境可靠性和防灾减灾规划难以套用平原地区的技术模式。对城镇生命线系统可靠性问题的研究,源于研究人员长期在西南地区城乡规划实践工作中的一些感性认识,尤其是对

"汶川大地震""芦山大地震"等一系列重大灾害导致人民群众生命财产安全损失的反思，希望借此途径对提高城镇人居环境可靠性能力和规划科技水平有所讨论，或对解决地方城乡防灾减灾规划建设中遇到的一些实际问题有所帮助。

本书是研究组共同学习和探索的结果。在整理出版工作中，石亚灵协助统筹串接了全书文字及图片，石亚灵和万丹参与了第 1 章的文字整理工作，王亚风、郭凯睿、齐童、常笑笑参与了第 2 章、第 3 章的文字整理工作，万丹、张然参与了第 4 章的文字整理工作，张启瑞、冯洁、石亚灵、王雷雷、张四朋参与了第 5 章、第 6 章的文字整理工作。宋洋洋、邓良凯、李林和张美乐等参与了附录整理、各章图片及文字的校对工作。

研究工作也得益于各个方面的支持和关怀。"十三五"国家重点研发计划、重庆市社会事业与民生保障科技创新专项项目为本书对应研究提供了研究经费资助。重庆、四川、云南和贵州等省、市及各级地方政府和职能部门，支持研究人员深入实际工作，为发现问题和开展研究提供了宝贵的机会，为研究工作提供了丰富的基础资料、工作案例和实践平台。重庆大学建筑城规学院、建筑学部、山地城镇建设与新技术教育部重点实验室等学术单位和平台的支持和帮助，使研究工作得以持续展开。同时，本书的出版也得到了科学出版社的大力支持，在此一并致谢。

当然，鉴于自身的认识水平和研究能力所限，这些工作还比较粗糙。面对当前我国城乡建设规划领域的深刻变革，理论与实践研究在科学的道路上不断成长。我们也希望将自己今后的工作进一步与国家和地区的发展需求结合起来，不断学习和积累，力求有所创新和突破。

黄勇

2018 年 12 月，重庆

目　　录

第1章 城乡发展的可靠性问题

生命线系统可靠性是提升城乡建设防灾减灾能力,保障人民群众生命财产安全的主要着力点。城镇生命线系统是典型的复杂系统,其结构特征和动态响应规律是可靠性研究的工作起点。复杂网络理论是复杂系统科学的前沿理论之一,注重从整体层面理解和分析系统结构,把握系统内在关系,被广泛应用于社会学、经济学、城乡规划学等多个领域。在城乡规划学、系统科学和可靠性研究交叉领域,凝练城镇生命线系统可靠性科学问题、构建研究思路、建立分析框架、进行城镇生命线系统灾时应急保障和平时稳定运行能力提升的研究探索是城乡规划理论与实践研究的新任务。

1.1 城乡建设的可靠性矛盾

随着我国城镇化进程的不断深入,城乡人居环境灾害性事件频发,城乡建设发展的可靠性问题日益凸显。城镇生命线系统作为人居环境系统的重要组成部分,为城乡空间各项功能提供基础支撑,其可靠性水平已成为决定城乡环境可靠性的核心影响要素。城镇生命线系统的可靠性内涵,可以从单体和整体两个层面来理解,后者是问题研究的主要方面,其形成机理表现为较为明确的网络化复杂结构特征。本书将运用复杂网络方法,从宏观和整体的视角,对生命线系统可靠性问题展开探索。

1.1.1 可靠性矛盾是城乡发展客观规律

1.城乡建设发展的现象剖析

自古以来,为了获得更好的生存空间,人类不断创建和改造聚居环境,逐渐形成规模巨大、功能丰富的现代人居环境系统,为现代生产和生活方式提供了适宜的空间场所,对于提升人类整体生活品质起到了至关重要的作用。然而,在庇护自身安全、抵御灾害侵袭、维护正常社会秩序和日常生活等基本需求方面,现代城乡人居环境系统仍然显得较为脆弱。

近年来,国内外城乡人居环境灾害性事件频发。从诱发因素来看,可以分为"人工系统自身故障"和"自然灾害等外力干扰"两个主要方面;从影响范围来看,灾害性事件通常表现在人居环境的街区、城镇、区域等不同空间尺度上(表1-1)。

表 1-1   不同诱发因素和空间尺度下的城乡环境灾害性事件

城乡环境灾害性事件		典型案例
故障原因划分	人工系统自身故障	
	道路交通系统相关	2005 年 6 月长春满载乘客轻轨列车脱轨事故；2006 年 10 月 1 日重庆市沙坪坝区 711 路公共汽车坠桥事故；2008 年 4 月 28 日山东淄博胶济铁路火车相撞事故；2011 年 9 月上海市豫园路站两辆地铁相撞事故
	给水排水系统相关	2011 年 6 月 17 日武汉城市内涝；2011 年 7 月 3 日成都城市内涝；2011 年 7 月 5 日扬州城市内涝；2011 年 7 月 26 日郑州城市内涝；2012 年 7 月 21 日北京城市内涝
	能源供给系统相关	2003 年 8 月 28 日伦敦地区大停电事故；2007 年 2 月江苏省南京市牌楼巷与汉中路交叉路口北侧南京地铁 2 号线施工造成天然气管道断裂爆炸事故
	邮电通信系统相关	2016 年 10 月 21 日美国互联网大面积断网事故；2016 年 11 月 28 日德国大面积网络故障事故；2017 年 5 月 WannaCry 电脑勒索病毒事件
	园林环卫系统相关	2008 年株洲连续 20 天冰冻和降雪导致大量园林树木倾覆、折断或冻死；2016 年 6 月巴黎环卫工人罢工引发城市垃圾堆集事件
	防灾救援系统相关	2003 年 2 月 18 日，韩国大邱市地铁发生人为纵火事故，地铁防灾救援系统未能有效处置，最终酿成近 200 人死亡、数百人受伤、车站设施损坏等严重后果
	自然灾害等外力干扰	2008 年 1 月南方九省大暴风雪引发的城乡灾害性事件；2008 年 5 月四川汶川地震引发的城乡灾害性事件；2010 年 8 月甘肃省舟曲县特大山洪泥石流引发的城乡灾害性事件
空间尺度划分	街区尺度	2014 年 9 月 10 日，山东省济南市二环西路供水主管网发生爆管漏水事故，导致数万户居民家庭停水，居民只能通过紧急送水车获取基本的生活用水
	城镇尺度	2012 年 7 月 21 日，北京遭遇特大暴雨，引发严重的城市内涝，全市受灾人口达到 190 万人
	区域尺度	2003 年 8 月 15 日前后，北美五大湖区域大规模停电事故，事故持续 2 天，波及 5000 万人口

上述灾害事件，虽然在诱发条件、表现形式、破坏程度、影响范围等方面存在一定差异，但都可表现为"环境失能-致损致灾"的因果传导关系。随着城镇化进程的不断深入，此类事件展现出发生频率更高、影响范围更大、恢复时间更长的特征，成为影响城乡居民整体生活品质的重要因素。事实表明，现代城乡人居环境系统虽然在总体上提供了相比过去远为丰富的空间活动体验和空间环境支撑，但基本的功能稳定性仍然存在较大不足。提升空间环境对于城乡居民正常生活生产活动的稳定支撑能力，成为当前城乡建设工作的重要方面之一。

2.可靠性研究发展历程及现状

现代建筑运动以来，人类空间营建活动被置入社会化大生产的语境，住宅被认为是"居住的容器"，城乡环境被认为是社会化大生产和消费过程中的"人造环境"，是空间生产的"产品"[1, 2]。因此，城乡环境的功能异常现象频发，也可以理解为城乡人居环境作为一种空间产品在可靠性方面出现了问题。

可靠性研究作为一门独立学科，诞生于工业生产领域，用于研究工业产品在规定的条件和时间内，完成预定功能的能力，研究内容包括结构的安全性、适用性和耐久性等，后来逐渐扩展到社会经济分析、项目管理、城乡建设等多个领域，成为研究多领域复杂系统功能稳定性的综合手段。可靠性研究发展历程主要分为四个阶段(表 1-2)[3]。

表 1-2　可靠性研究历程及标志性事件

发展阶段	时间范围	标志性事件
萌芽阶段	20 世纪 40 年代	美国"真空管研究委员会"成立；美国无线电工程学会可靠性技术组
创建阶段	20 世纪 50 年代	AGREE 报告发布；日本成立质量管理委员会
全面发展阶段	20 世纪 60 年代	1965 年美国军用标准 MIL-STD-785 颁布；日本成立了电子元件可靠性中心，将可靠性研究成果应用于民用工业，尤其是民用电子工业
深入发展阶段	20 世纪 70 年代至今	1980 年美国国防部指令 DODD5000.40 "可靠性及维修性"和修订的 MIL-STD-785B 标准

20 世纪 40 年代是可靠性研究的萌芽阶段。二战期间，美国军方针对电子管大量失效的问题，于 1943 年成立"真空管研究委员会"，致力于研究电子管的可靠性问题，被认为是可靠性研究作为独立学科的开端。1949 年，美国无线电工程学会成立了可靠性技术组，这是第一个可靠性专业学术组织。20 世纪 50 年代是可靠性研究的创建阶段。美国电子设备可靠性顾问委员团(American Group Reliability of Electronic Equipment，AGREE) 1957 年提出了《军用电子设备的可靠性》报告，被认为是可靠性研究正式成为独立学科的标志。1956 年，日本从美国引进可靠性技术和经济管理技术后，成立了质量管理委员会。20 世纪 60 年代是可靠性研究的全面发展阶段。1965 年颁布的"MIL-STD-785"美国军用标准是其中的显著成果。苏联发射第一艘有人驾驶宇宙飞船时引入了可靠性研究；日本成立了电子元件可靠性中心，将可靠性研究成果应用于民用工业，尤其是民用电子工业，使得电子工业产品品质大幅提升。20 世纪 70 年代以后是可靠性研究的深入发展阶段。代表性成果是 1980 年美国国防部指令 DODD5000.40 "可靠性及维修性"和修订的 "MIL-STD-785B"标准。

可靠性研究发展至今，其应用范围逐渐从工业产品过渡到多学科领域，关注对象逐渐从单一个体发展到复杂系统，成为应用领域广泛、综合性强的学科门类，被用于研究多领域内复杂系统在复杂条件下的功能实现能力和保障提升手段，应用于社会经济分析[4, 5]、项目管理[6]、软件开发[7-9]、机电系统[10-14]、工程机械系统[15, 16]等多个方面。在城乡建设领域，可靠性研究及应用也得以广泛开展。如在道路交通方面[17]，对轨道交通遭受模拟攻击后的可靠性进行分析[18]；给水排水方面[19, 20]，对供水管网可靠性进行优化设计[21] (图 1-1)；能源供应方面[22-24]，对输电网络的脆弱结构进行可靠性分析；邮电通信方面[25]，针对以太网数据传输进行可靠性设计[26]；园林环卫方面，针对森林公园的山体稳定性进行可靠性分析[27]；防灾救援方面[28]，针对地震应急决策系统进行可靠性建模与仿真研究[29]等。

总之，可靠性问题作为城乡环境营建的核心环节，得到行业广泛重视，针对城乡环境中各类复杂系统的可靠性研究，已经成为当前可靠性研究的重要领域之一。

图 1-1　可靠度下沈阳主干供水管网优化图[19]

3.城乡环境可靠性问题发展辨析

从城乡人居环境可靠性问题的发展历变过程来看,伴随城乡人居环境系统自身的不断发展,其可靠性问题也逐渐凸显。在城乡人居环境规模相对较小,自身复杂程度相对较低的原始营建阶段,人类原有的认识论体系尚能基本满足城乡人居环境可靠性建设需求,随着城乡人居环境系统的"自发性"生长趋势愈发明显,人类传统认知与物质环境可靠性之间的矛盾日渐凸显和加剧。

人类聚居系统诞生早期,人类先祖从"冬则居营窟,夏则居橧巢"的迁徙状态,逐渐发展出原始的固定聚落,演进为功能丰富的城乡人居环境系统[30],在此过程中,人类聚居系统在满足世俗性活动的空间需求外,逐步被赋予精神意向传达的含义。中国古代城镇在空间安排上往往体现出政治上的中央集权色彩,统治者的宫殿通常位于城镇中心区域,起到统领城镇空间的作用。《周礼·考工记》将王城的建设规模设定为"方九里",在空间组织上提出王宫居中,四周布设宗庙、社稷、市场、朝会处等设施的规划形制(图 1-2),对后世城镇营建造成深远影响(图 1-3)。与中国早期的营城思想类似,古希腊人同样重视城镇空间在政治和宗教意义上的意向表达,出于追求共同政治、宗教和社会传统的目的,古希腊城镇通常在中心位置布置集中的宗教区域、市政厅建筑及公共广场,服务于整个城市[31](图 1-4)。维特鲁威在对"理想城市"的设想中,总结出中央空间统领全局的空间结构框架(图 1-5),且有学者根据塔楼间距估算出城镇规模约 $3hm^2$。但不管城镇如何发展和扩张,表现为何种精神性需求,古代中西方典型的城镇营建过程和形成的生活生产场所通常是"受控"的,不会超出人自身的感官理解能力和活动能力,城镇的建设及最终结果受到自然节奏和真实生命的掌握。

近代以来,城乡空间生产范式迅速进入另外一番图景,不仅城乡物质环境的扩展蔓延方式发生变化,原有精神性表达对城乡空间组织模式的影响方式也率先在欧洲发生重大变革。英国、法国分别于 17 世纪后半叶和 18 世纪末完成资产阶级革命,城市空间意向不再服从于彰显国王和教会的特权,转而表达新兴资产阶级的诉求,同时逐渐摆脱"人"的真

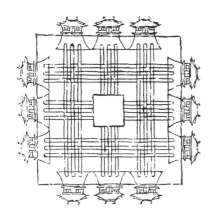

图 1-2　周王城图[32]

图 1-3　清代北京城平面图[32]

1.中心广场; 2.剧院; 3.神庙; 4.竞技场

图 1-4　普南城平面示意图[33]

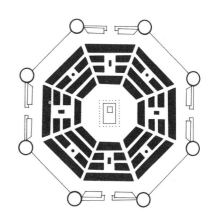

图 1-5　维特鲁威“理想城市”模型[33]

实生命和所处自然节奏的控制,城乡空间生产的主要目的变为满足和适应新的资本主义生产方式。"1666 年伦敦规划"明确表达了资产阶级改造城市空间的意图(图 1-6)。18 世纪 60 年代开始的工业革命,进一步刺激了城乡空间重构的需求,并提供了充足的生产力条件支撑,城市空间的外延和内涵迅速改变。至 20 世纪下半叶,美国及欧洲各国城市普遍进入了蔓延发展阶段,20 世纪 80 年代,中国局部地区也开始产生城市蔓延现象(图 1-7),现代城乡空间扩展模式表明,人类城乡环境营建活动存在进一步脱离理性秩序,陷入盲目无计划发展的趋势和风险[34]。

城乡营建史的变迁过程或能说明,以工业革命为分界,近现代城乡环境相对古代而言,虽在物质基本构成和精神的诉求途径上存在相对稳定的脉络承继,但从人与物质环境的构成关系来看,已经发生了深刻变革,表现为建设规模不断扩大,城乡空间的边界变得越来越模糊和容易突破,越来越显示出人类"有意识"的城乡环境营造模式正在向城乡环境有机体"自发性"生长格局转变。城乡聚居环境在全球资本和技术发展的支撑下,越来越明显地展现出自身独特的发展规律和趋势。一方面,城乡建设实践的自发性使我们在整体上迅速获得了更为全面的空间环境支撑和更为丰富的空间环境体验；另一方面，认知能力和引导意识的滞后性使得城乡空间环境越来越深刻地脱离了人的思维能力和认知方式所能掌控的范畴，城乡空间环境的不可控性和脆弱性问题逐渐凸显。

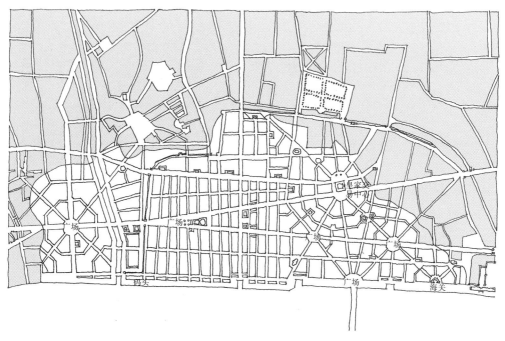

图 1-6　1666 年伦敦规划图[35]

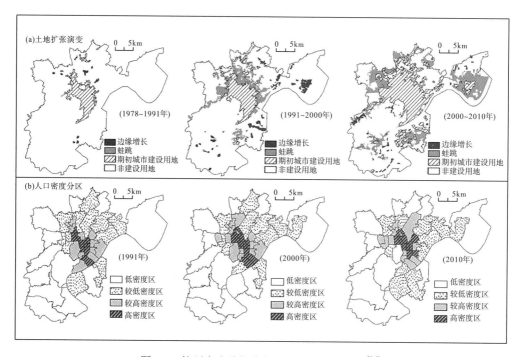

图 1-7　杭州市土地扩张与人口密度时空演变[36]

在这样的整体背景下，提升城乡人居环境对生命财产安全的"可靠性"保障能力，尤其是提高人居环境在面临灾难时的可靠性应对能力，已非某个城市面临的偶然性事件，而是所有城镇人居环境建设发展的必然性规律，可靠性问题已经成为城乡建设发展的主要问题之一，逐渐成为城乡规划建设领域至关重要的科学任务之一。

1.1.2　应对可靠性问题的城镇生命线系统

随着城镇化进程的迅速推进，我国的城乡建设实践进入新的历史发展阶段，表现出建设规模急剧扩张，要素集聚程度不断提升、环境复杂程度迅速提高等特征。在此过程中，生命线系统成为支撑城乡建设发展的重要方面，为城乡各项社会、经济、文化活动提供基础条件，其可靠性水平，也逐渐成为决定城乡环境可靠性的核心要素。对城镇生命线系统可靠性客观规律的认知与把握，成为提高城乡环境可靠性规划建设水平的认识基础和前提条件，是城乡人居环境可靠性研究的重要内容。

1.城镇生命线系统的基本内涵

一般认为，"生命线系统"的概念最早由美国地震学家 C. M. Duke 等提出，按照 C. M. Duke 的理解，城镇生命线系统一般包括能源系统、水系统、运输系统和通信系统等 4 种物质、能量和信息传输系统[37]；美国总统委员会生命线系统保护小组 1997 年对生命线系统提出了更加有针对性的定义，认为"生命线系统是那些失效或受破坏后会削弱国家的国防力量和对经济安全造成重大影响的设施"[37]。国内部分学者将城镇生命线系统定义为公众日常生活中必不可少的支持体系，是保证城镇生活正常运转的重要基础设施，是维系城镇功能的基础性工程，包括供水线路、供电线路、通信线路、供热线路、供气线路、交通线路、消防系统、医疗应急救援系统、地震等自然灾害应急救援系统[37]。也有学者认为，城镇生命线系统是保障居民生产生活，维持城市基本机能的网络状公共工程，主要包括电力、燃气、给排水、热力、交通、通信等系统[38]。

就此可知，城镇生命线系统，是在城镇经济社会正常运行和安全防灾等方面发挥基础性作用、提供基础性保障的各类设施子系统的统称，既包含城镇交通、通信、供电、供水、供气等提供有形"产品"的设施系统，也包括防洪、抗震、城镇绿地等可以发挥救灾、保障作用的设施系统，它们构成人居环境支撑系统的主要内容[39]（图 1-8）。

城镇生命线系统由多个不同类型的功能子系统构成。依据各个子系统在城镇巨系统中发挥作用和承担功能的主要方式不同，可以将城镇生命线系统划分为 6 大类型，分别是道路交通子系统、给水排水子系统、能源供应子系统、邮电通信子系统、园林环卫子系统、防灾救援子系统。每种类型子系统下面，又可划分为 2～4 个分系统（图 1-9）。

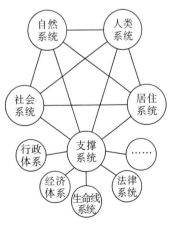

图 1-8　城镇生命线系统与人居环境五大系统关系示意

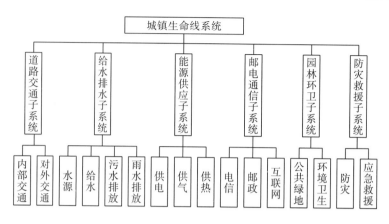

图 1-9　城镇生命线系统类型

不同类型的城镇生命线子系统，在人居环境支撑系统中发挥不同的作用，为城镇不同类型的基本需求提供相应的产品或服务，共同构成城镇经济社会活动正常开展的物质基础，是现代城镇建立和发展的重要前提，是城镇可持续发展的重要保障条件。

道路交通子系统为人员、货物在城镇内部和城镇之间的流动提供物质支撑。一般由内部交通、对外交通两个分系统构成。随着现代城镇规模的不断扩大，专业分工与合作的不断加深，不同地理空间内人流、物流的交换需求强度不断加大，通勤范围不断扩大。安全、持续、稳定的客货运输是城镇发展的基本需求，道路交通子系统成为社会化大生产和居民迁徙的基本保障(图 1-10)。

给水排水子系统为城镇正常的生产生活提供清洁的水源，同时把城镇的污水、雨水等排入污水处理厂，处理达标后排入江河或循环利用，一般由水源、给水、污水排放、雨水排放等分系统构成。水是人类生存的基本条件，大规模长距离持续供水能力的建立是人居环境最终摆脱自然水源条件限制的重要前提，同时，雨水、生产生活污水的科学排放是维护生态环境和城镇可持续发展的基本要求(图 1-11)。

能源供应子系统利用地上或地下的管路或线路，向城镇生产部门和居民提供必需的电、煤气、热量等能源，一般由供电、供气、供热等分系统构成。能源供应子系统提供的产品是现代城镇生产方式和居民生活方式的基本要素，同时也是其他生命线子系统正常运转的基础条件(图 1-12)。

图 1-10　京津冀城际铁路网[40]

图 1-11　上海市内环城区供水网络[41]　　　　图 1-12　晋中市中心城区燃气管网
　　　　　　　　　　　　　　　　　　　　　　　　　　　规划图(2030 年)[42]

　　邮电通信子系统通过有线或无线通信网络为各类用户提供电话、网络、传真等信息传输服务，一般由电信、邮政、互联网等分系统构成。随着网络技术、计算机技术等信息技术的迅猛发展，信息产业在经济生产中的比重迅速增加，人们的生活娱乐方式也越来越依赖信息技术，邮电通信子系统在现代城乡环境中的重要性迅速提升(图 1-13)。

　　园林环卫子系统是对人居环境具有保障作用的子系统，一般由绿地和环境卫生分系统构成。包括用于生态改善、居民游憩、防灾避难等作用的公共绿地系统，以及对维护城镇环境卫生和品质起到基本保障作用的支撑设施(图 1-14)。

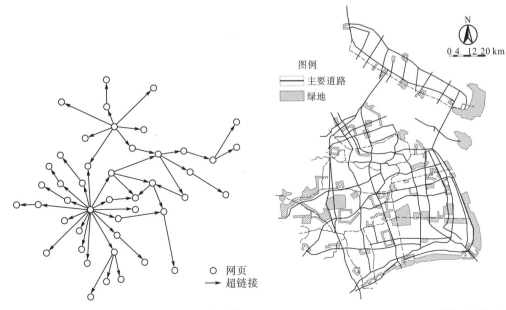

图 1-13　同一网站中网页的链接关系网络[43]　　图 1-14　上海绿地系统(据王云才[44]，有修改)

防灾救援子系统一般由防灾和应急救援分系统构成，通过灾前预防、灾中应对、灾后恢复等环节，提高城镇的灾害抵御能力，降低灾害损失，促使城镇从灾害中迅速恢复（图1-15）。

图1-15　徐州市应急避难场所空间分布[45]

2.城镇生命线系统的可靠性功能

生命线系统为城乡社会、经济、文化各项活动提供基础性条件，其功能主要表现为以下三个方面。

(1)城镇生命线系统是现代城镇形成和发展的前提和基础，是城镇环境质量、城镇安全的重要保障。它不仅向城镇提供各项有形产品，也向城镇提供各种服务功能。

(2)城镇生命线系统是城镇"集体消费"功能的物质载体[46]，是提高城镇经济效益的决定因素，使许多企业和单位集中力量提升劳动生产率，带来显著的经济效益。

(3)城镇生命线系统是现代城镇参与区域分工协作，纳入区域化发展体系的物质支撑条件[47]，是城市间的"流动性空间"[48]。随着社会生产力的不断提高，不同城镇依据各自的地理区位条件、自然人文环境、产业资源优势等特征，相互取长补短，协调发展，信息流、资金流、物资流、人流等有形或无形要素在不同城镇间频繁流动。城镇生命线系统无疑是实现这一流动的必要物质支撑。

人们越来越清楚地认识到，提升城镇生命线系统的可靠性水平，是提升城乡人居环境可靠性的关键环节和主要内容。生命线系统可靠性对于人居环境可靠性的影响较为显著，表现为两个主要方面：一是自身故障的直接作用；二是对外界干扰的放大效应。

伴随城镇化进程的迅速发展，生命线系统自身规模及复杂程度不断加剧，其发生故障的可能性及危害程度不断增加。城镇生命线系统自身故障，直接作用于人居环境支撑系统，并向人居环境其他子系统进行破坏传导，使得城乡环境可靠性水平降低（图1-16）。如2003年美加"8·14"大停电事故，系由单条输电线路功率转移引发，加之后续缺乏有效应对，最终造成以北美五大湖为中心的区域大停电（图1-17）。事故造成61.8GW负载损失，纽约州 80%的供电中断，引起地铁、隧道、桥梁关闭，商家停业等连锁反应，受影响人数约 5000 万，事故给用户造成经济损失约 70 亿美元[49, 50]。

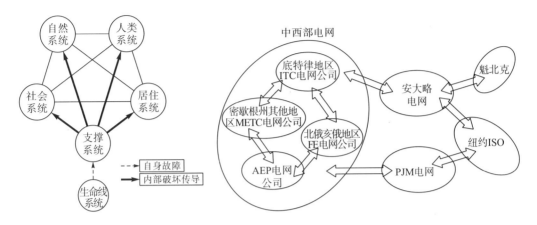

图 1-16　生命线系统自身故障　　　　　图 1-17　美加大停电事故中区域电网相互
　　　　与破坏传导　　　　　　　　　　　　连接关系简图(据李毅[51]，有修改)

自然灾害、人为破坏等外界干扰，通过生命线系统的放大效应，加剧了人居环境支撑系统所遭受的破坏，使得灾害性事件的影响时间持续更久，破坏程度加剧(图 1-18)。如 2008 年我国南方雪灾，自然灾害在对自然系统、人类系统、居住系统、社会系统造成影响的同时，通过破坏生命线系统(主要影响能源供应、道路交通①等子系统)，造成多省公路、铁路运输瘫痪，电力一度中断，部分地区通信受阻，救援与灾后恢复困难等严重后果，灾害影响迅速扩大，最终造成直接经济损失上千亿元[52]。

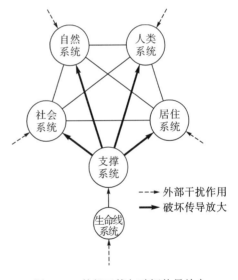

综上所述，在解决和应对城乡人居环境可靠性问题时，生命线系统可靠性始终是不可忽略的关键环节之一。

图 1-18　外部干扰与破坏传导放大

1.1.3　城镇生命线系统可靠性的科学认识

城镇生命线系统的可靠性研究，是基于城乡建设发展的特定阶段而产生、演进的，其内涵始终处于不断变化和发展的过程中。总体上，可以从两个层面来理解城镇生命线系统的可靠性内涵：一是系统构成要素的个体可靠性层面；二是系统作为有机体系的整体可靠性层面。个体可靠性主要关注生命线系统个体单元自身的存续性，以及在局部区域中稳定

---

① 停运电力线路三万多条，停运变电站两千多座；23 个省区公路运输，16 万千米公路不同程度受到损失。

承担既定功能的能力，整体可靠性主要关注生命线系统作为一个有机体的完整性和稳定性，以及其形成的作用体系在全域范围内承担既定功能的能力。

传统的城乡规划学理论与方法，主要从个体角度发现和认识生命线系统的可靠性问题，更多的是从工程属性和局部角度出发，解决个体内部构造和局部适应性等方面的问题。如通过适度的冗余设计，提升空间环境局部功能可靠性，在桥梁工程[53]、土木工程[54, 55]、建构筑物设计[56-58]等领域，已广泛展开相关的理论研究及实践。

同时，伴随城乡环境的不断发展，生命线系统规模迅速扩张，要素之间的关联程度极大增强，"牵一发而动全身"的联动效应越发显著，面对内外干扰时的动态响应方式更为复杂，使得生命线系统的整体可靠性逐渐成为可靠性问题的主要方面。而整体可靠性的作用机制，随着城镇生命线系统的类型不同而存在差异，总体上看，主要表现为互通、协同和传导三种机制。

1.互通机制

城镇生命线系统可靠性的互通机制，体现为系统内部功能单元之间的相互连通关系对于环境物质要素双向流动的支撑作用。此类生命线系统存在较为显著的功能单元和联系通道，环境物质要素通过功能单元与系统发生双向交换，通过联系通道在任意一对功能单元之间实现双向流动。如在城镇轨道交通现实系统中，轨道站点可抽象为功能单元，轨道交通系统通过轨道站点与外部环境发生客流和货物流的交换，系统的主要作用机制即是为了实现客货在各个轨道站点间的相互流动(图 1-19)。

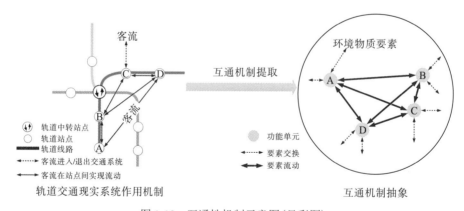

图 1-19　互通性机制示意图(见彩图)

道路交通、邮电或通信等系统体现出较为典型的互通机制，道路交通子系统通过集散站点进行客货组织，邮电通信子系统通过信息终端获取信息流，然后分别在系统内部实现客货流和信息流在各个站点或终端(即功能单元)上的互相通达。此类系统中，系统可靠性内涵主要表现为功能单元间互通关系的结构合理性和应对互通关系失效时的动态响应能力。

2.传导机制

城镇生命线系统可靠性的传导机制，体现为系统内部功能单元间的传导关系对于承担环境荷载单向流动的支撑作用。此类生命线系统存在较为显著的功能单元和传导通道，环境荷载通过功能单元向系统内部单向集聚，并以联系通道为载体形成单向传导。如在雨水排涝现实系统中，雨水管渠可抽象为功能单元，排涝系统通过建设用地从外部环境中收集雨水作为荷载，系统的主要机制即是为了实现雨水荷载通过管渠向系统外部的单向传导（图 1-20）。

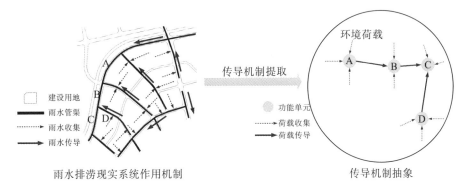

图 1-20　传导性机制示意图（见彩图）

各类给水、排水或能源供应等系统体现出典型的传导机制，以各类管渠、线路为功能单元组织荷载在系统内部的单向传导。此类系统中，系统可靠性内涵主要表现为荷载传导过程中可能出现的过载风险及过载积累扩散效应。

3.协同机制

城镇生命线系统可靠性的协同机制，体现为承担服务功能的设施对于服务对象的协同支撑作用。此类生命线系统存在服务设施和服务对象两类基本单元，同类型的多个生命线系统服务设施以一定的服务半径，向共同的服务对象提供服务，从而建立协同服务关系。如在公园绿地服务居住用地现实系统中，公园绿地代表服务设施，居住用地代表服务对象，公园绿地以一定的服务半径向居住用地提供服务，公园绿地与居住用地之间构成服务关系，与服务于共同居住用地的公园绿地间构成协同关系（图 1-21）。

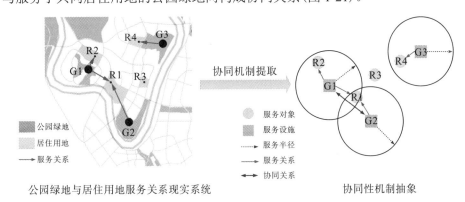

图 1-21　协同性机制示意图（见彩图）

各类园林环卫、防灾救援以及公共服务等系统体现出较为典型的协同机制，服务对象和服务设施都可以抽象为点，服务对象和服务设施之间形成服务关系，服务设施之间形成协同关系。此类系统中，系统可靠性的内涵主要表现为服务设施间的协同关系在不同空间层次上的结构合理性和供需条件变化时的动态响应能力。

4.针对可靠性机制的科学方法

近年来，为了应对不同学科领域内各种系统复杂结构的可靠性问题，人们研究并发展了大量的分析方法和手段，主要可以归为 4 大类，分别是解析法、蒙特卡罗法、综合法和复杂网络方法[59]。解析法通常以部件个体的可靠属性为基础，列举系统可能的故障状态，分析系统故障状态下各部件的行为特征，进而计算系统可靠性指标，一般又分为故障树分析法①、Petri 网法②、状态空间法③、GO 法④、失效模式与影响分析法⑤等；蒙特卡罗法是以概率统计理论为基础，借助于系统概率模型和随机变量仿真方法来解决系统可靠性问题；综合法结合了解析法和蒙特卡罗法的优势，利用解析法分析构建系统可靠性模型，结合蒙特卡罗法在模拟仿真方面的优势来求解可靠性模型；复杂网络方法是将系统的可靠性问题与网络理论相结合，利用网络理论描述系统内部的结构关系，建立可靠性评价指标体系。四种分析方法各有优势(表 1-3)。

表 1-3　系统可靠性分析方法优缺点比较[59]

方法		优点	缺点
解析法	故障树 分析法	1.因果关系清晰、形象； 2.定性、定量分析均可	1.构造故障树任务量大，容易发生错误和失察； 2.潜在假设条件认为部件与部件独立
	Petri 网法	1.图形化较强； 2.灵活性较高	方法实质为故障树分析法，存在与故障树分析法相同的缺点
	状态空间法	不需要了解系统内部构造	需要大量的基础数据
	GO 法	1.可用于有多个状态的系统可靠性分析； 2.以功能流为导向，容易理解	1.需要大量的基础数据； 2.随着部件数量的增加，操作符的表示难度增加
	失效模式与 影响分析法	1.综合归纳定性分析； 2.多用于设计阶段系统可靠性分析	不能进行定量分析
蒙特卡 罗法		1.能比较逼真地描述具有随机性质的部件、系统的特点； 2.程序简单，易于实现； 3.误差容易确定	1.计算时收敛速度慢，一般不容易得到精确度较高的解； 2.误差具有概率性，不是一般意义下的误差； 3.模拟实验的前提是各输入变量是相互独立的
综合法		结合解析法和蒙特卡罗法的优势	与解析法和蒙特卡罗法存在的缺点相同
复杂网络 方法		1.考虑组分之间的关联关系； 2.网络能够表征系统的拓扑结构特征； 3.系统组分自身的属性可作为网络节点或边的属性； 4.网络图清晰，形象，容易理解； 5.定量、定性分析均可	关系数据依靠传统统计方法较难获取

① 故障树分析法是从一个可能的事故开始，自上而下、一层层地寻找顶事件的直接原因和间接原因事件，直到基本原因事件，并用逻辑图把这些事件之间的逻辑关系表达出来。
② Petri 网是对离散并行系统的数学表示。Petri 网是 20 世纪 60 年代由卡尔·A. 佩特里发明的，适合于描述异步的、并发的计算机系统模型。
③ 状态空间法通常以可靠性工程中马尔科夫模型为基础，分析系统状态变化过程，构建状态转移方程，统计分析系统可靠性指标。
④ GO 法是以功能流为导向，将系统的原理图或工程图按一定的规则转化成为 GO 图，进而定性或定量地分析系统可靠性的方法。
⑤ 失效模式与影响分析法是在产品设计阶段和过程设计阶段，对构成产品的子系统、零件，对构成过程的各个工序逐一进行分析，找出所有潜在的失效模式，并分析其可能的后果，从而预先采取必要的措施，以提高产品的质量和可靠性的一种系统化方法。

生命线系统的可靠性机制分析表明，无论是相对显性的互通机制和传导机制，还是相对隐性的协同机制，都表现为较为明确的网络化复杂结构特征，系统的内部关联和整体作用特征显著。传统的城乡规划学理论在应对此类问题时存在一定的适应性偏差，亟待从相关学科中探寻适应性更强的方法理论体系，从更为宏观和系统化的视角开展生命线系统复杂结构可靠性研究。

以上四类常用方法中，复杂网络方法可以较好地应对生命线系统的可靠性作用机制，是城镇生命线系统可靠性研究匹配性较好的科学方法之一。理论上看，城镇生命线系统可靠性作用机制本身具有明确的网络化特征，复杂网络方法可以从网络联系和整体效能的角度分析生命线系统结构组分之间的相互关联和整体作用效应；就现有的研究基础而言，相关学者对电网[60]、燃气管网[42]等能源供应系统，对铁路交通[61]、城市道路交通[62, 63]、轨道交通[64]、城市群复合交通[65]等道路交通系统，对计算机、电信网络[66]等邮电通信系统展开可靠性研究，都取得了丰硕的成果。将城乡人居环境生命线现实系统的复杂结构转化为网络模型，利用复杂网络方法研究系统结构的可靠性问题，是城乡人居环境可靠性研究的重要发展方向之一。

1.2 系统科学的复杂网络理论

复杂网络理论作为一种关注整体和联系的认识论体系，是系统科学体系的前沿理论成果，能够刻画现实复杂系统内部基本功能单元之间的各种相互作用和关系。运用复杂网络理论模拟和解决现实问题，一般通过机理探索、模型构建、分析体系构建和网络优化控制等四个流程，完成"现实系统-网络模型-现实系统"的研究反馈闭环。复杂网络理论现已广泛应用于社会学、物理学多个学科。在城乡规划领域，在具有显性结构形态的城乡交通网络研究和隐性结构形态的城乡社会网络研究等方面，也已经得到广泛应用。

1.2.1 系统科学渊流

认知是永不停止的螺旋上升过程，系统科学的发展，使得科学研究的主体方法论逐渐摆脱单一的还原论思维桎梏，重新重视整体论思维指导。纵观系统科学发展历程，虽然理论体系至今仍处于设计、验证、协调与建构的过程之中[67]，但发展脉络或能表明，系统科学在不断丰富自身理论体系的过程中，始终以增强现实复杂问题的应对能力为基本发展方向。

1.系统科学缘起

物理学家亥姆霍兹认为，"一旦把一切自然现象都化成简单的力，而且证明自然现象只能这样来简化，那么科学的任务就算完成了"。物理学家普朗克则认为，"科学是内在的整体，它被分解为单独的部分不是取决于事物的本身，而是取决于人类认识能力的局限性"[68]。

作为人类认识世界主要的两种思维方式，还原论和整体论始终在人类思想演进史上并行发展，两者都可以在人类文明发展的早期找到源头。古希腊自然哲学家泰勒斯提出的水源论，赫拉克利特提出的火源论，留基伯、德谟克利特等提出的原子论，以及中国古代的

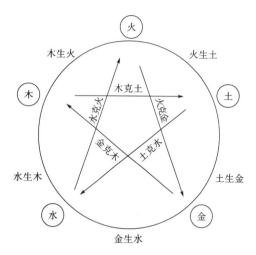

图1-22　《周易》整体观世界图景(据孙国华[72],改绘)

元气说,都体现出朴素还原论思想萌芽[69]。整体论思想在古代西方可以从古希腊哲学家巴门尼德、亚里士多德的观点中寻找到缘起,巴门尼德认为某个重要层次上世界是不变的统一体,亚里士多德提出"整体大于部分之和""整体不等于部分之和"的命题;中国传统哲学则从结构、功能、目标等多个角度体现出整体观思想[70],形成于商末周初的《周易》展示了朴素的整体观世界图景(图1-22),春秋战国时期的道家哲学认为世间万物通过阴阳的对立统一达到和谐平衡,提倡整体性地把握事物[71],《吕氏春秋》提出"天地万物一人之身也,此之谓大同"的论断,医学经典《黄帝内经》则强调从人的整体机能入手看待和医治疾病,是传统整体观念的现实应用。

　　还原论思想在近代得到极大发展,逐步奠定了整个近代科学的方法论基调。基本思路是将认识对象拆分成为不可化约的基本单元,了解各基本单元的结构属性,再试图由这些单元出发综合推演出整体的属性[73]。法国哲学家笛卡儿提出的思维活动四条原则①较为完整地表达了还原论的原理和方法,其后约四百年,科学的发展主要沿着还原论的方向,用经验分析的方法探索世界的奥秘[74]。近代原子论、牛顿力学等的创立,被认为是还原论思想范式获得成功的典型案例。

　　然而,随着近代科学在各个领域的迅猛发展,还原论的局限性也逐渐凸显,人们越来越深切地认识到,对基本单元的认识并不能够让我们把握系统整体的行为。如难以解释生物机体的秩序、目的性和精神,更无法解释经济、社会等复杂问题。在此背景下,脱胎于整体论思维范式的系统科学得以创立和发展。20世纪20年代,以奥地利生物学家贝塔朗菲提出一般系统论为标志,系统科学开始创立;至20世纪60年代,信息论、运筹学、控制论、耗散结构理论、协同学、突变论和超循环理论先后诞生,系统科学得到迅速发展;随着80年代复杂性研究的兴起,系统科学研究逐步进入高级阶段(图1-23)。

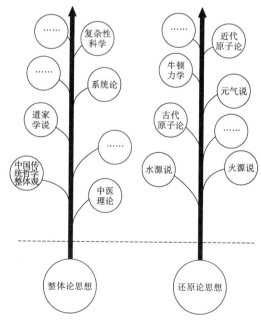

图1-23　整体论和还原论思想发展脉络简图

---

① 除了清楚明白的观念外,绝不接收其他任何东西;必须将每个问题分解为若干简单的部分来处理;思想必须从简单到复杂;应该时常彻底地检查,确保没有遗漏任何东西。

2.系统科学发展历程

系统科学的发展历程，整体上分为三
个主要阶段。第一阶段，以系统论、信息
论、控制论的创立为主要标志；第二阶段，
以耗散结构理论、协同学的创立为主要标
志；第三阶段，以涌现生成理论、复杂适
应系统理论、进化计算理论、自组织临界
性理论、人工生命理论、复杂网络理论的
创立为主要标志[75]，表明系统科学正式进
入复杂性科学的研究新阶段（图 1-24）。

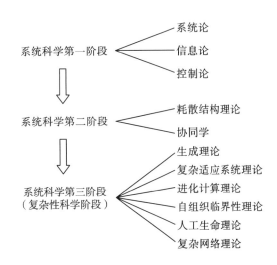

图 1-24　复杂网络理论在系统科学中的位序

系统科学发展到第三阶段而产生的
复杂性科学，一方面表现为对还原论的批
判和对整体论的发扬，另一方面，也并非
是对还原论的绝对否定和对整体论的完
全继承，而是将两者有机结合，兼容并蓄，
形成复杂性科学所独有的方法论[76]。钱学森指出，复杂性研究阶段的系统科学，既不是单
一的整体论，也不是单一的还原论，而是既包括整体论，也包括还原论，是更高一层次的
思维方式[77]。成思危在论述复杂性科学方法论时，也曾明确提出还原论和整体论相结合的
原则。可以说，进入复杂性科学研究阶段的系统科学，在总体上脱胎于整体论思维范式，
同时吸收了还原论的合理部分，是对两种范式既有思想成果的继承与扬弃。

3.系统科学前沿的复杂网络理论

作为系统科学发展前沿的复杂网络理论，善于对现实复杂系统进行抽象描述，强调系
统拓扑结构对于系统性质和功能的影响，具备分析现实复杂问题的属性和能力。

现实环境中存在大量的自然或人工系统，如生物器官组织、重大工程设施、经济社会
系统等，都是通过各种机理和作用方式形成的有机整体，具备规模巨大、结构多样等特征。
一方面，传统认识手段难以把握此类系统的整体结构特征和内部机理关系，迫切需要新的
理论和方法支持；另一方面，复杂网络理论研究范式具备应对复杂结构的能力，针对传统
理论方法不足形成有效补充，从而获得广泛的适用性，迅速在社会学、经济学、城乡规划
学等多学科得到大量应用，在交叉研究中不断发展，逐渐成为分析复杂系统结构的坚实方
法利器，成为推进复杂性研究的重要技术手段。

近年来，系统科学在我国发展迅猛。2004 年，中国科学院在基础研究长期规划中，
确定复杂系统研究为 14 个重点领域之一。国务院 2006 年发布的《国家中长期科学和技术
发展规划纲要》指出，复杂系统、灾变形成及其预测控制是面向国家重大战略需求的基础
研究，要求重点研究复杂系统中结构形成的机理和演变规律、结构与系统行为的关系等[73]。
可以预见，随着自身体系的不断丰富和完善，作为典型横断科学的系统科学将会在多个研
究领域展现出持续的生命力。而将复杂性与网络研究相结合的复杂网络方法，也将成为人

们从宏观上把握复杂现实系统特征和性质的重要理论认识工具。它的发展成为推动系统科学体系继续向纵深发展的重要动力之一。

1.2.2　复杂网络理论体系

1.概念和发展

复杂网络是利用复杂系统的基本功能单元之间的连接关系，对现实系统进行抽象化提取而形成的。它能够刻画复杂系统内部基本功能单元之间的各种相互作用和关系[78]，基本功能单元可以抽象成复杂网络中的"节点"，基本功能单元之间的各种相互作用和关系可以抽象为复杂网络中的"连边"。如电力网络中，可以用节点表示变电站和发电厂，连边表示输电线路[79]；遗传网络中，可以用节点表示蛋白质，连边表示蛋白质之间的化学作用[80]；万维网中，可以用节点表示网页，连边表示由一个网页指向另一个网页的超链接[81]；神经系统中，可以用节点表示神经细胞，连边表示连接神经细胞的神经纤维[82]。

人们在对复杂系统进行网络抽象描述和理论认识的过程中，先是经历了规则网络和随机网络两个理论阶段，然后进入了复杂网络理论阶段。复杂网络理论阶段又可分为小世界效应的发现、无标度性质的发现、复杂网络研究迅速发展三个发展时期。

20 世纪 60 年代，人们开始探索复杂网络的"小世界效应"。1967 年，美国社会心理学家米尔格兰(Milgram)发起了一项社会实验，从内布拉斯加州的奥哈马随机选取 300 名实验者，请每个人尝试寄一封信给波士顿的一位证券业务员，寄信的规则是只能把信寄给自己熟识的人。实验结果表明，大约只需要转寄六次便可以达成任务。当时已有的规则网络和随机网络模型都无法解释这种"小世界现象"。1998 年 6 月，美国康奈尔大学的沃茨(Watts)等联合发表论文《"小世界"网络的群体动力学》(*Collective dynamics of "small-world" networks*)[83]，正式提出复杂网络的小世界网络模型(简称"WS 小世界网络")(图 1-25)。小世界网络具有较高的聚集系数和较小的平均路径长度特征，体现了现实网络系统中信息、能量、故障等可以在网络内部迅速、大范围传播[84]。例如，具有小世界特性的电力网络，当其中一个电力设施或者一条线路发生故障，则不仅仅影响相邻的设施及线路，引起电力系统的连锁反应，导致整个电力系统发生大规模瘫痪[85]。

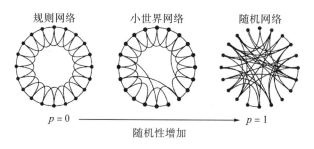

图 1-25　规则网络、小世界网络与随机网络模型[83]

20 世纪末，复杂网络的无标度性质被发现。计算机技术的不断进步，新的计算方法不断涌现，更多的网络模型被提出。1999 年，美国圣母大学的巴拉巴斯(Barabasi)等提出了无标度网络模型(简称"BA 无标度网络")[86]，该模型将增长性和择优连接性引入网络模型的构造中，对现实系统的描述更加精确。增长性表明不断有新的节点加入网络，择优连接性则表明新加入的节点会优先连接网络中度数较大的节点。

随着复杂网络的小世界效应和无标度特征被发现，复杂网络研究进入迅速发展阶段。复杂网络的综述和专著不断涌现，从物理学到生物学，从社会科学到技术网络，从工程技术到经济管理等众多领域，受到了人们的空前关注和广泛重视，复杂网络的研究开始进入多学科交叉研究的新时代。在未来可能的发展途径中，分析并解释生命机体网络、自然生态系统、社会经济网络以及人居环境系统等复杂系统的内在机理，将成为复杂网络研究发展的方向。

2.类型和特征

根据现实系统中各要素之间的联系特征不同，可以将现实系统抽象为不同类型的复杂网络。从节点间联系是否具有方向差异的角度，可以分为有向网络和无向网络；从节点间联系是否存在权重差异的角度，可以分为无权网络和加权网络。

根据有向网络的定义，与一条边相关联的两个节点具有一定的关系，即 $e=(u, v)$，是节点 u 和 v 的有序对。称 u 为边 e 的起点，v 为终点(图 1-26)。也就是说，有向网络中的每一条边都有确定的方向，方向是从边的起点指向它的终点。对一个有向网络，如果忽略其中每条边的方向，就能得到所谓的无向网络。因此可以称这个无向网络为它所对应的有向网络的基础网络。

无权网络中的边只有两种状态。简单来说，一个无权网络所对应的邻接矩阵中只有"0"或"1"两种状态，"0"为两点之间不存在连线，"1"为存在连线(图 1-27)。但现实中，许多真实网络中个体之间的联系不能单纯地仅用存在或不存在来表示。与无权网络相比，加权网络不仅可以描述节点之间的连接关系，而且它可以通过对节点赋予一定的权重来表示某节点所汇聚的信息量以及在整个网络中的重要性，对边赋予一定的权重来表示节点与节点之间联系的紧密程度，以此来刻画节点之间连接的差异，从而更有效地描述各种真实的现实系统[87, 88]。

图 1-26　有向网络示意图

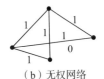

（a）加权网络　　（b）无权网络

图 1-27　加权网络与无权网络

从研究对象的类型来看，复杂网络可以分为社会网络、生物网络、技术网络和信息网络等四大类。

在社会科学中网络研究得到了广泛应用，社会学中典型的复杂网络可以理解为人或人的群体的集合，其中顶点代表个人，边代表人与人之间的某种联系或相互作用关系。现有研究涵盖个体之间的友谊关系[89]、公司之间的商业关系[90]、家族之间的联姻关系[91]、城镇居民的社会关系[92]等(图1-28)。

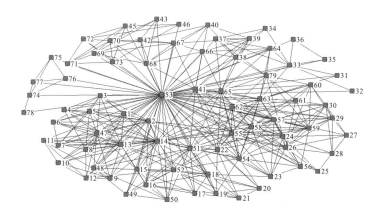

图1-28　重庆市偏岩镇社会网络模型[92]

很多生物系统可以被表示成生物网络,生物网络包括代谢路径网络[93]、基因调节网络[94]、食物网[95]、血管网络[96]、神经网络[97]等。比如,代谢路径网络就是对代谢基质和代谢产物的刻画,如果已知一个生物系统的代谢反应存在,其作用于特定基质并产生相应产物,就可以理解为两者之间存在有向边连接,从而形成代谢路径网络(图1-29)。

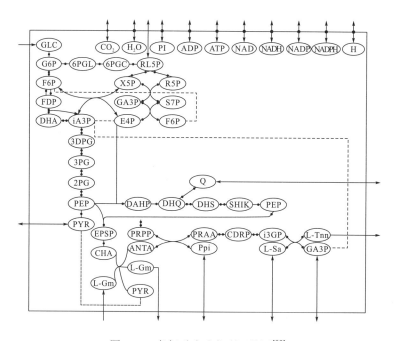

图1-29　色氨酸合成代谢网络图[98]

技术网络是人类基于物质或信息传输目的而创建的有形设施系统,常见的如电力网络、交通网络、电信网络等。以电力网络为例,可以将各级变电站及线路节点认为是网络中的"节点"，将变电站、线路节点之间的线路设施认为是网络中的"连边"[99]（图1-30）。

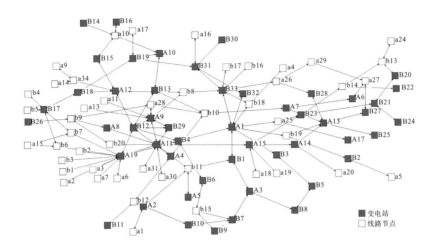

图1-30　重庆市万州区规划220kV/110kV电力网络[99]

信息网络也称知识网络，其典型案例是学术论文或专利之间的引文网络[100]。大部分学术论文或专利都会按照自己的主题来引用其他文章。这些引用就形成了一个网络。其中，"节点"代表论文或专利，从论文或专利A到论文或专利C的有向"连边"代表C与A之间存在引用关系（图1-31）。

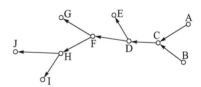

图1-31　专利引文链条示意图

1.2.3　复杂网络分析方法

1.技术路线

1)一般性原理

运用复杂网络方法，研究现实系统复杂结构问题的一般性原理，通常分为四个流程，分别是机理探索、模型构建、分析体系构建和网络优化控制。

机理探索是指发现和揭示现实系统复杂结构形成的内在机理，厘清系统构成要素的类型和相互作用关系。模型构建是指运用复杂网络理论对现实系统的内在机理进行模拟和描述，从而建立能够反映现实系统主要结构关系的抽象网络模型。分析体系是指以研究目的为导向，结合复杂网络理论的一般性指标与现实系统机理关系，构建分析指标体系，解释系统在物质能量传输、荷载传导、协同工作等不同机制下的结构适应性和动力学响应特征。优化控制是指从网络整体、局部、个体等不同层面，提出优化和控制现实系统网络结构的方法和策略（图1-32）。

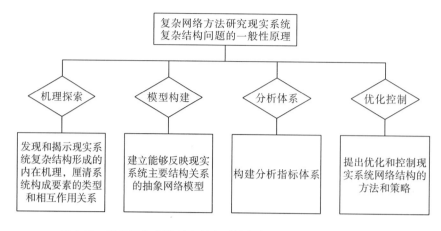

图 1-32   复杂网络方法研究现实系统复杂结构问题的一般性原理

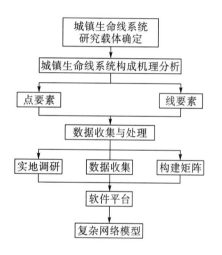

图 1-33   城镇生命线系统网络模型构建思路

2)复杂网络模型构建过程

复杂网络模型构建是复杂网络方法研究现实系统复杂结构一般性原理的关键环节,是现实系统向抽象模型的转换环节,是复杂网络理论方法与其他学科问题交叉研究探索的基础性工作。以构建城镇生命线系统模型为例,总体上分为四步(图 1-33)。即根据科学问题和研究主题选择具有代表性的城镇生命线系统研究样本;根据确定的研究载体和网络建模基本原理,分析载体的系统构成机理,确定复杂网络模型构建中需要的"点"要素和"线"要素;根据确定的"点"和"线",进行数据调研、收集和整理;借助复杂网络分析相关软件平台,如 UCINET、Pajek 等软件,将整理的数据输入软件平台,构建出复杂网络模型。

2.工作平台

复杂网络研究一般涉及大量运算,需要在计算机软件平台的支持下完成,较为常见的软件平台有 Pajek、UCINET、NetworkX、NetMiner 等四种。它们的主要差异在于两个方面:一是数据处理规模上,Pajek、NetMiner、NetworkX 的数据处理能力可达到百万级,而 UCINET 可以处理的节点规模数量相对较低;二是编程和扩展能力上,NetworkX 是 Python 编程软件平台上开发的复杂网络分析程序包,具备较高的编程扩展能力。此外,各软件在特征参数、统计模型、社团发现、动态网络、可视化等不同方面是否具备分析能力也存在差异(表 1-4)。

面对具体的科学问题,软件平台选择时主要参考两条标准;一是是否涉及网络仿真模拟,这要求软件分析平台具备编程和扩展功能;二是复杂网络的规模大小。

表 1-4　复杂网络的其他特性（据胡长爱等[101]，有修改）

功能	Pajek	UCINET	NetworkX	NetMiner
数据处理规模	较高	较低	较高	较高
编程和扩展能力	×	×	√	×
特征参数	√	√	√	√
统计模型	×	√	×	√
社团发现	×	√	×	√
动态网络	√	×	√	×
可视化	√	×	√	√

1.2.4　复杂网络的多学科应用

1.多学科应用进展及趋势

从 18 世纪数学家欧拉解决"哥尼斯堡七桥"问题（图 1-34），创立图论科学伊始，历经两百多年发展，复杂网络研究逐渐从最初的数学工具拓展到多学科领域，已先后应用于社会学、物理学、拓扑学、病理学、细胞学、计算机科学、城乡规划学等学科。研究对象涉及计算机网络、通信网络、传感器网络、电力网络、交通网络、生命科学网络和社会网络等方面；研究手段包括计算机模拟、数学图论、统计物理学方法、社会网络分析方法、通信数据流分析方法，以及系统科学方法等；研究内容包括网络的代数与几

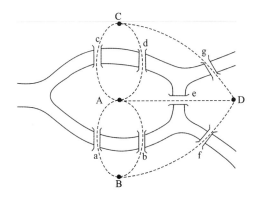

图 1-34　"哥尼斯堡七桥"问题[102]

何性质、网络的形成机制和演化规律、网络的建模和性能分析、网络的动力学特性分析、网络的鲁棒性、脆弱性和稳定性等基本科学问题。复杂网络研究的机构与组织方面，世界范围内已经广泛成立国际复杂网络会议（NETSCI）、国际复杂网络及应用大会（ICCNA）等知名学术会议，国内也有复杂网络大会（CCCN）等知名学术会议，从 2005 年创办以来持续至今。

从个体向整体转变的趋势，关注内容呈现从个体属性向个体之间关系转变的趋势，客观上需要新的理论方法和分析工具。从复杂网络理论自身的特性来看，作为复杂性科学的前沿学科之一，诞生于科学研究思维模式从单一"还原论"转向"还原论""整体论"并重的转型期，适应科学发展总体趋势，方法在一定程度上是跨越学科的，具备应对不同学科领域复杂结构问题的研究能力。

2.与城乡规划的交叉研究

复杂网络研究与城乡规划学广泛结合，形成了大量新的研究方向。近年来，重点在两个方面取得了一定突破。

一是在具有显性网络物质形态的城乡交通[103]、电力[104]、燃气[42, 105]等生命线系统的可靠性和抗毁性研究方面。例如,复杂网络分析方法广泛应用于城镇公交系统研究,集中于公交网络的拓扑结构特性[106]、连通抗毁性分析[107]、演化模型研究[108]、公交优化研究[109]等方面。

二是在城乡社会、生态、信息或技术等隐性网络物质结构研究[110]方面,讨论城镇网络化发展的空间格局[111]、结构形式[112]和形成机制[113]。在区域空间尺度上,复杂网络应用于区域空间结构基本形式[114]、演变机制、城市群空间层级[115]等方面;城镇空间尺度上,应用于城镇空间协同运行[116]等方面;社区空间尺度则主要进行了改造型社区公共空间设计策略[117]、不同城市更新模式的社会网络及保护机制[118]、城市家族社会网络空间结构[119]、城市治理与公众参与[120, 121]等相关研究,为区域和城市不同尺度的发展提供新的科学依据。

1.3 复杂网络的可靠性测度

1.3.1 可靠性分析框架

城镇生命线系统是典型的现实复杂系统,可靠性机制总体表现为互通、传导、协同三种,不同类型和功能的生命线现实系统可以通过相应的作用机理转化构建为抽象网络模型。复杂网络理论为抽象网络模型的评价提供了测度方法,主要体现在结构和功能两个方面,网络结构影响网络功能,网络功能反过来也影响网络结构的演化,网络结构的可靠性可以通过抽象模型静态下的拓扑特征来反映,网络功能可靠性可以通过抽象模型动态下的动力学响应规律来反映。

因此,首先依据城镇生命线现实系统可靠性作用机制,将生命线现实系统抽象转化为网络模型,然后结合复杂网络理论的评价测度方法,推导出城镇生命线系统网络模型可靠性评价指标体系,分为静态可靠性和动态可靠性两个主要方面(图1-35)。

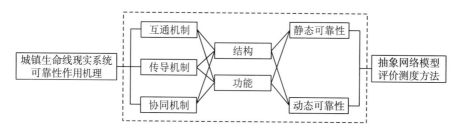

图 1-35 城镇生命线系统复杂网络可靠性指标体系框架

1.3.2 静态结构可靠性测度

理解一个复杂系统的行为功能需要首先弄清其静态结构,刻画静态结构则主要从复杂网络统计属性和特征结构两个方面展开。其中,统计属性分析可以对复杂网络和一般网络进行区分，特征结构则主要从中心、核、组团、层级等方面对网络结构的复杂性进行进一步认识。近年来，用于刻画复杂网络统计属性和特征结构的指标不断丰富。其中，统计属性指标主要包括点度中心度、度分布、平均度、度相关性、距离、直径、平均路径长度、中介中心度、接近中心度、聚集系数、模块度、节点强度、加权度数中心度等；特征结构指标包括网络密度、*k*-核、欧几里得距离、点度中心势、接近中心势、中介中心势等（图 1-36）。

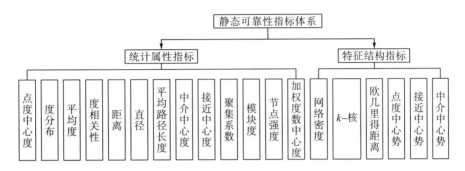

图 1-36　静态可靠性指标体系

1.统计属性测度

1）点度中心度

节点 i 的点度中心度 DC_i 定义为与节点 i 连接的其他节点的数目。点度中心度可以简称为度。相对点度中心度 DC_{R_i} 是点度中心度的标准化，计算公式为

$$DC_{R_i} = \frac{DC_i}{(n-1)} \tag{1-1}$$

式中，n 为网络中节点数量。

节点的点度中心度越大，表明与该节点联系的其他节点数量越多。

2）度分布

度分布 $P_{(k)}$ 表示网络中度值为 k 的节点占网络节点总数目的比例。累积度分布 P_k 表示度值不小于 k 的节点占网络节点总数目的比例，即网络中随机选取一个节点度值不小于 k 的概率。计算公式为

$$P_k = \sum_{k'=k}^{\infty} P_{(k')} \tag{1-2}$$

度分布通常用于检测网络是否具备无标度特征[122]。

3）平均度

对网络中所有节点的度值求算数平均值，得到网络平均度 $\langle k \rangle$，计算公式为

$$\langle k \rangle = \frac{1}{n} \sum_{i=1}^{n} k_i \tag{1-3}$$

式中，n 为网络中节点数量；k_i 为节点 i 的点度中心度。

平均度用于衡量网络中节点间相互联系程度的总体情况。

4)度相关性

度相关性描述了网络中高度值节点与低度值节点间的关系。若高度值节点倾向于与高度值节点连接，则网络度相关性为正，反之网络度相关性为负。用皮尔逊相关系数(Pearson correlation coefficient)来描述网络的度相关性，计算公式为

$$r = \frac{M^{-1}\sum_{e_{ij}} k_i k_j - \left[M^{-1}\sum_{e_{ij}} \dfrac{(k_i + k_j)}{2} \right]^2}{M^{-1}\sum_{e_{ij}} \dfrac{(k_i^2 + k_j^2)}{2} - \left[M^{-1}\sum_{e_{ij}} \dfrac{(k_i + k_j)}{2} \right]^2} \qquad (1\text{-}4)$$

式中，k_i、k_j 分别表示边 e_{ij} 的两个节点 i、j 的度；M 表示网络的总边数。系数 r 的取值范围为 $0 \leqslant |r| \leqslant 1$。当 $r<0$ 时，网络中度相关性为负；当 $r>0$ 时，网络中度相关性为正；当 $r=0$ 时，网络中度相关性不存在线性关系。

5)距离

网络中节点 i 和节点 j 之间的距离 d_{ij} 定义为连接这两个节点的最短路径的连边数目。节点 i 和节点 j 之间的距离越短，表明节点 i 和节点 j 之间实现联系需要经过的其他节点和连边越少。

6)直径

网络中任意两个节点 i 和 j 之间的距离 d_{ij} 中的最大值定义为网络的直径 D。网络的直径越大，表明网络中距离最远的节点对之间实现联系需要经过的其他节点和连边越多。

7)平均路径长度

网络的平均路径长度 L 定义为任意两个节点之间的距离的平均值，它描述了网络中节点间的分离程度。计算公式为

$$L = \frac{2}{n(n-1)} \sum_{i \geqslant j}^{n} d_{ij} \qquad (1\text{-}5)$$

式中，n 为网络中节点数量；d_{ij} 定义为节点 i 和节点 j 之间的距离。

平均路径长度用于衡量网络节点间联系的整体紧密程度，网络的平均路径长度越短，表明网络节点间联系的整体紧密程度越高。

8)中介中心度

中介中心度分为点的中介中心度和边的中介中心度，点的中介中心度简称点介数，边的中介中心度简称边介数。点介数 B_i 指网络中所有节点对的最短路径中，经过节点 i 的数量占整个网络中最短路径数量的比重。边介数 B_{ij} 表示网络中所有节点对的最短路径中，经过边 l_{ij} 的数量占整个网络中最短路径数量的比重。计算公式为

$$B_i = \sum_{p \neq i \neq q} \frac{n_{pq}(i)}{n_{pq}} \qquad (1\text{-}6)$$

$$B_{ij} = \sum_{p \neq q} \frac{n_{pq}(ij)}{n_{pq}} \qquad (1\text{-}7)$$

式中，$n_{pq}(i)$ 是从节点 p 到节点 q 经过节点 i 的最短路径的条数；$n_{pq}(ij)$ 是从节点 p 到节点 q 经过边 l_{ij} 的最短路径的条数；n_{pq} 是连接节点 p 和节点 q 最短路径的数量。

节点 i 的相对中介中心度 C_{RB_i} 是中介中心度的标准化。计算公式为

$$C_{RB_i} = \frac{2}{(n-1)(n-2)} \sum_{j}^{n} \sum_{k}^{n} \frac{g_{jk}(i)}{g_{jk}} \tag{1-8}$$

式中，$g_{jk}(i)$ 为节点 j 和节点 k 之间存在的经过第三个节点 i 的最短路径数目；g_{jk} 为点 j 和点 k 之间存在的最短路径数目；n 为网络中节点数量。

中介中心度用于测量节点或边在网络中承担中介作用的能力，数值越高，中介作用越强。

9）接近中心度

接近中心度用于衡量网络中某节点与其他所有节点联系便利性的总体程度。节点 i 的接近中心度 CC_i 是节点 i 与网络中所有其他节点距离之和平均值的倒数，计算公式为

$$CC_i = \frac{n-1}{\sum_{j=1}^{n-1} d_{ij}} \tag{1-9}$$

式中，d_{ij} 是节点 i 到节点 j 的距离；n 为网络中节点数量。

节点的接近中心度越高，表明该节点到达其他所有节点的整体可达性越强。

10）聚集系数

聚集系数用于描述局部网络中节点的聚集情况，假设网络中节点 i 与其他 k_i 个节点相连，相邻的 k_i 个节点间实际存在的边数 E_i 和可能存在的最大边数 $\frac{k_i(k_i-1)}{2}$ 之比定义为节点 i 的聚集系数 C_i，规定当节点度为 1 时，聚集系数为 0。节点 i 的聚集系数 C_i 计算公式为

$$C_i = \frac{2E_i}{k_i(k_i-1)} \tag{1-10}$$

网络的平均聚集系数 C 计算公式为

$$C = \frac{1}{n} \sum_{i=1}^{n} C_i \tag{1-11}$$

式中，n 为网络中节点数量。

聚集系数用于反映网络中局部结构的紧密程度，节点的聚集系数越高，表明以该节点为中心的局部网络结构越紧密。

11）模块度

网络的模块度定义为网络的社团内部边数与相应的零模型的社团内部边数之差占整个网络边数 M 的比例。零模型指该网络具有某些相同的性质（如相同的边数或度分布）而在其他方面完全随机的随机图模型。计算公式为[123]

$$Q = \frac{1}{2M} \sum_{i,j} \left[a_{i,j} - \frac{k_i k_j}{2M} \right] \delta(c_i, c_j) \tag{1-12}$$

式中，$a_{i,j}$ 为节点 i 与节点 j 的边权重；k_i 为与节点 j 相连的所有边权重之和；k_j 为节点被分配到的社区；$\delta(c_i, c_j)$ 用于判断节点 i 与节点 j 是否被划分在同一个社区中。

模块划分的目标是使得划分后的模块内部的连接较为紧密，而在模块之间的连接较为稀疏。模块度可以刻画模块划分结果的优劣，模块度越大，则模块划分的效果越好。

12) 节点强度

节点强度 S_i 用于描述节点 i 与其相邻节点之间的关系紧密程度，计算公式为

$$S_i = \sum_{j \neq i,\ j \in N_i} w_{ij} \tag{1-13}$$

式中，N_i 为节点 i 的相邻节点集合；w_{ij} 为节点 i 和节点 j 之间的边权重。

13) 加权度数中心度

加权度数中心度 P_i 用于测量加权网络中节点的层级结构，识别网络中等级较高的节点。计算公式为[124]

$$P_i = k_i^{\alpha} \times \left(\frac{S_i}{k_i} \right)^{(1-\alpha)} \tag{1-14}$$

式中，k_i 表示节点 i 的度值；S_i 表示节点 i 的强度值；α 为赋值参数，一般取 0.5。

加权度数中心度值越高，表示站点在网络中的等级越高。

2. 特征结构测度

1) 网络密度

网络密度 d 是网络中实际存在的连边数 M 与网络最大可能连边数量的比值。计算公式为

$$d = M / \left[n(n-1)/2 \right] \tag{1-15}$$

式中，n 为网络中节点数量。

网络密度用于描述网络中节点之间联系的完善程度，网络密度越大，则网络中节点间的联系越完善。

2) k-核

"k-核"（k=1，2，3，…）是建立在点度数上的凝聚子群，表达一个子图中的全部点至少与其他子图中的 k 个其他点相连。由此，k 值越高、"k-核"占比越高，则网络的局部稳定成分越多，网络整体也就越稳定，可靠性也越强。

"k-核"用以测度网络的层次稳定性，k 值越大，表明网络内部联系越紧密，结构越稳定，网络的静态可靠性也就越高；某一级别"k-核"包含的节点数量越多，表明该级别子图的规模越大，代表该网络在局部稳定性方面的表现越好，可靠性也越高。

3) 欧几里得距离

欧几里得距离法是令 x_{ik} 表示单一关系中从节点 i 到行动者 k 的联系的值。将行动者 i 和行动者 j 结构等价的测度距离定义为这些行动者发出和接受的联系之间的欧几里得距离。对于行动者 i 和 j，d_{ij} 表示 i 和 j 两者之间的距离，计算公式为

$$d_{ij} = \sqrt{\sum_{k=1}^{g} \left[\left(x_{ij} - x_{ik} \right)^2 + \left(x_{ki} - x_{kj} \right)^2 \right]} \qquad (i \neq k,\ j \neq k) \tag{1-16}$$

式中，如果行动者 i 和 j 是结构等价的，那么他们各自的行和列的值就是相同的，所以，他们之间的欧几里得距离将等于 0，行动者 i 和 j 将划分到同一个子集中。

欧几里得距离用以测度网络中节点之间的层级数量，网络层级数量反映了内部网络等级差异，等级差异越大，表明网络分层越多，网络规模越大，网络重要程度越大。

4）点度中心势

点度中心势 C_D 用于衡量网络中节点点度中心度的分布均匀性。计算公式为

$$C_D = \frac{\sum_{i=1}^{n}(DC_{\max} - DC_i)}{\max\sum_{i=1}^{n}(DC_{\max} - DC_i)} \tag{1-17}$$

式中，$DC_{\max}$ 为网络中各节点点度中心度的最大值；DC_i 为节点 i 的点度中心度。

网络的点度中心势越高，表明网络中节点的点度中心度分布越趋于不均衡。

5）接近中心势

接近中心势 C_C 用于衡量网络中节点接近中心度的分布均衡性。计算公式为

$$C_C = \frac{\sum_{i=1}^{n}(C'_{RC_{\max}} - C'_{RC_i})}{(n-2)(n-1)}(2n-3) \tag{1-18}$$

式中，C_C 为网络的接近中心势；$C'_{RC_{\max}}$ 为节点接近中心度的最大值；C'_{RC_i} 为节点 i 的接近中心度；n 为网络中节点数量。

6）中介中心势

中介中心势 C_B 用于衡量网络中节点中介中心度的分布均衡性。计算公式为

$$C_B = \frac{\sum_{i=1}^{n}(C_{RB_{\max}} - C_{RB_i})}{n-1} \tag{1-19}$$

式中，$C_{RB_{\max}}$ 为节点中介中心度可能的最大值；C_{RB_i} 为节点 i 的中介中心度实际值；n 为网络中节点数量。

1.3.3　动态功能可靠性测度

城镇生命线系统复杂网络模型的动态可靠性指标包括最大连通子图占比、网络鲁棒性、全局连通效率等（图 1-37）。最大连通子图占比用来分析节点影响网络整体连通性的能力；网络鲁棒性用来分析网络遭受攻击时，节点保持连通性的能力；全局连通效率用来分析网络中节点对之间的连通效率。

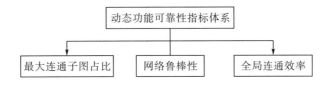

图 1-37　动态可靠性指标体系

1.最大连通子图占比

最大连通子图指的是把网络中所有节点用最少的边将其连接起来的子网络。最大连通子图的相对大小 S 是指最大连通子图中的节点数与网络中所有节点数目的比值[如式(1-20)所示]。当网络遭到攻击时，必将引起整个网络拓扑结构的变化。例如破坏某

一网络中的部分节点，可能会使原来的一个连通网络分裂成为若干主要的连通集团以及独立的小集团(图1-38)。

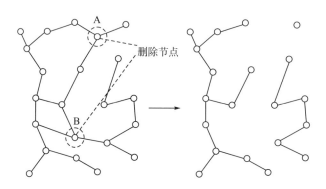

图1-38　删除节点后对网络的影响

最大连通子图 S 计算公式为

$$S = N' / N \tag{1-20}$$

式中，N' 表示网络遭到攻击后的最大连通子图的节点数目；N 表示未遭到攻击时网络的节点数。随着网络中的节点受到攻击，网络中的最大连通子图可能变小，反映网络遭到破坏前后网络拓扑结构变化的情况。

最大连通子图占比用以测量网络整体连通性，数值越大，代表网络连通性越强。当网络中删除某个节点时，导致网络整体连通性变弱甚至消失，代表此类节点决定网络的整体连通性，应加强此类节点的可靠性以增加系统的整体可靠性。

2.网络鲁棒性

网络鲁棒性可定义为移除任意节点后，网络中仍连通的节点对与网络总节点对的比值。假设移除节点后的网络为 N'，计算公式为

$$\delta = \frac{\sum_{i, j \in N'} l_{ij}}{l} \tag{1-21}$$

式中，l 为网络受攻击前的节点对条数；l_{ij} 为连通系数，当节点 i 和 j 之间连通时，$l_{ij}=1$，否则，$l_{ij}=0$。

网络鲁棒性用来测量网络遭受攻击时剩余节点之间仍能保持连通的能力。

3.全局连通效率

全局连通效率分为全局绝对连通效率 H_{ab} 和全局相对连通效率 H_{re}。

全局绝对连通效率 H_{ab} 指网络中所有节点对之间连通效率之和，计算公式为

$$H_{ab} = \sum_{i \neq j} \frac{1}{d_{ij}} \tag{1-22}$$

式中，d_{ij} 表示节点间最短路径长度。

全局相对连通效率 H_{re} 为全局绝对连通效率的标准化，以便于在不同规模网络之间进

行横向比较。计算公式为

$$H_{re} = \frac{2}{n(n-1)} H_{ab}$$

(1-23)

式中，n 为网络中节点数量。

1.4 城镇生命线系统可靠性探索

近四十年来，我国城镇化进程推动城乡建设迅猛发展，城乡功能不断完善、人居环境品质不断提升，城乡社会经济活动越来越依赖于城镇生命线系统安全可靠和正常高效的运转，其可靠性保障能力是衡量城乡建设发展水平的重要指标之一，也是城乡规划学科需要解决的综合科技问题之一。为此，本书建立城乡规划学和复杂网络研究交叉领域，凝练城镇生命线系统可靠性关键科学问题，构建研究思路及框架，明确主要研究内容，进行相关探索。

1.4.1 科学问题

1.科学问题的提出

可靠性是城乡人居环境发展的内在客观规律性。本书以城乡人居环境建设发展的现实需求和可靠性研究的理论需要作为研究科学问题的出发点，梳理城乡人居环境建设可靠性问题的现实表征和产生机理，发现城镇生命线系统是保障城乡建设健康发展的物质基础，以城镇生命线系统可靠性现实需求为导向，提炼"城镇生命线系统可靠性规划"科学问题，结合城镇生命线系统复杂的物质结构和系统行为特征，推导科学问题的研究主体和研究范式构成，引入复杂系统研究的理论及方法，确立复杂网络理论及方法与城乡规划学科交叉的研究范式(图 1-39)。

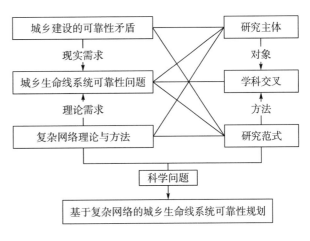

图 1-39　科学问题的推导

2.科学问题的内涵

本书从研究主体和研究范式两个层面，探索科学问题在作用机制、物质载体和分析层次研究中的具体内容，阐述基于复杂网络的"城镇生命线系统可靠性"规划科学问题的基本内涵(图 1-40)。

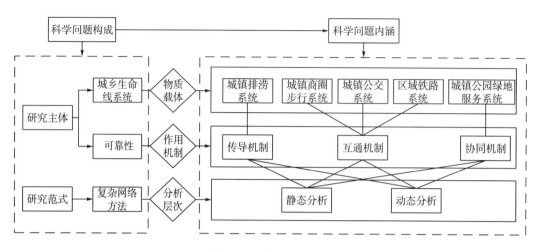

图 1-40　科学问题内涵

1）作用机制

可靠性不仅仅是城乡人居环境发展的客观规律性，通过对近年来"汶川大地震""芦山大地震"等诸多现实灾害的分析和反思，对城镇生命线系统可靠性问题进行梳理，发现生命线系统的可靠性问题存在不同机理。总体上看，城镇生命线系统可靠性问题呈现互通、传导和协同三种作用机制。

互通可靠性机制是要素间以功能联系所构成的连通型网络系统中，保障内部结构稳定和外部干扰时功能运行的客观规律。甬温线铁路列控系统联系失效造成"7·23"甬温线动车组追尾重大交通事故、康定市孔玉乡中牛场山体滑坡造成纵向交通干道省道 S211 交通中断 6 个月、商业步行系统应急疏散失控引发的"12·31"上海外滩踩踏事件等事件表明，互通可靠性是维持城镇生命线系统互通互联功能、保障系统设施间正常运行的关键。

传导可靠性机制是要素间能量流动构成的传输型网络系统中，维持传输荷载与载体结构传导平衡的客观规律。系统传导可靠性失衡往往会形成"放大器"效应，造成城镇功能大面积瘫痪。近年来，突发强降雨超过排涝系统排流荷载所引发的重庆"2007.7"、北京"7·21"、武汉"7·7事件"等大面积内涝灾害，使城镇居民遭受了重大人身财产损失。

协同可靠性机制是设施间服务关系形成的支持型网络系统中，服务设施空间配置匹配城镇居民使用需求的客观规律。此类网络系统通常依赖于道路交通、电力电信以及给水等相关联的城镇生命线系统发挥协同服务功能，典型的有公园绿地系统、医疗卫生系统以及应急避难系统等。如芦山县城应急避难系统在震前存在避难场所布局不平衡、层级划分不合理以及场所设施建设不完善等情况，导致"芦山大地震"时应急避难系统协同服务效能偏低。

2）物质载体

针对城镇生命线系统可靠性三种典型的作用机制，分别选取区域铁路交通网络、城镇排涝网络、地面公交网络、公园绿地服务网络、商业街区步行网络等五个对象，作为科学问题的承载对象开展研究。其中，区域铁路网络提取成渝地区铁路客运站点与客运线路间的连通关系，分别构建基于地理环境的铁路物理复杂网络模型和基于客运联系铁路车流复杂网络模型；城镇排涝网络以长寿、綦江、潼南等西南典型城镇为案例，构建建设用地产流与雨水管渠排流的"产流-排流"传导复杂网络模型；地面公交网络以公交站点运输线路为基础，构建重庆主城区公交换乘复杂网络模型并与成都进行比较研究；公园绿地服务系统选取内江、玉溪、涪陵等西南典型城镇，构建城镇公园绿地协同服务复杂网络模型；商业街区步行网络以地面步行系统和地下步行设施互通关系，分别构建重庆市沙坪坝、解放碑、观音桥、杨家坪、南坪等五个商业街区的步行立体复杂网络模型。

3）分析层次

针对城镇生命线系统的结构可靠性和功能可靠性问题，可以从静态和动态两个方面展开。

城镇生命线系统的结构可靠性，可以通过网络的统计规律和特征结构来刻画。统计规律可以对复杂网络的类型进行区分，如规则网络、随机网络、小世界网络和无标度网络等，分别表现出不同的统计规律，是确定网络结构类型的基础。特征结构主要从中心、核、组团、层级等方面对网络结构的特征进行分析，是对网络拓扑结构可靠性的进一步认识，从而进一步揭示生命线系统在平时维持自身稳定运行的能力。

城镇生命线系统的功能可靠性，可以模拟网络在面对重大灾害时发挥实际效能的动态演变规律，包括内部元素工作状态的改变及外部环境对系统的影响，通常由网络上的动力学过程来反映。

1.4.2　研究思路

1.基本思路

城乡规划学科重视研究解决工程建设的实际问题，研究范式上延续了传统工学学科以问题为导向，分析问题、解决问题的基本模式。在此基础上，以系统论研究视角，借鉴学科交叉研究的一般方法，结合复杂网络理论和方法，探索复杂网络在城镇生命线系统领域中"现实复杂系统-抽象网络模型-优化现实系统"的交叉研究路径(图1-41)，构建生命线

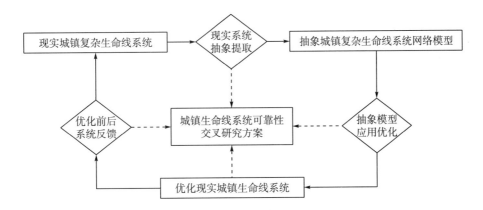

图1-41　"现实复杂系统-抽象网络模型-优化现实系统"交叉研究基本思路

系统可靠性研究方案，抽取科学问题中的主要矛盾，结合系统内在机理，构建城镇生命线系统复杂网络模型并进行可靠性评价，根据评价结果应用优化现实城镇生命线系统可靠性，实现优化前后城镇生命线系统的反馈分析。这种思路希望弥补传统城乡规划在揭示生命线系统内在机理和把握系统发展可靠性规律时的局限性。

2.技术路线

交叉研究的技术路线分为四个主要技术环节，即机理提取、网络建模、评价分析和控制反馈(图 1-42)。

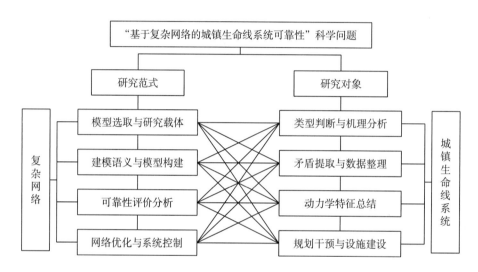

图 1-42　城镇生命线系统可靠性交叉研究技术路线

1)提取城镇生命线系统运行机理，凝练城镇生命线系统可靠性科学问题

基于城镇生命线系统可靠性的三种典型机制，从内在结构、外部环境、功能行为等方面识别系统构成的基本要素，研究成渝地区客运铁路、重庆主城区地面公交站线以及重庆商圈步行设施的互通互联可靠性，西南典型城镇排涝设施荷载风险传导可靠性，西南典型城镇公园绿地协同服务可靠性，结合现实系统平时运行和灾时响应的行为特征，分别凝练基于复杂网络的城镇生命线系统可靠性规划科学问题，探索复杂网络理论及方法在城镇生命线系统中的应用结合点与现实载体。

2)推导城镇生命线系统复杂网络模型语义，抽象化现实系统复杂网络建模

现实系统抽象网络化是运用复杂网络方法进行城镇生命线系统交叉研究的基础。本书以城镇生命线系统内在运行机理和矛盾因子间行为关系为基础，针对区域铁路交通系统、城镇排涝系统、地面公交系统、公园绿地服务系统、商业街区步行系统等研究对象，分别构建区域铁路交通系统的地理环境铁路物理网和客运联系铁路车流网，城镇排涝系统的建设用地与雨水管渠"产流-排流"网，地面公交系统的站点、线路连通运行网，公园绿地服务系统的公园绿地与居住用地协同服务关系网，商业街区步行系统的步行设施网和地理空间网等复杂网络模型语义，收集整理模型构建基础数据，构建城镇生命线系

统复杂网络模型。

3) 评价城镇生命线系统复杂网络可靠性，预测网络行为特征和规律趋势

本书基于城镇生命线系统运行行为关系，针对生命线系统可靠性问题产生的系统行为特征、内在结构关系、外部干扰反应等诱因，根据构建的城镇生命线系统复杂网络模型，建构由复杂网络基本统计特征、静态结构可靠性以及动态干扰可靠性组成的评价体系，针对特定的生命线系统选择相对应的评价指标进行可靠性评价，分析预测生命线系统复杂网络的行为特征和规律趋势，为生命线系统规划优化和空间干预提供科学依据。

4) 城镇生命线系统可靠性优化，网络控制与空间干预耦合匹配

城镇生命线系统可靠性优化主要分为两个方面：首先，针对生命线系统复杂网络模型中关键节点、关键线路以及重要组团进行优化控制；然后，将网络优化结论与城镇生命线系统空间规划干预进行匹配分析，借助相关的工程实践措施提出城镇生命线系统的现实优化途经和建议，指导城镇生命线系统可靠性规划建设。

1.4.3　基本框架

城镇生命线系统可靠性研究，一方面遵循人居环境在区域、城镇和街区等不同空间尺度展开，讨论不同空间尺度上科学问题的具体含义。另一方面也顺应当前城乡规划实践的工作阶段，分别包括规划前期的趋势研究、规划中期的方案优化以及规划实施的评估反馈。由此建立研究框架(图 1-43)。

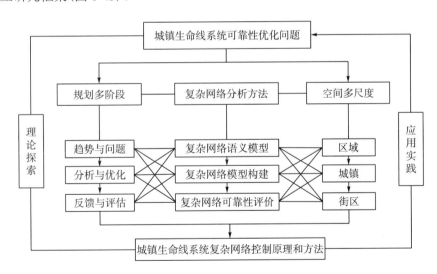

图 1-43　城镇生命线系统可靠性研究的基本框架

1.规划多阶段

城乡规划实践，总体上分为三个工作阶段，不同阶段的问题焦点有所差异。它们分别是规划前期的趋势与问题判断阶段、规划编制过程中规划方案的分析与优化阶段，以及规划实施过程中的反馈与评估阶段。在趋势与问题判断阶段，运用复杂网络分析方法对城镇

生命线系统中，如设施点、传输线路等各要素间的相互作用关系进行定量化分析，把握城镇生命线系统可靠性内在矛盾和整体趋势。在分析与优化阶段，通过对抽象化的城镇生命线网络模型拓扑结构特征和静态结构、动态干扰可靠性进行评价，发现系统可靠性的薄弱节点与线路，为城镇生命线系统规划提供科学依据。反馈与评估阶段，对比分析城镇生命线系统规划优化前后的系统反应，提供一种定量化、可视化的评价方法，为城镇生命线规划实施评估提供客观依据。

2.空间多尺度

城镇生命线系统为多种尺度的城镇功能运行提供基础支撑，在各空间尺度面临不同的现实问题和内在矛盾，与复杂网络交叉研究的其他对象存在差异。从空间尺度大小来看，街区尺度最小，城镇生命线系统规模较小，系统内部矛盾与外界影响相对单一，该尺度城镇生命线系统可靠性重点关注局部片区内部设施规划与空间需求的相互关系。城镇尺度是生命线系统规模最为密集、系统结构复杂的区域，是城镇功能正常运行的基本保障，对优化设施系统结构体系、提高系统运行效率、提升城镇综合安全水平等具有重要的现实意义，是目前城镇生命线系统与复杂网络交叉研究的主要尺度。区域尺度，生命线系统主要面对经济发展全球化、区域化趋势下，地区电力、水、燃气等能源，客运、货运等交通运输以及通信、信息等城镇发展要素之间相互流动和作用关系，借助复杂网络分析方法研究城镇生命线系统可靠性问题，优化区域空间格局，把握区域系统中"物质"流动的客观规律，认识系统的发展趋势，提升生命线系统规划的科学性和客观性。

为此，本书分别对街区尺度下的商业街区步行系统，城镇尺度下的排涝系统、地面公交系统以及公园绿地服务系统，区域尺度下的区域铁路交通系统进行可靠性研究(表1-5)，探索复杂网络与城镇生命线系统交叉研究的基础理论和应用路径。

表1-5　城镇生命线复杂系统研究主要内容

空间尺度	研究内容	对象构成
街区	商业步行系统可靠性	重庆沙坪坝、解放碑、杨家坪、观音桥、南坪五大商圈
城镇	公园绿地服务系统可靠性	内江市、玉溪市、涪陵区等西南城镇
	地面公交系统可靠性	重庆、成都公交系统
	排涝系统可靠性	重庆长寿区、潼南区、綦江区
区域	铁路交通系统可靠性	成渝地区

1.4.4　研究内容

全书整体上分为两个部分：第一部分阐述城镇生命线系统可靠性研究的缘起，明确可靠性研究的科学问题，介绍复杂网络理论与方法以及指标体系构成，阐述复杂网络与城镇生命线系统可靠性研究的基本框架。第二部分选取西南山地典型城镇案例区域的铁路交通系统、排涝系统、公交系统、公园绿地服务系统、商业街区步行系统对复杂网络和城镇生命线系统进行交叉研究。

（1）成渝地区区域铁路交通互通可靠性研究。针对成渝地区铁路"公交化、快速化"的现实需求，探索铁路交通系统复杂机理，推导铁路交通系统复杂网络建模语义，构建成渝地区铁路交通系统复杂网络模型，分析评价网络拓扑结构静态互通可靠性和网络功能运行动态互通可靠性，针对铁路交通复杂网络结构优化、站点及线路功能提升、运营与应急管理等提出规划策略。

（2）西南典型城镇排涝传导可靠性研究。面对雨洪安全综合科技问题，挖掘雨洪排涝系统结构和内涝成灾机理，推导城市雨洪排涝复杂网络语义并构建排涝复杂网络模型，对网络拓扑结构静态传导可靠性和网络功能运行动态传导可靠性进行评价分析，识别潜在内涝风险点和内涝风险区，提出排涝系统规划控制和排涝系统规划修复策略，在长寿、綦江、潼南等西南典型城镇进行实证研究。

（3）城镇地面公交系统互通可靠性研究。基于山地城镇公交系统的复杂性和典型性，选取重庆山地城镇地面公交系统为研究对象，以成都平原城镇公交系统为参照，构建重庆主城区城镇地面公交系统复杂网络模型，分析评价网络拓扑结构静态互通可靠性和网络功能运行动态互通可靠性，挖掘山地城镇地形阻隔条件下的公交系统结构特征，给公交系统整体结构优化、局部均衡性提升、站线分类分级建设提出规划策略。

（4）西南典型城镇公园绿地协同可靠性研究。以提升城镇公园绿地生态与社会服务需求为导向，以内江市、涪陵区、玉溪市等西南典型公园绿地系统为研究对象，结合复杂网络基本原理和方法，构建城镇公园绿地系统复杂网络模型，对网络拓扑结构静态协同可靠性和网络功能运行动态协同可靠性进行评价分析，提出城镇公园绿地系统协同服务优化策略。

（5）重庆商业街区步行系统互通可靠性研究。针对商业步行系统网络化、立体化、功能复合化的发展趋势，以重庆沙坪坝、解放碑、观音桥、杨家坪以及南坪等五个商业街区为研究对象，基于街区步行系统开放空间与交通联系两大功能，分别构建步行系统地理空间和步行设施复杂网络模型，分析评价网络拓扑结构静态互通可靠性和网络功能运行动态互通可靠性，提出商业街区步行系统互通可靠性优化策略。

1.4.5　目的与意义

1.从可靠性技术途径建立西南山地人居环境的防灾减灾规划

随着新型城镇化的持续推进，城乡人居环境防灾减灾、生态安全等安全建设已成为当前关注的焦点。城镇生命线系统作为人居环境系统的重要支撑，是保证城乡功能可靠运行的关键，其可靠性水平决定了城乡人居环境安全建设的质量。特别是在基底条件复杂、生态环境脆弱、工程建设难度大、技术支撑薄弱的西南山地，城镇生命线系统往往面临系统设施运行可靠性和灾时安全可靠性的双重科技问题。为此，基于西南山地人居环境可靠性建设的现实需求，选取铁路交通系统、排涝系统、地面公交系统、公园绿地系统、商业街区步行系统等生命线系统为研究对象，探索西南山地人居环境防灾减灾规划可靠性的技术途径，在成渝地区和重庆、内江、玉溪等西南典型城镇进行实证研究。

2.探索以城乡规划学为基础的复杂网络分析的科学方法和理论体系

基于西南山地城乡人居环境可靠性建设的现实需求，尝试从复杂系统视角理解人居环境建设行为，认识城镇生命线系统互通、传导以及协同可靠性的科学内涵，凝练"城镇生命线系统可靠性"规划科学问题，借助复杂网络系统性分析方法，建立"研究对象-研究范式"的城镇生命线系统交叉研究体系，提出构建区域、城镇、街区多尺度城镇生命线系统复杂网络模型的基本原理，构建城镇生命线复杂网络系统的静态拓扑结构可靠性和动态功能运行可靠性评价体系，推导城镇生命线系统的可靠性规划优化策略，形成"现实复杂系统—抽象网络模型评价—现实系统优化"的研究环路，推动城乡规划理论和技术的方法创新，提升城乡规划的综合科技水平。

3.在城乡规划学和复杂性科学领域，挖掘城乡人居环境的可靠性规律

传统的城乡规划学科偏重工程实践，多依靠"工程实践"推动理论创新和技术进步，强调操作性和应用性，较少关注城乡发展的客观规律，科学性和客观性偏低。在研究方法上，以经验判断和案例借鉴为主，缺少客观的、共性的、普遍的技术方法的支撑。随着对城乡发展规律认识的不断深入，面对西南山地城乡人居环境可靠性建设的复杂科技问题，本书尝试从复杂系统视角理解人居环境建设可靠性行为，揭示城乡复杂系统内部结构关系和功能组织行为，以西南山地城镇生命线系统为对象，探索城乡规划学与复杂网络交叉研究的学科交叉研究方法和理论体系，提高城乡人居环境建设科学化、客观化的量化分析能力，进一步认识城乡复杂系统可靠性发展的客观规律，丰富城乡规划理论体系。

第2章 区域铁路交通可靠性：
以成渝地区为例①

我国经济建设的快速发展，对铁路系统在自然灾害及其他特殊条件下的可靠性和应变能力提出了更高的要求。成渝地区位于地形复杂的西南山地区域，灾害频仍，铁路交通系统的可靠性研究是满足区域社会经济发展，实现铁路交通"公交化、快速化"的现实需求。本章在探索铁路交通系统复杂机理的基础上，提炼区域铁路交通系统的复杂网络建模原理，推导铁路交通系统可靠性研究的模型语义，构建区域铁路交通系统复杂网络模型，对网络拓扑结构静态可靠性和网络功能运行动态可靠性进行分析测评。一方面，对铁路交通系统线路结构可靠性进行优化，加强站点间铁路连接，提升站点各层级结构功能，规划提高路段抗灾应变水平；另一方面，对铁路交通系统运营应急管理进行优化，提高客运联系密度，优化布置核心区站点首位联系，合理规划管理措施，制定应急预案，为成渝铁路交通系统的优化拓展提供参考依据。

2.1 铁路交通系统研究现状与问题

2.1.1 国内外研究与实践进展

1.理论研究阶段

国外发达国家铁路交通基础设施建设在 20 世纪 80 年代趋于饱和[125]，专门针对铁路交通系统理论方面的研究相对较少[126-128]。

我国铁路交通系统研究主要包含理论萌芽和理论发展两个阶段。理论萌芽阶段基本沿用传统的公路系统规划理论和方法；理论发展阶段分别从规划与布局方面、运输规划与建议、系统可靠性等方面进行探索研究。在规划与布局方面，提出定性与定量方法相结合[129]，建立线路可达性等级模型[130]，研究多阶段铁路交通系统动态布局问题[131]；在运输规划与建设方面，将区位理论、功能分析、方式优势分析等环节纳入铁路系统理论研究当中[132]，对铁路系统的内部环境、外部环境进行考虑，建立铁路系统评价体系[133]；铁路系统可靠性研究方面，从复杂网络角度分析全国铁路网统计特征，分析验证全国铁路网在随机攻击和选择攻击等不同攻击模式下可靠性的变化情况[134, 135]。

---

① 本章内容根据王亚风的硕士论文《成渝城市群铁路网可靠性及规划策略研究》改写。

2.规划研究内容

铁路交通系统规划研究主要集中在铁路系统规划布局及评价、铁路站场空间规划、经济产业关联发展等方面，少数学者研究了城际铁路网的脆弱性，提出了规划设计优化建议[136]。

在铁路系统规划布局方面，针对铁路线路选线问题，国外相关学者提出采用正推法，主要根据城市人口规模、土地资源，采用数学方法建立目标函数，正向寻求最佳路线，但该方法只适用于起讫点间的一条路线，在多条路线的情况下不适用[137]。1976 年，又有学者提出了四步式的方法，在起始点间找到权重最小的线路。1994 年，相关学者提出了连接最短路和最短行程的启发式算法[138]；1996 年，有学者运用运筹学的 TABU Research 方法，求解线路最佳路径[139]。

20 世纪 60 年代后，交通需求分析理论得到快速发展，国外大城市群开始对城际铁路网方案比选评价进行研究。20 世纪 70 年代末美国把城市群城际铁路发展规划的评价指标划分为重构节省能源的城镇体系、恢复中心区活力、促进旧城改建、改善环境等[140]。1988 年有关学者对静态评价城际铁路网作了归纳综述，提出了改善路网的经验方法规划评价，定义了一些几何特性度量指标，主要包括网络的几何形状和城市静态指标[141]。

在铁路系统空间布局与优化评价方面，有学者对成渝城市群城际轨道提出交通线网规划布局优化建议；针对城际轨道交通枢纽与土地利用的整合问题，构建了城市群空间潜能吸引力模型，研究城际轨道交通枢纽选址及线路优化[142]，提出了城市群城际轨道交通的规划方法和评价指标[143-145]（图 2-1）；部分学者提出了适合我国高速铁路交通枢纽的规划设计方法和发展策略[146]，借助空间句法模型指标对京津冀区域铁路网规划合理性进行评价[147]，建立了轨道交通衔接模式的选择方法和模型研究珠三角地区轨道交通网[148]。

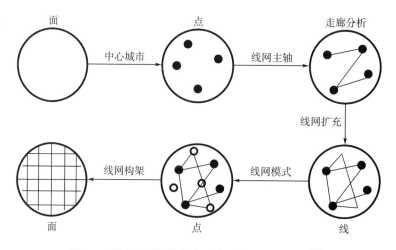

图 2-1　都市圈城际轨道交通线网规划布局思想[143]

在铁路站场空间规划方面，有学者总结了欧洲车站地区城市阻隔现象的六种模式，对上海火车站地区提出相应对策[149]；以沪宁铁路常州站为例，提出了土地开发强度适宜性判定方法[150]，运用百度地图 POI 数据对沪宁沿线 28 个高铁站点周边商务空间的分布特征及影响因素进行分析，将站点划分为紧邻核心、轴状串联、组团之间、飞地外延四大类，并提出对应的发展建议[151]。在经济产业关联发展研究方面，有学者从经济地理学和城市规划学视角，对高铁站区属性及圈层空间、人口集聚、产业布局、土地使用等经济空间结构和效应问题展开研究[152]。

3.研究方法

交通路网时空演化的复杂性吸引了经济、地理、城市规划、数学等不同学科的学者来研究其拓扑结构[153]。一般而言，有六种典型方法，分别是：地理信息系统(geographic information system)、图论(graph theory)、复杂网络(complex networks)、数学规划(mathematical programming)、模拟仿真(simulation)、基于代理商的模型(agent-based modeling)[154](表 2-1)。相比而言，复杂网络理论作为一种新兴的理论方法表现出了旺盛的生命力，吸引了众多学者的注意。

表 2-1　方法比较[154]

方法	基础特征	典型的应用领域
地理信息系统(GIS)	可描述；强调空间属性；可进行时间切片分析	项目选址；交通可达性；时空演化；交通空间技术分析
图论	可描述；静态的；关注拓扑结构，一定的空间属性	可达性和连通性；设施服务水平研究
复杂网络	可描述和预测；不强调空间属性，关注拓扑结构	复杂网络构建；网络可靠性和抗毁性；网络优化设计
数学规划	可预测；静态或动力学性质；空间属性(可选择)	项目选址；交通流分析；网络优化设计
模拟仿真	可预测；动力学性质；空间属性(可选择)；非线性特征	交通容量研究
基于代理商的模型	可预测和解释；动力学性质；空间属性(可选择)；非线性特征	交通旅行计划制定；网络线路选取；土地利用与交通系统演化

具体到铁路网，国外对瑞士铁路网的研究发现网络度分布在双对数坐标下呈现出无标度网络的特性[155]；国内在分析铁路网抗毁性的基础上，建立铁路网抗毁性评估模型，提出以旅行时间为测度的网络可达性和区域可达性指标及其计算方法，实证分析了 2008 年雪灾对铁路网的影响(图 2-2)。有文献从复杂网络的角度分析铁路网拓扑结构统计特征，建立铁路物理网和铁路运输网两种复杂网络模型，进行可靠性分析，对铁路网能力可靠性、能力适应性和抗毁性进行评估；有文献运用遗传算法建立模型研究铁路网系统运输能力可靠性问题，通过算例验证模型的有效性。相关学者以此为基础，引入信息论中相对熵的概念，建立了中国铁路地理网的鲁棒性测度模型，依据测度模型对地理网进行优化。

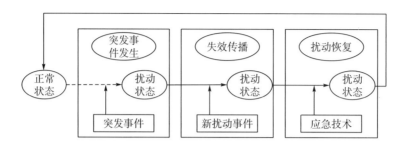

图 2-2　铁路网抗毁性分析模型[156]

4.规划实践

我国铁路发展成效显著,基础铁路网络初步形成。城市群铁路交通建设方面,2005年,国家相继实施了环渤海、长三角、珠三角区域城际轨道交通网规划;2008 年《中长期铁路网规划》颁布后,长株潭、成渝以及中原城市群、武汉城市圈、关中城市群等多个地区的铁路网规划相继得到国家批复,城市群铁路交通建设逐渐实现网络化与现代化。城市铁路交通规划层面,河南郑州[157]、江西[158]、广西[159]、河北沧州[160]等地相继出台铁路交通系统规划实施方案,指导铁路交通系统的规划与建设。

5.研究现状评述

通过对铁路交通系统研究现状与问题进行综述,理清研究概况、发展趋势,明确研究方向,提出以下判断:

(1)国外发达国家铁路系统建设在 20 世纪 80 年代趋于饱和,理论研究成果相对较少。国内研究经历了参照公路系统的研究向铁路系统理论专门研究的发展转变,主要涉及铁路网宏观规划与布局、综合运输视角下铁路网规划和建设、铁路系统可靠性研究等主要方向的研究,铁路系统研究理论逐渐系统化、科学化。

(2)针对铁路交通系统规划的相关研究内容主要集中在规划布局及评价、铁路站场空间规划、经济产业关联发展等方面,多从定性的角度展开探讨,从交通运输安全及可靠性的角度、定量化分析并指导相关规划的研究较少。

2.1.2　成渝城市群铁路交通系统建设问题

1.建设发展历程

截至 2016 年 7 月,成渝城市群已建成成渝线、宝成线、川黔线、成昆线、襄渝线、内昆线、达成线、达万铁路等普通铁路,成灌、遂成、遂渝、达成、高南、兰渝铁路(广元—重庆段、渝利)、成绵乐客专等快速铁路以及成渝客专高速铁路。成渝城市群现有客运铁路站点 124 个,其中特等站 4 个,分别是成都站、成都南站、重庆北站和达州站。建设发展可分为中华人民共和国成立后稳步建设、改革开放后完善优化、重庆直辖后扩展延伸和新时期网络化发展四个阶段(表 2-2)。

表 2-2 成渝城市群铁路交通系统建设发展阶段

主要阶段	时间	特征	具体内容
新中国成立后稳步建设阶段	1950～1979 年	新中国成立后的第一条铁路——成渝铁路建设完成，先后经历了两个发展高潮	1950～1958 年是川渝地区铁路建设的高潮期，1952 年 7 月全长 505km 的成渝铁路建成通车；国务院把成昆、川黔、贵昆铁路和以后开始修建的襄渝铁路作为西南大三线建设的重点工程，川黔线、成昆线相继复工，分别在 1965 年和 1970 年建成通车
改革开放后完善优化阶段	1979～1997 年	1991 年党中央、国务院做出"加快西南铁路网建设"的重大决定，铁道部也相应制定了"会战西南"的战略部署	1980 年起，铁道部开始对川黔线和襄渝线以及成昆线和宝成线两条通道有步骤地进行技术改造。"八五"期间新建达成铁路，宝成复线、成昆电气化和渝达电气化相继开工，掀起了川渝地区第三次铁路建设的高潮
重庆直辖后拓展阶段	1997～2005 年	"十五"期间(2001～2005 年)川渝地区铁路建设持续发展，铁路线不断扩展延伸	重庆直辖后，内昆线、达万线相继建成，"十五"期间川渝地区铁路建设持续发展，渝怀线、遂渝线、宜万线相继开工建设，宜万铁路与达成、达万线铁路联网，对增强四川、重庆地区向东的铁路运输能力，加快沿江经济区发展，完善路网布局都具有重要作用，川渝地区铁路线不断扩展延伸
新时期网络化阶段	2005 年至今	《成渝经济区区域规划(2011—2020)》《成渝地区城际铁路建设规划(2015—2020 年)》等修编相继出台，对成渝城市群的铁路网建设进行了近、中、远期的规划安排	2005 年襄渝二线及达成铁路改造工程开动，2008 年兰渝线、渝利线相继动工建设，川渝地区铁路建设正朝着网络化方向迈进。近几年，成渝经济区和成渝城市群的建设逐渐被提到国家高度层面，《成渝经济区区域规划(2011—2020 年)》《成渝地区城际铁路建设规划(2015—2020 年)》《成渝城市群发展规划(发改规划〔2016〕910 号)》《重庆市中长期铁路网规划(2016—2030 年)》修编相继出台，对成渝城市群的铁路网建设进行了近、中、远期的规划安排

资料来源：根据《成渝经济区区域规划(2011—2020 年)》等相关资料整理

2.铁路交通系统建设未来趋势

2015 年 9 月，国家发改委批复《成渝地区城际铁路建设规划(2015—2020 年)》，按"骨架网"和"辅助线和市域线"两个层次布局，形成"5 骨架 18 辅助"的城际网(表 2-3，图 2-3)。

表 2-3 成渝地区城际铁路规划建设项目表

序号	层次	项目名称	区段	建设里程/km		
				合计	四川境内	重庆境内
1	骨架网	绵遂内宜铁路	绵阳—遂宁	126	126	
			遂宁—内江	124	124	
			内江—宜宾	120	120	
2		达渝城际	达州—邻水—重庆(含广安支线)	239	179	60
3		成都—新机场—自贡—泸州城际	成都—新机场(含成都东联络线)	34	34	
4	辅助线和市域线		自贡—泸州	88	88	
5		重庆市域铁路	重庆—合川	75		75
6			重庆—江津	32		32
7			重庆—璧山—铜梁	39		39
8		重庆都市圈环线	合川—铜梁—大足—永川	131		131
		合计		1008	671	337

资料来源：《成渝地区城际铁路建设规划(2015—2020 年)》

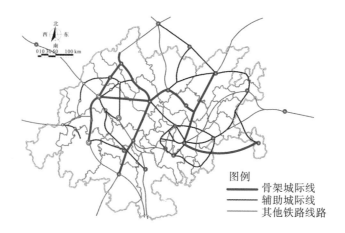

图 2-3　成渝地区城际铁路网规划示意图[①]

资料来源：《成渝地区城际铁路建设规划(2015—2020 年)》

2016 年 4 月，国家发改委、住建部联合批复《成渝城市群发展规划》(发改规划〔2016〕910 号)，提出构建综合交通运输网络。以重庆、成都两大综合交通枢纽建设为核心，以高速铁路、城际铁路和高速公路为骨干，构建安全、便捷、高效、绿色、经济的综合交通运输网络(图 2-4)，支撑引领"一轴两带双核三圈"城市群空间格局的形成(图 2-5)。优先建设以高速铁路、城际铁路、高速公路为骨干的城际交通网络，打造核心城市 1 小时交通圈。加快推进"一江两翼"国际通道建设，依托长江黄金水道和沿江铁路，完善向东出海的川渝汉沪通道；依托兰渝、宝成、西康至襄渝、兰新等铁路，打造内陆地区连接丝绸之路经济带的通道；依托成昆铁路和渝昆铁路，构建向南开放的川渝滇至东南亚陆上通道。

2016 年 7 月，国家发改委批复《重庆市中长期铁路网规划(2016—2030 年)》，进一步将成渝铁路交通系统融入国家铁路大发展和整体格局中。

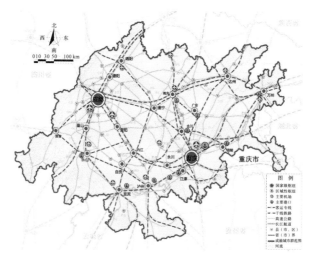

图 2-4　成渝城市群综合交通网框架示意图(见彩图)

资料来源：《成渝城市群发展规划》〔2016〕910 号文件

[①] 由于本书所做的研究始于 2015 年，所以图中的区划界线为 2015 年的标准。后同。

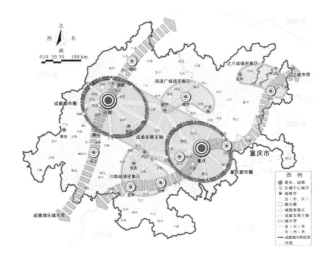

图 2-5　成渝城市群空间格局示意图(见彩图)

资料来源：《成渝城市群发展规划》〔2016〕910 号文件

3.现状问题解析

1)路网密度不足，服务能力偏低

成渝城市群地处我国西南地区，区域内基本形成以宝成、成昆、襄渝、川黔、成渝、内昆、贵昆、湘黔、南昆等铁路干线为骨架，以成都、重庆为中心的骨干运输网。截至 2015 年底，四川铁路网密度达到 96.9km/(×10^{4}km^2)，为全国平均水平的 74%；重庆铁路网密度达到 234km/(×10^{4}km^2)，超过全国平均水平(图 2-6)，但重庆山地地形条件复杂，同等的路网密度相对平原地区服务能力较低。成渝城市群 36 个区、县(市)[①]中有 7 个(泸州、忠县、垫江、开州、云阳、铜梁、南川)没通铁路，铁路覆盖率为 80.5%，铁路网布局覆盖率仍有待提高。

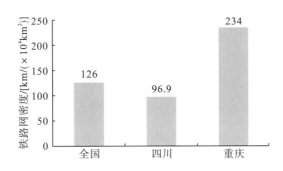

图 2-6　2015 年底四川、重庆铁路网密度与全国比较

[①] 按照此统计方法，包括四川境内的雅安、乐山、眉山、成都、德阳、绵阳、资阳、内江、自贡、泸州、遂宁、南充、广安、达州、宜宾 15 个市，以及重庆境内荣昌、大足、潼南、铜梁、璧山、江津、綦江、重庆主城、南川、涪陵、长寿、垫江、丰都、忠县、黔江、梁平、万州、云阳、开州、合川、永川 21 个区、县。

2) 区域连通运行效率有待提高

随着铁路运输对安全、高效、优质的需求越来越高，旅客运输要求"舒适、快速、及时"，货物运输要求"大宗货物直达化、高值货物快速化"。在成渝城市群内部，城市间缺乏便捷的铁路联系，连通性能不足，要跟上铁路运输的发展需求难度很大。

截至 2015 年底成渝城市群对外铁路通道标准偏低，与周边省会城市快捷直达联系不足。以重庆为例，重庆既有的和在建的对外铁路标准偏低，与国家规划战略通道衔接存在瓶颈；对外高速铁路通道不足，缺少直达长沙、西安、贵阳等周边省会城市和西北方向的高速铁路，除成都外，重庆到周边省会城市需 8 小时，至北上广等国家中心城市需 12 小时，铁路交通运行效率亟待提高。

3) 灾害频发导致路网中断

成渝城市群铁路系统是典型的山区铁路，桥隧总长占正线延长的 26.1%，仅成昆线就有桥梁 690 座、隧道 287 座，桥隧比例更是高达 38.3% 以上，沿线山高坡陡，地质复杂，地理环境恶劣，灾害多发。铁路交通易受灾害影响导致线路临时改线或停运，引起旅客及货物安全事故。2011 年 6 月 16 日，成昆铁路白果至普雄区段遭遇大暴雨，引发山体溜坍（图 2-7），造成成昆线全面中断，途中 4 列旅客列车、约 5000 名旅客滞留。2013 年 4 月 20 日，受四川省雅安地震影响，成都铁路局扣停运行中的列车 82 列，2013 年 8 月 2 日凌晨，内六铁路（内江至六盘水）大关站至曾家坪子站区间发生山体滑坡，造成内六铁路运输中断。为确保旅客安全，迅速扣停在途运行列车，经由内六铁路的列车迂回运行或停运，部分车次因此临时变动。2016 年 6 月 28 日，重庆市境内持续强降雨导致岩土含水量饱和，成渝铁路突发险情（图 2-8），山体溜坍中断行车，三条线路暂停运营，铁路部门对途经成渝铁路的列车运行秩序进行调整，对 30 余趟旅客列车采取缩短、迂回、停运等方式组织运输，大量旅客滞留车站。

图 2-7　成昆铁路因暴雨发生山体溜坍图

资料来源：网易新闻

图 2-8　抢险人员在成渝铁路水害现场排险

资料来源：中新网

4) 站点及线路故障极易引起级联失效

铁路系统中站点或线路失效会造成网络中其他站点或线路相继失效，引发铁路系统整体陷入瘫痪的风险。2008 年 1 月 25 日，连续冰雪和冻雨的重压使得湖南郴州一处输电塔被压塌，电塔倒塌使得一条 10 万伏的高压线搭在了 2.5 万伏的铁路接触网上，造成京广线小水铺至马田墟区间的配电所跳闸断电，引发京广线停运，最终导致整个南方路网的铁路交通系统近乎瘫痪。加之成渝城市群地处西南山区，灾害类型多，发生频率高，铁路网布局还处在完善优化阶段，部分铁路站点客货流负荷过大，铁路系统一旦发生级联失效，会对铁路系统运行可靠性带来更大的挑战。

2.2　铁路交通系统可靠性研究设计

2.2.1　研究方案

1.研究思路

铁路交通系统是典型的复杂系统，其复杂性表现在网络结构和动力学行为两方面。动力学复杂性主要体现在铁路系统节点与运行状态随时间不断变化，具有非线性的动力学行为特征。

面对铁路系统的复杂机理，引入复杂网络理论与方法进行可靠性问题的交叉研究，主要基于以下三方面原因：其一，依据研究对象及目的，将铁路交通系统抽象提取为不同的拓扑结构，展示系统中复杂的拓扑结构特征，国内外在这方面有较为成熟的研究成果；其二，对动力学行为或特征而言，铁路交通系统具有明显的复杂特性；其三，网络拓扑结构特征与规律对研究铁路交通系统的可靠性、抗毁性、流量分布以及其他动力学过程具有直接的巨大影响。

基于成渝城市群铁路交通系统现状问题，凝练"成渝城市群铁路交通系统可靠性"科学问题，发现铁路系统复杂机理，引入复杂网络理论和方法，构建铁路交通系统复杂网络模型。从"结构"和"功能"两个核心问题出发，"结构"包括对网络统计规律和特征结构进行分析，研究铁路复杂网络模型的静态拓扑结构可靠性；"功能"主要指在网络动力学过程领域，研究铁路复杂网络模型面临不同故障时的状态变化，是复杂网络模型可靠性研究的动态层面，进行铁路网可靠性综合评价，提出规划策略(图 2-9)。

2.方案设计

研究方案包括模型构建、可靠性分析评价和规划优化三个方面(图 2-10)。首先，借鉴复杂网络理论和方法，分别构建铁路物理复杂网络模型和铁路车流复杂网络模型(以下统称铁路网)两个网络模型。其次，构建铁路交通系统可靠性评价指标体系，分析评价网络拓扑结构静态可靠性和网络功能运行动态可靠性。其中，网络拓扑结构静态可靠性评价包括统计属性和特征结构的分析；网络功能运行动态可靠性研究在节点故障和边故障两种情形下展开。最后，根据可靠性评价结果，从铁路交通系统线网结构可靠性优化、站点及路段功能提升、铁路交通运营及应急管理优化三方面提出规划策略。

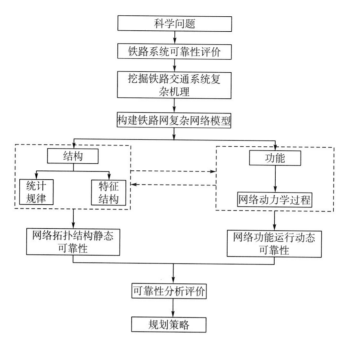

图 2-9 整体研究思路

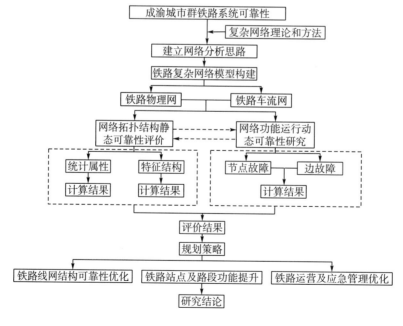

图 2-10 研究方案

2.2.2　模型构建

1.构建原理

根据铁路交通系统的不同原理，铁路交通系统复杂网络模型构建主要有四种方式[161]（表 2-4）：①在铁路设施角度，以铁路站点为网络节点，铁路线为连接两个站点的边，构建铁路物理复杂网络。根据铁路物理网研究需要，可赋予边和节点不同的属性，包括客、货运站类型，车站等级，单双线，电气化与否，等等。②从列车运输角度，以铁路站点为节点，同一趟列车路径上的相邻站点之间都存在联系，记为一条边，构建铁路运输复杂网络，该网络模型可用来衡量结构特征对列车运输效率的影响。③站在站点间的 OD 联系（起始-到达）角度，以铁路物理网为基础构建铁路车流复杂网络，反映列车与所途经站点之间的关系，可以研究列车换乘之间的关系，为开行列车提供依据。④从列车运行角度，以列车车次为节点，以列车间的时间或空间关系为边，构建铁路列车关系复杂网络，反映列车之间的相互影响和限制的关系，对列车运行系统的评估以及优化有借鉴作用。

表 2-4　常见的铁路复杂网络模型构建方法

铁路复杂网络名称	构建描述
铁路物理网	以铁路站点为节点，以连接各站点之间的铁路线为边构成的网络 A、B、C、D、E、F 表示铁路站点
铁路运输网	以列车经过的所有站点为节点，同一趟列车路径上的相邻站点之间都存在连线所构成的网络 A、B、C、D、E、F 是一条铁路线上顺序相连的六个铁路站点，列车 T_1 停靠 A、C、D、E、F 五个站点，列车 T_2 停靠 A、B、C、F 四个站点。
铁路车流网	以列车经过的所有站点为节点，同一趟列车路径上的站点之间都存在连线所构成的网络，反映站点间的 OD 联系（起始-到达） A、B、C、D、E、F 是一条铁路线上顺序相连的六个铁路站点，列车 T_1 停靠 A、C、D、E、F 五个站点，列车 T_2 停靠 A、B、C、F 四个站点
铁路列车关系网	以列车车次为节点，如果两个车次停靠至少同一个车站，则这两个车次之间存在一条边

综合比较以上几种铁路复杂网络模型构建方法,铁路物理网和铁路车流网可以在一定程度上反映铁路交通系统的整体状态,分别从铁路设施、车流去向的角度表征了铁路交通系统的拓扑结构和功能运行特征。

2.数据收集与整理

从《全国铁路旅客列车时刻表》提取成渝城市群客运铁路信息,进行铁路交通系统网络模型构建,共包括 124 个火车客站和 450 列火车(附表 2-A),其中,1~53 号站点属成渝城市群重庆片区,54~124 号站点属成渝城市群四川片区。根据以上基础数据,构建网络关系邻接矩阵(附表 2-B),为便于可视化和规划策略分析,所有站点均集成了地理坐标,携带地理信息(附表 2-C,图 2-11)。

图 2-11   成渝城市群站点空间布局图

3.网络模型构建

1)基于地理环境的铁路物理网

在铁路物理网中,线路连接站点 i 和 j,且 i 和 j 之间没有其他站点,则认为站点 i 和 j 之间存在"边"联系,记 $a_{ij}=1$,否则 $a_{ij}=0$,由此构建铁路物理网模型邻接矩阵。铁路物理网从地理结构上描述了实际的铁路交通系统拓扑结构,直接地反映了铁路交通系统在实际的地理空间上站点与铁路轨道的分布及实际连接关系,具有空间地理特性和结构层次性,是铁路交通运行的基础。基于铁路列车成对运行等特点,铁路物理网不考虑线路的方向性,为无向网络;也不考虑铁路线的运载能力和级别,为无权网络。由此生成的成渝城市群铁路物理网模型包含 124 个站点、140 条边(图 2-12)。

2)基于客运联系的铁路车流网

现实复杂系统中,元素与元素之间的关系除了简单的存在与否之外,还存在着强度的差异。在无权网络研究的基础之上,通过对网络中的节点和边按照一定规则赋予权值可得到加权网络。铁路客运列车车流的运行代表了各站点间的客运联系情况,能更加真实地反

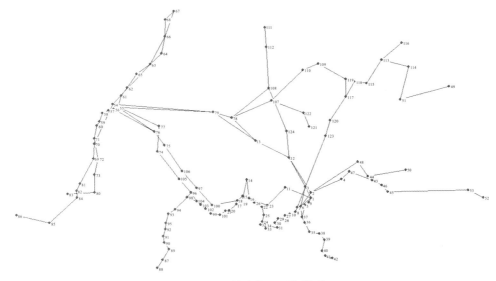

图 2-12　铁路物理网络模型

映铁路交通系统，为此构建了基于客运联系的无向加权铁路车流网模型。

在铁路车流网中，将车站作为网络中的节点，若站点 i 和站点 j 之间有一趟列车先经过站点 i，后在站点 j 停靠(即 OD 联系)，则认为站点 i 至站点 j 存在一条"边"联系，记 $a_{ij}=1$；同理，如果站点 i 至站点 j 之间有 n 趟列车先经过站点 i，后在站点 j 停靠，则 $a_{ij}=n$。由于铁路网上下行开行对数不是绝对相同，会有小的差异，且存在部分站点上行时停靠，而下行时不停靠的情形，即会出现 a_{ij} 与 a_{ji} 不相等的情况。考虑到模型构建假设，在生成矩阵时，若 $a_{ij} \neq a_{ji}$，则以 a_{ij} 和 a_{ji} 中数值较大者为基准进行矩阵对称化处理，例如，$a_{13}=5$，而 $a_{31}=3$，则令 $a_{31}=5$，构建铁路车流网模型邻接矩阵。由此生成的成渝城市群铁路车流网模型包含 124 个站点、1156 条边(图 2-13)。由于不考虑单复线情况，铁路网上下行开行对数大致相同，为便于研究，减少数据统计量，将铁路车流网处理为无向网络。

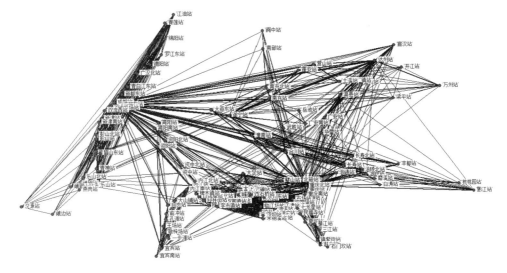

图 2-13　铁路车流网模型

2.3   铁路网络可靠性分析

成渝城市群铁路网可靠性分析主要针对铁路网络拓扑性结构静态可靠性及铁路网功能运行动态可靠性进行分析。其中，静态可靠性分析包括物理网及车流网统计属性和特征结构分析两方面；动态可靠性分析包括两方面，一是在站点故障条件下分别针对物理网与车流网进行互通可靠性分析，二是线路故障的物理网互通可靠性分析(图2-14)。

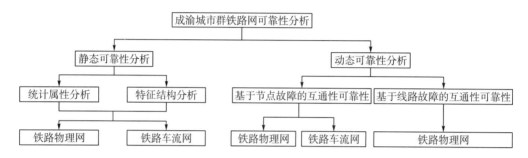

图2-14   成渝城市群铁路系统可靠性分析研究框架

2.3.1   铁路网静态可靠性分析

铁路网络静态可靠性分析主要指铁路网络统计属性分析、特征结构分析、静态拓扑结构特征总结以及拓扑结构可靠性评价总结四个内容。其中，统计属性和特征结构均从物理网和车流网两方面进行分析(图2-15)。

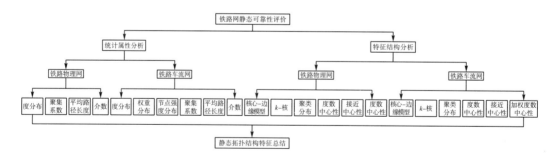

图2-15   成渝城市群铁路系统可靠性分析研究框架

1.铁路物理网统计属性分析

1)度分布

铁路物理网中，节点的度值代表了铁路网中与某个站点有铁路轨道直接相连的车站个数。依据式(1-2)，可计算得出节点度分布和累积度分布情况(图2-16)。

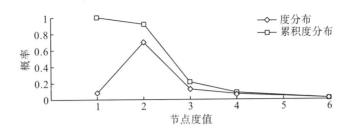

图 2-16　铁路物理网节点度分布及累积度分布

由图 2-16 可知，从度分布角度看，成渝城市群铁路物理网络中 70%的节点度值为 2，8.9%的节点的度值分布在 4 和 6，度值最大的站点为小南海站和北碚站，度值为 6，这说明大多数站点只与其他两个站点相连，只有一条铁路通过，少数的节点拥有大量连接。从累积度分布来看，铁路物理网节点度值只有 1、2、3、4、6 五种情况，度值不超过 2 的节点占总数的 78.2%，整体上无明显的无标度特性。另外，铁路物理网平均度数为 2.258，度数较低，网络一旦发生突发事件或破坏事件，很容易造成网络不连通，导致网络运营效率迅速降低。

2）聚集系数

铁路物理网中，聚集系数反映了铁路局部网络的聚集性。依据式(1-10)、式(1-11)，可计算得出节点聚集系数分布和累积分布情况(图 2-17)。

由图 2-17 可知，从聚集系数分布来看，网络中聚集系数为 1 的站点有 3 个，占总数 2.4%；聚集系数为 0 的站点有 100 个，占总数的 80.6%。铁路物理网的聚集系数为 0.074，趋近于 0，可以看出铁路物理网中，任意三个站点很少有直接连通的轨道使它们形成环路，网络的聚集性较差，整体偏向于树状网络。另外，反映出铁路物理网密度较小，中心节点的相邻站点之间缺乏联络线，造成了节点之间的联系必须通过中心节点，增加了中心站点的负荷。铁路物理网的节点聚集系数空间热力图能直观反映出这些特征(图 2-18)。

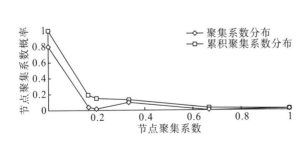

图 2-17　铁路物理网节点聚集系数分布
及累积分布

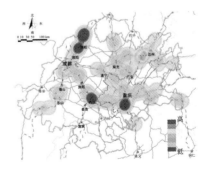

图 2-18　铁路物理网节点聚集系数
空间热力图(见彩图)

3）平均路径长度

依据式(1-5)，计算得出节点平均路径长度分布和累积分布情况，可知，成渝城市群铁路物理网络的平均路径长度为10.924，网络直径为28，由26号节点双石桥站到83号节点峨眉山站通过27个站点可以到达。从节点平均路径长度累积分布可以看出，平均路径长度为8的站点所占百分比最高为70%，平均路径长度为10或10以下的站点占比50%（图2-19）。

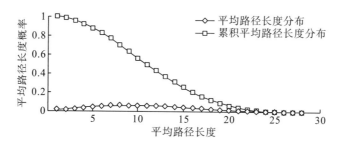

图2-19　铁路物理网节点平均路径长度分布及累积平均路径长度分布

4）中介中心度

铁路物理网中，中介中心度反映了相应的站点或路段在整个铁路网络中的作用力和影响力。依据式(1-6)、式(1-7)，对铁路物理网的节点中介中心度和边中介中心度进行计算，可知节点中介中心度较大的站点有大英东站、成都站、合川站、潼南站、北碚站（表2-5，图2-20），中介中心度排名前20的节点和边集中分布在成渝城市群中部，其中重庆片9个，四川片11个。边中介中心度值最大的是成都站至大英东站的边，而跨重庆片和四川片的边仅有一条，即潼南站至大英东站（图2-21，附表2-D）。

表2-5　铁路物理网点中介中心度值排名前20

排名	节点	介数	排名	节点	介数
1	大英东站(79)	0.5255	11	重庆北站(2)	0.1962
2	成都站(54)	0.4378	12	铜罐驿站(8)	0.1731
3	合川站(12)	0.3724	13	小南海站(6)	0.1723
4	潼南站(13)	0.3315	14	黄磏站(10)	0.1611
5	北碚站(3)	0.3254	15	遂宁站(78)	0.1604
6	简阳站(77)	0.2822	16	江津站(27)	0.1491
7	资阳站(74)	0.2728	17	古家沱站(28)	0.1371
8	资中站(105)	0.2635	18	椑木镇站(104)	0.1369
9	内江站(96)	0.2542	19	成都南站(56)	0.1367
10	成都东站(55)	0.2245	20	内江南站(98)	0.1367

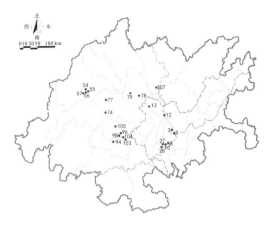

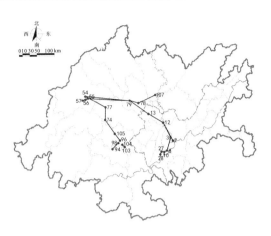

图 2-20　铁路物理网节点中介中心度排名　　　　图 2-21　铁路物理网边中介中心度排名
　　　　前 20 的分布情况　　　　　　　　　　　　　　前 20 的分布情况

2.铁路车流网统计属性分析

1)度分布与平均度

铁路车流网中，节点的度值代表了铁路网中与某个站点有直达客运联系的车站个数。依据式(1-2)，可计算得到各站点度值，分析得出节点度值分布和累积度值分布情况(图 2-22)。

由图 2-22 可知，对铁路车流网的度分布曲线拟合得到该网络模型的度分布满足幂律分布 $p(k)=0.089k-0.466$，车流网具有典型的无标度特性。另外，网络平均度为 18.645，即每个站点平均与 18.645 个其他站点存在铁路客运直达联系。

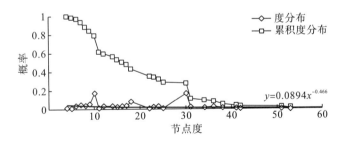

图 2-22　铁路车流网节点度分布及累积度分布

2)权重分布

权重是加权网络的一个统计特征量，在无向加权铁路车流网中，将两站点之间日均经停的列车数目定义为边的权重 w，w 越大，站点之间的客运联系越紧密(图 2-23)。

由图 2-23 可知，对加权铁路车流网模型的边权重分布曲线拟合得到该网络模型的边权分布满足指数分布 $p(w)=0.0466e^{-0.135w}$。网络的平均权重为 2.462，即存在联系的两个站点间每天平均有 2.462 趟次列车通过；网络最大的边权值为重庆北站至成都东站，权重为 45。

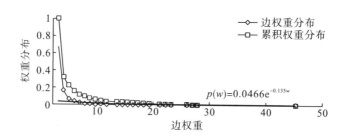

图 2-23   铁路车流网边权重分布及累积边权重分布

3) 节点强度

铁路车流网中，节点强度可以表征车站在网络中的结构重要性和功能重要性。依据式(1-13)，可计算分析得出节点强度分布和累积分布情况(图 2-24)。

由图 2-24 可知，成渝城市群铁路车流网站点的强度分布没有遵循某一特定的函数规律；站点的强度分布曲线出现了多个大小不一的峰值，最大的峰值出现在强度 S 为 30 时，强度分布 $p(S)=0.177$，此时网络中强度为 30 的站点数量最多为 22 个；通过计算得到网络平均站点强度值为 46，即平均通过任意一个停靠站点的列车数量为 46 趟次。从站点累积强度分布可知，当站点强度不小于 125 时，强度分布 $p(S)=0.065$，即 93.5%的站点的强度都分布在 125 以下，可见网络强度值小的站点占大多数(图 2-25)。

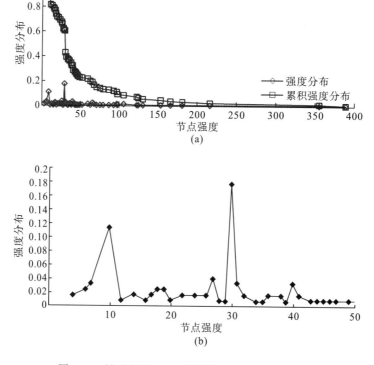

图 2-24   铁路车流网节点强度分布及累积强度分布

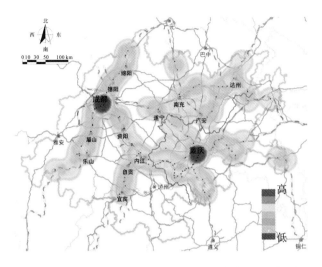

图 2-25 铁路车流网节点强度分布空间热力图(见彩图)

为进一步研究成渝城市群铁路车流网中站点的重要程度,对节点强度和节点度进行比较分析。

成渝城市群铁路车流网中节点强度和度值排在前 20 的站点(附表 2-E)可以看出,强度最大的成都东站,为 389,即从成都东站进入或发出的列车车次为 389 次,其次是重庆北站、达州站等；度值最大的站点也是成都东站,为 61,即在所有列车径路上与成都东站相邻停靠车站有 61 个,其次是重庆站、内江站等；除了成都东站的强度和度值排名顺序一致以外,其余站点强度排序和度值排序均有差别,如重庆北站强度值排第 2,度值则为第 4；达州站强度值排第 3,度值则为第 11。

为了进一步分析铁路车流网节点强度和度值的关系,计算得到铁路车流网的站点强度和度值之间满足函数关系式为 $S_i=2.5995k-2.5655$,其中,S_i 为节点强度,k 为节点的度(图 2-26)。

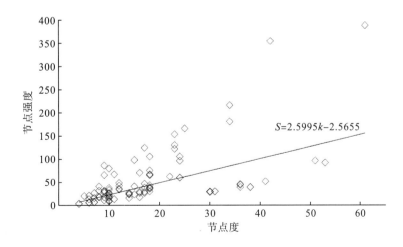

图 2-26 铁路车流网节点强度分布

如图 2-26 可知，网络中存在一部分节点强度小而度值较大的站点，如内江站等，这部分站点地理位置在成渝城市群中具有枢纽作用，连接着各个方向的铁路，但是受政治、经济、政策影响，人口密度流动较小，因而经过该站点的列车车次相对比较稀疏；另外，网络中也存在一部分度值小而节点强度大的站点，如涪陵北站等，这部分站点虽然地理位置在成渝城市群内处于非枢纽位置，但是经济相对发达，相较其他地区的人员流动密度大，旅客出行频率高，因而承担着大量旅客客运业务；成渝城市群铁路车流网的节点强度和度值近似满足线性正相关，节点度值大的站点，节点强度也越大。

4) 聚集系数

依据式(1-10)、式(1-11)，可计算得出节点聚集系数分布和累积分布情况(图 2-27)。

由图 2-27 可知，铁路车流网的节点聚集系数最大值为 1，即节点的相邻节点间两两相连，网络中节点聚集系数为 1 的节点所占比例为 0.38；最小的聚集系数是 0.19，所占比例为 0.008(图 2-28)。

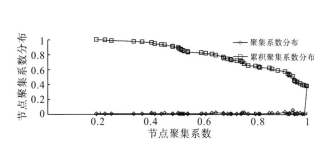

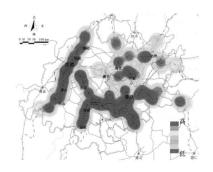

图 2-27　铁路车流网节点聚集系数分布
及累积分布

图 2-28　铁路车流网节点聚集系数
空间热力图(见彩图)

5) 平均路径长度

依据式(1-5)，可计算得出节点平均路径长度分布和累积分布情况(图 2-29)，网络的平均路径长度 L 为 2.245，网络直径为 4，由 4 号节点洛碛站到 98 号节点内江南站通过 3 个站点可以到达。

如果一个网络具有较小的平均路径长度和较高的聚集系数，该网络为小世界网络[162]。以上可知，铁路车流网的平均路径长度 L=2.245，聚集系数 C=0.826，满足以上条件，且度分布满足幂律分布，判定铁路车流网为具有无标度特性的小世界网络。

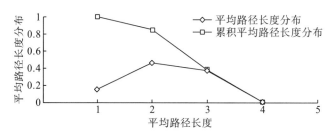

图 2-29　铁路车流网节点平均路径长度分布及累积分布

6）中介中心度

依据式(1-6)、式(1-7)，对铁路车流网的中介中心度进行计算，可知节点中介中心度较大的站点有成都东站等（表 2-6）。中介中心度排名前 20 的节点和边（图 2-30，图 2-31，附表 2-F）的空间分布显示，四川片和重庆片各占一半；中介中心度值较大的边多分布在四川片，主要与成都东站有直达客运联系，分布在重庆片的仅有 2 条；跨区域的高介数边仅有 3 条。

表 2-6　铁路车流网节点中介中心度值排名前 20 分布

排名	节点	介数	排名	节点	介数
1	成都东站(55)	0.3129	11	渠县站(117)	0.0235
2	内江站(96)	0.1428	12	广安站(120)	0.0235
3	重庆站(1)	0.1295	13	綦江站(38)	0.0203
4	重庆北站(2)	0.1034	14	赶水站(41)	0.0187
5	成都站(54)	0.0766	15	乐山北站(81)	0.0158
6	达州站(113)	0.0671	16	涪陵站(43)	0.0131
7	隆昌站(99)	0.0370	17	重庆南站(9)	0.0126
8	宜宾站(87)	0.0330	18	茄子溪站(5)	0.0126
9	自贡站(93)	0.0330	19	长河碥站(16)	0.0116
10	白沙站(31)	0.0280	20	永川东站(23)	0.0102

图 2-30　铁路车流网节点中介中心度排名
前 20 的分布情况

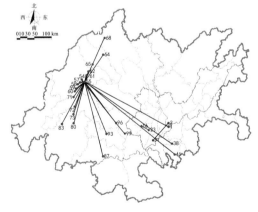

图 2-31　铁路车流网边中介中心度排名
前 20 的分布情况

3.铁路物理网特征结构分析

1）核心-边缘

对铁路物理网进行核心-边缘分类，得出网络中处于核心区的站点有 10 个，处于边缘区的站点有 114 个（表 2-7，图 2-32）。网络核心区和边缘区的密度分别为 0.333 和 0.018，核心区与边缘区之间的联系密度为 0.007；核心区、边缘区密度差距十分明显，且核心区与边缘区之间的联系密度远远小于核心区内部的网络密度。成渝城市群铁路物理网络呈现明显的核心-边缘结构，多数节点居于联系密度较低的边缘区。

表 2-7　铁路物理网络的站点核心-边缘分类表

核心-边缘分类	站点
核心区	1 2 3 7 5 6 8 9 12 37
边缘区	4 10 11 13 14 16 17 18 19 20 21 15 23 24 25 26 27 28 29 30 31 32 33 34 35 36 22 38 39 40 41 42 43 44 45 46 47 48 49 50 51 52 53 54 55 56 57 58 59 60 61 62 63 64 65 66 67 68 69 70 71 72 73 74 75 76 77 78 79 80 81 82 83 84 85 86 87 88 89 90 91 92 93 94 95 96 97 98 99 100 101 102 103 104 105 106 107 108 109 110 111 112 113 114 115 116 117 118 119 120 121 122 123 124

备注：1-重庆站，2-重庆北站，3-北碚站，5-茄子溪站，6-小南海站，7-石场站，8-铜罐驿站，9-重庆南站，12-合川站，37-七龙星站。余下站点位于边缘区。

图 2-32　铁路物理网站点核心-边缘空间分布

2)"k-核"

对成渝城市群铁路物理网进行"k-核"分析(图 2-33、附表 2-G)。经计算可知，网络中"k-核"最大值为"2-核"，站点个数为 72 个，比例为 58.06%；剩余 52 个站点均位于"1-核"当中，网络结构稳定性较差。网络中位于成渝城市群重庆片的"2-核"站点有 34 个，四川片有 38 个，两者数量相近，说明成渝城市群重庆片和四川片之间的连接情况相当。

3)聚类分布

网络中聚类(或称子群)是指节点之间具有相对较强、直接、紧密、经常或者积极的关系的集合，探讨网络的聚类(位置)分布特征是网络结构 "位置和角色"研究[①]的重要部

---

① 网络结构"位置和角色"研究是目前网络分析中量化程度最高的领域，尤其是在位置分析方面，已应用和发展出了许多不同的数学分析方法，主要有结构对等性、自同构对等性和规则对等性分析等，其中 Concor 算法就是结构对等性分析中常用的方法。

分。通过复杂网络分析算法对成渝城市群铁路网络进行聚类(位置)分布分析，根据节点联系的亲疏程度对网络集聚区进行识别。

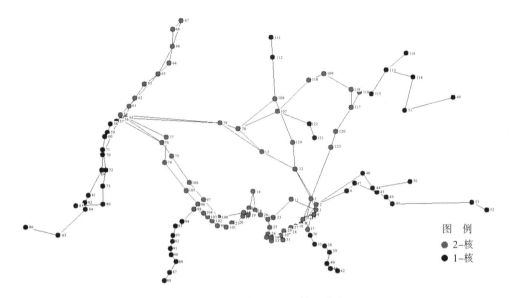

图 2-33　铁路物理网"k-核"分布

通过分析铁路物理网的聚类分布特征，根据站点铁路联系的亲疏程度对集聚区进行空间划分，得出在 2 级层面分为 4 个集聚区，在 3 级层面分为 8 个集聚区(附图 2-A、图 2-34)；3 级层面，第 1 聚集区中重庆站、石场站、铜罐驿站、合川站位于核心区，第 2 聚集区中重庆北站、北碚站、茄子溪站、小南海站、重庆南站、七龙星站位于核心区，其余 6 个集聚区中节点均位于边缘区。

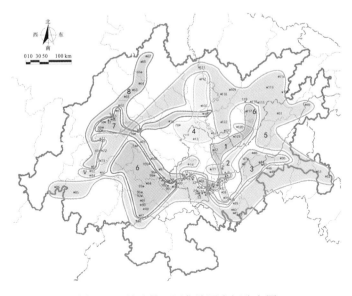

图 2-34　铁路物理网集聚区空间分布图

在 12 个集聚区中, 第 4 集聚区的铁路联系密度值最大, 为 0.4; 第 5 集聚区联系密度值最小, 为 0.036; 集聚区之间的铁路联系密度值均不大, 第 1 和第 2 聚集区之间的联系密度值最大为 0.144, 其次是第 1 和第 4 聚集区, 联系密度值为 0.044, 第 5 和第 6 聚集区之间以及第 5 和第 8 聚集区之间联系密度较弱, 仅为 0.002(表 2-8)。

表 2-8 铁路物理网集聚区密度联系值

聚集区	1	2	3	4	5	6	7	8
1	0.083	0.144	0.025	0.044	0.005	0	0	0
2	0.144	0.178	0.033	0	0	0	0	0
3	0.025	0.033	0.111	0	0.007	0	0.007	0
4	0.044	0	0	0.4	0.004	0	0.04	0
5	0.005	0	0.007	0.004	0.036	0.002	0.004	0.002
6	0	0	0	0	0.002	0.118	0	0.005
7	0	0	0.007	0.04	0.004	0	0.133	0.011
8	0	0	0	0	0.002	0.005	0.011	0.197

4) 点度中心势

根据式(1-17), 对铁路物理网进行点度中心势分析(附表 2-H), 计算可知, 网络点度中心势为 0.0309, 数值较小, 表明铁路线路连接较平均。此外, 铁路物理网平均度数中心度为 2.26, 重庆片为 2.28, 四川片为 2.27, 两者相差不多, 网络结构均衡度较高(图 2-35)。

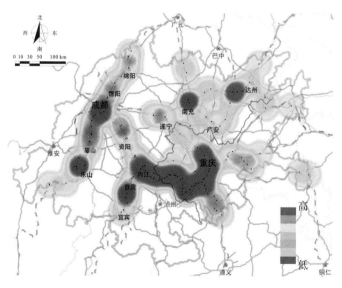

图 2-35 铁路物理网结构均衡度空间热力图(见彩图)

5) 接近中心性

根据式(1-9)、式(1-18), 对铁路物理网进行接近中心性分析(附表 2-I、图 2-36)。计算可知, 网络接近中心势为 0.01。平均接近中心度为 9.73, 重庆片为 9.40, 四川片为 9.98,

表明四川片铁路连接差异程度相对较大，重庆片差异程度较小（图 2-37）。

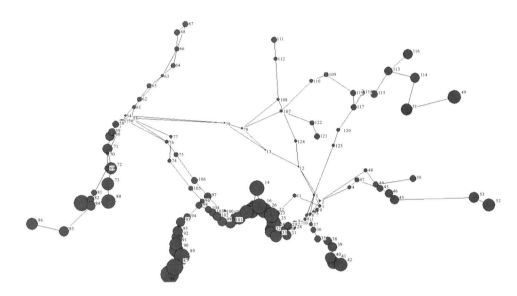

图 2-36　铁路物理网接近中心度分析图（点越大，与其他点的距离值越大）

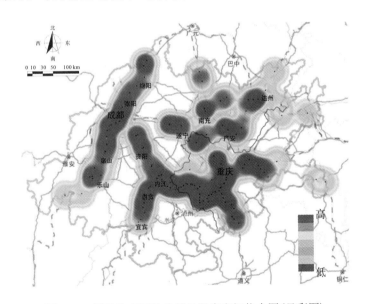

图 2-37　铁路物理网结构差异程度空间热力图（见彩图）

6）点度中心度

根据式（1-1），对铁路物理网中站点进行点度中心度计算，进行位序-规模分布分析
（图 2-38、图 2-39）。可知，北碚站和小南海站的点度中心度最高为 6，重庆站等 9 个站点
度中心度为 4，表明上述节点在铁路物理网中的连通度较高，将其划分为第一层级结构，
将点度中心度值为 3 的站点划分为第二层级结构，点度中心度为 2 和 1 的站点归为第三层
级结构（表 2-9）。

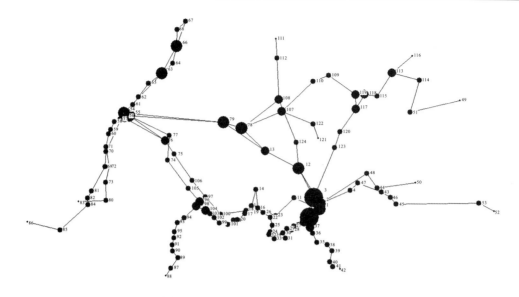

图 2-38 铁路物理网点度中心度分析图

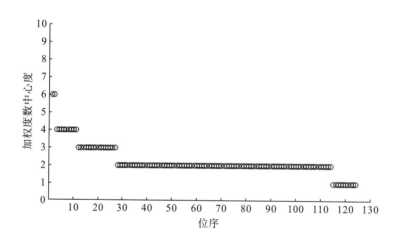

图 2-39 铁路物理网点度中心度位序-规模分布

表 2-9 铁路物理网站点层级划分

层级	度数中心度(k)取值范围	站点
第一层级结构	$k>3$	北碚站、小南海站、重庆站、重庆北站、合川站、成都站、成都东站、德阳站、绵阳站、遂宁站、大英东站等 11 个站点
第二层级结构	$k=3$	茄子溪站、石场站、铜罐驿站、潼南站、七龙星站、成都南站、简阳南站、内江站、内江南站、桦木镇站、南充站、南充北站、达州站、渠县站、三汇镇站、土溪站等 16 个站点
第三层级结构	$k<3$	洛碛站、重庆南站、黄磏站、璧山站、大足站、大足南站、长河碥站、荣昌站、荣昌北站、峰高铺站、广顺场站、安富镇站、永川站、永川东站、柏林站等余下的 97 个站点

4.铁路车流网特征结构分析

1)核心-边缘

对铁路车流网进行核心-边缘分类，得出网络中处于核心区的站点有 18 个，处于边缘区的站点有 106 个（表 2-10、图 2-40）。网络核心区和边缘区的密度分别为 4.974 和 0.219，核心区与边缘区之间的联系密度为 0.455；核心区、边缘区密度差距十分明显，且核心区与边缘区之间的联系密度远远小于核心区内部的网络密度。铁路车流网也呈现明显的核心-边缘结构，多数节点居于联系密度较低的边缘区。

表 2-10 铁路车流网络核心-边缘分类表

核心-边缘分类	站点
核心区	2 4 11 12 13 43 44 48 50 54 55 63 66 67 78 107 109 113
边缘区	1 3 5 6 7 8 9 10 14 15 16 17 18 19 20 21 22 23 24 25 26 27 28 29 30 31 32 33 34 35 36 37 38 39 40 41 42 45 46 47 49 51 52 53 56 57 58 59 60 61 62 64 65 68 69 70 71 72 73 74 75 76 77 79 80 81 82 83 84 85 86 87 88 89 90 91 92 93 94 95 96 97 98 99 100 101 102 103 104 105 106 108 110 111 112 114 115 116 117 118 119 120 121 122 123 124

注：2-重庆北站，4-洛碛站，11-璧山站，12-合川站，13-潼南站，43-涪陵站，44-涪陵北站，48-长寿北站，50-丰都站，54-成都站，55-成都东站，63-德阳站，66-绵阳站，67-江油站，78-遂宁站，107-南充站，109-营山站，113-达州站。余下站点位于边缘区。

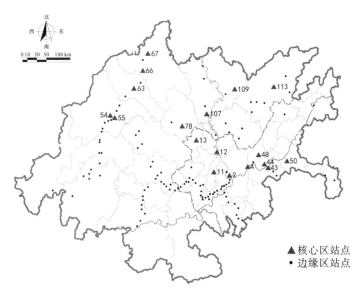

图 2-40 铁路车流网站点核心-边缘空间分布

2)"k-核"

对铁路车流网络进行"k-核"分析（图 2-41、附表 2-J）。经计算可知，网络结构中"k-核"最大值为"30-核"，比例为 25%；"k-核"最小值为"4-核"，网络结构稳定性较好。对铁路车流网的"k-核"层级进行分析，根据"k-核"值的大小将其划分为 3 级。

"k-核"层级最高的有重庆站等 31 个站点。位于该层级的站点都至少与其他 30 个站点存在铁路客运直达联系，其中，位于重庆片的站点有 25 个，位于四川片的站点有 6 个，主要分布在成渝铁路沿线，发车频次都为 30 趟次以上。

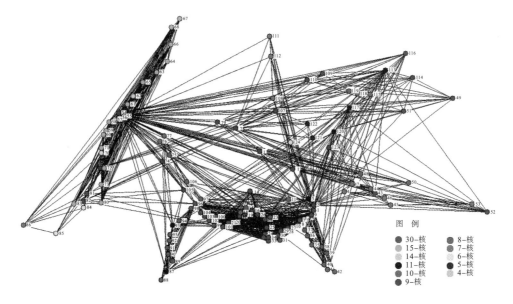

图 2-41　铁路车流网"*k*-核"分布（见彩图）

3）聚类分布

通过分析铁路车流网的聚类分布特征，根据站点 OD 客运联系的亲疏程度对集聚区进行空间划分，得出在 2 级层面分为 4 个集聚区，在 3 级层面分为 8 个空间集聚区（附图 2-B、图 2-42）。3 级层面前 4 个集聚区中节点均处于边缘区，第 5 集聚区中的洛碛站、涪陵北站、长寿北站、丰都站、潼南站、成都东站、重庆北站、璧山站、合川站、涪陵站位于核心区，第 6 集聚区中的达州站、营山站、南充站、遂宁站位于核心区，第 7 集聚区中的成都站位于核心区，第 8 集聚区中的江油站、绵阳站、德阳站位于核心区。

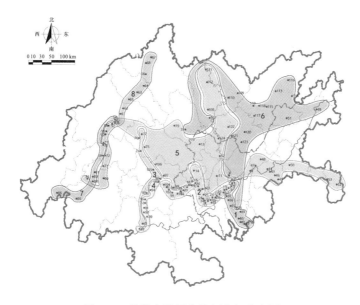

图 2-42　铁路车流网集聚区空间分布图

集聚区内部，第 3 集聚区的客运联系密度值达到最大，为 5.733；第 4 集聚区的客运联系密度值最低，为 1；集聚区之间的客运联系密度值均不大，第 7 和第 8 集聚区之间的客运联系密度值最大为 0.507，其次是第 3 和第 4 集聚区，两者客运联系密度值达到 0.5，第 2 和第 5 集聚区之间存在一定的客运联系，但联系较弱，密度值仅为 0.002（表 2-11）。

表 2-11 铁路客运联系集聚区密度联系值

聚集区	1	2	3	4	5	6	7	8
1	1.179	0.207	0.083	0	0.065	0.34	0	0
2	0.207	1.025	0.299	0	0.002	0.034	0.013	0
3	0.083	0.299	5.733	0.5	0.034	0.111	0.813	0
4	0	0	0.5	1	0	0	0	0
5	0.065	0.002	0.034	0	1.599	0.462	0.065	0.226
6	0.34	0.034	0.111	0	0.462	2.444	0.458	0
7	0	0.013	0.813	0	0.065	0.458	1.571	0.507
8	0	0	0	0	0.226	0	0.507	2.817

4) 点度中心势

根据式(1-17)，对铁路车流网进行点度中心势分析(附表 2-K)。计算可知，成都东站与其他站点存在的直达铁路客运联系最多，达到 61 个，其次是重庆站和内江站，分别为 53 个和 51 个，网络点度中心势为 0.35，远大于铁路物理网，说明铁路车流网站点联系较为集中，网络结构均衡度较弱。此外，成渝城市群平均每个站点的联系对象为 18.65 个，四川片平均每个站点联系对象为 16.31 个，低于平均值；重庆片平均每个站点联系对象则为 21.77 个，高于平均值。分析表明四川片站点铁路客运联系还较弱(图 2-43)。

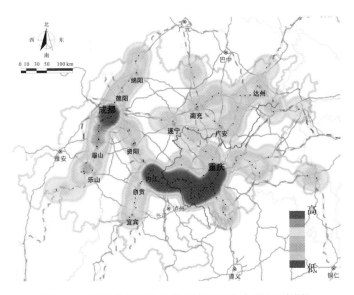

图 2-43 铁路车流网结构均衡度空间热力图(见彩图)

5）接近中心度

根据式（1-9）、式（1-18），对铁路车流网进行接近中心度分析（附表2-L、图2-44）。计算可知，成都东站接近中心度最高，其次是内江站等，接近中心度为0.41，远高于铁路物理网的0.1，铁路车流网比物理网的站点联系差异程度更大。成渝城市群车流网平均接近中心度为45.11，重庆片为45.25，四川片为45，两者相差不大，且接近平均值，可以看出成渝城市群重庆片和四川片节点间客运联系差异程度相当，节点间相对可达程度接近（图2-45）。

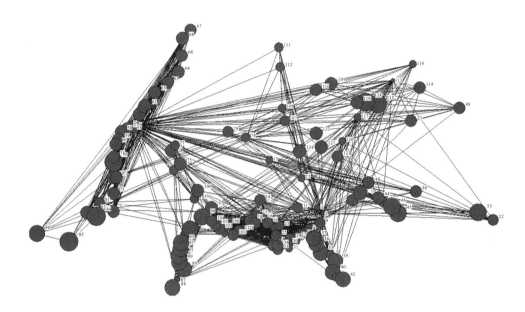

图2-44　铁路车流网接近中心度分析图（见彩图）

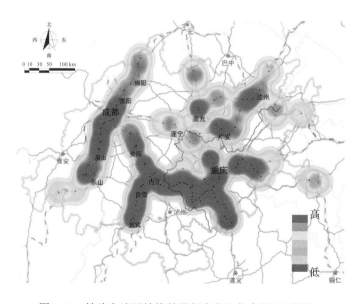

图2-45　铁路车流网结构差异程度空间热力图（见彩图）

6）加权度数中心度

根据式（1-14），对铁路车流网中站点进行加权度数中心度计算，进行位序-规模分布分析（图 2-46、图 2-47）。可知，成都东站和重庆北站加权度数中心度值分别为 19.72 和 18.84，远高于成渝城市群其他站点；由于位序-规模曲线在加权度数中心度 $P=10$ 和 $P=5.5$ 两个位置形成曲线斜率的突变点，可以将铁路车流网站点体系分成三个层级（表 2-12）。

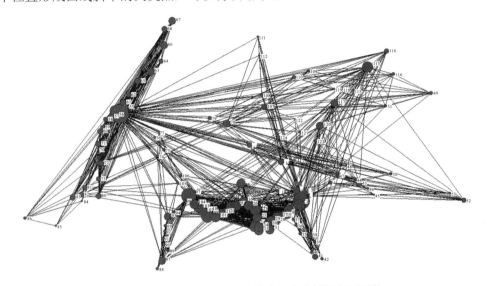

图 2-46　铁路车流网加权度数中心度分析图（见彩图）

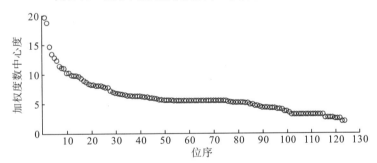

图 2-47　铁路车流网加权度数中心度位序-规模分布

表 2-12　铁路车流网站点层级划分

层级	加权度数中心度 （P）取值范围	站点
第一层 级结构	$P>10$	成都东站、重庆北站、达州站、成都站、遂宁站、绵阳站、江油站、南充站、德阳站、广安站、合川站等 11 个站点
第二层 级结构	$5.5<P<10$	潼南站、内江站、渠县站、重庆站、涪陵北站、营山站、乐山站、宜宾站、内江北站、眉山东站、丰都站、双流机场站、峨眉山站、成都南站、宜宾站、自贡站、隆昌站、蓬安站、涪陵站、江津站、永川站、綦江站、大英东站、长寿北站、黔江站、荣昌站、新津南站、茄子溪站、重庆南站、彭山北站、资阳站、广汉北站、新都东站、永川东站、万州站、资阳北站、土溪站、荣昌北站、资中北站、北碚站、长河碥站、白沙站等 42 个站点
第三层 级结构	$P<5.5$	小南海站、石场站、铜罐驿站、黄磏站、大足站、峰高铺站、广顺站、安富镇站、柏林站、临江场站、双石桥站、古家沱站、油溪站、金刚沱站、平等站、朱杨溪站、茨坝站、青神站、李市镇站、迎祥街站、双凤驿站、椑木镇站、赶水站、大足南站、资中站等余下的 71 个站点

5.铁路网络静态拓扑结构特征总结

1)统计属性

铁路物理网络节点度分布无明显幂律分布特征(表 2-13),铁路物理网络聚集系数为 0.074,趋近于零,说明网络聚集情况较差,网络倾向于树状网络;铁路车流网络节点度分布满足幂律分布 $p(k)=0.089k^{-0.466}$,表明铁路车流网络具有无标度特性;同时网络平均路径长度为 2.245,聚集系数为 0.826,具有较小的平均路径长度和较大的聚集系数,是具有无标度特性的小世界网络。铁路车流网统计属性表明两个特征:一是铁路车流网有典型增长特性,网络站点的规模是不断在扩大的;二是两个站点直达客运联系的差异是随着网络的扩张而扩大的,度值越大的站点将会形成更多的客运联系,即"富者愈富"。

铁路物理网中的大英东站、成都站、合川站、潼南站、北碚站在网络中介中心度值较大,成都站—大英东站、合川站—潼南站、潼南站—大英东站、成都站—简阳站、资阳站—简阳站之间的边介中心度较高,从空间布局上看,主要分布在成渝城市群中部区域;铁路车流网中,介中心度排名前 20 位的节点,四川片和重庆片各占一半;中介中心度值较大的边多分布在四川片,主要与成都东站有直达客运联系,分布在重庆片的仅有 2 条,即重庆北站—白沙站、永川东站—长河碥站;跨区域的介数边仅有 3 条,即成都东站—重庆站、成都东站—綦江站和成都东站—赶水站,一定程度上反映出成渝城市群主要客运联系的流向。

表 2-13　统计属性分析汇总

	度分布 $p(k)$	平均度 $<k>$	聚集系数 C_i	平均路径长度 L	权重分布 $p(w)$	节点强度 S_i
铁路物理网络	无明显幂律分布特征	2.258	0.074	10.924	—	—
铁路车流网络	$p(k)=0.089k^{-0.466}$,满足幂律分布	18.645	0.826	2.245	$p(w)=0.0466e^{-0.135w}$,满足指数分布	无特定函数规律

铁路车流网中存在一部分度值大强度小或度值小强度大的站点,前者如内江站等,人口流动较小但区位条件好,直达站点较多;度值小强度大的站点如涪陵北站等,人员流动大,旅客出行频率高,但区位条件相对较偏,直达站点较单一,因此度值较小。除此之外,网络中大部分站点节点度值和节点强度总体上呈线性正相关关系。

2)特征结构

第一,成渝城市群的铁路网络呈现明显的核心-边缘结构,多数节点居于联系密度较低的边缘区。铁路物理网核心区和边缘区的密度分别为 0.333、0.018,核心区与边缘区之间的联系密度为 0.007;铁路车流网核心区和边缘区的密度分别为 4.974、0.219,核心区与边缘区之间的联系密度为 0.455;核心区、边缘区密度差距十分明显,且核心区与边缘区之间的联系密度远远小于核心区的网络密度,可看出铁路物理网和铁路车流网均呈现明显的核心-边缘结构,多数节点居于联系密度较低的边缘区。铁路车流网络核心区和边缘区的密度，以及核心区与边缘区之间的联系密度均远高于铁路物理网络。

第二，铁路物理网结构稳定性较铁路车流网差，重庆片和四川片之间的铁路连接情况相当，四川片的铁路客运直达联系站点数目要小于重庆片。对铁路物理网进行"*k-核*"分析，网络结构中"*k-核*"最大值为"*2-核*"，站点个数为 72 个，比例为 58.06%；剩余 52 个站点均位于"*1-核*"当中。铁路车流网中，网络结构中"*k-核*"最大值为"*30-核*"，比例为 25%；"*k-核*"最小值为"*4-核*"，网络中所有站点构成一个"*4-核*"，网络结构稳定性较铁路物理网好。铁路物理网中位于重庆片的"*2-核*"站点有 34 个，四川片有 38 个，两者数量相近，说明重庆片和四川片之间的连接情况相当。铁路车流网络 "*30-核*"站点至少与其他 30 个站点存在铁路客运直达联系，其中，位于重庆片的站点有 25 个，位于四川片的站点仅有 6 个，四川片的铁路客运直达联系站点数目要小于重庆片，说明重庆片铁路直达客运联系情况比四川片好，更为便捷。

第三，铁路网络集聚区内部与相互之间的联系仍十分缺乏。铁路物理网集聚区内部，第 5 集聚区联系密度值最小，仅为 0.036；其他集聚区之间联系密度值均不大，趋近于 0；铁路车流网集聚区内部，第 4 集聚区的客运联系密度值最低，仅为 1；其他集聚区之间的联系密度值均不大，趋近于 0。

6.铁路网络静态可靠性评价

1)铁路线网密度不高，均衡度区域差异化明显

统计属性分析中得到铁路物理网的聚集系数为 0.074，趋近于零，网络为常见的树状网络[①]；另外，也表明与中心站点相邻的站点之间缺乏铁路连接线，导致站点之间联系必须通过中心站点相连，增加了中心站点的负荷。通过铁路物理网的结构聚类分析，在 3 级层面划了 8 个空间集聚区，发现无论是集聚区内部还是集聚区之间，联系密度值都在 0.5 以下，除第 1 和第 2 集聚区之间联系密度值为 0.144 外，余下集聚区之间的联系密度值均小于集聚区内部联系密度值，从另一层面也表明成渝城市群铁路线网络密度较低。

铁路物理网的结构均衡度分析得知点度中心势为 3.09%，网络结构整体均衡度较高，但从空间上看，成渝城市群东北地区和成德绵乐城市带均衡度不高，比沿成渝铁路周边区域明显要低，差异化分布较为突出(图 2-48)。

2)铁路片区车流运营格局亟待改善

分析铁路车流网结构聚类分布特征，将网络在 3 级层面划分 8 个集聚区，集聚区内部之间联系密度值远大于集聚区之间联系，总的来看，成渝城市群铁路片区车流运营格局亟待改善，需提高片区内部和片区之间的客运联系密度(图 2-49)。

---

① 由于铁路建设成本较高，世界上绝大部分国家的铁路网都属于这种树状结构。

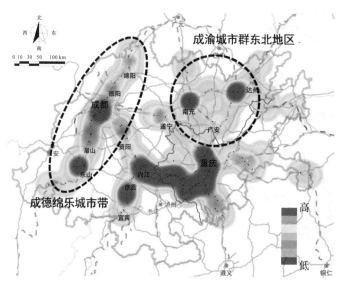

图 2-48　铁路线网区域均衡度热力分布(见彩图)

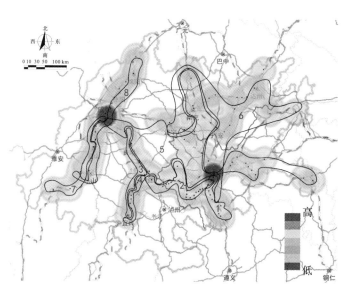

图 2-49　铁路片区车流运营格局(见彩图)

2.3.2　铁路网动态可靠性分析

1.动态可靠性研究思路

　　动态可靠性测评主要从研究内容、指标体系、故障模拟及测评三个方面进行建构(图 2-50)。首先,网络出现故障一般会带来两个方面影响,一是网络连通性遭到破坏,二是网络的信息传递效率下降,网络功能受到影响。因此对网络连通可靠性进行全面分析需考虑连通性能和网络信息传递效率,这两方面构成了可靠性的核心意涵,也是动态可靠性考察的主体内容。为此可靠性指标体系的构建方面,选取最大连通子图的相对大小和鲁棒性来衡量网络的连通性能，用网络全局效率来表征网络信息传递效率的变化情况。在现实生活中，铁路系统的故障表现在网络上主要是节点故障和边故障，用随机攻击和选择攻击这两种复杂网络模型分析方法来模拟，探讨在网络节点和边分别受到攻击时可靠性的变化情况。在节点故障条件下，分别对铁路物理网和铁路车流网的连通可靠性进行评价；在边故障条件下，主要考察铁路物理网中节点连边移除后对网络连通性和网络信息传递效率的影响。铁路物理网的边为两站点相连的铁路路段，边故障模拟具有实际意义，而铁路车流网是基于列车在站点间的 OD 联系（起始-到达）构建起来的，边故障模拟没有现实语境。

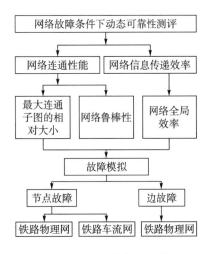

图 2-50　动态可靠性测评模型

2.网络故障模拟

1）节点故障模拟

节点故障，顾名思义就是网络发生内部或外部突发事件引起的铁路站点设施损坏或服务失效。突发事件指可能影响铁路正常完成运输任务的偶然因素、蓄意因素和灾害因素等三类。偶然因素包括线路、电力和信号系统等故障以及人为失误等；蓄意因素包括恐怖袭击、恶意破坏等；灾害因素包括雷雨、洪水、泥石流、地震、海啸等由自然引起的不可抗因素。在复杂网络中，网络故障可由复杂网络分析方法不同的攻击方式来模拟。突发事件中的偶然因素和灾害因素一般采用随机攻击方式来模拟，蓄意因素则可采用选择攻击方式进行模拟。

2）边故障模拟

边故障是网络发生内部或外部突发事件而导致边失效。在复杂网络中，进行边的动态攻击即删除两节点之间相连的边。

3）攻击方式

一般而言，选择攻击包括积累攻击和单独攻击。积累攻击涵盖了对初始度、初始介数和初始强度等三种指标的攻击；单独攻击涵盖了节点故障下度值大小顺序和边故障下边介数大小顺序攻击等两种方式（图 2-51）。

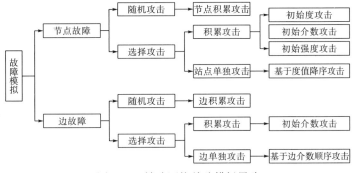

图 2-51　铁路网络故障模拟思路

3.节点故障下铁路物理网可靠性

根据式(1-20)，从网络最大连通子图变化来看(图 2-52)，在初始度攻击中，当攻击节点比例 $f = 0.0484$ 时，即移除北碚站、小南海站、重庆站、重庆北站、合川站、成都站共6 个站点后，网络最大连通子图的相对大小突然从 0.7984 降至 0.4113，网络结构发生较大改变，可知上述 6 个站点为网络的重要站点。当最大连通子图 $s=0.1$ 时，需要移除节点比例由小到大依次为初始度攻击、初始介数攻击和随机攻击，表明随机攻击对于网络的破坏程度相对较弱。

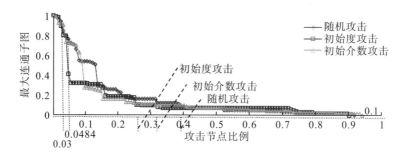

图 2-52　随机攻击和选择攻击下铁路物理网的最大连通子图

根据式(1-21)，从网络鲁棒性指标变化看(图 2-53)，随着攻击节点比例 f 的不断扩大，网络连通性逐渐降低，当攻击至第 112 个站点时，初始度攻击的网络连通性为 0，而随机攻击和初始介数攻击达到这一状态则分别需要攻击 114 次和 117 次，初始度攻击对网络连通性具有较强的破坏性。

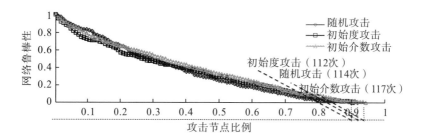

图 2-53　随机攻击和选择攻击下铁路物理网的网络鲁棒性

根据式(1-22)、式(1-23)，从网络全局效率变化看(图 2-54、图 2-55)，当 $0 < f < 0.05$ 时，移除相同数目的节点，网络效率变化最快的依次为初始介数攻击、初始度攻击和随机攻击；当 $0.05 < f < 0.225$ 时，网络效率下降幅度最快的则是初始度攻击，其次是初始度攻击及随机攻击；$f > 0.225$ 时，网络效率的变化情况在各个攻击方式下表现不明显。当网络全局效率下降至 70%时，三种攻击条件下的攻击节点比例差别最大，其中，初始度攻击为 0.065，初始介数攻击为 0.097，随机攻击为 0.145，可知初始度攻击对于网络效率的破坏性最大。

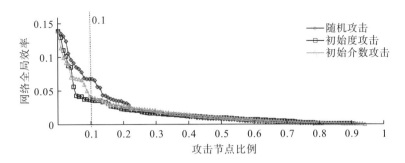

图 2-54　随机攻击和选择攻击下铁路物理网的全局效率

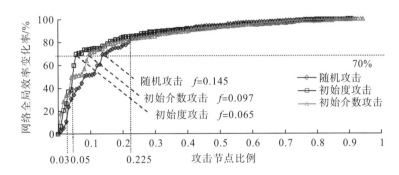

图 2-55　随机攻击和选择攻击下铁路物理网的全局效率变化率

　　综上，从积累攻击结果可以看出，在随机攻击和选择攻击两种条件下，选择攻击的破坏力度远远大于随机攻击，其中，初始度攻击对网络连通性和网络信息传递效率影响最大。当 $0<f<0.03$ 时，即选择攻击的前期，初始介数攻击中最大连通子图的相对大小、网络全局效率下降幅度较初始度攻击更快。为此，确定影响网络连通性的 6 个重要站点分别是北碚站、小南海站、重庆站、重庆北站、合川站、成都站。

　　通过单独攻击可知，网络在移除单个节点后，平均路径长度、最大连通子图的相对大小、网络鲁棒性等指标的变化不大，影响的主要是网络全局效率指标。网络全局效率变化率前 10 位，即 10 个影响网络效率的关键节点，也是铁路物理网的脆弱站点（表 2-14），这些节点失效后网络全局效率的变化率都超过 7.5%。同时也可以得出，网络全局效率的变化率并不与节点度值成正比，度值最高的站点不一定是最脆弱的站点（图 2-56）。例如，北碚站和小南海站度值为 6，是网络中度值最高的站点，但在单独攻击模式中两者全局效率变化率分别为 5.4% 和 3.1%。

表 2-14　网络脆弱站点及单独攻击后的网络全局效率

序号	节点编号	攻击节点	攻击后网络全局效率	网络全局效率变化率/%	度值
1	54	成都站	0.1117	19.2522	4
2	79	大英东站	0.1154	16.6100	4
3	2	重庆北站	0.1202	13.1141	4
4	12	合川站	0.1244	10.0932	4

续表

序号	节点编号	攻击节点	攻击后网络全局效率	网络全局效率变化率/%	度值
5	77	简阳站	0.1255	9.2649	2
6	56	成都南站	0.1258	9.0963	3
7	74	资阳站	0.1268	8.3022	2
8	37	七龙星站	0.1276	7.7816	3
9	105	资中站	0.1278	7.6135	2
10	57	双流机场站	0.1279	7.5428	2

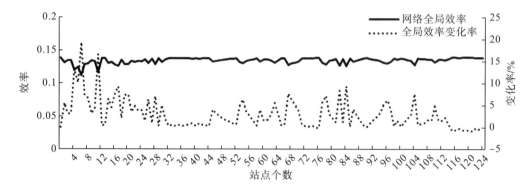

图 2-56　单独攻击后铁路物理网的全局效率及变化率

4.节点故障下铁路车流网络可靠性分析

根据式(1-20)，从网络最大连通子图来看(图 2-57)，随着攻击节点比例的逐渐增大，最大连通子图的个数逐渐减少。总的来看，$0<f<0.78$ 时，选择攻击下的最大连通子图总是小于随机攻击，说明选择攻击对网络连通性能的影响要大于随机攻击。在不同的攻击模式下，最大连通子图下降的幅度快慢交替出现，最典型的情况出现在 $0.19<f<0.42$ 时，在攻击节点比例相同的情况下，最大连通子图从低到高依次为：初始介数攻击、初始强度攻击、初始度攻击和随机攻击。可知攻击的前中期，初始介数攻击对网络连通性能影响程度在选择攻击中相对较大。选择攻击中，$0<f<0.25$ 时，即攻击前期，初始介数攻击的最

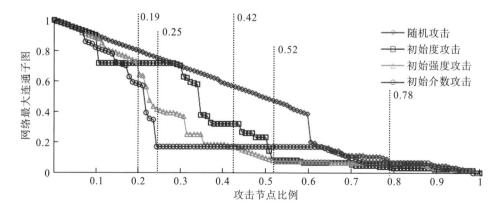

图 2-57　随机攻击和选择攻击下铁路车流网的最大连通子图

大连通子图下降速度要快于初始强度攻击和初始度攻击；$0.25<f<0.52$ 时，即攻击中期，初始强度攻击的最大连通子图下降速度要快于初始度攻击和初始介数攻击，表明在攻击前期网络的连通性能依赖于介数值高的节点，中期则依赖节点强度高的节点。

根据式(1-21)，从网络鲁棒性指标变化看(图 2-58)，当 $0<f<0.25$ 时，网络鲁棒性从低到高依次为初始度攻击、初始介数攻击、初始强度攻击和随机攻击；$0.25<f<0.31$ 时，情况出现变化，初始介数攻击的网络鲁棒性要低于初始度攻击；$f>0.46$ 时，即网络攻击的中后期，初始介数攻击的网络鲁棒性较其他攻击方式都大，最小的是初始度攻击，表明这一阶段初始介数攻击对网络连通性能破坏程度最弱，影响程度最低，而初始度攻击对网络连通性能影响最大。

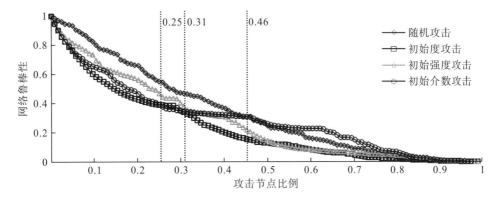

图 2-58　随机攻击和选择攻击下铁路车流网的网络鲁棒性

根据式(1-22)、式(1-23)，从网络全局效率变化看(图 2-59、图 2-60)，在攻击过程中，随机攻击的网络全局效率始终要高于选择攻击，说明选择攻击对网络信息传递效率影响大于选择攻击。$0<f<0.39$ 时，在节点攻击数相同的情况下，网络全局效率值从低到高依次为初始强度攻击、初始点介数攻击、初始度攻击和随机攻击；$f=0.39$ 时，从网络全局效率变化率上看，即全局效率下降至原效率的 81%时，情况出现转折，初始度攻击对网络信息传递效率的影响逐渐强于初始介数攻击，而移除相同数目的节点，初始强度攻击的全局效率值始终最小。综合来看，初始强度攻击对网络信息传递效率的影响最大，选择攻击对网络效率的破坏远大于随机攻击。

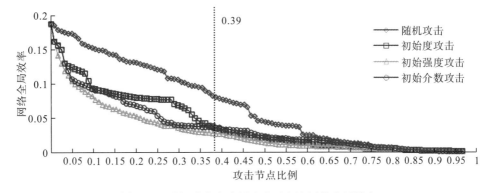

图 2-59　随机攻击和选择攻击下车流网的全局效率

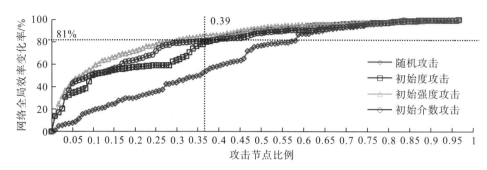

图 2-60　随机攻击和选择攻击下铁路车流网的全局效率变化率

综上，从积累攻击结果可以看出，在网络连通性方面，攻击前期网络最大连通子图相对大小变化中，选择攻击中初始介数攻击对网络结构的破坏性最大，攻击中后期对网络结构影响更大的则是初始度攻击和初始强度攻击；另外，初始度攻击对网络鲁棒性的影响在大部分时期都是最大的，综合比较看，初始度攻击对网络的连通性影响最为明显，可知成都东站、重庆站、内江站、重庆北站、隆昌站、茄子溪站、重庆南站、荣昌站、永川站、江津站、成都站、达州站、长河碥站共 13 个站点对网络连通性影响较大。在网络信息传递效率方面，选择攻击对网络效率影响要大于随机攻击，选择攻击中对网络信息传递效率影响程度最大的是初始强度攻击，在此情况下可得到成都东站、重庆北站、达州站、成都站、遂宁站、绵阳站、江油站、南充站、德阳站共 9 个站点对网络信息传递效率影响最大。总的来说，随机攻击和选择攻击两种条件下，选择攻击的破坏力度远远大于随机攻击。

对铁路车流网站点进行单独攻击发现(图 2-61、表 2-15)，影响网络全局效率的前 10 个站点如成都东站等，均为铁路客运车流联系的重要站点，与前文积累攻击结果保持一致，这些节点失效后网络全局效率变化率都超过 3.7%。同时也可以得出，网络全局效率的变化率与节点强度大小成正比，但与节点度值大小不存在正相关关系。

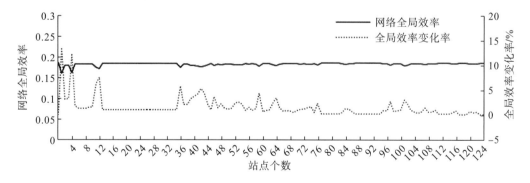

图 2-61　铁路车流网的全局效率及变化率

表 2-15　网络脆弱站点及单独攻击下的网络全局效率

序号	节点编号	攻击节点	攻击后网络全局效率	网络全局效率变化率/%	度值	强度
1	55	成都东站	0.1611	13.6683	61	389
2	2	重庆北站	0.1633	12.4736	42	355

续表

序号	节点编号	攻击节点	攻击后网络全局效率	网络全局效率变化率/%	度值	强度
3	113	达州站	0.1724	7.6247	34	217
4	54	成都站	0.1747	6.3598	34	181
5	78	遂宁站	0.1757	5.8327	25	166
6	66	绵阳站	0.1765	5.4111	23	154
7	67	江油站	0.1780	4.6030	23	131
8	107	南充站	0.1784	4.3921	17	125
9	63	德阳站	0.1785	4.3219	23	123
10	12	合川站	0.1796	3.7245	18	106

5.边故障下铁路物理网可靠性分析

根据式(1-20)，从网络最大连通子图变化来看(图 2-62)，当攻击边比例(g)满足 $0<g$ <0.06 及 $0.135<g<0.65$ 时，初始介数攻击时值要小于随机攻击，前期变化程度较为强烈，此时初始介数攻击时的网络连通性要低于随机攻击；$0.06<g<0.135$ 时，初始介数攻击时网络最大连通子图的相对大小要大于随机攻击，此时初始介数攻击时的网络连通性要高于随机攻击；$0.65<g<1$ 时，两种情况下网络最大连通子图变化趋势不明显。

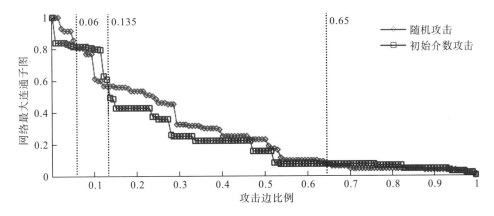

图 2-62　随机攻击和选择攻击下物理网的最大连通子图

根据式(1-22)、式(1-23)，当 $0<g<0.53$ 时，初始介数攻击的网络全局效率要低于随机攻击，网络效率变化率更大；$0.53<g<1$ 时，两种情况下网络效率变化幅度近似。以上分析表明，初始介数攻击下网络信息传递的有效性大大减弱，网络在随机攻击下体现出较高的网络信息传递效率，在初始介数攻击下体现出信息传递效率较弱(图 2-63、图 2-64)。

在单独攻击模式下，网络的平均路径长度、网络鲁棒性变化不大，主要影响的是网络最大连通子图的相对大小和网络全局效率(图 2-65、图 2-66、表 2-16)，并得到网络全局效率的变化率前 10 位的边，是 10 条影响网络全局效率的关键边，也是成渝城市群铁路物理网的脆弱边，这些边失效后网络全局效率的变化率超过 21.6%。从网络最大连通子图的相对大小看，成都站—彭山站等 7 条边移除后，网络最大连通子图出现较大变化，判断这

7 条边为铁路物理网重要的连接线(表 2-17)。网络全局效率的变化率并不与边介数大小成正比,即边介数大的边不一定是最脆弱的边。例如,成都站—大英东站和合川站—潼南站为网络边介数大小前两位,从网络效率变化率大小看,两者分别列居 3、12 位。

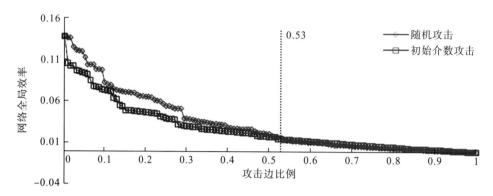

图 2-63　随机攻击和选择攻击下物理网的网络全局效率

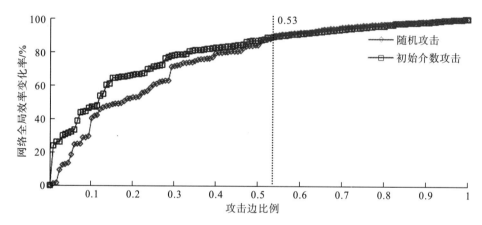

图 2-64　随机攻击和选择攻击下物理网的网络全局效率变化率

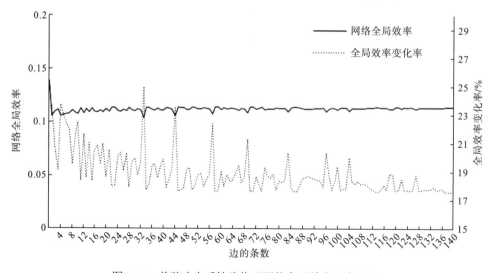

图 2-65　单独攻击后铁路物理网的全局效率及变化率

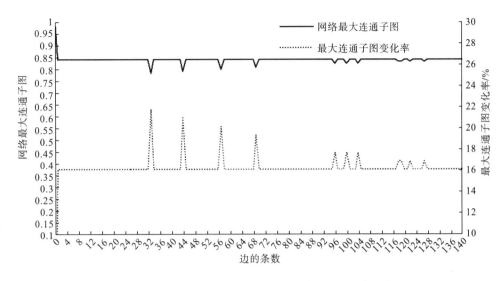

图 2-66　单独攻击后铁路物理网最大连通子图及变化率

表 2-16　网络脆弱边及单独攻击后的网络特征

序号	攻击边	攻击后网络全局效率	网络全局效率变化率/%	边介数
1	成都站—彭山站	0.1038	24.9729	0.1074
2	成都站—简阳站	0.1055	23.7423	0.2903
3	成都站—大英东站	0.1057	23.5963	0.3866
4	新津站—新津南站	0.1057	23.5722	0.0928
5	资阳站—简阳站	0.1066	22.9132	0.2811
6	铜罐驿站—黄磏站	0.1072	22.4843	0.1725
7	新津南站—彭山北站	0.1074	22.3751	0.0780
8	资阳站—资中站	0.1074	22.3369	0.2719
9	内江站—资中站	0.1080	21.9586	0.2627
10	黄磏站—江津站	0.1084	21.6697	0.1607

表 2-17　网络脆弱边及单独攻击后的网络特征

序号	攻击边	最大连通子图的相对大小	最大连通子图的相对大小变化率/%	边介数
1	成都站—彭山站	0.7823	21.7742	0.1074
2	新津站—新津南站	0.7903	20.9677	0.0928
3	新津南站—彭山北站	0.7984	20.1613	0.0780
4	彭山北站—眉山东站	0.8065	19.3548	0.0629
5	南充北站—南部站	0.8226	17.7419	0.0320
6	青神站—乐山站	0.8226	17.7419	0.0320
7	镇紫街站—赶水站	0.8226	17.7419	0.0320

6.动态可靠性总结

1)铁路网面对随机攻击具有鲁棒性，面对选择攻击具有脆弱性

在网络节点故障下，铁路物理网抵御随机攻击的能力远大于选择攻击，意味着更高的鲁棒性。铁路车流网在随机攻击下具有高的连通性，在选择攻击下的连通性能较低，网络信息传递的效率也较差。在网络边故障下，移除边的比例在一定范围内时，铁路物理网在随机攻击下表现出高的连通可靠性，体现出较强的网络信息传递能力；在初始介数攻击下表现出高的脆弱性，此时网络信息传递能力也较差。总体来看，成渝城市群铁路网络在随机攻击时具有鲁棒性，面对选择攻击时具有脆弱性。

2)网络故障条件下选择攻击的方式不同，对网络的影响明显分异

在网络节点故障下，铁路物理网在选择攻击前期，初始介数攻击对连通性的影响要大于初始度攻击。总的来看，初始度攻击对网络的连通性和网络信息传递效率影响最大。铁路车流网在选择攻击下初始度攻击比初始强度和初始介数攻击具有更高的脆弱性，移除节点的比例在某一范围内时，网络中强度值大的站点决定着网络信息传递的有效性。在网络边故障下，铁路物理网选择攻击方式为初始介数攻击时，表现出高的脆弱性，此时网络信息传递能力也较差。网络节点故障和边故障下，选择攻击的方式不同，对网络的连通性和网络信息传递效率影响也存在较大差别。

3)辨识网络可靠性影响较大的重要站点和铁路路段

通过对网络节点故障和边故障下连通可靠性的分析，辨识出了一些对网络连通性或网络信息传递效率影响较大的重要站点和铁路路段，并对它们进行角色类型的划分。

节点故障下，铁路物理网的连通性好坏主要取决于铁路物理设施的建设情况，将影响连通性的重要站点归类为设施重点站。网络信息传递效率的高低受节点对最短路径的影响，节点对最短距离越大，节点间相对可达性越弱，效率越低，因此将影响网络信息传递效率的重要站点归类为可达枢纽站点。在铁路车流网中，站点"线"表示站点间的直达客运联系，站点发出的"线"越多，表示该站点的中介换乘能力越强，因此将影响连通性的重要站点归类为换乘终点站。网络信息传递效率直接由站点间通过列车数量(客运量)决定，因此将影响网络信息传递效率的重要站点归类为客运枢纽站(表 2-18)。与节点故障下铁路物理网类似，在边故障下，将影响连通性的轨道边归类为设施重点边，将影响网络信息传递效率的轨道边归类为可达枢纽边(表 2-19)。分析它们的空间分布(图 2-67、图 2-68、图 2-69)，可以看出，重庆北站、重庆站、成都东站、成都站、合川站和达州站兼具多个站点角色。

表 2-18　重要站点角色分类

故障类型	网络类型	角色判断	含义	重要站点
节点故障	铁路物理网	设施重点站	影响连通性能的重要站点	北碚站、小南海站、重庆站、重庆北站、合川站、成都站
		可达枢纽站	影响网络信息传递效率的重要站点	成都站、大英东站、重庆北站、合川站、成都南站、资阳站、七龙星站、资中站、双流机场站

续表

故障类型	网络类型	角色判断	含义	重要站点
节点故障	铁路车流网	换乘重点站	影响连通性能的重要站点	成都东站、重庆站、内江站、重庆北站、隆昌站、茄子溪站、重庆南站、荣昌站、永川站、江津站、成都站、达州站）、长河碥站
		客运枢纽站	影响网络信息传递效率的重要站点	成都东站、重庆北站、达州站、成都站、遂宁站、绵阳站、江油站、南充站、德阳站、合川站

表 2-19　重要铁路路段角色分类

故障类型	网络类型	角色判断	含义	铁路路段
边故障	铁路物理网	设施重点边	影响连通性能的铁路路段	成都站—彭山站、新津站—新津南站、新津南站—彭山北站、彭山北站—眉山东站、南充北站—南部站、青神站—乐山站、镇紫街站—赶水站
		可达枢纽边	影响网络信息传递效率的重要铁路路段	成都站—彭山站、成都站—简阳站、成都站—大英东站、新津站—新津南站、资阳站—简阳站、铜罐驿站—黄磏站、新津南站—彭山北站、资阳站—资中站、内江站—资中站、黄磏站—江津站

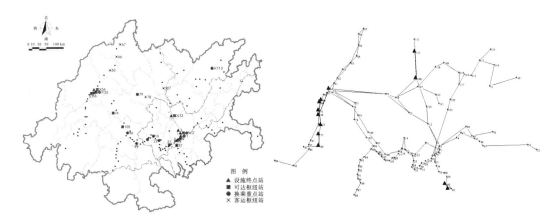

图 2-67　各重要站点空间分布图　　　　图 2-68　设施重点边在网络结构中的分布

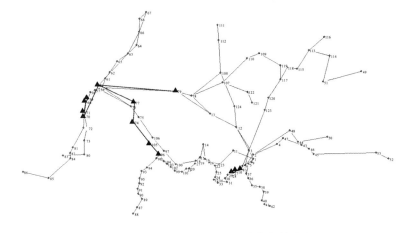

图 2-69　可达枢纽边在网络结构中的分布

2.4 铁路交通系统可靠性规划策略

成渝城市群铁路网的规划建设策略和建议主要从铁路线网结构可靠性优化、铁路站点及路段功能提升、铁路运营及应急管理优化三个方面展开。其中，铁路线网结构可靠性优化主要是加强集聚区站点的铁路连接，并对关键站点的铁路连接进行加密；铁路站点及路段功能提升包括站点功能提升和路段功能类型划分；铁路运营及应急管理优化主要是提高客运联系密度、首位联系方向进行优化布置、规划管理与应急预案（图2-70）。

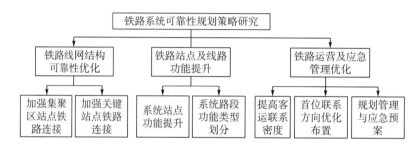

图2-70　规划策略研究框架图

2.4.1 铁路线网结构可靠性优化

1.加强集聚区站点的铁路连接

从长远看，成渝城市群铁路网逐步向网络化阶段发展，对铁路线路进行合理规划和建设对提升线网结构的可靠性尤为重要。

通过分析铁路物理网的聚类分布特征，得出在3级层面可分为8个空间集聚区。第5集聚区内部站点之间的铁路联系密度值最小，仅为0.036，需加强该集聚区内部站点间的铁路联系。另外，成渝城市群广安、达州等川北区域站点间铁路连接密度较弱，以及重庆大都市区南部(綦江、江津等)和渝东南城市间缺乏直达的铁路客运联系，可考虑营山站至阆中站、达州站的铁路连接，增加三江站至磨溪站的铁路线路连接，得到加密线网布局(图2-71)。

在集聚区之间，第5与第6集聚区、第5与第8集聚区站点之间联系密度值仅为0.002，铁路联系极弱，结合各站点的地理位置和客运班次情况，可考虑在有一定运量的站点间设置铁路连接线，如在第5与第6集聚区之间增加彭山北站至资阳站、乐山站至资中站的铁路连接，在第5与第8集聚区之间增加阆中站至江油站、乐山站至简阳站的铁路连接，得到加密线网布局(图2-72)。

此外，还有一部分集聚区之间未建立铁路连接，比如第1与第6、第7、第8集聚区之间、第2和第4、第5、第6、第7、第8集聚区之间、第3和第4、第6、第8集聚区之间，铁路连接联系密度值为0，结合各站点的地理位置及网络拓扑情况，可考虑增加第

1 聚集区中合川站至资阳站等铁路连接(图 2-73)、增加第 2 集聚区中璧山站至潼南站等铁路连接(图 2-74)、增加第 3 集聚区中长寿北站至武胜站等铁路连接(图 2-75)。

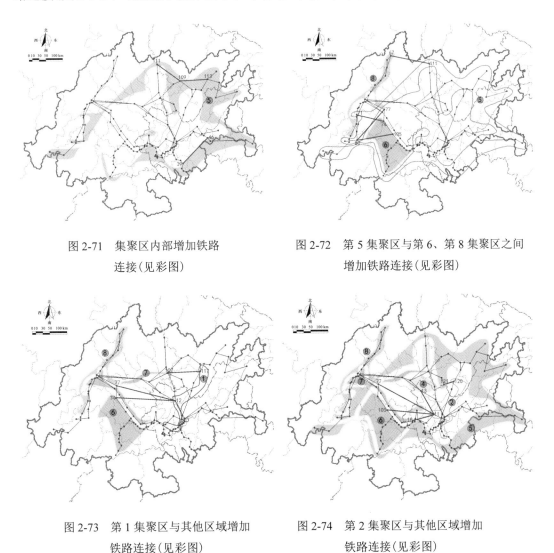

图 2-71　集聚区内部增加铁路　　　　　图 2-72　第 5 集聚区与第 6、第 8 集聚区之间
　　　　　　连接(见彩图)　　　　　　　　　　　　　增加铁路连接(见彩图)

图 2-73　第 1 集聚区与其他区域增加　　　图 2-74　第 2 集聚区与其他区域增加
　　　　　　铁路连接(见彩图)　　　　　　　　　　铁路连接(见彩图)

2.加密关键站点的铁路连接

依据静态可靠性分析，铁路物理网的聚集系数为 0.074，趋近于零，网络的聚集性较差，整体偏向于树状网络；反映出铁路物理网的线网密度较小，关键站点的相邻站点之间缺乏铁路连接，导致站点大部分之间的联系必须通过关键站点。动态可靠性分析中，辨识出铁路物理网中关键站点包括设施重点站和可达枢纽站，通过增加与关键站点相邻的站点之间的铁路连接，增大关键站点的聚集系数，以此提高网络结构的可靠性。考虑到站点地理位置及网络拓扑情况，可考虑增加双流西站至简阳南站等铁路连接，以便在关键站点受到攻击时仍能通过相邻车站保持网络的连通性(图 2-76)。

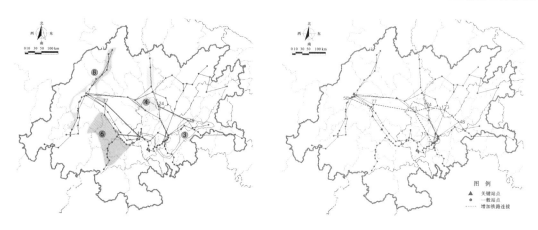

图 2-75   第 3 集聚区与其他区域增加铁路连接（见彩图）   图 2-76   增大关键站点的聚集系数

2.4.2   铁路站点及路段功能提升

1.铁路站点功能提升

1)优化站点体系结构层级

通过静态可靠性评价可以对铁路物理网结构的层级进行分析，具体采用度数中心度指标对站点重要程度进行衡量，将铁路物理网站点体系分成了三个层级：度数中心度>3，则为第一层级结构；度数中心度=3，则为第二层级结构；度数中心度<3，则为第三层级结构。而在动态可靠性分析辨识的关键站点中，即影响网络连通性的设施重点站和影响网络信息传递效率的可达枢纽站中，资阳站、资中站和双流机场站位于第三层级，考虑到可达枢纽站影响铁路网信息传递效率，效率越高，站点间的相对可靠性越强，因此有必要将资阳站等三个站点优化到第二层级（表 2-20、图 2-77）。

2)铁路站点功能类型划分

通过静态可靠性评价对铁路车流网络结构的层级进行分析，具体采用加权度数中心性指标对站点重要程度进行衡量，将车流网站点体系分成了三个层级：$P>10$ 为第一层级结构；$5.5<P<10$，为第二层级结构；$P<5.5$，为第三层级结构。而在动态可靠性分析辨识的关键站点，包括换乘终点站、客运枢纽站点等，将其与静态结构层级结果比较分析发现，客运枢纽站全部位于第一层级，换乘重点站中的成都东站、重庆北站、达州站、成都站位

表 2-20   网络结构层级优化

层级	站点数目	站点
第一层级结构	11	北碚站、小南海站、重庆站、重庆北站、合川站、成都站、成都东站、德阳站、绵阳站、遂宁站、大英东站
第二层级结构	19	茄子溪站、石场站、铜罐驿站、潼南站、七龙星站、成都南站、简阳南站、内江站、内江南站、椑木镇站、南充站、南充北站、达州站、渠县站、三汇镇站、土溪站、资阳站、资中站、双流机场站
第三层级结构	94	洛碛站、重庆南站、黄磏站、璧山站、大足站、大足南站、长河碥站、荣昌站、荣昌北站、峰高铺站、广顺场站、安富镇站、永川站、永川东站、柏林站、临江场站、双石桥站、江津站、古家沱站、油溪站、金刚沱站、白沙站、平等站、朱杨溪站、茨坝站、夏坝站、民福寺站、綦江站、三江站、镇紫街站、赶水站、涪陵站、涪陵北站等94个站点

图 2-77　网络空间层级分布

于第一层级，内江站、重庆站、隆昌站、江津站、永川站、荣昌站、茄子溪站、重庆南站、长河碥站则位于第二层级。

　　由于铁路车流网站点层级划分综合考虑了站点的连通度和站点强度值，是站点在铁路客运联系中重要程度的反映，结合站点客运班次数量[①]，对客运联系站点的功能类型进行等级划分。第一层级结构的站点因加权度数中心性较大，$P>10$；同时客运联系流量也居前列，$100<S\leqslant389$，将其划分为区域集散中心。为全面分析铁路客运站点在整个客运网络中的功能类型，将第二层级结构站点细分为两部分，$7<P\leqslant10$ 且 $50<S\leqslant100$ 的站点划分为区域集散副中心，而 $5.5<P\leqslant7$ 且 $30<S\leqslant50$ 的站点划分为一般集散中心。同理，将第三层级结构站点也细分为两部分，$3.5<P\leqslant5.5$ 且 $12<S\leqslant30$ 的站点划分为集散节点，而 $2\leqslant P\leqslant3.5$ 且 $4\leqslant S\leqslant12$ 的站点划分为初级客运站点。其中，根据动态可靠性分析结果，一般集散中心中江津站、永川站、荣昌站、茄子溪站、重庆南站和长河碥站为影响铁路客运网连通性的换乘重点站，在功能类型划分时宜将其从一般集散中心提升为区域集散副中心，并予以重点保护(附表 2-M、图 2-78)。

2.系统路段功能类型划分

　　通过对铁路物理网的动态可靠性研究，辨识了一些对网络连通性和网络信息传递效率的关键路段，将影响连通性的铁路路段归类为设施重点边，将影响网络信息传递效率的铁路路段归类为可达枢纽边。其中，设施重点边包括成都站—彭山站等共 7 条；可达枢纽边包括成都站—彭山站等共 10 条；成都站—彭山站等 3 条铁路路段既是设施重点边，又是可达枢纽边，是网络最为核心的铁路路段。为此，将铁路物理网的铁路路段划分为四种类型：关键核心路段、重要连通路段、重要功能路段和一般路段(表 2-21、图 2-79)。

---

① 站点发车班次数量与节点强度值在数值上是等同的，各站点具体班次数见附表 2-E。

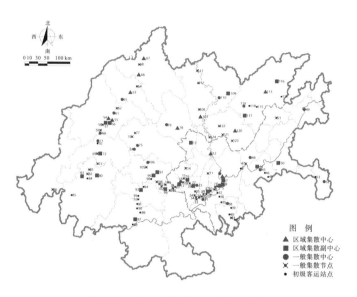

图 2-78　站点功能类型空间分布图

表 2-21　铁路路段功能类型划分

类型	动态可靠性轨道边角色	路段数目	铁路路段
关键核心路段	设施重点边+可达枢纽边	3	成都站(54)—彭山站(70)、新津站(59)—新津南站(60)、新津南站(60)—彭山北站(71)
重要连通路段	设施重点边	4	彭山北站(71)—眉山东站(72)、南充北站(108)—南部站(112)、青神站(73)—乐山站(80)、镇紫街站(40)—赶水站(41)
重要功能路段	可达枢纽边	7	成都站(54)—简阳站(77)、成都站(54)—大英东站(79)、资阳站(74)—简阳站(77)、铜罐驿站(8)—黄磏站(10)、资阳站(74)—资中站(105)、内江站(96)—资中站(105)、黄磏站(10)—江津站(27)
一般路段	—	126	余下铁路路段

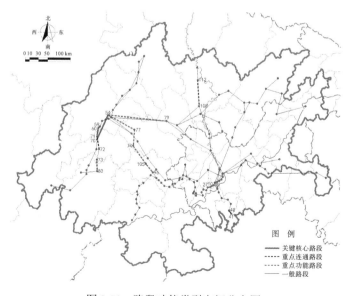

图 2-79　路段功能类型空间分布图

2.4.3　交通运营及应急管理优化

1.提高客运联系密度

前文网络拓扑结构的静态可靠性评价中，对铁路车流网结构聚类的分析发现，部分集聚区内部和集聚区之间站点客运联系较弱，部分集聚区站点间无直达联系。为此，将成渝城市群铁路实际运营分布格局与集聚区空间分布进行叠合，提高客运联系密度，加强集聚区站点联系，对铁路网结构可靠性进行优化。

第一，分析成渝城市群铁路客运实际运营分布格局。通过提取铁路站点间实际运营的全部列车客运 OD 信息，基于铁路车流网建构语义，按照联系车次数进行空间分级展现，同时对站点开行列车数也分级展现，二者空间叠合可得到成渝城市群铁路客运实际运营分布格局(图 2-80)。整体上看，分布格局呈现逆时针倾斜的"工"字形结构，由成绵乐客专、成渝线和成渝高速铁路、襄渝线组成了基本骨架。

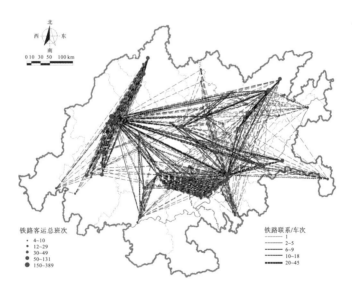

图 2-80　成渝城市群铁路客运实际运营分布格局图

第二，提高客运联系密度，加强集聚区站点联系。通过分析铁路车流网的聚类分布特征，可对集聚区进行空间划分，得出在 3 级层面可分为 8 个空间集聚区。在各集聚区内部，第 4 集聚区的客运联系密度值最低仅为 1，应着重加强其内部客运运输联系。第 4 集聚区包括宜宾南站、一步滩站、敬梓场站、王场站、孔滩站、大山铺站、俞冲站、内江南站，任意两站点之间的现状客运联系班次仅为 1 趟/日，需提高上述站点之间的客运联系密度(图 2-81)。

集聚区之间，第 2 和第 5 集聚区之间的客运联系较弱，密度值仅为 0.002，应加强两集聚区之间的客运联系，考虑到隆昌站和江津站为第 2 集聚区中班次数前 2 位的站点，成都东站和重庆北站为第 5 集聚区中班次数前 2 位的站点，加强上述四个站点间的直达客运联系更贴合实际，故建议建立隆昌站、江津站和成都东站、重庆北站之间的直达客运联系，以提高联系密度(图 2-82)。

此外，集聚区之间还存在客运联系空白的情况，第 4 与第 1、第 2、第 5、第 6、第 7、第 8 集聚区，第 8 与第 1、第 2、第 3、第 4、第 6 集聚区之间的客运联系密度值为 0，亟须增加上述集聚区之间的客运联系。由于重庆站等分别在第 1、第 2、第 3、第 4、第 5、第 6、第 7、第 8 集聚区中居日均班次数首位，考虑到社会经济及客运联系实际等因素，在第 4 集聚区中，应建立宜宾南站与重庆站等站点的直达客运联系(图 2-83)；在第 8 集聚区中，应建立绵阳站与重庆站等站点的直达客运联系(图 2-84)。

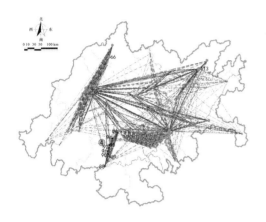 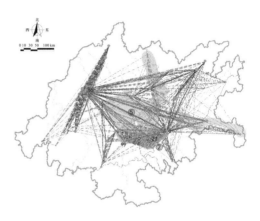

图 2-81　集聚区内部增加客运联系　　　图 2-82　第 2 集聚区与第 5 集聚区之间增加
　　　　　　　　　　　　　　　　　　　　　　　　　客运联系(见彩图)

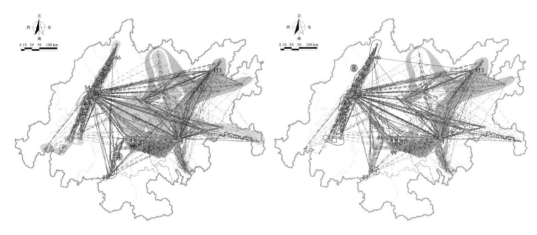

图 2-83　第 4 集聚区与其他区域客运联系(见彩图)　图 2-84　第 8 集聚区与其他区域客运联系(见彩图)

2.首位联系方向优化布置

铁路车流网核心区站点的首位联系方向空间分布如图 2-85。核心区站点中，四川片铁路客运站点发车累计达到 1566 趟次，重庆片铁路客运站点发车则累计达到 825 趟次，分别占全网比例的 27.51% 和 14.49%。成都东站和重庆北站之间车流联系量最多，为 45 趟次，是铁路客运联系的一级轴线；以重庆北站为首位联系的站点有 9 个，以成都东站为首位联系的站点有 3 个，其中重庆北站和璧山站来自重庆片，来自四川片的有遂宁站。除成都东站和重庆北站跨区域的首位联系一级轴线外，其他跨区域的首位联系还有璧山站至内江北站和璧山站至成都东站等两条线路。

网络故障条件下，对铁路车流网络动态可靠性研究得出了关键站点，即换乘重点站和客运枢纽站。在首位联系优化措施上可从两方面展开(图 2-86)：第一，增加四川片核心区站点如德阳站、绵阳站、南充站、达州站与成都东站的客运联系班次，加强成都东站对四川片重要站点的首位客运联系作用；第二，增加合川站至南充站、潼南站至遂宁站、长寿北站至达州站的直达客运联系，加强四川片与重庆片的跨区域首位客运联系。

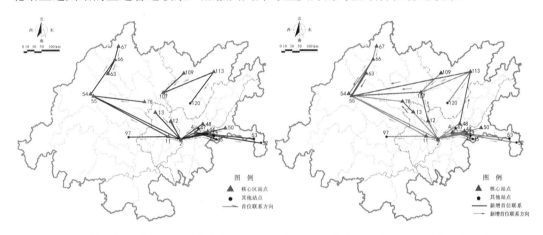

图 2-85　核心区站点首位联系方向空间分布　　图 2-86　核心区站点首位联系方向优化布置

3.规划管理与应急预案

1)加强重要站点和线路的规划管理

在节点和边故障条件下，网络的整体连通性能和网络信息传递效率下降很快。为保证正常的旅客运输任务，需要对枢纽站等重要站点和铁路路段(线路)加强防护。其中，枢纽站应加强客运枢纽站应对大客流的能力，有预见性的采取限流、疏导等措施，避免影响旅客运输的时效性，定期检查保养车站内的设施，避免因为硬件发生故障导致车站无法正常运营，影响铁路网络的连通性；针对铁路路段，应加强设施重点边和可达枢纽边的日常维修及预警工作。

2)完备站点应急预案

网络动态可靠性测评结果显示，在攻击前期，网络的整体连通性和网络信息传递效率下降很快，后期下降较为缓慢，故在最开始站点发生失效时，分别采用：绕开故障的节点或边；对相关列车进行限速、增加停站时间；加强客运专线与既有线的联系，通过"转线"到既有线，在既有线继续运行，待条件合适时再转回客运专线运行等①方式方法对站点采取有效措施，以避免后期大面积节点失效的情况发生。

---

① 至 2015 年底，我国铁路电气化率已经达到 60%，四川省铁路电气化率已达到 80.8%，重庆市铁路电气化率已达到 100%；在某些特殊情况下，部分客运专线上的动车组会临时安排在既有线上运行，但时速必须降低。

2.5 本 章 小 结

本章基于复杂网络理论，在城乡规划学和复杂网络理论的交叉领域，针对成渝城市群铁路交通系统可靠性问题进行研究，从铁路设施和车流去向两方面分别构建了铁路物理网模型和铁路车流网模型，从静态可靠性和动态可靠性两方面出发对成渝城市群铁路网可靠性进行了分析评价，提出了铁路网发展区域规划响应策略。主要结论包括三方面：一是建构了统计属性指标体系和特征结构指标体系对铁路车流网和物理网进行分析；二是建立了成渝城市群铁路网动态可靠性测评模型，分析得出铁路网络具有鲁棒性、脆弱性，辨识出对网络连通可靠性影响较大的重要站点和铁路线路；三是从铁路网线网结构可靠性优化、铁路网站点及线路功能提升、铁路运营及应急管理优化三个方面提出了规划响应策略。

第3章 城镇排涝系统可靠性：
以西南典型城镇为例[①]

排涝系统是为适应城镇新的水文循环机制而配置的基础设施，是确保城镇各功能正常运行的生命线系统。城镇雨水产流与雨水排流的涨消失衡，不仅有可能造成排涝设施运行失效，更会给居民生命财产安全带来严重的威胁。由于其工程系统的网络传导特性，局部雨水管渠设施排流故障往往会引发城镇大面积内涝风险，阻碍城镇功能正常运行。面对城镇雨洪安全的综合科技问题，针对城镇雨洪排涝系统结构与内涝成灾机理，创新引入复杂网络分析原理和方法，结合城镇雨洪排涝系统运行的内在规律，对重庆市长寿城区、綦江城区、潼南城区的雨水工程系统进行实证研究，构建城镇建设用地与排涝管渠2-模加权网络模型，从系统行为关联性角度对城区易涝管渠和易涝用地进行辨识，对城镇排涝复杂网络拓扑结构的静态可靠性和功能运行动态可靠性进行评价分析，揭示城镇排涝系统结构特征，挖掘城镇潜在的内涝风险节点及内涝灾害传导高风险片区，提出城镇排涝系统规划建设策略。

3.1 排涝系统研究现状与问题

3.1.1 国内外研究与实践进展

1.研究阶段

1)国外排涝系统发展阶段

国外发达国家城镇排涝系统建设经历了从建构筑物的防洪设施到渗池、井、草地、透水地面组成的地表回灌系统建设阶段。日本、美国等最早进行了城镇排涝系统的实践探索。

1963 年，日本开始兴建滞洪和储蓄雨水的蓄洪池，还将蓄洪池的雨水作喷洒路面、灌溉绿地等城镇杂用水，并利用屋顶修建雨水浇灌的"空中花园"。1992 年，日本颁布了《第二代城市下水总体规划》，正式将雨水渗沟、渗塘及透水地面等工程设施作为城市总体规划中排水系统的组成部分，规定新建和改建的大型公共建筑(群)必须设置雨水就地下渗设施。

1971~1980 年，美国利用地下回灌系统，提高了城镇雨水天然入渗能力。在芝加哥

---

① 本章内容根据郭凯睿的硕士论文《山地城市排涝网络风险性研究与规划策略》改写。

市，兴建地下隧道蓄水系统，有效地解决了城镇防洪和雨水利用问题。将排水管道系统称为小暴雨排水系统(minor drainage system)，在此基础上又提出了大暴雨排水系统(major drainage system)，即利用城镇开放空间、排水道路等设施排除超标降雨，有效控制路面积水时间、积水深度和水流速度，避免城镇大规模内涝灾害，并提出了小暴雨排水标准和大暴雨排水标准[163]。

此外，发达国家城镇排涝系统还设置了雨水内涝控制系统，包括蓄滞洪区、调蓄水池(含地下大型调蓄设施)、渗透铺装、渗井(坑)、下凹绿地、排水通道、草沟等[164]，建设可持续雨水控制设施，最大限度防止城镇大面积积水，提高城镇排涝抗涝能力。

2) 国内排涝系统发展阶段

我国排涝系统的发展主要分为两个阶段：一是应对早期城镇排涝需求的传统排涝系统建设阶段；二是城镇化高速发展时期的现代排涝系统建设阶段。

在早期城市建设中，生产力较为落后，城镇发展缓慢，城镇排涝多因地制宜，顺应地势。北京紫禁城在元大都的基础上排布干渠与暗沟，体现了城镇建设与地下排涝设施建设的同步性[165]；江西赣州"福寿沟"顺应山地地形，建设了两条形似"福""寿"二字的水渠，将城内大小水塘沟通串联，将自然水面改造为天然的雨水调蓄池，在调蓄暴雨的同时，发挥其在生活生产中的综合效益[166]。中华人民共和国成立后，城镇排涝建设缺乏统一的标准，多是借鉴苏联城镇排涝建设经验，在一段时间内解决了城镇排涝问题，但由于缺少对城镇发展趋势的认识，产生了一系列问题，如城镇采用雨污合流制管道系统，管道容量不足，雨水面源污染问题日益严重。改革开放以来，随着城镇化的推进，排涝问题已成为城镇建设过程中迫切需要解决的安全问题。城镇排涝系统建设吸取发达国家经验，建设雨污分流的排涝系统，促进城镇排涝系统现代化建设。整体上，排涝系统建设与快速城镇化进程中城镇需求的矛盾日益突出，加之旧城区、建成区排涝系统更新难度大，建设成本高，"城中看海"成为近年雨季的城镇"景观常态"。

因此，为应对城镇内涝安全问题，各大城市在城区重点地段、城市新区进行了丰富的实践探索。2008 年北京奥运会的场地及建筑，采用了先进的中水循环系统，北京奥运公园可以完全不依赖城市排水，就可以消纳 20 年一遇的暴雨径流，大大减轻了城市市政排水设施负担[167]。

2.研究内容

国外发达国家在长期的研究实践中，总结出一套适应地区气候水文、城镇建设的排涝系统规划建设策略，具有代表性的有：日本雨洪管理体系、美国最佳管理实践(best management practice，BMP)和低影响开发(low impact development，LID)、英国可持续城市排水系统(sustainable urban drainage systems，SUDS)以及澳大利亚水敏性城市设计(water sensitive urban design，WSUD)等。

日本由于自然地理原因，城市规划区多属于洪涝灾害高发地带，在多年的实践探索中总结形成了一套有效的雨洪管理体系。城市整体空间策略方面，从保护城市水源涵养地区、注重河川的自然化恢复等角度构建城市区域性蓄水空间，同时通过建设高标准防洪堤与推广雨水利用措施，加强城市细部场地空间防涝能力(图 3-1)。

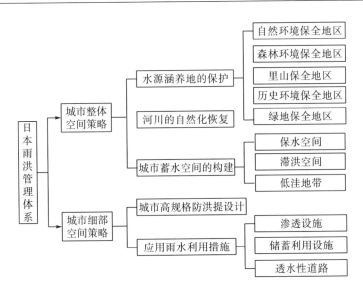

图 3-1　日本雨洪管理体系

1972 年，美国联邦水污染控制法第一次提出了最佳管理实践(BMP)，将其定义为"特定条件下用作控制雨水径流量和改善雨水径流水质的技术、措施和工程设施的最有效方式"[168]。起初 BMP 的应用仅局限在雨水径流的非点源污染控制方面，经过长时间的实践和优化，BMP 已发展为注重与城市自然条件、城市景观结合的生态设计方法体系，并倡导以非工程性的综合技术来解决水量、水质等水生态问题(表 3-1)。

表 3-1　**最佳管理实践方式**[169]

类型	措施类型	实践方式
工程型最佳管理	城市尺度	森林、再生水系统、排水沟、湖库沼泽、洼地、透水铺装、湿地渗滤收集系统
	街区尺度	沼泽洼地、池塘、人造湿地、缓冲带、渗水铺装、下渗系统
	地块尺度	透水铺装、雨水滞留池、沉沙井
非工程型最佳管理	土地利用规划	将土地利用规划、城乡规划与雨洪控制管理用地充分结合，加强 BMP 设计建设
	环境发展政策	鼓励推动生态可持续发展实践
	公众引导教育	加强公共教育，提高公众意识，强调个人行为对城市水环境的影响
	项目监管	有效监督对雨洪资源的污染行为，并给予一定程度的经济处罚

1990 年，美国马里兰州环境资源部门颁布《低影响开发指南》，将低影响开发(LID)定义为："通过尽可能自然的方式管理雨水促进土地发展的方法。" LID 是一种管理城市雨洪的综合方法，主要包括场地规划、水文分析、综合管理措施、侵蚀和沉淀控制、公众宣传计划等五个方面，主要针对发生概率较大的中小降雨，发挥城市雨洪管理的长期生态效益，以分散式、小规模的雨洪管理措施对雨洪源头进行控制，减少城市开发建设对自然水文的影响，特别是对地表径流、水质、补充地下水的影响[170]，并通过 LID 的相关措施恢复城市的自然水文过程。与 BMP 相比，LID 更强调利用工程技术措施来达到城市雨洪管理的目的(表 3-2)。

表 3-2　LID 主要方法类型(据车伍等[171]，整理)

方法类型	实施方式
水文分析	划定区域大流域和地区小流域面积，确定设计暴雨强度与计算模型，收集水文基础数据，评价场地规划效益并与基准比较，评价综合管理措施(IMPs)
场地规划	定义发展范围，减少整个场地不透水面积，分隔不透水区域，修改或增加水流流动距离
侵蚀及沉淀控制	合理规划，控制土壤侵蚀程度，对沉淀进行控制，维护相关设施
综合管理措施	确定所需的水文控制，评价场地所受限制，筛选 IMPs 措施，对 IMPs 进行组合及设计，并附加必要的控制措施
公众宣传	确定公共宣传目的与对象，制定并分发宣传材料

　　1999 年 5 月，英国建立了可持续城市排水系统(SUDS)，用以解决传统排水系统所产生的洪涝、污染等问题。SUDS 实现了以传统 "排放"为核心的雨洪管理手段向可持续水文循环排水系统的转变，对区域流域水系进行宏观调控，综合考虑循环雨水水量、水质，发挥景观和生态价值[172]。

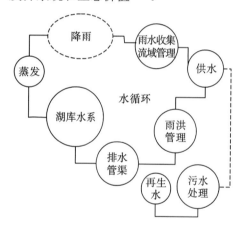

图 3-2　WSUD 水循环模式(据王思思等[173]，改绘)

　　20 世纪 80 年代，澳大利亚首次提出水敏性城市设计(WSUD)。2004 年，澳大利亚政府颁布了《全国水资源协定》，将 WSUD 定义为："管理整合城市规划，保护城市水循环以确保城市水资源管理对自然水文和生态过程的敏感性"。与 BMP 和 LID 雨洪管理相比，WSUD 更关注城市整体的水循环系统，将流域管理、雨水收集、污水处理、供水、水利用等整合统一，以水循环为核心，将城市水循环和城市总体规划有机整合(图 3-2)，打破了传统城市水循环的单 1-模式，在城市不同空间尺度上将城市设计与水循环有机结合，减少城镇化对自然水文循环的影响，包括保护自然水系、水质净化、减少地表径流和洪峰流量，发挥水循环系统景观和生态价值，实现城市水环境综合效益最大化[173]。

　　针对山地城镇内涝问题，我国学者从排涝体系构建、技术实践应用等方面进行了积极探索。黄光宇教授较早地对山地城市雨洪成因及防治措施进行了探索研究[174]；有学者提出了应对山地城市复杂自然地理环境的山地海绵城市规划体系[175]，以及通过分析山地城市降雨和内涝的内在关系，探索了山地城市防涝与雨水综合利用体系[176]；也有学者结合 GIS 和 SWMM 软件平台，构建了山地城市排水系统模型，分析了我国山地城市排水安全问题及影响因素[177]，结合山地城市排涝模型与低冲击开发理念，构建了山地城市排水防涝规划体系[178]；同时还有学者针对山地城市雨水系统数值模拟及优化设计问题，建立了符合山地城市的雨水系统数值模拟模型[179]。

　　在工程实践方面，2015 年全国首批 16 个海绵城市建设试点中，重庆悦来新城、四川遂宁、贵州贵安新区等山地城市均入选，山地城市内涝安全建设迎来新时期。重庆悦来生态城结合海绵城市规划建设技术从水域空间、绿地系统、交通系统三大城市用地提出规划策略；在实施管理方面，提出了将行政管理单元、规划管理单元、雨洪管理单元融合的空间管理策略以及容积率激励、经济激励的政策管理策略。遂宁编制了国内首部海绵城市专项规划，为山地城市全面开展海绵城市建设，从试点走向示范提供了经验借鉴[180]。

3.技术方法

在排涝系统预测评价方法上，20 世纪 60 年代形成了水文模型和水力学模型两类主要的城市雨洪模拟方法。水文模型在计算流域产汇流时采用黑箱系统或灰箱子系统，建立流域降雨与产流的经验或半经验式的关系，如 HEC-HMS 中的单位线法。水力学模型着重于微观的水动力公式，以连续性方程、能量方程、动量方程为基础计算流域产汇流过程，如 SWMM 中的非线性水库法和动态波法。近年来，采用数理模型对城市内涝灾害进行预测是当前主流的研究方法，将城市排涝系统分解为降雨、产流、汇流等过程的集合(图 3-3)，并赋予各要素相应的指标参数，通过水文计算、水力学模型对城市雨洪产汇流过程进行模拟(图 3-4)，集成 SWMM、InfoWorks CS、HEC-HMS、MOUSE 等软件，优化排水管网的空间布置、排流能力、设施配置，提升城市排涝系统的综合排涝能力。

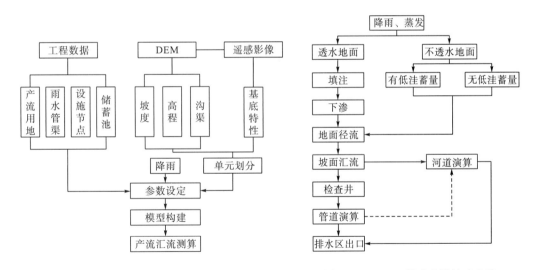

图 3-3　基于 SWMM 模型的城市雨洪预测基本思路　　　图 3-4　SWMM 模型建模技术路线

发达国家建立了基于 GIS 的城市市政管理信息系统，构建排水市政管网空间及属性数据库，对雨水管网系统进行管理、决策。日本集成了城市排水管网的专业分析模型，如定位分析、缓冲区分析、设施失效分析、拓扑分析等，提高了城市雨水管渠设施监控和灾害预警的精度、可靠性及实时性。同时，对未来网络共享、自动探测、及时传递以及智能控制决策的现代化城市管网信息系统进行了探索。

在内涝灾害防治方面，利用城市暴雨管理、地理信息系统等软件模型建立了城市排涝信息空间数据库，集成内涝预警系统，为城市防涝管理提供决策依据；编制城市暴雨内涝应急计划，绘制暴雨洪涝灾害风险图[181]；设置专门的灾害管理机构、加强基层建设等方式来完善内涝灾害应急管理系统[182]。

4.排涝系统规划实践研究

在规划实践方面，传统经济发展导向式的城镇规划，对城镇安全以及复杂性的研究不足，靠单一的灰色基础设施难以解决城镇排涝问题[183]；现有规划编制体系中，雨水排涝对城镇总体布局的影响弱，控制性详细规划阶段通过控制道路场地竖向设计、绿地率以及排水管网布局等指标，关注城镇街区等局部地区的排水设计，导致排涝系统因缺乏雨水管控专项规划而使得其系统性和灵活性不足；城镇排水设计大多沿用苏联排水模式①，城镇的排水标准普遍偏低且更新改造难度大；现行排水规划设计规范标准相比美国、德国等发达国家仍有不小差距[184]。

在工程建设实践方面，城镇化建设使得城镇自然基底被沥青、混凝土等不透水下垫面取代，降低雨水下渗能力、增大径流系数的同时也缩短了地表径流汇流时间，造成洪峰提前[185]；部分城镇侵占或填埋自然水系、滞洪洼地，破坏原有植被和水文循环系统，导致区域雨水调蓄和自然泄洪能力显著下降[186]；同时，受城镇排涝建设投入资金的限制，设施建设在工程质量、服务能力等方面难以达到实际排洪需求。为此，有学者提出应结合绿色基础设施、保留绿色生态空间等方式形成雨涝缓冲区[187]；构建新城和老城[188]建设不同的排涝模式。

5.研究评述

通过国内外排涝系统研究阶段、研究内容、技术方法等综述，了解山地城镇排涝规划建设现状，把握当前研究现状与未来发展的趋势，明确在特殊地理环境下山地城镇排涝可靠性的研究方向。

1)城镇排涝失效系统性风险的内在机理研究不足

国外雨洪管理实践主要集中在区域大尺度的雨洪安全格局构建、中小尺度的防涝抗涝工程技术以及保障政策等方面(表3-3)，以局部片区排涝管理引导和工程技术措施优化研究为主，对城镇排涝系统结构故障成因和成灾机理研究相对薄弱。

2)基于还原论的城镇排涝系统研究局限性明显

基于数理模型预测的城镇排涝系统研究本质上是属于还原论的分析方法，面对简单故障时能起到良好的辨识效果。但是，由于各环节的参数模拟以及运算模型涵盖因素的局限性，针对区域大流域尺度，由于参数设定庞杂、数据量巨大，导致模拟计算的"累积效应"明显，模拟结果的科学性和客观性也随之降低；同时，在面对排涝系统故障传导和大面积内涝等复杂行为的研究上，基于还原论的研究方法也难以揭示城镇排涝系统

---

① 在5～10m深的地下建设排水管网。但苏联位于高寒地区，大部分地区降水较少，排水系统设计上较为保守。

的整体结构行为特征。运用复杂网络等理论方法，逐步切入系统论的设施结构研究，有较好的科技价值。

表 3-3　国外典型雨洪管理实践对比分析

类别名称	研究空间尺度	核心内涵
美国最佳管理实践（BMP）	区域尺度 街区尺度 场地尺度	通过自然条件截流和渗透雨洪，截断场地内的雨水径流与排水管网及自然河道的直接联系，恢复自然状态下的水文模式，促使雨水渗透土壤或蒸发到空气中
美国低影响开发（LID）	场地尺度	通过合理的场地开发方式，模拟自然水文条件并通过综合性措施从源头上降低开发导致的水文条件的显著变化和雨水径流对生态环境的影响
英国可持续城市排水系统（SUDS）	区域尺度 街区尺度 场地尺度	利用家庭、社区等源头管理方法对径流量和水质进行控制，再到尺度较大的下游场地和区域控制，在雨水径流产生到最终排放整个链带上分级削减、控制产生的雨水径流
澳大利亚水敏感城市设计（WSUD）	区域尺度 街区尺度 场地尺度	以水循环为核心，把雨水、供水、污水(中水)管理视为水循环的各个环节，这些环节相互联系、相互影响，打破了传统的单一模式，同时兼顾景观和生态环境
日本雨洪管理体系	区域尺度 街区尺度 场地尺度	通过对雨洪过程有至关重要作用的生态源地以及河川的保护和恢复，以及细部尺度的措施构建，共同改善城市水环境

3)山地城镇排涝研究仍处于探索阶段

整体上，山地城镇雨洪排涝研究还处于初级阶段。在技术方法和工程实践上做了一定探索，但大多还是基于国内外成熟的研究方法和实践案例进行应用性研究。面对山地城镇复杂地理环境和工程建设难度，在技术方法上还面临适应性验证、应用推广等现实问题，尚未形成一套完整的研究体系和技术模式。

3.1.2　西南典型城镇排涝建设现状

自然地形本底决定了山地城镇雨水排流体制，西南山地城镇的地貌形态有中山、低山、高丘陵、中丘陵、低丘陵、缓丘陵、台地和平坝等几大类型。丘陵、低山是社会活动、经济活动聚集的主要区域。为此将研究区域锁定在西南地区城镇化最为集中和活跃的重庆大都市区，以生态本底情况和区域地貌划分为平行岭谷地貌类型区、盆周山地地貌类型区以及方山丘陵地貌类型区，分析类型区内典型城镇排涝系统建设现状。

1.平行岭谷地貌类型区——重庆长寿区

长寿区地处重庆市中部，位于四川盆地东部平行岭谷褶皱低山丘陵区，属三峡库区生态经济区，是重庆战略性产业发展的新型工业区、国家级经济技术开发区。长寿全域形成"一城四片、一轴两翼"的城乡空间结构(图 3-5)，城区形成"一心四片，双轴北拓"的空间结构(图 3-6)，即以菩提山、牛心山为主体的城市绿心，承担城市生活与服务职能的凤城片区、桃花片区、北城片区以及以工业发展为主要职能的长寿国家级经济技术开发区，形成东部城市综合发展轴和西部工业发展轴，总面积 125.29km²，根据《重庆市长寿区城市总体规划(2011—2030)》，到 2020 年城市常住人口为 59 万人，城市建设用地 87.69km²。

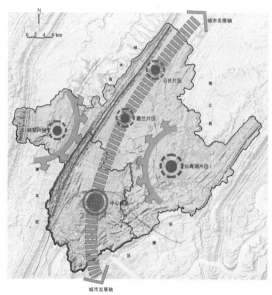

图 3-5　长寿区城镇空间结构图   图 3-6　长寿城区空间结构规划图

资料来源：《重庆市长寿区城乡总体规划(2011—2030)》　　资料来源：《重庆市长寿区城乡总体规划(2011—2030)》

　　长寿城区为保证汛期排洪安全，按照《防洪标准》(GB50201—2014)的规定，将城区划定为重要防洪地区，实行分区防护。规划长江长寿城区段防洪标准按百年一遇，防洪高程为吴淞高程 181.3m；桃花溪、龙溪河和晏家河城区段采用 50 年一遇的防洪标准，其他河流采用 20 年一遇的防洪标准。在长江及桃花溪、龙溪河、晏家河和羊叉河等部分中小河流河岸，结合分区防护要求，进行以防洪护岸为主的河道综合整治；在有条件和有重要保护对象的河道上修建水库防洪工程。相对于城市防洪安全威胁，长寿城区在面对夏季集中降雨时，由局部排水不畅所引发的内涝灾害影响更为明显。从 2015 年和 2016 年桃花新城片区内涝受灾情况来看，片区内涝积水点体现出一定的固定性且较为集中，两年连续积水均位于长寿区党校、重庆市长寿中学旁等地段。

　　研究选定菩提组团、桃花组团、凤城组团和阳鹤组团组成的规划建设用地面积约 43.76km² 的范围作为长寿城区排涝风险研究靶区。城区雨水工程管网按照就近、重力流、不冲不淤等原则就近排入长江、桃花溪等河流水体，城区北部规划新建雨水干管、支管布局较为均衡，南部旧城排涝设施更新难度大，旧城中雨水管渠等级普遍较低，排涝设施整体上形成"大集中，小分散"的布局模式(图 3-7)；对长寿城区进行水文分析，城区集水面较大且径流路径较长，地表径流主要沿桃花溪汇流向南流入长江(图 3-8)。

图 3-7　长寿城区排涝设施建设情况　　　　　图 3-8　长寿城区水文分析

2.盆周山地地貌类型区——重庆綦江区

綦江区位于重庆市南部，行政辖区范围约 2746km^2，全域地处四川盆地与云贵高原结合部，地势南高北低，以山地及丘陵为主，是重庆市矿产资源依赖型转型升级发展区、山地现代农业示范区以及城郊休闲旅游度假区，形成"城区-重点镇-一般镇"的城乡等级结构(图 3-9)。辖区内打通镇、赶水镇、东溪镇等重点镇与其他一般镇分别承担工贸型、工矿型、旅游型、农业服务型等四类专业化村镇职能。綦江城区包括文龙街道、古南街道、三江街道，形成"一环、一轴、四组团"的城市空间结构(图 3-10)，即以环翠屏山为核心功能环，构建从三江往翠屏山以北方向贯穿城区的空间拓展轴，形成东部新城组团、老城组团、三江-桥河组团、北部组团等四个组团，总面积约 292.88km^2，根据《重庆市綦江区城乡总体规划》(2013 年编制)到 2020 年规划期末，城市常住人口 40 万人，城市建设用地面积 42km^2。

綦江城区是典型的沿江带型发展城市。根据城市总体规划要求，城区防洪标准按照 50 年一遇标准设防，防洪护岸工程按 20 年一遇标准设计。对不顺畅河段及狭窄河段修整拓宽，结合旧城改造，分期分片强化河道护岸工程至 20 年一遇标准，对綦江河左岸下北街片区、一建公司片区和右岸菜坝片区 3 处低洼地带，结合旧城改造进度，采取分期、分阶段、分片回填至 20 年一遇防洪高程，对綦江大桥、城北大桥进行改造，消除阻水影响；加快藻渡水库的建设，使城区防洪标准达到 50 年一遇。研究选定綦江城区文龙街道、古南街道、三江街道总规划建设用地面积约 42km^2 的范围作为綦江城区排涝风险研究靶区。受盆周山地地貌地形水平分割影响，綦江城区排涝设施呈组团式分散布局(图 3-11)；加之，古剑山、横山、老瀛山、太公山等山体的垂直限定，城区被綦江河、沙溪河、登瀛河、通惠河等水系分割成多个集水单元，各单元内径流路径相对较短(图 3-12)。

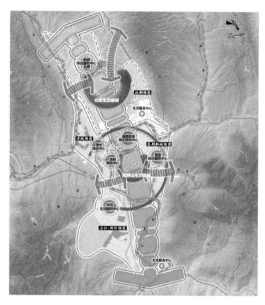

图 3-9 綦江区城镇体系布局图   图 3-10 綦江城区空间结构规划图

资料来源：《重庆市綦江区城乡总体规划》（2013 年编制） 资料来源：《重庆市綦江区城乡总体规划》（2013 年编制）

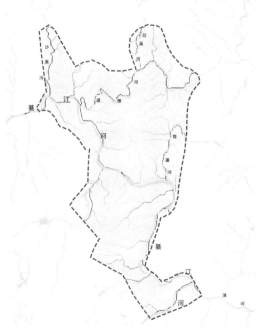

图 3-11 綦江城区排涝设施建设情况   图 3-12 綦江城区水文分析

3.方山丘陵地貌类型区——重庆潼南区

潼南区位于重庆市的西北角，四川盆地中部偏东，涪江中下游，川渝交界处，是成渝新型工业基地、渝西生态文化旅游目的地和中国西部绿色菜都，形成"三心三片，两轴一环"的城乡空间结构(图 3-13)，城区构建"一江两岸，一带两翼，两心三片"的空间结构(图 3-14)，即依托涪江滨水景观空间打造城市公共活动带，依托成渝高铁站与渝遂高速下道口之间的联系通道构建城市现代服务公共生活带，培育西部文化旅游发展翼与东部现代产业发展翼，建设江北行政商业中心和凉风垭商业副中心以及江北综合产业服务片区、凉风垭综合产业服务片区、旧城人文生活片区，根据《重庆市潼南区城乡总体规划》(2014年编制)，到 2020 年城市常住人口 35 万人，城市建设用地规模为 40km^2。

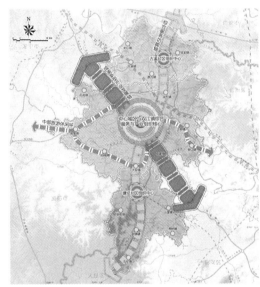
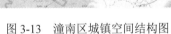
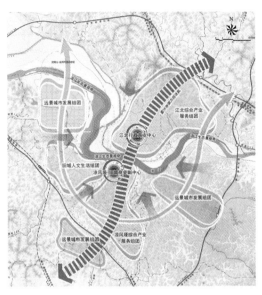

图 3-13　潼南区城镇空间结构图　　　　　图 3-14　潼南城区空间结构规划图

资料来源：《重庆市潼南区城乡总体规划》(2014 年编制)　　资料来源：《重庆市潼南区城乡总体规划》(2014 年编制)

潼南城区境内南部和东北部地形起伏较大，中部平缓。地形起伏度小于 20m 的区域较广，占辖区面积的 41.61%，主要分布于区内中部区域；城区被涪江分为城南和城北，建设用地面积共约 40km^2，城南相较城北地形起伏较大；城区内江北新城、凉风垭、工业园区等片区排水系统为雨污分流制。按自然地形划分雨水排水分区，就近排入自然水体或沟渠，通过透水铺装、下凹绿地等方式，加大雨水渗透量，补充地下水；利用城区内水库、人工湖泊，调蓄雨洪，降低雨洪对城市排水系统的冲击，防止初期雨水对水体的污染。研究选定潼南城区江北综合产业服务组团、旧城人文生活组团、凉风垭综合产业服务组团等组成的规划建设用地面积约 40km^2 作为潼南城区排涝风险研究靶区。由图 3-15 可以看出，潼南城区雨水干管集中在中部片区，沿地势较低的洗菜溪和江北行政商业中心布置，一定程度上加大了中部外围地区的排涝压力；城区自然集水单元面积相对较大，雨水径流主要沿洗菜溪等溪沟汇流至涪江(图 3-16)。

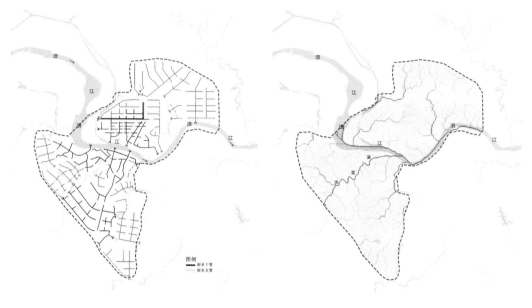

图 3-15　潼南城区排涝设施建设情况　　　　图 3-16　潼南城区水文分析

3.2　排涝系统可靠性研究设计

3.2.1　研究方案

1.科学问题推导

1)科学问题的提出

城镇排水工程规划通常分为三个阶段：总体规划、详细规划以及工程技术应用和建设（图 3-17）。结合国内外城镇内涝研究相关成果，可以看出在设施调试配置和工程技术建设阶段已经积累了较为丰富的研究成果和实践经验；而在排水系统结构研究中，基本沿用传统的定性判断，缺乏定量客观分析结论作为支撑。

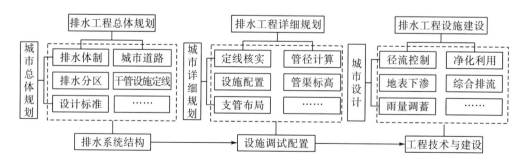

图 3-17　城镇排水工程规划主要流程

　　因此，基于山地城镇气候多变、地形复杂以及次生灾害易发的现实情况，结合城镇排水工程规划在系统结构研究上的不足，凝练"山地城镇排涝网络传导可靠性"的科学问题，选取这些典型山地城镇排涝系统为研究对象，从系统论的研究视角，构建山地城镇排涝网络模型并进行传导可靠性评价，提出山地城镇排涝抗涝能力优化的规划策略。

　　2）排涝系统传导可靠性内涵

　　自然雨水循环系统和人工雨水循环系统构成了城镇区域地表水循环的主要途径。在自然环境下，大气降雨经由林地、草地等具有良好渗透、储水能力的生态基底，通过自然地表径流汇集至低洼坑塘、湖库水系，完成雨水蒸发、排流受水体、回补地下水等雨水循环过程，维持区域水生态的平衡。

　　人工雨水循环系统中，城镇降雨通过建设用地下垫面的雨水再分配、地表汇流、管渠传输等途径，实现了从大气降雨到受水体的汇集和排放过程(图 3-18)。由于城镇化建设大幅降低了城镇下垫面的可渗水程度，面对强降雨必然导致降雨产流过量，加之城镇雨水工程设施规划建设滞后，雨水管渠排流标准普遍较低，使得排水系统无法疏解过量雨水。极易出现城镇内涝灾害。排涝系统传导可靠性失效，包含了产排流涨消失衡和雨水内涝积累风险传导两个具体的矛盾。

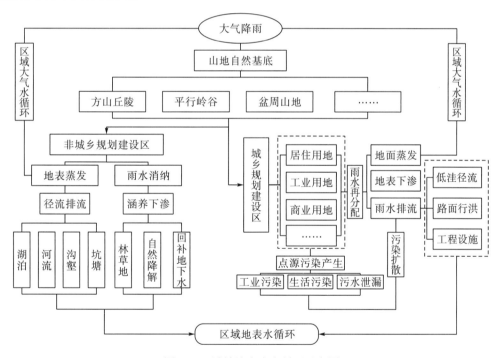

图 3-18　城镇地表水文循环示意图

　　在城镇排涝系统产流和排流的"涨消失衡"矛盾中，建设用地和雨水管渠是构成"涨消矛盾"的两个矛盾体。建设用地可将雨水中的排流过程归纳为三个阶段：产流阶段，建设用地吸纳雨水进行再分配形成雨水产流；汇流阶段，产流雨水通过地表径流等方式汇集至雨水管渠；排流阶段，由雨水管渠传输至城镇雨水排流支、干管线以及截洪沟、明暗水渠等，最终排流至湖库水系等受水体。

　　城镇内涝灾害往往是由于局部雨水管渠失效或过载造成雨水滞留，若疏导不及时，积水将蔓延至相连接的其他管渠，形成灾害传导[189]。通过深入分析城镇内涝灾害"点-线-面"的基本形成过程，发现城镇建设用地与城镇雨水管渠这对矛盾体之间不仅存在表面上的"涨消失衡"矛盾，还存在"风险传导媒介"的潜在风险。这种潜在的"风险传导媒介"是由于建设用地周边雨水收集管渠运行失效，引起段过量积水形成点状排涝风险；传导至与其相关的排流线路，导致线路排流瘫痪形成带状排涝风险；当超过该线路水量最大传输效率造成线路积水时，积水会进一步漫流至周边建设用地，若超过建设用地缓冲承受能力，过量积水将溢出建设用地影响该建设用地周边管渠(图3-19)。在连续强降雨以及管渠设施连续失效的情况下，一旦风险传导条件最大限度被满足，就会形成排涝风险传导环路，从而诱发城镇大面积内涝灾害。

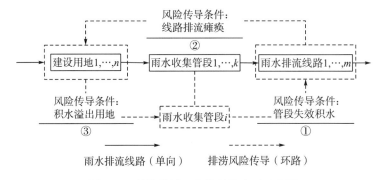

图 3-19　城镇排涝风险传导发生环示意图

　　从城镇排涝风险发生的剖面来看(图3-20)，排涝风险的发生呈现出明显的阶段累积性特点，存在两个风险控制阀值：一是城镇道路单位时间最大行洪能力，主要控制排流瘫痪线路满流溢出的时间；二是积水路段或周边建设用地"受水能力"，主要用来衡量排流线路积水漫流后用地内部储水弹性。

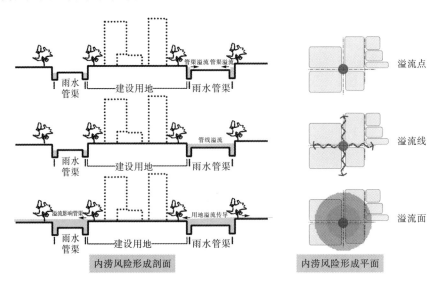

图 3-20　城镇排涝风险传导剖面示意图

2.整体研究方案

1)研究思路

系统结构决定功能[190]，系统功能反映结构。城镇排涝系统与其他城镇基础设施具有类似的网络特性，还有潜在的"风险传导"特征。因此，从科学问题出发，基于建设用地与雨水管渠之间"涨消失衡"的显性矛盾和"风险传导"的隐性关系，借助复杂网络理论和方法，构建山地城镇排涝网络模型，从拓扑关系结构特征和系统功能运行机制两方面进行传导可靠性评价分析，提出规划策略(图 3-21)。

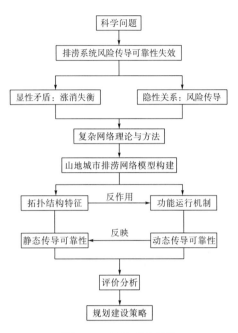

图 3-21　整体研究思路

2)研究方案

根据研究思路，从三个方面进行方案设计：首先，根据山地城镇排涝风险形成机制，通过对比几种常见的城镇市政基础设施建模方法，结合排涝网络中建设用地与雨水管渠要素之间雨水排流和传导的双重矛盾关系，确定排涝系统模型的语义模型，分别构建长寿、綦江和潼南城区"建设用地"-"雨水管渠"的 2-模复杂网络模型，根据排涝网络风险传导生成机制提取雨水管渠 1-模网络进行可靠性分析；其次，构建山地城镇排涝网络可靠性评价指标，从整体结构特征分析入手，对拓扑结构静态可靠性和功能运行动态可靠性进行评价；最后，基于评价结果，识别山地城镇排涝风险区，针对不同城镇排涝风险区从网络控制和规划修复等方面提出优化策略(图 3-22)。

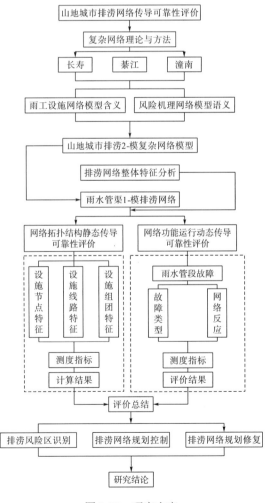

图 3-22　研究方案

3.2.2 模型构建

1.构建原理

构建复杂网络模型的语义关系是对现实世界抽象化提取的依据,语义关系的客观性和准确性直接影响复杂网络模型对现实世界的反应。根据城镇排涝系统运行特点和排涝风险传导的内在机制,在这两种语境下,建设用地和雨水管渠具有不同的功能角色;在排涝系统运行中,建设用地与雨水管渠是产流和排流的"需求-供给"关系,具有单向不可逆的方向性;而在内涝风险发生过程中,雨水管渠是"风险源",建设用地是"风险传导媒介",具有风险累积传导的逻辑关系。因此,为更深入了解排涝网络特点,针对雨水管渠设施的工程属性构建物理结构、功能运行两种语义关系;也针对雨水管渠与建设用地的供需和传导两种关系构建了雨水管(渠)段和雨水排流线路的不同语义关系,以长寿城区牛心山沿线地段为例,对四种不同的城镇排涝网络语义关系进行对比分析,从而确定适合研究的排涝网络语义模型。

图 3-23 表示雨水管渠设施线路的空间布置情况,对不同管径雨水管渠连接点、雨水管渠交点和管渠初始点编号记为:1、2、3、…、n;图 3-24 表示城镇建设用地与雨水管渠的空间关系,对设施汇流交点间、不同管径的雨水管渠段和被道路围合的整块建设用地进行编号,分别记为 1、2、3、…、n 和 D1、D2、D3、…、Dn。

图 3-23　城镇雨水管渠设施空间布置　　图 3-24　城镇建设用地与雨水管渠空间关系(见彩图)

1) 雨洪设施物理结构语义关系

在物理结构网络中(图 3-23),节点 20、1、2、3、4、5、7、8、9、10、21 分别代表雨水管渠排流交汇节点,节点 6 代表不同管径雨水管渠的连接点;节点 20、21 分别代表汇流线路初始端和末端;节点 11、12、13、14、15、16、17、18、19 代表雨水收集支管源端。节点与节点联系(边)表示邻接设施间的雨水排流关系(图 3-25),如节点 20 和 1、10 和 21 之间有关系,不邻接的管渠设施则没有关系,如节点 20 和 19、15 和 6 无关系。

2) 雨洪设施功能运行语义关系

功能运行网络中节点含义与物理结构网络相同。但在边关系上,则表示设施线路上雨水汇流方向,即位于同一条排流线路上的节点均有联系。如排流线路依次通过的节点为 20→1→2→3→4→5→6→7→8→9→10→21，则节点 20 与线路上的各个节点均有关系（图 3-26）。

图 3-25   雨工设施物理结构网络   图 3-26   雨工设施功能运行网络

3）建设用地与雨水管渠的语义关系

在这种语义关系中，复杂网络包含建设用地地块、雨水管渠段两种不同的节点集合，是一种 2-模复杂网络。雨水管渠节点指的是管渠设施交点间或不同管径的雨水管渠段，若两个交点间有两种管径的管渠段，则记为两个管渠段节点。当城镇建设用地地块与邻近的雨水管渠节点存在排流需求时，则该建设用地地块与雨水管渠记为"有关系"，如建设用地 D40 与雨水管渠 163、164；建设用地 D1 与雨水管渠 2、3、6（图 3-24，图 3-27）。

4）建设用地与雨水排流的语义关系

该语义表示建设用地与雨水排流线路的相互关系。语义关系中也包含建设用地地块、雨水管渠节点两种不同的节点集，同样属于 2-模复杂网络。若建设用地产流雨水通过雨水管渠线路进行传输，那么该建设用地节点与线路上各雨水管渠节点记为"有联系"，如建设用地 D40 与雨水管渠节点 163→164→161→160→159→145→633→12→11→10→2→1 存在联系；建设用地 D1 与雨水管渠节点 6→2→1→3 存在联系（图 3-24、图 3-28）。

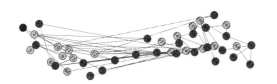

图 3-27   建设用地与管渠局部供需关系   图 3-28   建设用地与管渠全局供需关系

通过对上述四种城镇排涝网络语义关系的分析（表 3-4），可以看出，从雨洪设施角度的语义关系反映的是雨水管渠设施的工程属性，能较好地识别局部或单条排流线路的风险，考虑的是建设用地与雨水管渠供需关系中的"需"；用地与管渠网络则反映的是单块建设用地涨消失衡和风险传导的关系，使用范围局限于城镇局部地段。因此，为了更准确地反映整个城镇排涝系统的运行方式和风险发生机制，在基于雨洪设施实际功能运行基础上，结合建设用地雨水产流→雨水管渠汇流→雨水管渠排流的现实过程，同时考虑城镇排涝风险雨水管渠→排流线路→建设用地→雨水管渠的传导环路，选取建设用地与雨水排流语义模型构建城镇排涝网络。

表 3-4 城镇排涝网络语义对比

构建原理	网络模型	语义内涵	语义对比
雨洪设施	物理结构网络	描述了雨洪设施之间简单的"树枝状"拓扑结构	忽视了雨水排流方向性和雨水排流中的累积
	功能运行网络	体现了物理结构拓扑关系,同时也考虑了排流方向和雨水累积等属性	对单条雨水管渠线路雨洪设施排流压力和过载风险分析,对城镇排涝网络系统分析较弱,呈破碎化分离的特点
排涝供需与风险传导	用地与雨水管渠	反应城镇单块建设用地雨水产流"供"与雨水管渠传输"需"的基本排流过程	对局部管渠效能配置和建设用地产流控制研究有一定意义,缺少对整个城镇排涝系统的考虑
	用地与雨水排流	体现城镇整体雨水产流和排流之间的关系,在一定程度上模拟以建设用地为传导媒介的大面积内涝灾害形成机制,更接近于排涝实际	—

2.数据收集与整理

根据山地城镇排涝网络风险性研究对象和研究载体,收集《重庆市长寿区城乡总体规划》(2013 年编制)、《重庆市綦江区城乡规划》(2013 年编制)、《重庆市潼南区城乡规划》(2014 年编制)等相关资料,提取建设用地和雨水干管、支管线路空间布局,整理并进行数据编号形成网络构建的基础数据库(附图 3-A、附图 3-B、附图 3-C)。

根据城镇建设用地与雨水管渠编号的空间位置,结合排涝网络语义模型判断建设用地与雨水管渠节点排流的相互关系,进行统计与网络建模。

3.城镇排涝复杂网络建模

为了更好地展示抽象化提取的建设用地与雨水管渠在城镇空间上的相互关系,以长寿城区为例,通过 Gephi 复杂网络可视化软件将各节点空间坐标和边的关系进行处理,得到具有空间地理属性的城镇排涝网络模型(图 3-29)。长寿城区排涝网络模型中建设用地节点253 个,雨水管渠节点 643 个,共 896 个节点,3242 条边。綦江城区排涝网络中建设用地节点 251 个,雨水管渠节点 287 个,共 538 个节点,1591 条边;潼南城区排涝网络模型中建设用地节点 342 个,雨水管渠节点 341 个,共 683 个节点,2461 条边。

构建的城镇排涝网络中,存在建设用地和雨水管渠两个节点集合,属于 2-模复杂网络,除了对 2-模网络结构进行分析外,运用 Pajek 等复杂网络分析软件将"建设用地-雨水管渠" 2-模网络转化成"雨水管渠"或"建设用地" 1-模网络进行分析,能更好地反应各要素在网络中的关联情况。其中,在建设用地 1-模网络中建设用地节点间的语义关系为:建设用地产流雨水排向的雨水管渠同时也承担其他建设用地产流雨水的排流,则该建设用地与这些建设用地存在关系。而在雨水管渠 1-模网络,雨水管渠间的语义关系为:同时承担某建设用地产流雨水排流的雨水管渠间存在联系(图 3-30)。

通过综合分析可知,雨水管渠 1-模网络更能反应以建设用地为传导媒介的城镇排涝风险传导情况,因此针对城镇排涝风险分析构建的网络模型分为两类:一类是城镇排涝网络模型,即建设用地与雨水管渠形成的 2-模复杂网络模型,体现的是城镇排涝系统的产流排

图 3-29　长寿城区排涝网络模型

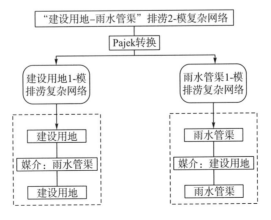

图 3-30　城镇排涝 2-模复杂网络模型转化

流运行情况；另一类是雨水管渠 1-模复杂网络模型，即雨水管渠间通过建设用地作为传导媒介的排涝风险多关系复杂网络，这里的多关系是指雨水管渠设施的排流关系和雨水管渠故障积水情况下的排涝风险传导关系。雨水管渠 1-模网络在节点关系(边)上相对城镇排涝2-模网络更为复杂，这与城镇雨水管渠往往会承受来至多块建设用地雨水排流压力相吻合；同样的，在雨水管渠设施积水无限制的情况下，这些积水的雨水管渠会通过排流线路反向影响该线路上的所有建设用地而造成大面积内涝风险(图 3-31)。

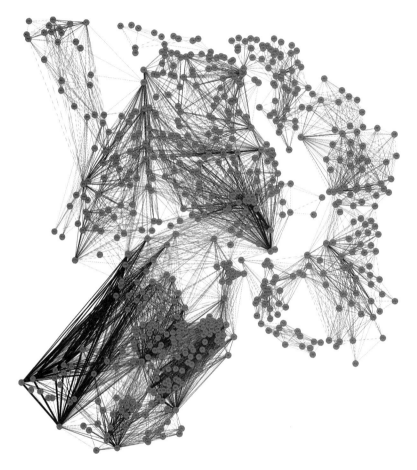

图 3-31   长寿城区排涝网雨水管渠 1-模网络模型

3.3   排涝网络可靠性分析

城镇排涝系统结构对排涝功能运行起着决定性作用。首先根据城镇建设用地产流和雨水管渠排流的供需关系，从网络基本统计特征、度分布特征以及度相关性特征对排涝网络进行分析，明确各城镇排涝网络的内在结构特点，更好地理解城镇排涝风险传导形成的内在差异。其次，根据城镇排涝风险的形成机理，将城镇排涝网络转化成雨水管渠网络并进行风险性评价。其中，雨水管渠网络传导可靠性包括静态拓扑结构可靠性和动态功能运行可靠性两个方面。静态拓扑结构可靠性是指因城镇排涝系统自身的设计缺陷，所形成的易涝节点以及风险易传导片区，体现了风险发生传导的内生性和静态结构性；动态功能运行可靠性是指城镇排涝系统在受到自身故障或外界因素的干扰时，所引发的内涝风险，体现了风险发生的外生性和动态过程性。最后，通过对数理分析结论的总结提炼，明确山地城镇排涝网络在结构和功能上存在的风险传导特征(图 3-32)。

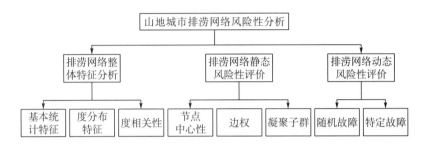

图 3-32　山地城镇排涝网络风险性分析框架

3.3.1　排涝网络整体特征分析

1.基本统计特征

1)直径与平均路径长度

根据式(1-5)计算，长寿城区排涝网络直径为 20，平均路径长度为 6.96；綦江城区排涝网络直径为 38，平均路径长度为 14.13；潼南城区排涝网络直径为 18，平均路径长度为 7.5；綦江城区排涝网络中节点之间的平均路径长度和直径均为最大，建设用地与雨水管渠节点分布较为离散；潼南平均路径长度大于长寿，但直径略小于长寿。其中，长寿和潼南排涝网络中节点距离最长的均为雨水管渠，分别是节点 330 与 677、节点 243 与 323，綦江排涝网络中节点间最长路径为建设用地 D150 与 D219。

同时，对排涝网络的路径分布比例进行分析(图 3-33)，发现长寿路径长度接近 10 时呈逐渐下降；綦江在路径取平均值后其路径占比随路径数值的增大而减少；潼南从路径长度临界值为 4 时网络中路径占比就开始下降，路径平均值高于临界值。

2)子图与模块

通过分析，长寿城区排涝网络子图有 4 个，子图中节点规模依次为 631 个、246 个、16 个和 3 个；綦江城区排涝网络中有 11 个子图，子图中节点规模依次为 492 个、22 个、11 个、5 个、22 个，另有 4 个孤立点；潼南城镇排涝网络中有 3 个子图，子图中节点规模依次为 338 个、320 个和 25 个。其中，綦江城区排涝网络呈组团式分布特征明显，长寿略高于潼南。

根据式(1-12)计算得出，长寿、綦江、潼南排涝网络分别形成 14 个、16 个和 12 个节点相对密集的模块(图 3-34)，模块度分别为 0.738、0.836 以及 0.804。其中，长寿最大模块规模为 98 个节点，占总节点的 15.2%；綦江最大模块规模为 38 个节点，占总节点数的 15.1%；潼南最大模块规模为 47 个节点，占总节点数的 13.8%。可以看出，綦江模块度最高，排涝系统组团式布局特征明显，建设用地与雨水管渠形成多个内部联系紧密的组团；而长寿模块度相对最低，在一定程度上反映了长寿城镇雨水管渠排水分区相对模糊。

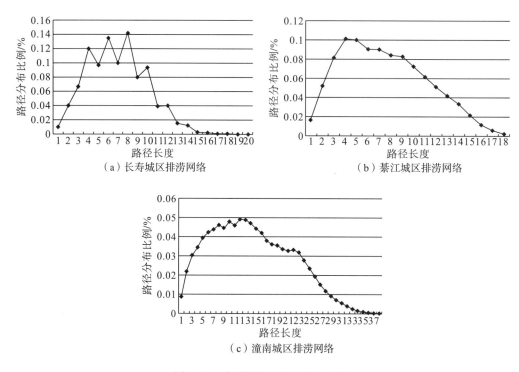

图 3-33　城镇排涝网络路径分布图

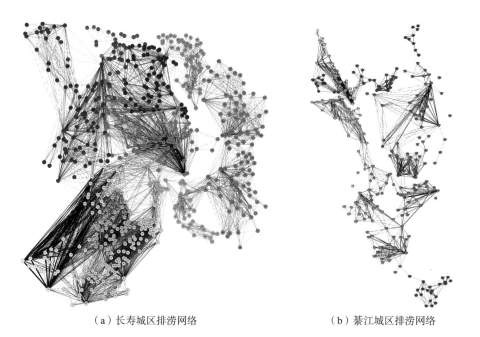

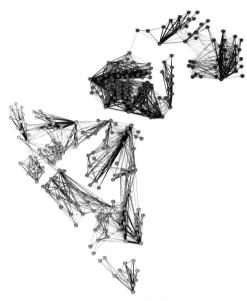

（c）潼南城区排涝网络

图 3-34　城镇排涝网络模块等级分布

2.度分布特征

根据式(1-2)计算，发现长寿与潼南排涝网络平均度接近，分别为 5.232 和 5.201，綦江排涝网络平均度最低，为 3.907，说明长寿和潼南建设用地与雨水管渠平均数量多于綦江。同时，分别对长寿、綦江以及潼南排涝网络度分布进行曲线拟合(表 3-5、表 3-6、表 3-7)，计算结果显示三个城区排涝网络均体现出明显的指数函数分布特征。

表 3-5　长寿排涝网络度分布曲线模拟

模型汇总和参数估计值									
因变量：P_k									
方程	模型汇总					参数估计值			
	R^2	F	$df1$	$df2$	Sig.	常数	$b1$	$b2$	$b3$
线性	0.454	21.612	1	26	0.000	0.098	−0.004		
对数	0.777	90.472	1	26	0.000	0.179	−0.058		
倒数	0.752	78.836	1	26	0.000	0.001	0.252		
二次	0.725	32.935	2	25	0.000	0.162	−0.015	0.000	
三次	0.838	41.478	3	24	0.000	0.218	−0.033	0.002	-2.358×10^{-5}
幂	0.858	157.508	1	26	0.000	0.766	−1.693		
S	0.467	22.739	1	26	0.000	−5.176	5.484		
指数	0.891	212.907	1	26	0.000	0.135	−0.158		
自变量：度值									

表 3-6　綦江排涝网络度分布曲线模拟

模型汇总和参数估计值

因变量：P_k

方程	模型汇总					参数估计值			
	R^2	F	$df1$	$df2$	Sig.	常数	$b1$	$b2$	$b3$
线性	0.349	9.094	1	17	0.008	0.109	−0.005		
对数 [a]	0.00	0.00	0.00	0.00	0.00	0.00	0.00		
倒数 [b]	0.00	0.00	0.00	0.00	0.00	0.00	0.00		
二次	0.475	7.241	2	16	0.006	0.153	−0.016	0.000	
三次	0.494	4.873	3	15	0.015	0.136	−0.006	−0.001	$2.411×10^{-5}$
幂 [a]	0.00	0.00	0.00	0.00	0.00	0.00	0.00		
S [b]	0.00	0.00	0.00	0.00	0.00	0.00	0.00		
指数	0.641	30.410	1	17	0.00	0.094	−0.170		

自变量：度值

a.自变量(度值)包含非正数值。最小值为0.00。无法计算对数模型和幂模型。

b.自变量(度值)包含零值。无法计算倒数模型和 S 模型。

表 3-7　潼南排涝网络度分布曲线模拟

模型汇总和参数估计值

因变量：P_k

方程	模型汇总					参数估计值			
	R^2	F	$df1$	$df2$	Sig.	常数	$b1$	$b2$	$b3$
线性	0.552	27.091	1	22	0.000	0.108	−0.005		
对数	0.660	42.685	1	22	0.000	0.164	−0.053		
倒数	0.336	11.135	1	22	0.003	0.017	0.156		
二次	0.763	33.813	2	21	0.000	0.164	−0.016	0.000	
三次	0.768	22.089	3	20	0.000	0.176	−0.020	0.001	$-7.659×10^{-6}$
幂	0.777	76.834	1	22	0.000	0.651	−1.654		
S	0.346	11.622	1	22	0.003	−4.983	4.572		
指数	0.857	132.228	1	22	0.000	0.153	−0.178		

自变量：度值

3.度相关性

根据式(1-4)，将各城区排涝网络转换成二元矩阵，通过 MATLAB 编程测算出长寿、綦江、潼南城区排涝网络度-度同类系数 r 分别为 0.0505、0.0893 和 0.0183，均为正数，表明度值较高的建设用地节点趋向于连接度值较高的雨水管渠节点，且綦江这种趋势相对较大。

3.3.2 网络拓扑结构静态可靠性

根据雨水管渠点、线、面风险传导机制，对应着网络中节点、边以及组团三种不同的风险机制制定拓扑结构静态可靠性评价指标。其中，网络节点风险主要通过度数中心度、中间中心度以及接近中心度等指标对节点中心性进行测算；边风险对应边权重；组团风险用凝聚子群 k-核进行测算，同时结合风险发生的现实语境对各指标进行含义转换。

1.节点中心性分析

1）度数中心度

根据式(1-1)、式(1-2)，对各城区雨水管渠度分布情况进行分析，各城区雨水管渠度分布整体近似呈正(右)偏态分布(图 3-35)，集中位置偏向度值较小的一侧，说明雨水管渠网络中承担雨水初段和中段传输功能的节点居多；而在末端排流上由于城镇地形原因，管渠节点规模排序为长寿＞潼南＞綦江，说明长寿城区的雨水管渠在末端排流压力更大；而在低于平均度时，长寿城区雨水管渠网络度值分布近似呈正态分布，说明在初段和中段雨水管渠传输压力相对平衡，綦江和潼南因为样本大小的原因趋势不明显。

经过计算，长寿、綦江、潼南城区雨水管渠网络的平均度数中心度分别为 40.81、17.06 和 28.67，说明长寿城区管渠设施平均荷载较高，因管渠功能失效而造成的内涝灾害影响面积也相对较大；綦江城区雨水汇流排放传输路径相对较小且管渠末端排流口多，管渠末端压力"即汇集排"特征明显。

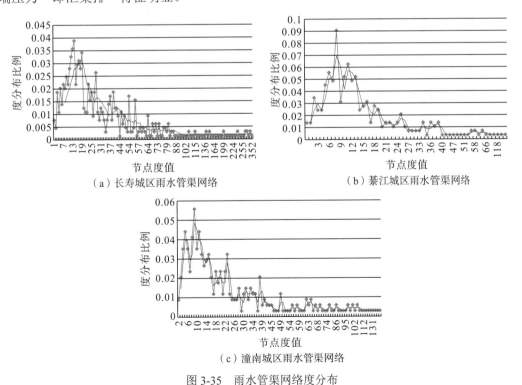

（a）长寿城区雨水管渠网络　　　　（b）綦江城区雨水管渠网络

（c）潼南城区雨水管渠网络

图 3-35　雨水管渠网络度分布

选取长寿、綦江以及潼南城区雨水管渠网络度数中心度排名前 60 的节点(附表 3-A、附表 3-B、附表 3-C)可以看出,三个城区雨水管渠节点度数中心度值分别在 20、40、60 的高值点在空间上连续分布特征明显,长寿城区主要沿排流线路呈"带型"分布;綦江城区在空间上形成 8 个相对独立的高度值集聚区;潼南城区高度值点则在空间上形成 2 个高度值集中的区域以及 283→284→283、23→24→25、10→13、95→98、105→108→111→112 等 6 段相互分离的汇流线路(图 3-36)。

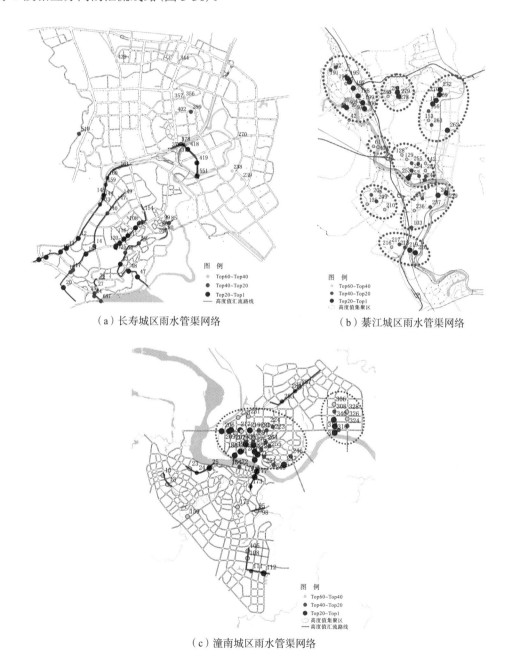

(a)长寿城区雨水管渠网络

(b)綦江城区雨水管渠网络

(c)潼南城区雨水管渠网络

图 3-36　雨水管渠度数中心度前 60 分布图

2）中间中心度

根据式(1-8)，计算可知长寿、綦江、潼南雨水管渠网络中介中心势分别为 0.055、0.377 和 0.108，綦江中介中心势最高，表明管渠网络中存在多个小团体，且在雨水管渠线路中存在控制能力较强的"中间点"，这些中间节点是联系不同排流线路的"中介"点，长寿雨水管渠网络的点度中心势最低，表明网络中受"中间点"影响的线路相对较少。

选取中间中心度排名前 60 的高值点进行分析，发现三个城区中的这些高值点大多位于雨水排流终端且处于同一条排流线路，除单点分布以外，各城区中间中心度高值点在空间分布情况也存在差异。如图 3-37 所示，长寿城区高值点雨水管渠主要沿雨水排流方向

（a）长寿城区雨水管渠网络　　　　　　（b）綦江城区雨水管渠网络

（c）潼南城区雨水管渠网络

图 3-37　雨水管渠中间中心度前 60 分布图

呈"多点单线型"分布，如线路 379→378→418→419→551、161→160→159→145 等，其中，排流线路上 525、644、646、647、438、439 等雨水管渠采用沿路双排布置；綦江城区在空间上多呈"点对单线型"，如 199→200、61→404、209→207、253→252、66→138 等；潼南城区雨水管渠高值点除上述形式外，还存在三角结构，如 10→13←11 等。

3）接近中心度

根据式(1-9)对长寿、綦江、潼南城区雨水管渠网络中节点接近中心度进行计算，由于雨水管渠网络是由多个相互独立子图构成，所以网络的接近中心势均为 0。根据接近中心度指标的含义，雨水管渠节点接近中心度表示管渠节点与其他管渠邻接的程度，用以衡量因接近中心度高值点故障失效的风险传导速率。如图 3-38 所示，同样选取排名前 60 的

（a）长寿城区雨水管渠网络　　　　　　（b）綦江城区雨水管渠网络

（c）潼南城区雨水管渠网络

图 3-38　雨水管渠接近中心度前 60 分布图

节点进行分析，发现长寿城区仍然是以"多点单线型"分布为主，如 163→161 →160→159→145、525→646→647→438、379→378→418→419→551、116→120→591→135 等；綦江城区高值点在空间上形成大片集聚区；而潼南城区高值点沿由高到低的地势呈 "降序分布"，如节点 13 为末端排流管渠，接近中心度为 0.076，相邻的上线管渠为 10、 11，接近中心度分别为 0.071 和 0.021。

2.边权重分析

通过 Pajek 软件计算得出长寿、綦江以及潼南城区雨水管渠网络节点之间的边权重（表 3-8、表 3-9、表 3-10），发现 3 个城区低边权数量居多，高边权数量占比均较少。相比较而言，綦江城区边权分布有明显的不连续性，边权分布出现"陡崖"（图 3-39）。边权分布不连续性说明雨水管渠高汇流压力和高风险传导压力节点呈单点分布。此外，长寿、綦江、潼南城区雨水管渠网络边权平均值分别为 1.891、1.862 和 2.474，即存在联系的雨水管渠节点对需要承受平均 1.891、1.862 和 2.474 块建设用地的排流压力，可见潼南城镇雨水管渠对承受压力相对较高。

表 3-8　长寿雨水管渠网络边权分布情况

边权	数量	比例/%	边权	数量	比例/%	边权	数量	比例/%
23	1	0.01	15	12	0.17	7	28	0.40
22	5	0.07	14	8	0.12	6	66	0.95
21	6	0.09	13	23	0.33	5	117	1.69
20	2	0.03	12	8	0.12	4	204	2.94
19	9	0.13	11	13	0.19	3	555	8.00
18	4	0.06	10	4	0.06	2	1786	25.73
17	4	0.06	9	20	0.29	1	4043	58.26
16	2	0.03	8	20	0.29			

表 3-9　綦江雨水管渠网络边权分布情况

边权	数量	比例/%	边权	数量	比例/%	边权	数量	比例/%
27	1	0.08	9	3	0.23	4	50	3.80
22	2	0.15	8	2	0.76	3	81	6.16
15	3	0.23	7	10	0.76	2	400	30.42
11	1	0.08	6	17	1.29	1	724	55.06
10	7	0.53	5	14	1.06			

表 3-10　潼南雨水管渠网络边权分布情况

边权	数量	比例/%	边权	数量	比例/%	边权	数量	比例/%
23	1	0.05	13	3	0.15	6	35	1.77
21	1	0.05	12	9	0.46	5	61	3.09
19	2	0.10	11	5	0.25	4	119	6.02

续表

边权	数量	比例/%	边权	数量	比例/%	边权	数量	比例/%
17	1	0.05	10	13	0.66	3	190	9.61
16	4	0.02	9	15	0.76	2	576	29.14
15	4	0.02	8	37	1.87	1	863	43.65
14	9	0.46	7	29	1.47			

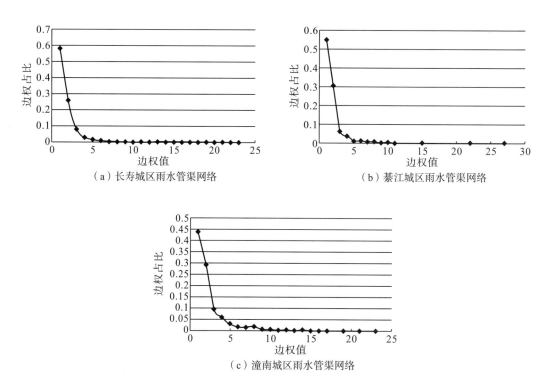

（a）长寿城区雨水管渠网络　　　　（b）綦江城区雨水管渠网络

（c）潼南城区雨水管渠网络

图 3-39　雨水管渠网络边权分布图

3.凝聚子群分析

对长寿、綦江以及潼南城区雨水管渠网络"k-核"指标进行分析，经计算发现，长寿城区雨水管渠节点"k-核"最大值"34-核"共包含 35 个节点，占总节点数的 0.05%；綦江城区雨水管渠节点"k-核"最大值"13-核"共包含 28 个节点，占总节点数的 0.10%；潼南城区雨水管渠节点"k-核"最大值"14-核"共包含 41 个节点，占总节点数的 0.12%；相对而言，潼南网络中凝聚子群成分占比较高，形成连接程度较高的管渠片区。

在此基础上，对"k-核"排序前 3 的节点进行空间分析，可见长寿城区主要以三条排流线路，即 162→160→159→145→144→633→12→11→10→2→1、151→149→141→140→14→17→18→20、590→152→154→107→108→115→116→121→120→591→135 以及支状管渠形成集聚区；綦江城区在空间上形成 4 个较为集中的高"k-核"组团，沿河沿路特征明显；潼南城区则在地势较为平坦地区形成"k-核"节点集中的面状区域(图 3-40)。

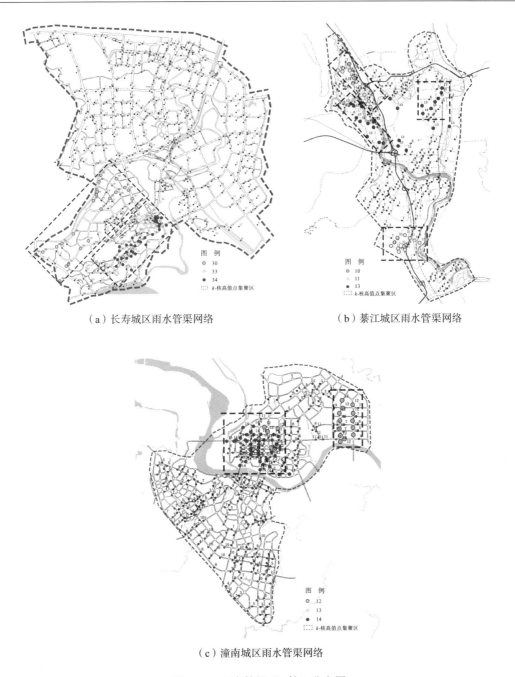

（a）长寿城区雨水管渠网络　　　　　　　　　　（b）綦江城区雨水管渠网络

（c）潼南城区雨水管渠网络

图 3-40　雨水管渠"k-核"分布图

　　根据在雨水管渠网络中"k-核"表达任何点至少与"k"个点相连，"k"值越大说明"k-核"子图中各节点联系越紧密，"k"值大小表示局部节点集合潜在传导风险，点集中节点的平均度值表示该点集风险形成的强度，用"k-核"值与点集内部节点平均值的乘积表示组团排涝风险传导程度，并进行归一化计算比较（附表 3-D）。

　　按照组团风险传导强度降序排列，长寿和綦江城区组团传导强度在初始阶段表现为先增加后减少，随后呈递降趋势，其中綦江出现了两次明显的升降变化，分别是"*k*-核"值为 11 和 9 时；潼南组团传导强度表现为初始段下降后上升，在"*k*-核"值为 10 时组团风险传导强度逐渐减低(图 3-41)。

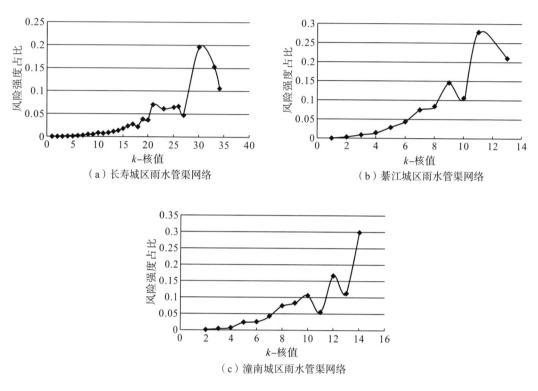

（a）长寿城区雨水管渠网络   （b）綦江城区雨水管渠网络

（c）潼南城区雨水管渠网络

图 3-41　雨水管渠风险强度分布图

4.拓扑结构静态传导可靠性评价总结

1)管渠节点排涝风险相互重叠，不同城镇的重叠方式存在差异

通过分析发现，长寿、綦江、潼南排涝管渠节点的度数中心度、中间中心度、接近中心度高值点在空间上存在重叠的现象。一般而言，度数中心度表示雨水"累积"传导风险，高值点通常出现在排流线路的末端；中间中心度表示雨水管渠"中介"传导风险，高值点通常位于排流线路的中末端；接近中心度表示雨水管渠"邻接"传导风险的速率大小。

通过对长寿、綦江和潼南城区雨水管渠节点风险重叠现象的分析(表 3-11)，发现除位于盆周山地的綦江网络邻接传导独立存在外，长寿和潼南都体现了邻接传导的特征；中介传导机制主要存在于雨水管渠双排布置、"组团式"分布以及起伏山地地形等地区。山地丘陵地区由于雨水汇集速度和总量相对平缓，汇水线路较地势较高的中高山地区更丰富，因此相对而言累积传导风险较小；雨水管渠沿路双排布置能降低单条雨水排流线路的压力，也达到了降低管渠累积传导风险的效果。

表 3-11 雨水管段风险传导机制分析

城镇	区域	节点传导机制			差异原因推测
		累积传导	中介传导	邻接传导	
长寿	沪渝高速以南	√		√	带型汇水线
	沪渝高速以北		√	√	管渠沿路双排布置
綦江	全域	√	√		城镇组团式发展
潼南	城南		√	√	起伏丘陵地形
	城北	√		√	地形平坦，方格网状

2) 丘陵与岭谷地区边风险传导较为连续，中高山地区"单点"式传导明显

结合上文对边权重的分析结果，以长寿为代表的平行岭谷地区和以潼南为代表的方山丘陵地区在边权重分布上的风险累积传导机制更明显，表现为多个积水管渠节点引发的线路排涝风险。以綦江为代表的方山丘陵地区边权重呈"断崖式"分布，雨水管渠节点以单点式传导为主，形成大面积内涝灾害的可能性相对边权重分布连续的城镇更低（图 3-42）。

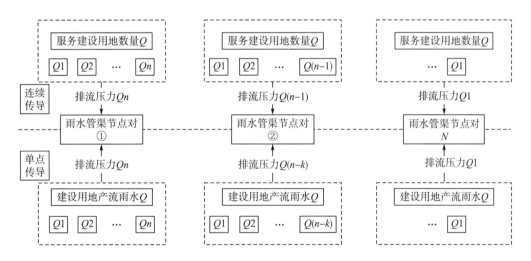

图 3-42 排涝风险连续传导和单点传导示意图

3) 组团风险传导方式多样，整体上受城镇发展形态影响明显

由上文可知，受岭谷凹槽地带城镇发展的影响，长寿呈带型组团风险传导；而綦江则体现出"多组团分离"的风险传导方式；潼南在丘陵地区形成"面状嵌入"的风险传导方式。在组团风险传导差异上，潼南表现了平原地区雨水初段累积的排流压力，而长寿和綦江由于山地雨水重力排流的原因，高传导强度的组团往往位于雨水累积线路的中段或末端。

3.3.3　网络功能运行动态可靠性

1.评价思路

1)动态传导可靠性内涵

根据山地城镇排涝系统风险传导机制的分析,有必要对排涝网络在故障条件下的动态风险性进行研究,即雨水管渠设施在出现大面积内涝灾害情况下的风险传导规律。动态风险传导产生的诱因与城镇内涝灾害形成过程有关,是雨水管渠设施节点失效、设施排流线路失效以及雨水溢出建设用地三种风险在"点"→"线"→"面"递进累积后综合形成的,因此,动态传导可靠性需要考虑的是雨水管渠在累积失效的情况下网络整体的内涝风险。选用最大连通子图相对大小这一指标来衡量故障情况下网络整体规模的影响,并对排涝网络中节点故障的影响进行分析。

2)网络故障模拟

雨水管渠排涝通常面临两种故障:设施因养护缺失、淤塞堵塞等形成"随机"故障;因地形带来的径流过载所形成的"特定"故障。随机故障时排涝网络中节点面临排涝功能的随机失效,特定故障时网络的节点按一定的规则出现功能失效,分别代表了由设施自身雨水传输功能失效所引起的排涝风险以及由管渠排流供需不平衡所引起的排涝风险。在极端降雨情况下,随机故障主要模拟网络的抗涝能力,特定故障主要考察网络的排涝能力。

在故障模拟时,通常分为积累失效与单次失效两种形式,积累失效是指依次删除节点,直到节点全部删除;单次失效指每次仅对网络中的特定节点进行删除,考察特定节点脆弱性。积累失效形式主要有四种规则[①],分别为初始度失效、初始介数失效、当前最大度失效及当前最大介数失效;单次失效形式主要是基于某种规则(度数、介数或重要度)将网络中节点或边从高到低排列,对其进行单独测试。由拓扑结构静态分析可知,雨水管渠排涝风险邻接传导是山地城镇重力排流的抽象表征,属于山地城镇排涝风险的共性特征;因此,选取积累失效形式下的度数中心度、中间中心度降序排列的方式进行网络故障模拟,分别得到长寿、綦江、潼南排涝网络在节点度数中心度特定攻击中的网络最大子图相对大小变化曲线。

值得注意的是,由于雨水管渠网络节点间供需和传导的双重矛盾关系,故障条件下网络最大子图变化的含义也较单关系网络有所不同。如图 3-43 所示,初始状态下网络子图数量为1,规模为21,E→D→C→B→A 表示雨水管渠汇流干管线路,雨水支管节点集①、②、③分别通过节点 1 和 2、3、4 与干管线路相连,结合排涝风险累积传导机制,依次移除雨水干管线路上节点 A、B、C、D、E,即因雨水汇流压力带下所造成的排流线路节点连续失效。可以看出,当干管线路上节点 A 被移除时,网络子图数量变为 2 个,即节点

---

① 初始度失效(initial degree,ID),对初始网络按照节点度值大小顺序依次移除,同时删除与之相连的边;初始介数失效(initial betweenness,IB),对初始网络按照节点或边的介数大小顺序依次移除节点或边;当前最大失效(recalculated degree,RD),每次移除网络当前拥有最大度的节点及与之相连的边;当前最大介数失效(recalculated betweenness,RB),每次移除网络中当前拥有最大介数的节点或边。

集①和剩余连通的支管节点集、干管节点，子图规模分别为 5 个和 15 个，现实含义有两层：一是节点集①中有节点 1 和 2 向 A 排流的末端雨水线路被切断，建设用地产流雨水在子图内部积压；二是由节点 A 的故障所造成的内涝积水对节点集①中各管渠节点存在"倒灌"的潜在风险，当满足外部条件时，如连续强降雨、积水点疏通不及时等，即节点 A 积水蔓延至节点集①中，同时节点集②和节点集③中的雨水末端排流路径也分别减少 1 条；继续删除干管线路上节点 B 后，网络中子图个数不变，但最大子图节点规模变为 14 个，节点集②中节点 4 的末端排流线路径由 2 条减少至 1 条，加大了单条线路内涝排流压力的同时，也增加连接节点集②中末端节点 4 的"倒灌"风险发生概率。

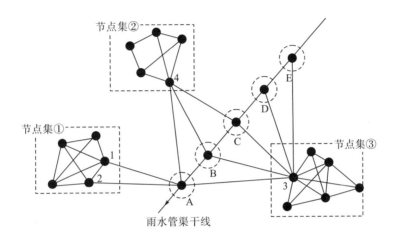

图 3-43　故障条件下雨水管渠网络最大子图规模变化

随着节点 A、B、C、D、E 均被删除，该段雨水排流干线完全故障瘫痪，网络中子图变为 3 个，分别是节点集①、②、③，网络节点规模分别为 5 个、5 个、6 个，切断三个节点集雨水对外传输路径，形成城区排涝"孤岛"，易发生内涝灾害传导扩散，极大地降低了城区组团排涝系统运行的可靠性。

2.基于雨水管段节点"随机"故障的风险性

1）随机故障语义与现实情境

雨水管段的随机故障主要是指雨水管渠因自身或外部条件的影响无法进行正常的排水传输，引起地段积水。根据雨水管渠网络故障模拟现实语义可知(图 3-43)，在删除抽象网络中的节点时则对应着现实管渠段的故障失效，反映了雨水排水线路的"链式"累积特点。

2）网络整体可靠性分析

长寿排涝网络总节点数为 643 个，最大子图规模为 442 个，最大子图相对大小为 0.687，通过对节点随机故障下的曲线进行分析，长寿排涝网络在节点随机故障情况下，最大子图相对大小变化基本呈均匀线型下降，到故障节点比例接近 65%时才开始出现垂直下降的情况[图 3-44(a)]。綦江排涝网络总节点数为 287 个，最大子图规模为 268 个，最大子图相对大小为 0.707，在节点随机故障下，最大子图相对大小呈阶梯状变化，到故障节点比例不到 20%就出现垂直下降[图 3-44(b)]。潼南排涝网络总节点数为 341 个，最大子图规模为 172 个，最大子图相对大小为 0.504，在节点随机故障下，最大子图相对大小呈锯齿状分布，到故障节点比例在 45%左右时出现垂直下降[图 3-44(c)]。

整体上，长寿在应对雨水管渠节点随机故障时，变化较为平缓，说明长寿排涝网络在抵抗随机故障风险时体现出较强的鲁棒性；綦江最大子图相对大小曲线下降趋势最为明显，在抵抗随机故障风险时鲁棒性最弱；潼南城镇在面对雨水管渠设施随机故障时网络鲁棒性高于綦江，但低于长寿。

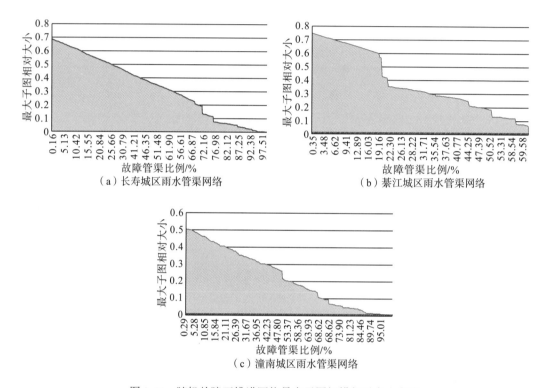

图 3-44   随机故障下排涝网络最大子图规模相对大小变化

3）雨水管段节点故障特征识别

由于雨水管段故障的随机性，无法确定具体的节点，只能对故障节点的比例进行统计。通过整理动态故障数据，排除最大子图规模为单个节点的情况，分别对长寿、綦江以及潼南城区排涝网络中随机故障节点分布情况进行统计，分析相关故障节点的特征。

长寿城区排涝网络在随机故障节点比例为 66.72%、70.14%、75.27%、86.47%以及 93.16%时（表 3-12），最大子图规模减少数量较大；当故障节点比例超过 70.14%时，最大子图规模出现锐减情况，子图规模减少 35 个。

綦江城区排涝网络节点随机故障比例临界点小于长寿，临界点在 19.51%、20.21%、21.95%、35.54%、44.95%、51.57%、58.54%、62.02%、62.37%时最大子图中节点减少数量均较大（表 3-13）。在节点故障比例为 20.21%时，最大子图规模从 203 个锐减到 149 个，节点减少 50 个。

表 3-12　长寿城区随机故障雨水管渠节点最大子图规模相对大小变化

最大子图规模/个	最大子相对大小	故障节点比例/%	最大子图减少规模/个
289	0.449	34.21	2
266	0.414	39.19	2
238	0.370	45.41	2
188	0.292	57.54	2
170	0.264	61.28	2
144	0.224	66.72	10
123	0.191	70.14	35
73	0.114	75.27	23
34	0.053	86.31	2
32	0.050	86.47	6
21	0.033	90.05	2
19	0.030	90.36	2
14	0.022	93.16	5
5	0.008	95.49	2

表 3-13　綦江城区随机故障雨水管渠节点最大子图规模相对大小变化

最大子图规模/个	最大子相对大小	故障节点比例/%	最大子图减少规模/个
215	0.749 129	19.51	11
203	0.707 317	20.21	50
149	0.519 164	21.95	22
110	0.383 275	33.45	2
106	0.369 338	35.54	4
88	0.306 620	44.95	12
66	0.229 965	51.57	19
43	0.149 826	58.54	15
25	0.087 108	62.02	3
22	0.076 655	62.37	22

潼南城区排涝网络在应对节点随机故障时表现出较为均衡的抗风险能力。在故障节点比例为 25.51%、46.63%、52.20%、63.93%、69.21%、75.95%、87.10%时，最大子图规模减小数量明显增加（表 3-14），在节点故障比例为 46.63%时，最大子图大规模减少数量最大。

表 3-14　潼南随机故障雨水管渠节点最大子图规模相对大小变化

最大子图规模/个	最大子相对大小	故障节点比例/%	最大子图减少规模/个
140	0.410 557	16.42	2
128	0.375 367	24.34	2
124	0.363 636	25.51	3
89	0.260 997	46.63	16
66	0.193 548	52.20	2
57	0.167 155	57.48	2
46	0.134 897	63.93	9

最大子图规模/个	最大子图相对大小	故障节点比例/%	最大子图减少规模/个
32	0.093 842	69.21	8
19	0.055 718	75.95	3
7	0.020 528	87.10	2

3.基于雨水管段"特定"故障的传导风险

1)特定故障语义与现实情境

雨水管段的特定故障主要是针对山地城镇因自然地形原因，在地势较低的汇流地段，由于汇水雨量超过地段管渠设施的排涝能力所形成的雨水滞留积压。主要位于雨水排流干线的末端或与干线相交的管渠线路中，分别对应度数中心度（累积）和中间中心度（中介）。特定雨水管段故障的排涝网络风险性分析，是识别因山地城镇排涝所造成的高荷载节点或管渠线路失效对城区整体排涝风险的影响程度。

2)基于度数中心度的特定故障风险

从排涝网络最大子图规模变化曲线可以看出，长寿、綦江、潼南 3 个城区排涝网络随机故障相比，度数中心度降序故障对网络子图规模破坏更明显，均体现出较高的脆弱性。其中，潼南因特定节点相继故障对网络最大子图的破坏相对较小，存在两个累积故障的临界值，即 15%和 30%；长寿网络在故障节点比例约为 15%、21%以及 25%时出现较明显的子图规模破坏情况；綦江相对于长寿和潼南排涝网络可靠性较差，在故障节点约为 1%时最大子图规模就已急剧下降，除此外还有存在 6%、16%和 24%的故障临界值(图 3-45)。

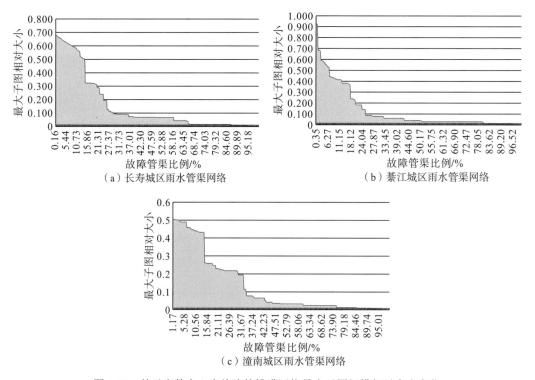

图 3-45　基于度数中心度故障的排涝网络最大子图规模相对大小变化

从表 3-15 的数据统计可以看出，长寿城区排涝网络故障节点比例为 12.44%、15.24%、21%、22.4%、25.51%、26.13%、64.70%、65.79% 时，最大子图规模减少量均大于 10 个，其中在故障节点到 15.24%、26.13% 以及 25.51% 时，最大子图规模分别减少 102 个、30 个、43 个，说明长寿城区排涝网络在高度数雨水管段相继故障时，仍能够保持较高比例的最大子图规模，这些故障节点大多位于排流末端线路上，这与静态拓扑结构中这些节点沿排流线路呈带型分布的特点有关。

表 3-15　长寿城区基于度数中心度故障的网络最大子图规模变化

故障节点编号	最大子图规模/个	最大子图相对大小	故障节点比例/%	最大子图减少规模/个
59	419	0.652	3.42	3
55	370	0.575	10.89	7
525	360	0.560	12.29	2
144	338	0.526	12.44	22
106	314	0.488	14.62	12
401	211	0.328	15.24	102
348	189	0.294	21.00	13
508	157	0.244	22.40	29
495	125	0.194	25.51	30
613	82	0.128	26.13	43
597	74	0.115	27.37	6
602	70	0.109	28.15	4
595	61	0.095	30.64	5
641	48	0.075	38.57	9
328	46	0.072	39.50	2
636	29	0.045	64.70	15
561	26	0.040	65.63	3
564	16	0.025	65.79	10
196	12	0.019	66.56	4
616	5	0.008	93.16	6

从表 3-16 的数据统计可以看出，綦江城区排涝网络故障节点比例为 1.74%、3.14%、6.97%、18.12%、19.51%、24.04%、27.18% 时，最大子图规模减少量均大于 10 个，其中在故障节点到 1.74%、3.14%、6.97%、18.12% 时，最大子图规模分别减少 68 个、25 个、24 个和 38 个，说明綦江城区排涝网络在面对高度数中心度管渠相继故障时，表现出较为明显的脆弱性，这些故障节点较多的存在于多条排流线路的交汇点，与网络拓扑结构中高度值节点显现组团分布的特点有关。

从表 3-17 的数据统计可以看出，潼南排涝网络故障节点比例为 7.92%、15.54%、33.72%、36.95% 时，最大子图规模减少量均大于 10 个，其中在故障节点到 15.54%、33.72% 时，当这些特定节点故障时网络子图规模并未减少，说明潼南排涝网络在面对高度数中心度管渠相继故障时，相较长寿排涝网络最大子图规模更稳定，这些故障节点在空间上形成较为集中的雨水管渠群，体现了排涝网络高度值集聚分布的特征。

表 3-16　綦江城区基于度数中心度故障的网络最大子图规模变化

故障节点编号	最大子图规模/个	最大子图相对大小	故障节点比例/%	最大子图减少规模/个
235	198	0.690	1.74	68
233	171	0.596	3.14	25
62	167	0.582	4.18	2
137	161	0.561	4.88	5
226	158	0.551	5.57	2
77	154	0.537	6.27	4
202	129	0.449	6.97	24
231	122	0.425	9.76	2
90	111	0.387	15.33	8
84	69	0.240	18.12	38
161	54	0.188	19.51	12
98	41	0.143	24.04	12
262	25	0.087	27.18	16
176	18	0.063	42.16	4
259	12	0.042	50.52	5
266	4	0.014	85.37	4

表 3-17　潼南基于度数中心度故障的网络最大子图规模变化

故障节点编号	最大子图规模/个	最大子图相对大小	故障节点比例/%	最大子图减少规模/个
111	168	0.493	3.52	2
6	156	0.457	7.92	11
110	89	0.261	15.54	58
109	84	0.246	19.94	4
242	78	0.229	21.70	6
13	67	0.196	30.50	6
322	39	0.114	33.72	27
270	26	0.076	36.95	12
244	22	0.065	42.52	2
269	17	0.050	43.11	5
35	14	0.041	46.04	3
318	12	0.035	49.56	2
236	8	0.023	75.37	3
234	4	0.012	84.75	4

3）基于中间中心度的特定故障

排涝网络最大子图规模变化曲线可以看出，潼南城区排涝网络中故障节点比例在 8%和 12%时，最大子图规模的破坏较为明显；长寿城区排涝网络在故障节点比例约为 3%、6%、33%、36%时，出现较明显的最大子图规模破坏情况；綦江相对于长寿和潼南排涝网络脆弱性最高，在故障节点约为 1%时，已经出现最大子图规模急剧下降的情况，随后排涝网络最大子图规模持续呈大规模下降（图 3-46）。

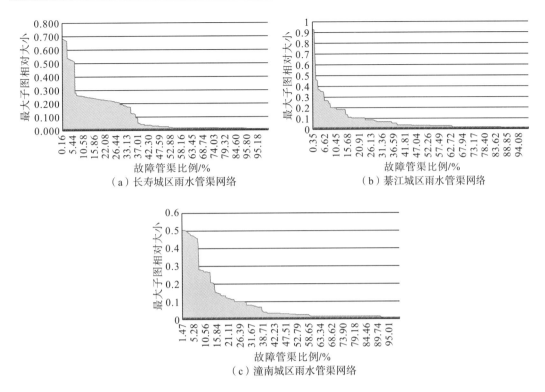

图 3-46　基于中间中心度故障的排涝网络最大子图规模相对大小变化

从表 3-18 的数据统计可以看出，长寿城区排涝网络最大子图规模在面对高中间中心度管渠相继故障时体现出明显的脆弱性，当网络故障节点比例为 2.80%、6.84%、7.00%、33.75%、36.39%、37.64%时，最大子图节点规模减少量均大于 10 个，其中在故障节点到 2.80%、6.84%、33.75%、37.64%时最大子图规模减少均超过 20 个，分别为 81 个、149 个、28 个以及 24 个，根据引起最大子图规模变化的前三个故障的节点比例，将整个过程分为四个阶段：0.16%(第一个故障点)～2.80%，最大子图规模累积减少 95 个；2.81%～6.84%，最大子图规模累积减少 166 个；6.85%～33.75%，最大子图规模累积减少 100 个；33.76%～100%，最大子图规模累积减少 428 个。说明长寿城区排涝网络在高度值故障节点比例约为 6.84%以前的阶段变化更为剧烈，节点间存在较大间隔，高低度值复合特征明显。

表 3-18　长寿基于中间中心度故障的网络最大子图规模变化

删除节点编号	最大子图规模/个	最大子图相对大小	故障节点比例/%	最大子图减少规模/个
372	347	0.540	2.80	81
396	339	0.527	4.35	3
431	331	0.515	5.75	2
194	181	0.281	6.84	149
108	171	0.266	7.00	10
134	124	0.193	28.93	7
21	118	0.184	30.48	2

续表

删除节点编号	最大子图规模/个	最大子图相对大小	故障节点比例/%	最大子图减少规模/个
93	81	0.126	33.75	28
38	74	0.115	35.77	2
37	59	0.092	36.39	15
31	34	0.053	37.64	24
36	30	0.047	38.26	2
111	28	0.044	39.97	2
273	24	0.037	43.39	4
243	17	0.026	51.79	3
580	13	0.020	53.50	3

从表 3-19 的数据统计可以看出，綦江城区排涝网络最大子图规模在面对高中间中心度管渠相继故障时相比长寿可靠性更差，当网络故障节点比例为 1.39%、1.74%、3.48%、6.62%、9.76%、15.33%时，最大子图节点规模减少量均大于 10 个，其中在故障节点比例到 1.39%、1.74%、3.48%、6.62%时，最大子图规模减少均超过 20 个，分别为 70 个、63 个、25 个以及 23 个；根据引起最大子图规模变化前三的故障节点的比例，将整个过程分为四个阶段：0.35%(第一个故障点)～1.39%，最大子图规模累积减少 72 个；1.40%～1.74%，最大子图规模累积减少 63 个；1.75%～3.48%，最大子图规模累积减少 27 个；3.49%～100%，最大子图规模累积减少 276 个。说明綦江城区排涝网络在高度值故障节点比例约为 3.49%以前的阶段变化更为剧烈，且基本是由单点引起最大子图规模大幅减少，高度值节点多点累积特征明显。

表 3-19 綦江基于中间中心度故障的网络最大子图规模变化

删除节点编号	最大子图规模/个	最大子图相对大小	故障节点比例/%	最大子图减少规模/个
133	196	0.683	1.39	70
84	133	0.463	1.74	63
83	106	0.369	3.48	25
91	102	0.355	4.53	4
106	77	0.268	6.62	23
118	69	0.240	8.01	6
235	58	0.202	9.76	11
208	53	0.185	14.98	4
16	40	0.139	15.33	13
234	32	0.111	17.77	7
33	30	0.105	23.69	2
231	25	0.087	27.53	5
70	20	0.070	35.89	2
71	16	0.056	38.33	4
11	11	0.038	44.95	5
163	5	0.017	86.06	3

从表 3-20 的数据统计可以看出，潼南城区排涝网络最大子图规模在面对高中间中心度管渠相继故障时与长寿相似，但相较长寿网络更为稳定，当网络故障节点比例为 7.62%、8.50%、13.20%、15.54%时，最大子图节点规模减少量均大于 10 个，其中在故障节点到 8.50%时最大子图规模减少超过 20 个，为 47 个；根据引起最大子图规模变化前三的故障节点比例，将整个过程分为四个阶段：1.47%（第一个故障点）～7.62%，最大子图规模累积减少 29 个；7.63%～8.50%，最大子图规模累积减少 47 个；8.51%～13.20%，最大子图规模累积减少 24 个；13.21%～100%，最大子图规模累积减少 297 个。潼南城区排涝网络整体上因故障节点引起的最大子图变化较小，除个别高度值影响较大以外，其余高度值引起的最大子图规模减少程度较小，高度值单点累积特征明显。

表 3-20　潼南基于中间中心度故障的网络最大子图规模变化

删除节点编号	最大子图规模/个	最大子图相对大小	故障节点比例/%	最大子图减少规模/个
5	162	0.475	4.99	2
21	143	0.419	7.62	13
225	96	0.282	8.50	47
110	92	0.270	11.73	2
10	72	0.211	13.20	19
8	64	0.188	14.96	6
313	53	0.155	15.54	11
202	47	0.138	18.18	3
132	42	0.123	20.82	4
211	35	0.103	28.45	4
209	28	0.082	31.96	5
216	16	0.047	36.95	8
253	14	0.041	38.71	2
79	12	0.035	44.87	2
95	7	0.021	58.65	2

4.功能运行动态传导可靠性评价总结

1)山地城镇随机排涝风险传导较小，受特定雨水管段失效影响大

通过分析，长寿、綦江以及潼南城区雨水管渠网络面对特定故障所导致的排涝风险明显高于随机故障，在面对随机故障时有较好的鲁棒性，在面对特定故障时体现出脆弱性。说明在山地城镇排涝系统中，雨水管渠干线末端排流过载和沿地势单线汇流失效是导致山地城镇排涝风险的主要原因。

2)特定雨水管段失效对不同本底的城镇排涝系统影响差异明显

在特定故障情况下，长寿与潼南均体现出雨水排流初期中介传导风险高于累积传导风险，雨水排流中后期累积传导风险高于中介传导风险。在雨水的前期汇流和中期排流阶段，雨水在支管汇流过程结束后，进入干管汇流累积阶段，干管线路上的管段故障会引起积水"倒灌"的潜在风险而导致内涝。随后雨水进入后期排流累积阶段，干管上管段故障会引

起干管排流上段不畅和下段积水。从积累失效临界点来看，长寿积累失效临界点约在城区排涝最大子图相对大小为8%时，潼南临界点则为11%和20%，受不同地貌类型的影响，长寿相对潼南积累失效时间提前，长寿城区排涝网络在特定失效时累积故障风险性较高；綦江在特定积累失效的前、中、后三个阶段均体现出中介传导风险高于累积传导风险的特征，这与綦江城镇沿河组团发展，排涝设施干管排流路径短，靠雨水排流支线实现雨水排流的建设现状有关。

3.4 排涝系统可靠性优化策略

山地城镇排涝网络风险与致险节点的网络属性密切相关，选取节点度数中心度、中间中心度等指标，识别致险节点所引起的排涝风险区，从排涝风险区的规划控制以及规划修复两个层面，为山地城镇排涝规划建设策略提供科学依据。

3.4.1 排涝风险区辨识

1.排涝风险区辨识基本思路

为还原现实情境下排涝风险区的形成过程和内在机理，运用GIS空间插值方法中的反距离加权法(inverse distance weighting, IDW)[①]，用节点的度数中心度、中间中心度以及接近中心度等度量指标，分别衡量雨水管渠在累积传导、中介传导以及邻接传导等三种语境下的影响大小，结合雨水管渠的地理空间属性模拟风险区形成过程，反应排涝风险传导的空间状态，按照自然断点法将其从低到高分为8级，其中，最高的第8级为风险核心区，第6~7级为风险传导区，余下5级为风险安全区；并通过GIS中的Reclassify再分类统计出各风险级别内栅格数量，以此计算出排涝风险区的范围及规模。

2.排涝风险区识别

1)基于累积传导的排涝风险区识别

运用IDW计算得出，长寿排涝风险核心区、风险传导区分别占总面积的0.23%、4.44%，风险安全区占95.34%；綦江排涝风险核心区、传导区分别占总面积的0.07%、1.15%，风险安全区占98.78%；潼南排涝风险核心区、传导区分别占总面积的0.11%、2.33%，风险安全区占97.55%。可以看出，基于累积传导的排涝风险长寿最高，占比约4.67%；潼南其次，占比约2.44%；綦江最小，占比约1.22%。说明长寿排涝路径相对较长，所形成的高风险节点相对较多；而綦江由于地形原因形成了组团式布置的排流线路，加之丰富的水系河流，排涝路径相对长寿、潼南最短，高风险节点也就相对较少(表3-21)。

---

① 反距离加权(IDW)插值使用一组采样点的线性权重组合来确定像元值。权重是一种反距离函数。进行插值处理的表面应当是具有局部因变量的表面。此方法假定所映射的变量因受到与其采样位置间的距离的影响而减小。例如，为分析零售网点而对购电消费者的表面进行插值处理时，在较远位置购电影响较小，这是因为人们更倾向于在家附近购物。但分析结果往往在边界有溢出现象，对靠近范围线的节点模拟存在一定误差。

表 3-21　城镇排涝风险累积传导对比

风险分级	长寿排涝网络			綦江排涝网络			潼南排涝网络		
	栅格数/个	面积/km²	比例/%	栅格数/个	面积/km²	比例/%	栅格数/个	面积/km²	比例/%
1	25 739	16.09	36.75	34 111	11.60	27.68	21 249	13.28	28.89
2	21 672	13.55	30.95	51 935	17.66	42.14	27 985	17.49	38.05
3	11 330	7.08	16.18	23 155	7.87	18.78	10 873	6.80	14.78
4	4 662	2.91	6.66	9 430	3.21	7.66	7 921	4.95	10.77
5	3 358	2.10	4.80	3 128	1.06	2.53	3 722	2.33	5.06
6	2 355	1.47	3.36	1 173	0.40	0.95	1 348	0.84	1.83
7	753	0.47	1.08	222	0.08	0.19	365	0.23	0.50
8	160	0.10	0.23	87	0.03	0.07	80	0.05	0.11

　　从空间上来看，长寿累积传导高风险区主要集中在城南老城桃花大道至长寿路沿线以及牛心山、桃花新城等组团[图 3-47(a)]，沿排流线路"带型"传导特征明显；其中，桃花新城永辉超市、长寿区党校、重庆市长寿中学旁等区域与 2016 年城区内涝受灾区域相吻合。綦江累积传导高风险区沿自然水系呈组团分布[图 3-47(b)]，分别是沿沙溪河-綦江河的九龙大道-双龙路，沿通惠河的通惠大道-滨河大道、规划东部新城组团 a，沿登瀛河规划东部新城组团 b，沿桥河规划桥河生活服务组团以及沿綦江河的规划翠屏山南部组团、规划桥河互通东部组团和规划光明大桥东部组团。潼南累积传导高风险区相对綦江和长寿更为集中[(图 3-47(c)]，主要位于城北地势相对平坦的江北行政商业中心，其他风险区影响面积相对较小，主要位于江北和凉风垭两个综合产业服务组团。

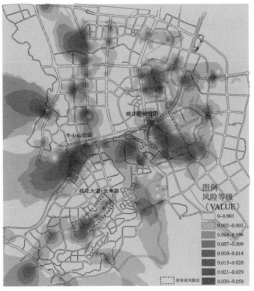

（a）长寿城区雨水管渠网络

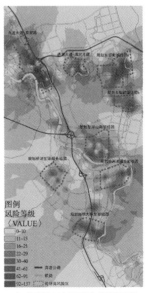

（b）綦江城区雨水管渠网络

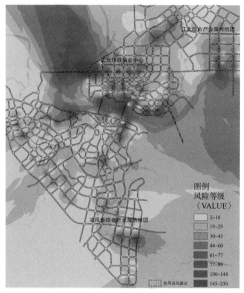

（c）潼南城区雨水管渠网络

图 3-47　基于累积传导的排涝风险区识别（见彩图）

2) 基于中介传导的排涝风险区识别

运用 IDW 计算得出，长寿城区基于中介传导的排涝风险核心区、传导区分别占总面积的 0.32%、2.08%，风险安全区占 97.6%；綦江城区排涝风险核心区、传导区分别占总面积的 0.15%、1.37%，风险安全区占 98.48%；潼南城区排涝风险核心区、传导区分别占总面积的 0.26%、1.79%，风险安全区占 97.96%。可以看出，基于中介传导的排涝风险长寿最高，占比约 2.4%；潼南其次，占比约 2.04%；綦江最小，占比约 1.52%。结果显示在山地城镇中建设用地组团分布特征越明显的城镇，中介传导风险的可能性也就相对越低（表 3-22）。

表 3-22　城镇排涝风险中介传导对比

风险分级	长寿排涝网络			綦江排涝网络			潼南排涝网络		
	栅格数/个	面积/km²	比例/%	栅格数/个	面积/km²	比例/%	栅格数/个	面积/km²	比例/%
1	40 130	25.08	57.30	63 628	21.63	51.63	33 798	21.12	45.96
2	15 552	9.72	22.21	33 997	11.56	27.59	26 781	16.74	36.42
3	6 912	4.32	9.87	13 560	4.61	11.00	6 859	4.29	9.33
4	3 873	2.42	5.53	7 302	2.48	5.92	3 369	2.11	4.58
5	1 883	1.18	2.69	2 882	0.98	2.34	1 222	0.77	1.66
6	965	0.60	1.38	1 163	0.40	0.94	900	0.56	1.22
7	487	0.30	0.70	524	0.18	0.43	422	0.26	0.57
8	227	0.14	0.32	185	0.06	0.15	192	0.12	0.26

从空间上来看，长寿中介传导风险区在空间上形成多条中介传导风险线路以及区域，其中，牛心山组团由于无排向西侧牛心山的排涝线路，桃花新城组团内截洪沟是区域排涝线路的末端，两个组团均形成较为连续集中的中介传导高风险区[（图 3-48（a）]。綦江中介传导风险区在空间上表现出沿河、沿路分布的特征；在河流水系与主要道路相交的区域，中介传导风险区集聚趋势更加明显[图 3-48（b）]。潼南中介传导高风险区沿城镇外围分布，但城区内部相对长寿而言不存在带型风险区，传导风险区集中位于城北山地与江北中心城区过渡地段[图 3-48（c）]。

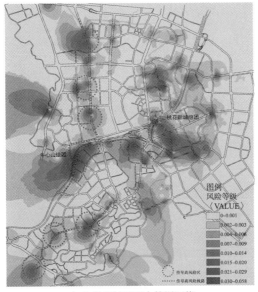

（a）长寿城区雨水管渠网络

（b）綦江城区雨水管渠网络

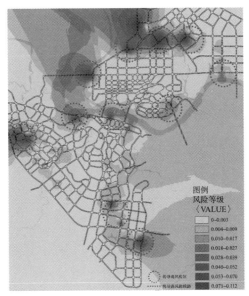

（c）潼南城区雨水管渠网络

图 3-48　基于中介传导的排涝风险区识别（见彩图）

3）基于邻接传导的排涝风险区识别

计算结果显示，长寿基于邻接传导的排涝风险核心区、传导区分别占总面积的 6.59%、34.31%，风险安全区占 59.11%；綦江排涝风险核心区、传导区分别占总面积的 16.73%、41.79%，风险安全区占 41.48%；潼南排涝风险核心区、传导区分别占总面积的 6.15%、45.18%，风险安全区占 48.68%。可以看出，邻接传导排涝风险区中綦江最高，占比约58.52%；潼南其次，占比约51.33%；长寿最小，占比约40.9%（表 3-23）。

表 3-23　城镇排涝风险邻接传导对比

风险分级	长寿排涝网络			綦江排涝网络			潼南排涝网络		
	栅格数/个	面积/km²	比例/%	栅格数/个	面积/km²	比例/%	栅格数/个	面积/km²	比例/%
1	881	0.55	1.26	5 952	2.02	4.83	2978	1.86	4.05
2	8 591	5.37	12.27	2 977	1.01	2.42	3052	1.91	4.15
3	15 740	9.84	22.48	4 474	1.52	3.63	9959	6.22	13.54
4	3 290	2.06	4.70	14 098	4.79	11.44	11096	6.94	15.09
5	12 888	8.06	18.40	23 607	8.03	19.16	8717	5.45	11.85
6	12 085	7.55	17.26	18 750	6.38	15.21	15411	9.63	20.96
7	11 941	7.46	17.05	32 761	11.14	26.58	17810	11.13	24.22
8	4 613	2.88	6.59	20 622	7.01	16.73	4520	2.83	6.15

从空间上来看，长寿城区邻接传导风险区呈东西向"带型"分布在城区中央，向城区南北方向圈层传导[图 3-49（a）]；綦江城区传导风险区分布于建设用地相对集中的三江-桥河组团，与长寿城区圈层式传导相同，东部新城组团邻接传导风险区面积虽大，但因翠屏山在空间上的阻隔作用，邻接传导风险并不突出[图 3-49（b）]；潼南城区邻接传导风险区主要集中在城南地势起伏相对较大区域沿城南外围分布[图 3-49（c）]。

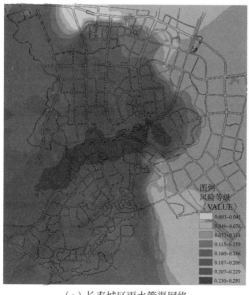

（a）长寿城区雨水管渠网络

（b）綦江城区雨水管渠网络

（c）潼南城区雨水管渠网络

图 3-49　基于邻接传导的排涝风险区识别（见彩图）

3.4.2　排涝风险区规划控制策略

城镇排涝风险形成的主要因素仍是雨水管渠的排流过载，上文提到的中介传导以及邻接传导风险在一定程度上也是由于管段排涝累积过载而形成的，反映的是雨水管渠累积过载后的两种不同风险传导模式。为此，主要针对排涝网络累积传导风险，结合城镇规划建设现实情况，提出不同地貌条件下典型城镇相应的排涝规划策略，增强山地城镇的排涝抗风险能力。

1.平行岭谷城镇排涝规划控制——长寿案例

由上文分析结果可知，以长寿为代表的平行岭谷地区城镇排涝风险区呈现出带状的传导方式，即高风险节点沿排流线路线性分布，一旦线路上节点发生故障，将会影响整条线路的排涝功能，同时"末端共线"的特征极易在短时间内积压大量雨水。因此，对末端排流线路进行减压是平行岭谷地区排涝网络可靠性规划的重要目标。

如前文所示，长寿排涝网络主要存在三条高风险节点排流线路，线路一为 163→161→160→159→145→144→633→12→11→10→2→1、线路二为 590→152→154→107→108→115→116→121→120→591→135、线路三为 151→149→147→148→141→140→14→16→17→18→20。其中，线路一与线路三均位于长寿城区外围西南角靠近牛心山附近，管渠线路新增改造的现实可能性高，通过沿城镇道路新铺设雨水管渠对线路一原有管段节点 633 和线路二管段节点 140 进行截流，以达到"分段截流"的效果[图 3-50（a）]；而线路二贯穿老城中部区域，大规模改造施工难度大，因此将线路二中管段节点 590→152→154 的排流线路对接到管段节点 105 末端独立排流雨水管渠上[图 3-50（b）]，进行"改线分流"从而降低线路的排涝压力。

以"分段截流"方式为例,原末端高风险节点在优化过后与其相连的节点数量明显减少[图 3-50(c)、(d)],节点间边权也有所下降,有效的分散了高风险点积聚于单条线路的聚集程度。

（a）长寿城区规划雨水管渠　　　　　　（b）排涝风险区优化控制区域

（c）分段截流前高风险节点网络连接　　（d）分段截流后高风险节点网络连接

图 3-50　长寿城区排涝网络规划控制(见彩图)

2.盆周山地城镇排涝规划控制——綦江案例

与平行岭谷地区城镇排涝风险不同,盆周山地由于特殊自然地形条件,在空间上天然形成了多个独立的排涝片区,形成城区大面积内涝灾害的可能性相对较低,然而这种"多点开花"式的风险区分布不利于城区排涝风险的整体防治与管控,以綦江为典型代表城镇体现得尤为明显。因此,在延续城镇排涝系统自然分散的同时,实现邻近山体雨水管渠设施的整合是优化綦江城区排涝网络可靠性的关键。

　　通过分析，选取綦江城区排涝高风险节点相对离散的 2 个组团，其中组团一内有 2 条主要的排流线路，分别是 128→129→235→254→253→252 和 144→142→251→250→249；组团二中也存在 2 条排流线路，即 240→241→242→239 和 235→236→237。这些排流线路上的高风险节点离散分布在组团内部，形成多个风险点或线［图 3-51(a)］。根据綦江城区相对较大的地形起伏特点，采用单线和直排两种方式对排涝网络进行重构，单线重构方式是对组团内部邻近的多条排流线路进行线路合并形成一条主要的排流线路；直排重构方式适用于离受水体较近的区域，不将建设用地产流雨水引入城镇内部而直接排放，从而减少城区内部风险区的数量［图 3-51(b)］。

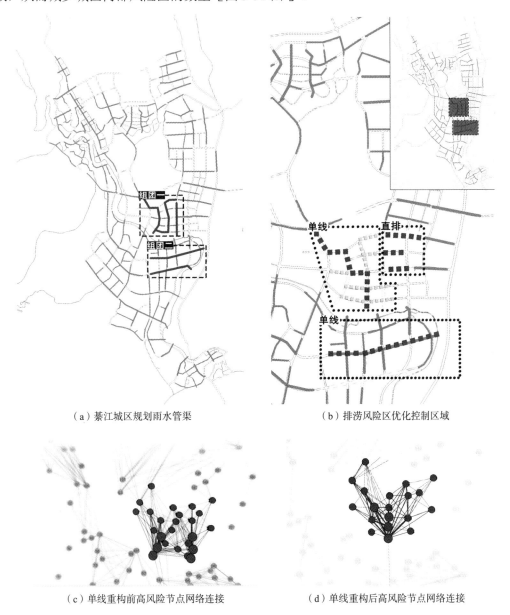

（a）綦江城区规划雨水管渠　　　　　　　　　　（b）排涝风险区优化控制区域

（c）单线重构前高风险节点网络连接　　　　　　（d）单线重构后高风险节点网络连接

图 3-51　綦江排涝网络规划控制（见彩图）

以组团一中单线重构方式为例，从图 3-51(c)可以看出，网络重构前有 6 个高风险节点影响 2 条排流线路，而单线重构后高风险节点数量减少到 4 个，且因排涝风险所影响的区域也集中在 1 条排流线路上，在一定程度上优化了城镇排涝风险集中治理和统筹管理。

3.方山丘陵城镇排涝规划控制——潼南案例

方山丘陵地区具有山地和平原排涝系统的双重特点。从潼南城区排涝网络可以看出，网络中风险节点基本都分布于地形起伏较小的城北地区，城南地形起伏较大，但风险节点分布较少；加之城北排涝风险区的城镇路网密度较大，单块建设用地面积明显偏小，一方面增大了建设用地产流雨水汇流距离，降低了雨水管渠单位时间传输效率；另一方面，较小面积的城镇建设用地在一定程度加大了建设用地作为媒介的潜在传导风险。因此，建设用地与雨水管渠双向规划控制是提升方山丘陵地区城镇排涝网络传导可靠性的重点。

潼南城区排涝系统的优化，要在运用长寿和綦江排涝网络规划方法基础上，结合"平原"排涝的特点提出针对性的规划策略。根据区域内雨水管渠密度大、建设用地地块面积小、排涝风险节点空间集聚等特征，从建设用地规模控制和雨水管渠线路优化两个方面进行优化。值得注意的是，较小的路网密度可能在城镇发展的其他方面具有积极作用，但就整个排涝系统而言则可能带来潜在的大面积内涝灾害风险。

从图 3-52(c)、(d)可以看出，潼南排涝网络建设用地与雨水管渠两方面规划控制前，排涝风险节点集中分布于"集聚面"内，排涝风险一旦发生极易诱发大面积内涝灾害；优化控制后，网络中高风险节点主要集中在 3 条排流线路的末端，均位于"集聚面"外围，有效地减少了因风险节点空间高度集聚而造成的排涝风险面。

（a）潼南城区规划雨水管渠   （b）排涝风险区优化控制区域

（c）优化控制前高风险节点网络连接　　　　　（d）优化控制后高风险节点网络连接

图 3-52　潼南排涝网络规划控制（见彩图）

3.4.3　排涝风险区工程修复措施

基于山地城镇排涝风险传导机制和致险因子间的链接关系，针对点溢风险、带溢风险、面溢风险等不同内涝风险提出规划修复措施。

1.点溢排涝风险修复

1）加强排水系统的管理养护

对城镇排水系统的管理养护能有效降低汛期集中降雨时造成的排水不畅，保障城镇雨水系统的正常运行。在降雨汛期前组织市政监理人员对城镇雨水管网、泄洪沟、明暗沟段以及泵站等设施进行摸底检查，及时疏通堵塞和修复破损的排涝设施，对常年积水的管渠需要定期检测，保证重点管渠汛期的正常运行。

汛期后，雨水中夹杂的泥沙会沉积到管渠中影响设施排流功能，应对排水设施进行相应的清淤工作；同时，根据汛期集中降雨的情况，雨后要再次安排泵站及检查井的清挖，并严格检查清挖情况，对重点管渠要逐一进行检查，确保排水系统良好的运行状态（表 3-24）。

表 3-24　城镇排涝风险累积传导对比

疏通方法	小型管	中型管	大型管	特大型管	倒虹管	压力管	盖板沟
推杆疏通	√	—	—	—	—	—	—
转杆疏通	√	—	—	—	—	—	—
射水疏通	√	√	—	—	√	—	√
绞车疏通	√	√	√	—	√	—	√
水力疏通	√	√	√	√	√	√	√
人工铲挖	—	—	√	√	—	—	√

2）低洼地段的设施排涝规划

除了设施自身运行故障外，山地城镇中形成的地势低洼地区是点溢排涝风险的高发地段。从雨水收集和雨水排流两个方面进行规划设计，在低洼和易积水地段，应提高雨水口收水速度，适当增加雨水收水口数量；针对道路纵坡较大的路段，特别是在立交桥的引道，以及汇流和排流地段设置连续多篦收水口，形成带型收水井，减少排流下游的雨水汇集量。

同时，减少低洼地段的积水时间，针对低洼地区单一的雨水排流线，可结合周边排水系统的排水能力，在相邻的管渠线路间设置"连通管"，形成环状雨水排流管网，通过连通器效应达到相互调剂水量的作用，从而降低低洼地段点溢排涝产生的风险。

2.带溢排涝风险修复

带溢排涝风险是由于排涝线路上多个设施节点相继失效所形成的。城镇道路是带溢风险传播的载体，是防治带溢排涝风险发生的关键。

1）道路排水方式的规划修复

根据道路单幅路、双幅路、三幅路和四幅路的横向布置差异，提出不同的道路排水修复方式（图3-53）。

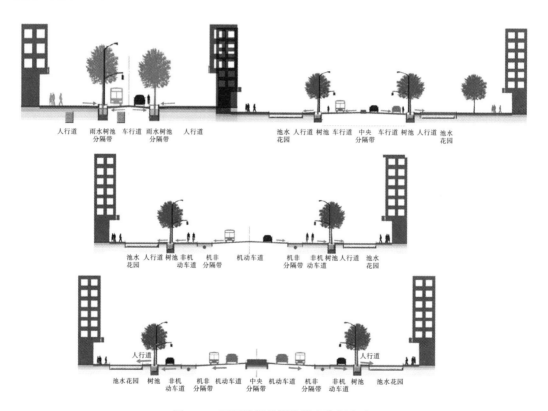

图3-53　不同路幅的道路排水修复方式

单幅路一般由车行道和人行道构成，若路幅较宽，可在人行道和车行道之间设置雨水树池分隔带，适用于交通量较小的城镇次干路、支路、特殊路以及老城区道路，并采用坡向分隔带的双坡排水；若路幅较窄，则采用单坡排水，雨水通过道牙口进入设置在人行道上间隔布置的生态树池内，超量雨水再通过雨水溢流口进行下一步收集或直接排入市政管道中。

双幅路道路排水通常以中央分隔带为界，坡向两侧形成双坡排水，而人行道结合池水花园采用单坡排水，雨水流入滞留设施后由溢流口进入市政管渠。在这个过程中，中央分隔带虽然不承担道路雨水传输功能，但也可以设计建设为下凹式，便于辅助滞留和下渗径流雨水。

三幅路中机动车道通常采用双坡排水方式向"机非"(机动车道与非机动车道)分隔带排水，非机动车道和人行道采用单坡排水，雨水排放过程与双幅路相同。

四幅路排水方式修复与三幅路相似。

2) 道路生态雨水系统的构建

道路两侧可采用梯台式植被浅沟方式来处理，在考虑地形安全和工程经济性的基础上，设置梯台式植被浅沟系统，避免降雨时因坡度过大而受到严重冲刷，并增加雨水径流跌水，起到径流雨水水质净化的效果。通过植被浅沟的收集入渗，雨水进入底部渗段中，再输送至蓄水池中待下一步回用，超过植被浅沟和蓄水池容积的雨水则溢流进入城镇排水管道中。梯台式植被浅沟系统将雨水的收集、渗透、输送、储存与利用构成了一个整体，做到了地表排水系统与地下排水系统的有机结合。

道路交叉口可依条件进行收窄式设计。通常运用在以步行为主导的交通体系中。在收窄的空间中设置生物滞留池等雨水管理设施，形成一个集雨水收集、滞留、净化、渗透等功能于一体的雨水生态管理系统[191]。道路交叉口收窄段化不仅提高道路透水面积比例，营造出自然优美的道路景观、提升城镇环境，还可提高道路交叉口行人的安全性。

山地城镇用地紧张，硬化下垫面往往较为集中，很大程度上增加了雨水径流量。因此，在城镇道路中人行步道宜采用具有渗透功能的材料进行铺装，建设地下蓄水库系统，减小场地的径流系数和周边雨水收集设施的负荷。

3. 面溢排涝风险修复

城镇建设用地是点溢风险和带溢风险转化为面溢风险的重要媒介。根据城镇建设用地一般的结构占比，以及风险修复措施的可能性，选取居住用地、广场用地以及公园绿地作为面溢排涝风险修复的主要对象，提出相应措施和方法。

1) 居住用地

应结合自然地形地貌形成下凹式绿地，保留小区内部原有坑塘水系形成池水景观和雨水花园，尽量以可渗透性铺装替代硬化不渗水路面。密度较低的居住区应采用绿色屋顶、设置雨水收纳桶以及绿地渗滤装置等雨水调蓄技术；高密度的居住区，应在公共空间建设多功能池水景观、建筑垂直绿化以及屋顶雨水收集装置，在满足雨水产流控制的同时也可实现公共空间品质的提升。

2) 城镇广场

对城镇广场的排涝风险修复主要从以下方面展开。在场地设计时应进行雨水排流分区，汇流压力较大的区域应采用可下渗的地面铺装，减少不透水面积所占比例；同时，要求广场铺装标高高于绿地植被，结合雨水花园、雨水树池、植被浅沟、多功能景观水池等低影响开发技术对广场地表雨水进行源头处理，过量的雨水再通过市政管网进行排流。若广场地形条件允许，还可规划设计下沉式广场，利用高差建设雨、旱季丰富的广场景观，消纳广场自身及周边区域的径流雨水。

3）公园绿地

公园绿地具有雨水调节和排流受水体的双重功能，是城镇排涝系统的重要控制点。

山地城镇公园绿地设计可顺应地势，设计为高低起伏的绿地系统。地势较高的绿地可顺地势将雨水集蓄地势较低的绿地中。当滞水深度大于设计值时，低区绿地中的溢流口将雨水排入地下蓄水模块中储存净化，最终回用于公园内的植物浇灌、道路冲洗等，实现雨水资源化循环利用。形成阶梯式下凹绿地或阶梯式雨水花园，旱季为市民提供休闲和娱乐的场所，雨季则作为天然洼地蓄水池。还可根据公园绿地内坑塘水系等条件建造湿塘、雨水湿地等末端生态控制措施，种植多种耐水湿的两栖植物，在满足场地雨水调控要求的同时也丰富了公园植物的观赏性(图3-54)。

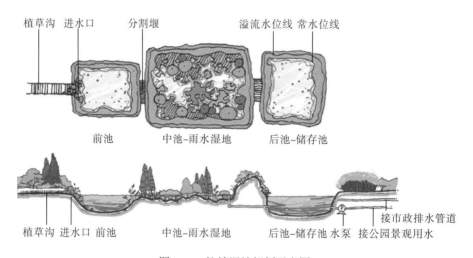

图 3-54　坑塘湿地规划示意图

3.5　本　章　小　结

针对城镇内涝灾害中建设用地产流与雨水管渠传输的主要矛盾，2-模复杂网络原理和方法能够挖掘城镇排涝系统的内在风险机理，建立城镇排涝复杂网络模型，发现排涝系统网络结构特征，从而识别城镇内涝高风险雨水管渠及建设用地。从系统论的研究视角，为城镇雨洪安全研究提供一种新的方法，也是揭示内涝灾害规律的科技探索。研究也存在一定的局限性。排涝系统网络构建是基于城乡总体规划中雨水工程系统规划设计的数据，在反映实际雨水管渠空间布置上存在一定偏差；其次，所构建的城镇排涝复杂网络模型简化了雨水产流及传输的方向性。

第4章 城镇公交系统可靠性:
以重庆主城区为例①

公交系统是城镇生命线系统的重要组成内容。基于山地城镇公交系统的特殊建设背景和典型复杂性,选取山地城镇重庆的公交系统作为研究对象,以平原城镇成都的公交系统为参照,运用复杂网络分析方法,构建适用于城镇公交系统可靠性分析的复杂网络模型及评价指标体系;针对网络的静态可靠性,从整体完备性、局部稳定性、个体均衡性等方面展开分析,挖掘公交网络的拓扑结构特征规律,针对网络的动态可靠性,从整体性、高效性等方面展开分析,提炼公交网络在故障环境下的动态响应模式。在总结公交网络结构机理的基础上,从整体结构优化、局部均衡性提升,站点及线路分类分级策略等方面,提出重庆公交系统可靠性规划优化策略,为重庆公交系统的规划建设工作提供科学参考。

4.1 公交系统研究现状与问题

4.1.1 国内外研究与实践进展

1.公共交通系统研究阶段

城镇公共交通的发展已经经历了 5 个世纪,从 16 世纪公共马车为开端发展到目前以地面公交、轨道交通为主的综合公共交通系统。公共交通的发展为城镇居民提供了舒适、方便的出行条件,更好地满足了城镇居民多样化的出行需求。城镇公共交通的研究阶段总体上可分为启蒙阶段、发展阶段以及深入阶段。

1)启蒙阶段

16 世纪末出现了有组织的市内公共交通,主要形式为公共马车。19 世纪随着蒸汽机的出现,公共交通进入机动化的初级阶段。19 世纪 70 年代,公共交通进入公共汽车时代[192]。一些学者开始关注交通系统对空间形态的引导作用,如西班牙学者马塔的"带状城市"[193]设想(图 4-1)。之后相关学者逐渐认识到交通系统对城镇形态和区位的核心要素意义,开始构建蕴含交通因素的城镇空间结构模式,以工业区位论、中心地理论和市场区位论为代表。城镇的空间布局结构决定了交通出行方式、公共交通客流量大小和客流分布,同时城镇公共交通系统的性质和服务质量又影响了城市空间形态和结构布局。

---

① 本章内容根据万丹的硕士论文《重庆城市公交系统复杂网络模型及可靠性规划研究》改写。

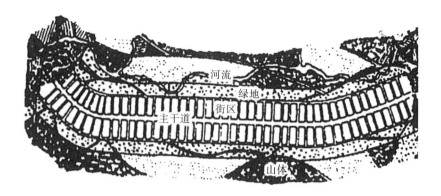

图 4-1　"带状城市"设想图[33]

2）发展阶段

1959 年，沃尔特·汉森首次提出交通"通达性"概念[194]，并将其定义为交通系统各节点之间相互作用机会的大小。随后，通达性研究受到相关学科的关注。公共交通系统通达性研究主要运用图论，将公共交通系统抽象成为几何网络或拓扑网络，从空间阻隔、空间作用、机会累积、心理认知、拓扑连接[195]5 个方面构建通达性模型。随着研究方法的不断发展，出现了多种方法的集成和融合运用，部分学者运用 GIS 技术[196]、空间句法[197]的思想分析网络的拓扑连接性特征，计算公交最短路径与网络通达性指标[198]等，为公共交通线路规划、站点设置等提供理论和数据依据。

3）深入阶段

轨道交通的发展，将公共交通推向了崭新阶段。各种公共交通方式匹配和布局日趋一体化（图 4-2），衔接组织技术日趋成熟，公交系统理论进入多主体多目标的深入研究阶段。公共交通理论开始与其他学科交叉融合，衍生出城市交通系统工程学、环境工程学、城市交通经济学[199]等一系列理论。其中，城镇交通系统工程学通过从规划、设计、建设、运营到管理等方面，研究各个子系统和母系统的关系，并以信息采集、分析预测、方案评估、决策实施与跟踪检测等五阶段工作为城镇公共交通规划提供基本方法和技术手段[200]；环境工程学在公共交通理论方面的研究主要是考虑如何减少公共交通车辆的噪声[201]、废气、

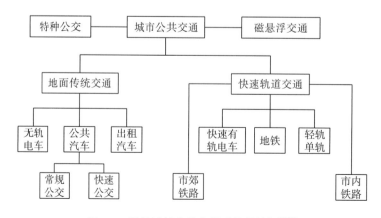

图 4-2　国外城镇公共交通系统结构图[202]

振动等对环境的影响，协调公共交通设施与城乡景观的相互作用关系；城镇交通经济学重点关注成本和效益的关系，侧重研究公共交通系统规划和建设的评价与决策，如票价对运量的作用，时间价值在效益分析中的地位等[203]。

2.公共交通系统研究内容

1)理论基础

目前，关于公共交通系统研究的理论有"公交优先""公交导向型发展模式"（transit-oriented development，TOD）以及绿色交通等相关内容。

"公交优先"是指在城镇交通体系中优先发展公共交通的策略。表现为从资金优先、规划优先、人员优先、道路优先、政策法规优先、服务优先等方面来提高公共交通在整个城市交通体系中的地位，减少私人小汽车交通所占的比例，优化交通体系，提高城镇公共交通整体运行效率。20 世纪 60 年代初，巴黎市政府率先提出"公交优先"策略，2000年大巴黎地区编制《城市交通出行规划》，明确提出城镇通勤交通中公共交通分担率应超过 1/3。世界上其他多个城市也通过多种方式践行"公交优先"策略，巴西库里蒂巴市建设了中央公交专用道，新加坡政府采用车辆配额系统和电子收费系统来控制私人小汽车的拥有和使用（表 4-1）[204]。"公交优先"自 20 世纪 80 年代传入我国以来，逐步成为国家的一项政策，并得到推行。2004 年 3 月，原建设部发布的《关于优先发展城市公共交通的意见》提出了我国优先发展城镇公共交通的主要任务、目标和相关意见；2011 年，"十二五"规划纲要中对优先发展城市公共交通进行了重点阐述，"公交优先"第一次上升为国家战略。相关文件的制定和出台为促进公共交通优先发展提供了国家制度层面上的支持和保障。

表 4-1　国外大中城市公共交通优先发展概况[204]

城市类别	措施	库里蒂巴	芝加哥	温哥华	新加坡	大阪
公共交通系统规划	主体形式	快速公交	轨道交通+公交	快速公交	轨道交通+公交	公交+地铁
	公交专用道设置形式	中央公交专用道	三条市内轨道线转变为快速公交走廊	中央公交专用道+边侧公交专用道	边侧公交专用道+公交专用街、弯道	高架公交专用道+中央公交用道
公共交通系统建设	建设资金来源	库里蒂巴交通局	联邦、州政府的项目资金+市政府补贴	温哥华交通局	由政府通过土地开发收益予以提供	国家、地方政府拨款+财团贷款
	建设机构	—	市交通部+芝加哥市交通	—	政府	大阪市交通局负责安排
公共交通系统运营机制	运营模式	公私合营模式	国有国营模式	公私合营模式	国有国营模式	国有国营模式
	票价结构	距离票价+单一票价	公共汽车和地铁票价实行单一票价	"一票通"系统套票、日票和月票卡	单一票制、按里程计费制多种结合	月票+一天通用车票+全日车票
	补贴机制	通过票价予以补偿	0% 左右补贴，无纳税，营业税全免	—	扶持政策(低价的租用设施、优惠的购车政策企业发交通补贴	企业发交通补贴
	资金	—	政府给予补偿	—	政府均承担建设资金	增大公交投资数
政策保障	交通需求管理	限制停位	提高停车收费标准限制新建停车场	—	车辆配额系统+ 电子收费系统	昂贵的停车、不使用私家车日
	环境	公交在交叉口优先通过	拓人行道、无障碍设施、滨河步行道	—	总体、发展规划中突出公共交通地位	实施"公交车辆优先系统"

TOD 是指以公共交通为导向的发展模式，是规划居民区或者商业区时，使公共交通使用最大化的一种规划设计方式，同时强调紧凑布局、混合使用的用地形态[192]（图 4-3）。TOD 发展模式的理念产生于 20 世纪 80 年代。1993 年，新城市主义倡导者之一的彼得·卡尔索普的著作《下一个美国都市：生态、社区和美国梦》[205]首次明确和较为系统地提出了 TOD 定义、类型、要素、系统和导则，被认为是 TOD 理论的正式提出。日本东京在城市规划中积极推行公交导向型发展模式，美国马里兰州交通运输联盟制定了区域尺度的 TOD 发展策略[206]。我国从 21 世纪初开始引入 TOD 理论并进行公交社区的相关应用研究[207]，相关学者从方法和规划实践两个方面介绍了欧美日澳学者对城市土地利用与交通一体化规划的研究进展[208]，以东京、香港、高雄、巴黎等城市为典型分析了基于轨道交通的 TOD 模式基本经验[209]，介绍了一些城市用地布局与公共交通建设的相互影响研究，以及倡导公交导向的土地开发策略等[210]。同时，国家相关部委也开始提出建立以公共交通为导向的城市发展和土地配置模式。

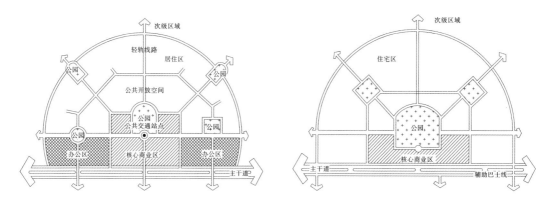

图 4-3　城市级与邻里级 TOD 的空间形态示意图[205]

绿色交通是一种多目标的综合交通模式，强调"以人为本"和"可持续发展"理念，是在城镇发展面临一系列交通难题和发展瓶颈的客观条件下提出的一种规划理念，强调人的可达性更甚于车辆的移动性，让人们以较少的时间和资金成本满足基本交通需求，体现社会公平，同时强调经济、社会、环境的可持续性，力图在"畅通""便利"和"低耗"中寻找最佳平衡点。绿色交通理念最早可追溯至 1994 年克里斯·布拉德肖在可持续发展理念基础上提出的"绿色交通等级层次"概念，主要论点包括系统论、永续论、和谐论、人本论等[210]。国际上较多城市采取一系列措施推动绿色交通的发展，如哥本哈根以公共交通为导向的城市"五指形"轴向发展[192]，维也纳通过设置公交专用道和专用信号提高服务的准时性等。国内一些主要城市也纷纷开展了绿色交通的研究和规划[210]（表 4-2）。

2）主要内容

公交系统是当前城镇公共交通系统研究的主体，主要集中在公交站点布局规划、公交系统运营评价、公交系统与轨道系统协同发展等方面。

针对公交站点布局规划的代表性研究，如以全国 313 个主要城市为例，计算城镇建设用地范围内公交站点覆盖率，并基于公交站点覆盖的空间特征对城市进行聚合分类[211]，探讨中国城市公交站点布局和公交服务的一般模式和规律。

表 4-2 中国部分城市绿色交通发展模式简况[210]

城市类别	绿色交通发展重点	案例城市
特大城市	积极发展轨道交通； 全面实施智能交通； 大力推广新能源汽车	北京、上海、广州
大城市	大力发展快速公交； 完善慢行交通系统	杭州、武汉、昆明
中小城市	推行 TOD 土地开发模式； 积极引进新式交通工具	珠海、泉州、宜兴
新城	交通和土地利用协调发展； 全面构建绿色交通系统	中新天津生态城、曹妃甸国际生态城、 深圳光明新城、无锡生态示范区

针对公交系统运营评价的研究，如对城镇公交优先发展战略和公交都市建设核心目标做出讨论，提出衡量公交优先发展绩效与公交都市建设成效的公共交通服务质量指标体系，建立从乘客角度评价公交服务质量的指标体系[212](表 4-3)；根据区域间的服务水平要求、公交供给能力等要素，构造公交系统宏观网络优化整合多目标模型，从而对城镇公交宏观网络布局提供辅助决策支持等[213]。

表 4-3 不同意愿下的快捷性指标要求[212]

服务	意愿				
	乐乘	愿乘	易乘	可乘	有乘
候车时间/min	≤2	≤3	≤5	≤20	>20
行程速度/(km/h)	≥40	≥30	≥20	≥10	<10
最大出行时耗/min	≤20	≤30	≤45	≤60	>60

公交系统与轨道系统协同发展方面的研究近年来逐渐增多。如构建轨道交通与公交系统在站距及时间方面的协同模型[214]，对接驳城镇轨道交通的社区公交规划优化问题展开研究[215](表 4-4)，从系统整合、网络融合、设施提升、运营协调等方面，探讨公交系统与轨道系统的多模式协同发展问题[216]等。

表 4-4 社区公交与轨道交通线路关系[215]

	单侧循环接驳(21 条)	单侧往返接驳(38 条)	交叉循环接驳(4 条)	交叉往返接驳(13 条)
衔接单条轨道				
	循环、往返接驳正交双条轨道(4 条)		循环、往返接驳平行双条轨道(5 条)	
衔接双条轨道				

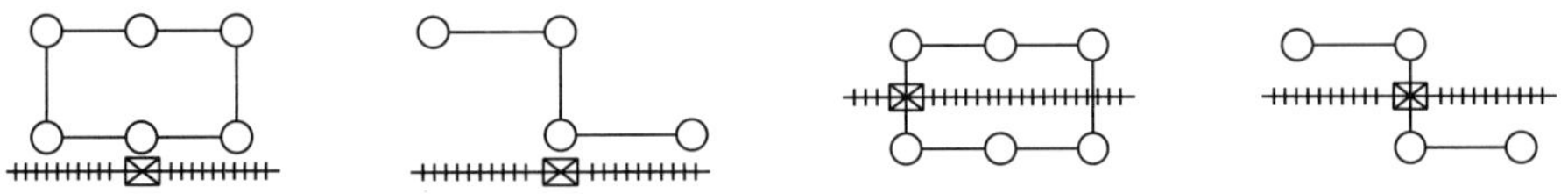

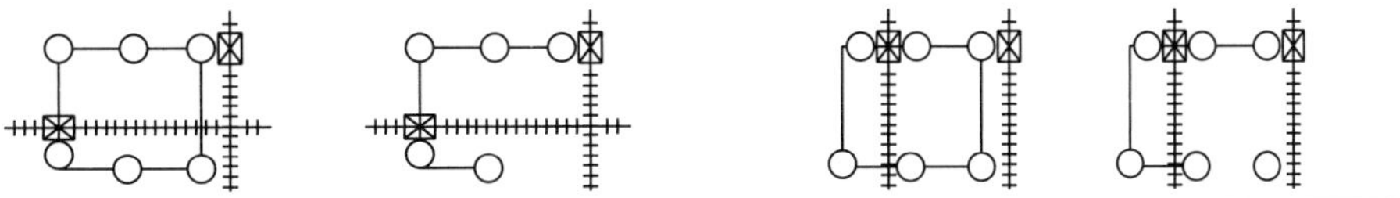

3) 可靠性研究

对于公交系统可靠性的研究，主要从时间可靠性、服务可靠性、调度可靠性等多个方面展开。

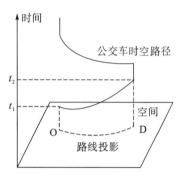

图 4-4　公交车时空路径[218]

对于公交系统运行时间可靠性的研究，有学者运用蒙特卡罗随机模拟方法(Monte Carlo method)，建立了公交线路运行时间可靠性模型，对公交系统运行的时间可靠性进行评价[217]。根据公交车辆时空路径特性(图 4-4)提出 4 个时间可靠性指标，即单程准时度、单程准时稳定度、站点准时度、站点准时稳定度，证实了城镇公交系统的时间可靠性随着线路长度增大和站点数增加而降低，同时与用地类型的关系较大[218]。针对公交微观区间的运行时间可靠性，主要通过几种类型的函数进行拟合，证明对数正态分布是最优拟合分布，并确定了不同公交服务水平对应的微观区间单位距离运行时间阈值[219]。

对于公交系统服务可靠性方面的研究，有文献证实公交站点服务可靠性与公交车运行线路的设置、发车间隔长短、停车站点位置设施、停车站点泊位数信息、路段旅行时间可靠性、公交站点停车时间可靠性等要素都存在密切联系[220]；分析了不同情况下乘客对于公交服务可靠性的感知状态[221]；从直达站点对、非直达站点对、公交网络 3 个层次，对乘客候车可靠性展开了研究；从安全性、方便性、经济性、迅速性、准时性与舒适性等方面，建立城镇公交服务质量评价指标体系(图 4-5)，并以西安市公交为例进行了实证研究[222]。

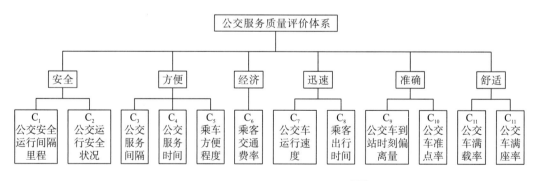

图 4-5　公交服务质量评价指标体系[222]

针对公交系统调度可靠性问题，研究公交调度与公交系统成本的关系，并对公交系统成本进行建模；以调度方案可靠度最大为第一目标，以车辆使用费用最少为第二目标，构建公交车辆调度方案可靠度概念，设计基于可靠度的公交调度双层决策及规划模型，并开展实证研究[223]。

3.公交系统研究方法

现有针对城镇公交系统的研究方法，主要包括 GIS 方法、空间句法以及复杂网络方法等。

GIS 在公交系统研究方面的运用包括使用 GIS 技术定量研究社区公共交通可达性与居民出行需求的对应匹配关系，分析城镇公共交通的供需平衡；通过 GIS 的最短路径分析优化公交网络；基于 GIS 的车辆远程监控调度实现智能公交的设计[224]等。

空间句法主要关注公交的通达性以及公交网络的拓扑结构[225]。如通过空间句法模型对站点集成度值和拓扑成本变化进行量化分析[226]（表 4-5），以此理解公共交通站点在整个网络和区域发挥的性能，研究交通枢纽 TOD 开发模式。

近年来，复杂网络分析方法在城镇公交系统方面的研究逐渐增多，主要集中于公交网络的拓扑结构特性、动力学特征等两个方面。城镇公交网络拓扑结构分析方面，如发现了波兰 22 个城镇公交网络在度值分布、路径长度等方面的特征，以及网络呈现的小世界和层级化规律[227]；发现了乌鲁木齐、长沙等城镇公交网络具备小世界特性[228]；发现了兰州公交网络的社团结构规律以及在故障状态下易分裂等特征[229]；针对北京市公交系统核心骨干网络，通过构建网络抗毁指数进行了抗毁性定量评估[230]。城镇公交网络动力学特征方面，有文献以国内四个城镇公交系统为研究对象，得出公交网络具有对随机攻击的鲁棒性和对选择攻击的脆弱性等结论，指出网络的可靠性由一些关键节点的稳定性决定[231]；发现公交网络面对基于节点介数的攻击时，网络抗毁性受到的影响要高于基于节点度值、节点效率及随机模式等的攻击模式[232]；发现北京公交网络在点度中心度和中介中心度攻击方式下，可靠性弱于随机网络[233]；证实贵阳公交网络在随机攻击下未表现出较强的鲁棒性，在选择攻击下也没有表现出较强的脆弱性，指出部分城镇公交网络存在鲁棒性和脆弱性并存等现象。

表 4-5　空间句法量化指标的定义及计算方法表[225]

量化指标	中译名称	计算式	内涵
connectivity	连接度	$C_i=k$，k 表示与节点 i 直接联系的节点个数	与一个空间单元直接相连的空间数目
control value	控制值	$\mathrm{Ctrl}i=\sum_{j=1}^{k}1/C_j$	一个空间对与之相交的空间的控制程度
depth	总深度值	$\sum_{j=1}^{k}d_{ij}$，d_{ij} 表示从节点 i 到节点 j 的最短路径（用步数表示）	某一节点距其他所有节点的最短步长
relative asymmetry	整体集成度	$RA_i=\dfrac{2(MD_i-1)}{n-2}$，$MD_i$ 表示相对深度值，$MD_i=\dfrac{\sum_{j=1}^{n}d_{ij}}{n-1}$，其中 n 为连接图中所有节点的个数	一个空间与其他所有空间的关系
real relative asymmetry	局部集成度	$RRA_i=RA_i/D_n$，D_n 为标准化参数 $D_n=2(\{n\log2[(n+2)/31]+1\})/[(n-1)(n-2)]$	一个空间与其他几步（即最短距离）之内的空间的关系

4.公交系统实践案例

现代城镇在建设发展公交系统的实践活动中,按照区域和城镇实际情况,发展出多种实践模式,大体上有如下三种。

1)优先保障模式

优先保障模式是在交通资源分配时优先考虑城镇地面公交,进而提升地面公交的舒适度和使用率。瑞士苏黎世的"公交第一"策略是此种模式下的典型案例。苏黎世于 1973 年提出"公交第一"发展政策,以改善公共交通服务质量为宗旨,通过大幅度提高有轨电车和公共汽车运营速度(图 4-6)、优化交通信号系统、提高公交服务质量、调整票价体系、实施低票价、限制私人小汽车使用等多种措施的综合运用,在"公交第一"策略实施 10 年后,苏黎世公共交通的客运量增长明显。

2)升级发展模式

升级发展模式是对原有的地面公交系统技术模式进行提升,典型做法是发展独占路权的地面 BRT(bus rapid transit)系统。这种模式在国内外都已得到了较多的应用和发展。BRT 利用改良的新型公交车辆,在专用车道上行驶,运用智能交通系统 ITS 技术,参考轨道交通的运营管理模式,发挥普通公交车的灵活性和轨道交通的服务水平等优势。BRT 系统于 20 世纪 70 年代起源于巴西的库里蒂巴市,该市开发实施了只有轨道交通 1/10 造价的快速公交系统(MetroBus)(图 4-7),目前该市 230 万人口中约 130 万人每天搭乘公交车,占出行人口的 50%以上,在没有修建地铁也没有盲目扩建道路的情况下有效地缓解了城镇交通拥堵的问题。1998 年,哥伦比亚波哥大市采用了快速公交(TransMilenio)系统,在主

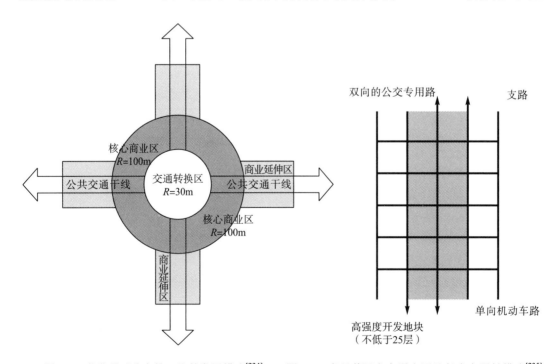

图 4-6 苏黎世"公交第一"的发展模式[234]   图 4-7 库里蒂巴市交通布局及复合交通轴模式[235]

干道上开设 2 条中央车道专供公交车辆运行，现已成功扩展到 54km，每天运送乘客 90 万人。我国第一条 BRT 线路于 1999 年在昆明开通，全长 29km，随后北京、上海、广州、成都、厦门、重庆等城市开始逐渐发展 BRT 系统。

3）融合发展模式

融合发展模式是将地面公交融入城市交通体系，成为公共交通系统的重要组成部分，德国慕尼黑的综合交通层级体系是这种模式下的典型案例。慕尼黑综合交通层级体系分为地铁、轻轨、有轨电车和传统公交车 4 个层级。第一层级和第二层级是地铁与轻轨，主要满足乘客的长距离出行需求，第三层级和第四层级是有轨电车和传统公交车，主要作为支线和接驳线，对第一、第二层级交通体系进行补充。四个层级通过良好的衔接设计以实现便利换乘[236]，如轨道交通站点结合公交场、停车场布置，步行街联系车站和主要街道等（图 4-8）。

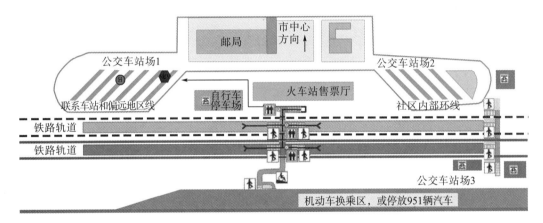

图 4-8　慕尼黑弗赖辛市轨道站点设计[236]

5.研究评述

综合以上分析，国内外对于城镇公交系统的研究主要集中在规划布局、运营管理、网络特征等方面，并已取得了大量研究成果。对于公交系统的研究趋势也从交通性功能的描述逐步转变为公交系统与空间结构耦合的定性研究，在此基础上朝着系统化、网络化、定量化的方向发展；研究对象从单条线路或局部开始聚焦于整体网络，运用图论等方法将公交现实系统抽象成拓扑结构网络，并对公交系统的网络特征及其复杂性展开相关研究；GIS、空间句法、复杂网络等研究方法被运用于分析公交系统网络的拓扑结构特性以及动力学特性，并开始探究公交系统的可靠性问题，为揭示公交网络结构的客观规律，以及开展公交系统规划优化工作提供了重要参考。

相较而言，目前此类研究较多集中于对公交网络某一个或多个指标展开分析，缺乏针对网络结构特征的系统性考察和评价；同时，现有研究针对山地城镇公交网络的特征形态和适应性规划策略涉及较少。而山地城镇公交系统在特定空间地域条件下的特殊规律，既是山地城镇公交系统结构规律研究的主要内容，也是山地城镇公交系统适应性规划必须面对的现实条件。

4.1.2 重庆公交系统建设现状与问题

1.研究靶区

1)靶区范围

针对城镇公交系统可靠性的研究,靶区选择为山地城镇重庆市主城区,并以平原城镇成都市主城区为参照。靶区范围如图 4-9 所示,研究对象基本情况如表 4-6 所示。

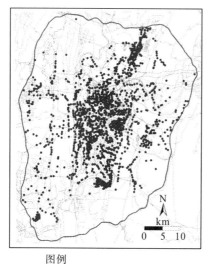
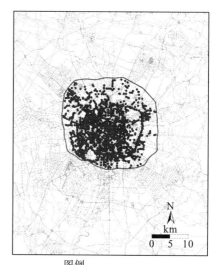

图例
——靶区界限(重庆绕城高速)
· 重庆公交站点

图例
——靶区界限(成都绕城高速)
· 成都公交站点

图 4-9 研究靶区示意图

表 4-6 重庆公交系统简况

区域范围	地形特征	城市空间结构	靶区面积/km²	公交线路数	线路数/面积	公交站点数	站点数/面积
重庆市绕城高速公路以内区域	山地	多中心组团式结构	2253	324	0.14	2539	1.13
成都市绕城高速公路以内区域	平原	单中心圈层式结构	597	515	0.86	2766	4.63

2)研究对象典型性

选取重庆公交系统作为研究对象,因其具备三方面典型性。

一是城镇地位相对突出,公交系统发展相对完善,在城镇交通体系中的地位相对突出。重庆市是我国重要的中心城市之一,是西部地区唯一的直辖市、国家重要的现代制造业基地、国家历史文化名城。从区域交通环境上看,重庆市地处较为发达的东、中部地区和资源丰富的西部地区结合部,东临湖北、湖南,南靠贵州,西接四川,北连陕西,是西南地区的综合交通枢纽。从城镇交通发展现状看,重庆市是我国首批"公交都市"建设示范城市之一，公共交通发展状况相对领先；在非机动交通方式相对匮乏的条件下，公交系统长期占据机动化出行的主导地位，在主城区范围内具备相对完整性和连续性。

　　二是公交规划建设基底环境具备代表性。我国是一个多山国家，山地城镇数量约占全国城镇总量的一半。受到地形地貌复杂、生态环境敏感、建设用地紧张等特殊条件的限制，山地城镇公交系统规划建设工作与一般平原城市存在较大差异。首先，地铁、轻轨、私人小汽车等交通方式在山地城镇的使用比例一般较低，公交系统的地位和作用更为突出[237, 238]；其次，公交规划建设工作受到环境的影响制约相对较大，与空间地理条件和城镇空间形态的适应性关系更为复杂，不能简单套用一般平原城镇公交系统的规划建设原则和方法。而重庆主城区坐落在中梁山和真武山之间的丘陵地带，长江与嘉陵江交汇处，主城区四面环山，江水回绕，是世界上最大的内陆山水城市。交通发展方式遵循山地城镇特征，"环放网格自由式"路网结构与"多中心、组团式"空间结构紧密结合，与之适应的公交系统组织方式在大型山地城镇中具备典型性。因此，选取重庆主城区公交系统作为研究对象，对于探索山地城镇公交系统建设发展的特殊规律具备一定参考价值。

　　三是公交系统建设发展中呈现的问题具备一定典型性。重庆主城区主要公共交通通道运输压力大，如观音桥、杨家坪环岛、渝澳大桥等主要公交通道上线路集聚，大多超过30 条线，有的甚至达到 50 条线，高峰期大量公共汽车聚集，超过了站点的通行能力，直接导致运输效能下降；主城区公交线网覆盖率和公交线网密度不足，分布不均；公交线路布设方式存在不合理现象，公交线路平均长度超过规范标准等。以上问题在我国大量城市中普遍存在，但在重庆主城区范围内体现得较为集中，具有典型性。

2.重庆公交系统建设发展情况

1) 发展历程

重庆公交系统发展历程可以划分为五个主要阶段，分别是萌芽起步阶段、超常发展阶段、波动发展阶段、恢复发展阶段、快速发展阶段(图 4-10)。

萌芽起步阶段为 20 世纪 30 年代初至抗战前期。1933 年，当时的重庆市政府颁布了《公共汽车招商承办条例》，卢作孚等 9 人筹资，组建了重庆市公共汽车股份有限公司，成为重庆历史上第一家专营公交线路的汽车运输企业。同年 9 月，曾家岩至七星岗线路开通，成为重庆第一条公交线路。

超常发展阶段为抗战开始至中华人民共和国成立前夕。1937 年抗战全面爆发后，全国许多重要企业迁往重庆，国民政府也于 1938 年迁至重庆，重庆市区人口急剧增加，公交需求急剧膨胀，公交系统随之迎来了一次超常发展契机。1941 年，重庆市公交转由政府独资经营时已拥有公交汽车一百多辆。1945 年，日本宣布无条件投降，国民政府及迁入川渝的工厂陆续返回，重庆市人口随之大量减少，经济萧条，公交系统的发展迅速萎缩，至 1949 年底，公交汽车仅余二十余辆，客运线路仅余 6 条。

波动发展阶段为中华人民共和国成立初期至 20 世纪 70 年代末期。20 世纪 50 年代初，时任西南军区司令员的贺龙调拨 100 辆军车，改造为公交汽车投入运营；1956 年，重庆第一条无轨电车(上清寺至小什字)上路行驶[239, 240]，城镇公交系统发展得到一定程度改善。"文革"期间，公交系统建设事业遭受干扰，发展较为缓慢。

恢复发展阶段为 20 世纪 80 年代至 20 世纪 90 年代末期。自 20 世纪 80 年代开始，重庆公交发展进入复苏期，至 1988 年末，重庆已有公交线路 74 条。

快速发展阶段为 20 世纪 90 年代末至今。1997 年，重庆市直辖，公交系统迎来快速发展阶段。针对以前公交运营主体偏多、管理松弛、经营规模小等问题，通过运营体制改革，成立了国有独资的重庆市公交控股集团，重庆公交建设逐步进入专业化、集约化、规模化经营的发展轨道。2007 年，重庆市出台了《优先发展城市公共交通的实施意见》，提出实施"公交优先"的城市发展战略，确立了公共交通在城市可持续发展中的重要战略地位。2012 年，重庆市获批为 14 个国家级公交都市之一。2016 年，重庆市政府发布了《关于主城区优先发展公共交通的实施意见》，出台了保障公交路权等 8 项实质性举措。截至 2016 年底，主城区运营公交车 8635 辆，运营线路 605 条，公交线网总长 2651.85km，公交系统在城镇内部交通体系中承担重要作用。

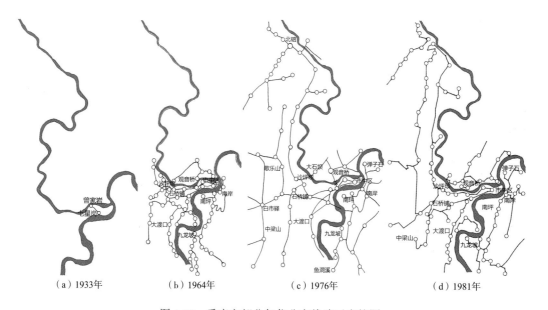

（a）1933年　　　　（b）1964年　　　　（c）1976年　　　　（d）1981年

图 4-10　重庆市部分年代公交线路示意简图

2）现状特征

重庆公交系统在城镇交通结构体系中占据主导地位，发挥显著作用，但近年来公交系统的机动化出行分担率表现出缓慢下降趋势。

从分担率数据来看，2014 年，重庆地面公交系统的机动化出行分担率[①]占比 49.9%，居于第一位，远高于第二位小汽车出行方式的 29.4%、第三位轨道交通出行方式的 10.8% 以及第四位出租车出行方式的 8.9%。与国际国内其他较大规模城市横向对比来看，远高于深圳的 37.9%、广州的 30.4%、北京中心城区的 28.9%、上海中心城区的 25.8%、大伦敦地区的 18.8% 和东京都市圈的 6.0% 等（表 4-7）。从客运量规模来看，2015 年，重庆地面公

---

① 机动化出行分担率，是指城市居民选择某种交通出行占全部机动化出行方式(含地面公交、轨道交通、出租车、小汽车等全部机动化出行方式)的比例。

交系统年客运量达 19.2 亿乘次，日均客运量达 526 万乘次，是重庆目前客运量规模居于首位的公共交通出行方式，显著高于城市轨道交通系统的日均客运量 173 万乘次。与国际国内其他较大规模城市对比表明，虽然重庆地面公交系统客运总量低于北京、上海、广州、深圳、香港等城市，但人均客运量[①]显著高于武汉、南京、上海等城市，略高于北京、深圳、广州等城市，仅次于香港；同时，地均客运量[②]高于南京、武汉等城市，与广州、北京、上海等城市大致相当，仅低于香港和深圳两地(表 4-8)。

表 4-7　重庆主城区与其他城市机动化出行分担率比较(%)

出行方式	地面公交	轨道交通	公共交通(含地面公交与轨道交通)	小汽车
重庆主城区 (2014 年)	49.9	10.8	60.7	29.4
北京中心城区 (2013 年)	28.9	23.4	52.3	37.2
上海中心城区 (2013 年)	25.8	23.5	49.3	39.8
广州市 (2013 年)	30.4	16.0	46.4	41.0
深圳市 (2012 年)	37.9	9.0	46.9	39.9
大伦敦 (2012 年)	18.8	42.4	61.2	38.0
东京都市圈 (2009 年)	6.0	60.0	66.0	32.0

资料来源：作者根据《2014 年重庆市主城区交通运行分析年度报告》中的表 3-3 整理

表 4-8　地面公交系统客运量部分城市横向对比[③]

统计项目	单位	重庆	北京	上海	广州	深圳	南京	武汉	香港
年客运量	亿人次	19.2	47.7	26.7	26.1	22.6	10.6	14.8	22.5
日均客运量	万人次	526.0	1306.8	731.5	715.1	619.2	290.4	405.5	616.4
人均日客运量	人次/人	0.63	0.61	0.30	0.55	0.58	0.35	0.39	0.84
地均日客运量	万人次/km²	0.10	0.08	0.12	0.10	0.31	0.04	0.05	0.56
常住人口	万人	834.6	2152	2426	1308	1063	821.6	1033.8	732
城市面积	km²	5473	16410	6341	7434	2020	6587	8494	1104

资料来源：作者根据《2015 年重庆市主城区交通发展年度报告》(附件 2)整理

　　从时间维度上看，近年来，重庆地面公交系统的机动化出行分担率和客运量呈现出一定的下降趋势。机动化出行分担率方面，在 2002 年、2008 年、2009 年、2010 年、2014 年等 5 个时间节点上，公交系统分担率分别为 74.0%、66.4%、64.0%、62.5%、49.9%(图 4-11)，呈现持续下降趋势；年客运量方面，在 2011 年、2012 年、2013 年、2014 年、2015 年等 5 个时间节点上，2012 年、2013 年、2014 年同比增长，2015 年首次出现负增长，增长率为-2.0%。

---

① 按照城市常住人口对客运量进行均值处理，得到人均客运量数据，即城市平均每一名常住居民使用地面公交的频次。
② 按照城市面积对客运量进行均值处理，得到地均客运量数据，即城市平均每一平方公里面积使用地面公交的强度。
③ 重庆市、香港采用 2015 年度数据，其余城市采用 2014 年度数据。

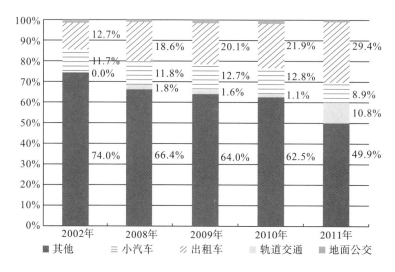

图4-11 近年来重庆居民公交机动化出行分担率

资料来源：《2014年重庆市主城区交通运行分析年度报告》，重庆市规划局、重庆市交通规划研究院

总体而言，重庆机动化出行交通体系中，地面公交系统占据绝对主导地位；与其他国际国内大城市相比，地面公交系统的作用更为显著。虽然近年来，伴随城市轨道交通的迅猛发展和私人小汽车的快速增长，重庆地面公交系统的分担率呈现出一定的下降趋势，但可以预计，未来相当时期内，地面公交系统仍然是重庆城镇公共交通方式中最为重要的组成部分之一。

3）发展方向

重庆地面公交系统的未来发展方向，主要体现在对内加强自身结构优化，对外加强外部协调协作两个方面。

对内结构优化方面，作为国家"公交都市"试点城市之一，在"公共交通优先发展"的总前提下，加快投资建设步伐，提高资源保障力度，优化现有系统结构，是重庆地面公交系统未来的发展方向之一。《重庆市城乡总体规划》（2007－2020年）（2017年深化）中提出，"加大对公共交通的投资力度，通过发展大中运量快速公共交通系统、建设交通换乘枢纽、调整和优化公交线网、给予公交车辆道路优先权等一系列措施，切实提高公交服务水平，增强吸引力，提高公交出行分担率"。2016年出台的《重庆市人民政府关于主城区优先发展公共交通的实施意见》中提出，到"十三五"末，主城区万人公共汽车保有量达到15标台，中心城区公共汽车站点500m覆盖率达到100%等发展目标；并提出多项保障措施，如推进主城区城市干道的公交路权优先工作，在部分满足条件的城市干道上设立地面公交优先车道，同时加强优先车道之间的衔接，实现地面公交优先车道网络化，增加公共交通优先通行管理设施投入，加强优先车道监控和管理，增加城市交通信号管理投入，扩大地面公交信号优先范围等。

对外协作方面，加强与其他公共交通方式，尤其是与轨道交通系统的协作化发展，是重庆地面公交系统的另一大发展方向。2004年，重庆市第一条轨道交通2号线通车运行，重庆市公共交通体系进入轨道与地面公交并行的时代。虽然当前重庆城镇居民的机动化出行方式中，公交系统仍占据绝对主导地位，但轨道交通具备用地省、运能大、运行时间稳定、安全环保等众多优势，在城镇交通体系中的地位将会越来越突出。作为城市客运交通的两大主体，如何在网络空间组织、运营管理方面有机协调，功能互补，以达到提升城市客运交通整体服务水平的目的，是未来重庆市交通体系优化建设的关键问题之一。《重庆市城乡总体规划》(2007—2020 年)(2017 年深化)提出，"建立以大运量快速轨道交通为骨干，地面快速公交和普通公交为主体，其他公交方式为辅助，多种方式并存且有效衔接的公共客运交通系统⋯⋯充分发挥普通地面公交布线灵活、可达性高的特点，结合轨道建设，优化运营线路，提高公交线网覆盖率"。

4)现状问题

当前重庆城镇地面公交系统面临的现状问题，主要存在以下三个方面。

一是公交运行效能低。目前，重庆地面公交系统在效能层面上，存在运营车速过慢、线路重复率过高、换乘设计不够合理等问题，对系统效能发挥造成不利影响。近几年来，在重庆城市交通体系方面，地面公交面临的轨道、私人汽车等交通方式造成的竞争压力逐渐增加，分担率上有整体下滑趋势。所以提升系统运行效能是重庆公交系统面临的首要问题。

二是投入不足导致公交基础设施严重短缺。近年来，重庆城镇建设发展速度较快，但地面公交服务尚未与城市建设发展同步匹配。当前的公交服务主要集中在内环以内 $240km^2$ 的区域，内环以外区域存在很多公交盲区[241]。因此，地面公交基础建设也是当前重庆公交系统需要面对的重要问题之一。

三是公交运行能力无法得到稳定性保障。城镇公交系统运营过程中，因内部干扰，如站点、线路调整原因，或因外部干扰，如高峰期通勤压力(图 4-12)、大型文体商业活动[①]、交通事故、地质灾害造成路段中断等原因，都会引发公交系统局部区域内的运行能力丧失。因此，多要素影响下的稳定运行能力也是当前重庆公交系统面临的重要问题之一。

（a）观音桥路段交通拥堵　　　　　　　　　（b）五里店路段交通拥堵

图 4-12　交通拥堵造成重庆公交系统能力降低

资料来源：http://www.sohu.com/a/108522429_349101.

以上问题，可以理解为城镇公交系统可靠性问题在不同方面的具体表现，可以通过静态条件下的公交系统网络结构分析和动态条件下的公交网络动力学响应分析，建立解决问题的科学依据。

---

① 如重庆万象城谢家湾店开业当天，谢家湾正街等局部地区拥堵时长达 13 小时(资料来源于 2014 年重庆市主城区交通运行分析年度报告)。

4.2　公交系统可靠性研究设计

4.2.1　研究方案

1.理论认识

城镇公交系统是基于特定空间地理环境的典型复杂系统,可靠性问题表现出两方面基本特征,一是具备复杂系统可靠性的基本规律,二是具有明显的空间地理效应。城镇公交系统自身结构的合理性,是决定其可靠性水平的主要因素,主要表现为三个层次问题,分别是整体结构评价、内部结构评价、构成要素评价,相关研究方法主要有分形理论、复杂网络方法和空间分析方法等(表 4-9)。

表 4-9　公交网络常用研究方法

研究层次	代表性方法	代表性指标	优势	不足
网络整体结构评价	分形理论	维数、分维值	可以从较为宏观的层面对网络的整体发展情况、均衡性做出评价	评价力度过于宏观,对于公交网络的结构调整和优化指导性不足
网络内部结构评价	复杂网络方法	最短路径长度、集聚系数	方法逻辑上运用系统论观点,可以较好地从多个层面揭示网络的构成结构特征	抽离了网络的空间信息,对于公交网络的空间特征分析不够
网络构成要素评价	空间分析方法	线网密度、站点覆盖率、线路非直线系数	可以充分反映公交网络构成要素在空间上的特征;有成熟的测度指标体系,相关规范定义了城市公交要素适宜的网络空间参数区间	对于公交网络结构特征及内部结构关联性分析不够

分形理论可以从宏观上解释公交网络的空间异质性,判断网络的整体发育程度和整体可靠性[242],但在中、微观层面缺乏解释和分析能力,对于城镇公交系统规划优化指导性不足。空间分析方法也被广泛地用于公交网络可靠性评价[243],可以反映公交网络构成要素的可靠性程度,形成了成熟的测度指标体系,但对于公交网络的内在结构关系关注相对不足。复杂网络方法是基于系统论思维的分析求解方法,对于系统论四大基本原则——整体性原则①、层次性原则②、最优化原则③、动态性原则④[244],都有较好的响应和体现,是开展复杂系统研究的适宜方法。

本研究定位于认知和把握重庆公交系统内在特征规律,在此基础上提出针对性的规划优化意见,而非仅做出宏观性评价或仅对局部要素的合理性进行论证。结合研究对象自身特征及本章的研究目的,确立以整体论思维为指导,综合运用复杂网络方法和空间分析方法的整体研究方案。对应于系统论的四大原则,整体性方面,运用复杂网络方法的整体结构分析指标进行评估;层次性方面,基于网络构成要素在结构中的权重进行层次划定;动

---

① 整体性原则,指系统的性质和规律,只有从整体上才能显示出来,应从整体上把握系统的特征和规律。
② 层次性原则,指系统的结构组成部分有其等级层次性,按照一定规律组织起来。
③ 最优化原则,指系统可以通过自身结构的优化,实现系统整体功能的优化提升。
④ 动态性原则,指系统是不断变化更新的,应在时间维度上考察系统的不同结构状态。

态性方面，通过模拟对网络的动态干扰来抽取网络的动态可靠性特征；最优化方面，综合分析网络现状特征提出可靠性的规划优化策略。同时，通过空间分析方法，将公交系统的空间特征和城镇结构等基底环境做对照分析，提炼公交系统的空间生成机理，以提升可靠性策略的空间环境适应性。在研究数据的处理上，采集和提取关系数据和空间数据进行综合研判。

2.整体研究思路

本章整体研究思路依照以下三个部分展开：运用复杂网络方法将公交现实系统向抽象模型转换；建立分析研究框架进行可靠性评价；返回现实系统提出规划优化策略(图 4-13)。

重庆地面公交系统是城市交通体系的核心组成部分，公交系统专项规划是重庆市城乡规划工作的重要组成板块。面对特殊的城市形态和地理约束条件，重庆公交系统可靠性规划优化工作面临较大挑战。城镇公交系统是一个复杂的巨大系统，其可靠性问题涉及组织运营模式、工程技术、管理等诸多方面，其中，公交系统发挥作用的主要机理为"互通机理"，公交站点、线路构成的公交网络结构体系，是公交系统功能实现的物质基础，也是公交系统可靠性的决定性要素之一。因此，本研究将公交系统可靠性问题聚焦于反映城市公交系统中"互通机理"的物质结构体系。

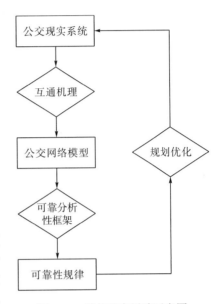

图 4-13　整体研究思路示意图

选取复杂网络方法，作为网络建模的主要原理和理论，构建复杂网络模型，作为可靠性研究的对象客体。

网络结构自身合理性是决定网络系统可靠性程度的基础条件和决定要素，从网络拓扑结构静态可靠性、功能运行动态可靠性两个方面展开可靠性分析。静态可靠性研究是假设公交网络在保持结构不变的前提下，从整体、局部、个体等不同方面，提炼重庆公交系统的结构模式和空间布局规律，形成对重庆公交系统网络可靠性的基础性把握。在静态可靠性研究的基础上，开展网络动态可靠性研究，即将工程实际中公交系统可能遭受的干扰模式进行抽象模拟，作用于公交网络模型，对公交系统在现实干扰下的整体性和高效性做出评价，对重庆公交系统网络在现实运营中的效能表现形成动态性把握。

规划优化策略的提出是公交系统可靠性研究的目的和方向，通过对静态可靠性和动态可靠性规律的总结，结合网络结构生成机制，从公交系统整体结构优化、公交系统局部均衡性提升、公交站点及线路分类分级策略等方面，提出针对性的规划优化引导策略。

3.技术路线

以重庆公交系统可靠性规划优化为研究目标，选取重庆主城区作为研究靶区，以成都主城区为参照对象，提取公交站点及线路原始数据，通过数据整理及格式转化，构建公交复杂网络模型, 提取关系数据, 结合空间数据进行分析, 通过两个城镇公交网络的对比分析, 尝试挖掘山地城镇公交复杂网络可靠性特征及生成机理, 提出相应的可靠性规划理念和策略(图 4-14)。

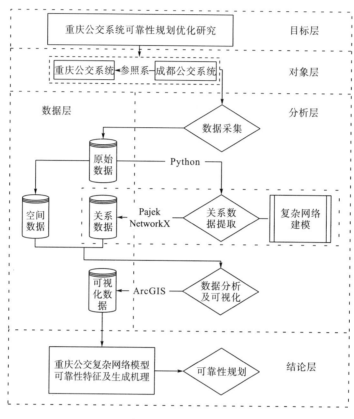

图 4-14　技术路线

4.2.2　模型构建

1.构建原理

城镇公交系统属于城镇生命线系统中的公共交通分系统, 其可靠性含义表现为系统内部各功能单元之间的互通机理。通过复杂网络分析方法, 将公交复杂系统的内部作用机理构建为网络模型, 从而将复杂现实问题研究转化为相对简单的数理模型分析, 分析提炼其结构特征规律, 在此基础上提出模型优化策略, 反作用于现实系统。其中, "网络建模"技术环节是在理解公交系统可靠性作用机制的基础上, 将其结构关系抽象为数理模型, 是研究工作全流程的基础性工作。

2.语义模型

语义模型构建是将工程实体系统抽象为虚拟网络时, 对网络两大基本要素, 即"节点"和"连线"分别代表的现实意义做出定义。一般而言, 同一工程实体对象可以通过不同的语义模型抽象为不同的虚拟网络模型。对于城市公交系统而言，常用的语义模型主要有三种，分别是公交站点网络、公交换乘网络、公交线路网络[18, 107]，其要素定义方式及模型特征如表 4-10 所示。

表 4-10　公交系统网络常见语义模型

语义模型	要素定义		模型特征
	节点定义	连线定义	
公交站点模型	将公交站点定义为节点	同一条公交线路经过的相邻站点间，视为存在连线	(1)接近自然路网形态； (2)可以近似表达站点间的实际空间距离； (3)节点度值一般集中在 10 以内
公交换乘模型		同一条公交线路经过的所有站点，两两之间视为存在连线	(1)节点间联系强度远远高于"站点网络"； (2)可以表达站点间的换乘可达关系； (3)节点度值区分度较"站点网络"更高，较大规模城市公交网络节点度值平均值可以达到 50 以上
公交线路模型	将公交线路定义为节点	两条公交线路经过同一站点，公交线路间视为存在连线	(1)网络规模较"节点网络"和"换乘网络"要小； (2)适合从线路的角度对网络进行考察

同一公交系统工程实体，在不同的语义模型下，抽象得到的公交网络拓扑结构不同，如图 4-15 所示。

对于规模较大的城镇公交系统而言，换乘便利性是公交使用者较为关注的要素之一。通过对公交换乘系统的结构特征和空间分布规律进行分析评价，有助于识别公交系统核心结构和薄弱环节，从而对公交系统可靠性提升提供参考依据。所以，本章选取换乘模型作为公交系统模型构建方式。

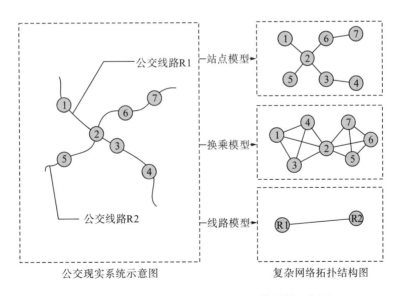

图 4-15　不同语义模型下公交网络拓扑结构示意图

3.数据收集与整理

选取 8684 公交查询网作为公交系统数据来源。8684 公交查询网数据涵盖全国多个城市，包含本研究对象重庆主城区公交网络和作为参照对象的成都主城区公交网络。

将公交系统原始数据分别整理成为 Pajek 和 NetworkX 软件平台支持的输入数据类型。两个软件平台都以文本的方式描述节点和连线关系，Pajek 软件平台的输入数据由节点（vertices）及连线（edges）两部分构成（表 4-11），节点部分数据由公交站点的编号和站名构成，连线部分数据由存在换乘关系的站点编号及代表关系权重的整数构成。NetworkX 软件平台的输入数据则只有连线数据部分，关系描述方式与 Pajek 软件相近。

表 4-11　Pajek 软件输入文件示意

*vertices 2539		*vertices 2766	
1	"107 厂"	1	"IT 大道中"
2	"11 中"	2	"IT 大道土龙路口"
……		……	
2538	"龙领国际[小区]"	2765	"龙青路东"
2539	"龚家岩"	2766	"龙青路口"
*edges		*edges	
757	2138　1	1431	1428　1
1137	2138　1	1692	1428　1
…		…	
(a)重庆市		(b)成都市	

4.模型构建

将描述网络关系的输入文件分别导入 Pajek 和 NetworkX 软件平台，生成网络模型，模型可视化效果如图 4-16 所示。其中重庆公交网络的节点数为 2539，连边数为 80301；成都公交网络的节点数为 2677，连边数为 92041。

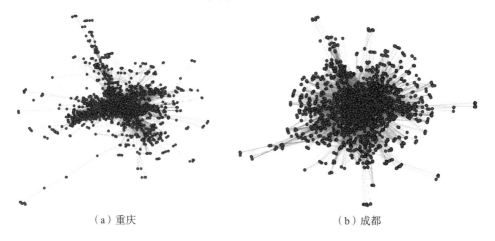

（a）重庆　　　　　　　　　　　　　　（b）成都

图 4-16　公交网络可视化效果

4.3　公交网络可靠性分析

将公交系统抽象提取为复杂网络模型后，从静态和动态两方面对公交网络可靠性展开分析。网络拓扑结构静态可靠性，是在假设公交网络结构不发生改变的前提下，对结构特征规律进行提炼分析，考察结构本身对于系统可靠性的潜在影响和作用机制，从而对公交网络的静态可靠性做出评价；网络功能运行动态可靠性，是将现实系统可能遭遇的各种干扰模拟作用于网络模型，在网络结构发生改变的前提下，总结提炼网络的动力学响应规律，从而对公交网络的动态可靠性做出评价。从研究内容上看，静态可靠性偏重于对网络"结构"本身的分析，动态可靠性偏重于对网络"功能"现实状态的模拟。从研究过程上看，静态可靠性研究是对现实情境的极大简化，动态可靠性研究则是对现实动态变化过程的进一步还原。研究结果表明，少部分重要站点对于网络的整体可靠性影响较大。重庆主城区公交网络较之成都主城区公交网络的动态可靠性表现更为"脆弱"，存在较多对网络整体可靠性影响较大的脆弱节点；影响程度上，重庆主城区公交网络脆弱节点对网络可靠性的影响程度相对更大。同时，位于关键线路上、承担较大"中介"作用的站点，对于网络动态可靠性的影响更大。

4.3.1　拓扑结构的静态可靠性

1.分析框架

静态可靠性是在假设公交网络处于理想条件、网络结构状态不发生改变的前提下，对网络拓扑结构规律进行研究。从整体完备性、局部稳定性、个体均衡性三方面展开分析(图 4-17)。

整体完备性层面，主要考察公交网络在内部联系上的总体结构特征和联系结构分布，总体结构特征反映了网络联系在节点间分布的基本规律，联系结构分布反映了网络中的联系便利度情况。对应于公交现实系统，总体结构特征体现了公交系统在资源分配上的规律，联系结构分布体现了公交站点间相互通勤时的换乘便利性。复杂网络方法技术体系中，运用"点度分布"指标对网络总体结构特征进行考察，运用"节点对距离"指标对网络联系结构分布进行考察。

局部稳定性层面，主要考察公交网络在内部联系上的结构致密性、层次稳定性和子图脆弱性，结构致密性反映网络局部结构的联系紧密程度，层次稳定性反映网络局部在联系程度上的层次关系，子图脆弱性表征网络的潜在脆弱结构。对应于公交现实系统，结构致密性体现了公交网络不同组团的内部联系紧密度，层次稳定性体现了公交网络不同组团的层级结构，子图脆弱性反映了公交网络中的潜在脆弱组团。复杂网络方法技术体系中，运用"聚集系数"指标对网络的结构致密性进行考察，运用"k-核"指标对网络的层次稳定性进行考察，运用"双组元"指标对网络的子图脆弱性进行考察。

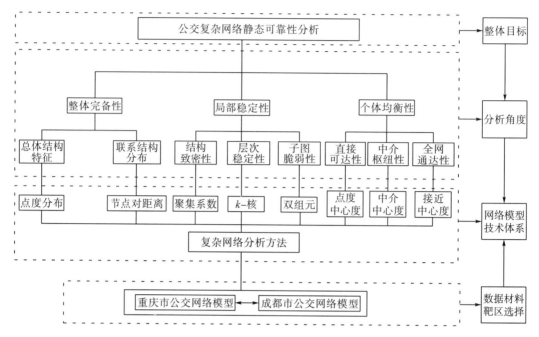

图 4-17　公交网络静态可靠性评价指标

个体均衡性层面，主要考察公交网络的直接可达性、中介枢纽性和全网通达性。直接可达性反映节点直接联系其他节点的能力，中介枢纽性反映节点对于网络内部实现相互联系时的控制能力，全网可达性反映节点联系网络中其他节点的总体便利程度。对应于公交现实系统，直接可达性反映了单个站点无须换乘可以到达的其他站点数量，中介枢纽性反映了单个站点承担中介枢纽作用的能力和程度，全网通达性反映了单个站点到达其他所有站点的总体便利性程度。复杂网络方法技术体系中，运用"点度中心度"指标对站点的直接可达性进行考察，运用"中介中心度"指标对站点的中介枢纽性进行考察，运用"接近中心度"指标对站点的全网通达性进行考察。

2.整体完备性分析

1)总体结构特征

城镇公交系统在产生和发展的过程中，往往受到特定机理的影响和约束，从而形成特定的总体结构特征，在一定程度上决定了网络可靠性总体特征。可以通过"点度分布"指标，对公交网络的总体结构特征进行判定。重庆公交网络模型度值分布函数符合幂律分布规律(图 4-18)，可以判断重庆公交网络具备无标度特征。

对于公交现实系统，无标度网络结构特征表明网络中存在极少数重要站点与大量站点直接可达，这部分站点对网络的整体可靠性影响较大。

2)联系结构分布

对于现实公交系统而言，公交使用者对于换乘次数较为敏感，较高的直达概率会带来较高的便利性，直达概率过高也会带来负面影响，如造成公交车辆资源利用率降低、人员工作效率降低、公交线路非直线系数下降等，同时过度消耗城市道路资源，引起城市道路交通整体效率下降，最终影响公交系统自身的可靠性。

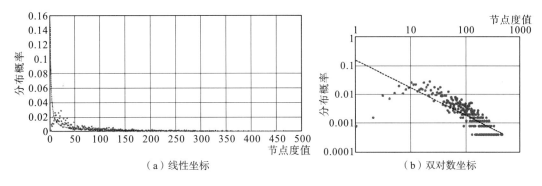

（a）线性坐标　　　　　　　　　　（b）双对数坐标

图 4-18　重庆公交网络度值分布函数

可以通过"节点对距离"指标，对公交网络的联系结构分布进行考察（表 4-12，图 4-19）。"节点对距离"指标反映了现实公交系统中所有站点对之间通勤的直达或换乘概率。直达概率指公交系统任意一对站点之间不需要换乘的概率，即是节点对距离 $d=1$ 的发生概率。换乘概率指公交系统任意一对站点之间，不能直达而需要换乘的概率，节点对距离 d 对应换乘次均为 $d-1$。

计算结果表明，重庆、成都公交系统的联系结构分布呈现三点共通性，一是两地公交系统的联系结构分布总体呈现为正态分布规律，都以 2 次换乘占比为最高，重庆、成都分别为 42.26% 和 52.91%；二是两地公交系统的距离分布都集中于 2 次换乘、1 次换乘和 3 次换乘，重庆、成都合计占比分别为 93.03% 和 98.98%；三是两地公交系统的直达概率相

表 4-12　重庆、成都公交系统站点对距离统计

	重庆			成都		
站点数	2 539			2766		
站点对总数	3 221 991			3823995		
平均站点对距离	3.10			2.76		
站点对距离	站点对数量	概率/%	累积概率/%	站点对数量	概率/%	累积概率/%
$d=1$（直达）	80 301	2.49	2.49	92 641	2.42	2.42
$d=2$（1 次换乘）	784 282	24.34	26.83	1 241 588	32.47	34.89
$d=3$（2 次换乘）	1 361 716	42.26	69.10	2 023 145	52.91	87.80
$d=4$（3 次换乘）	771 271	23.94	93.03	427 669	11.18	98.98
$d=5$（4 次换乘）	186 384	5.78	98.82	37 888	0.99	99.97
$d=6$（5 次换乘）	33 709	1.05	99.87	1 064	0.03	100.00
$d=7$（6 次换乘）	4 090	0.13	99.99	0	0.00	100.00

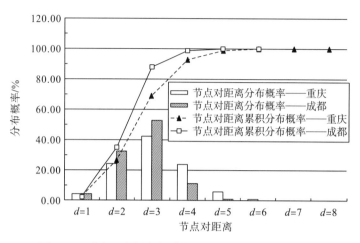

图 4-19　重庆、成都公交系统直达与换乘可达概率分布

近，重庆、成都占比分别为 2.49% 和 2.42%。差异性表现在，重庆公交系统在换乘可达性上总体较成都要弱，1 次换乘累积可达概率较成都低 8.06%，2 次换乘累积可达概率较成都低 18.70%，3 次换乘累积可达概率较成都低 5.95%。总体上衡量，重庆平均换乘次数为 2.10 次，比成都平均换乘次数 (1.76 次) 高出 19%。

3.局部稳定性分析

1) 结构致密性

城镇公交系统网络技术体系中，结构致密性指公交网络某个局部组团站点间彼此通达的程度，当局部区域站点间通达性较好时，部分站点或者线路遭遇干扰时，通过相邻站点和线路进行弥补的可能性就更高，该区域内的公交网络可靠性程度也就越高。

可以通过网络"聚集系数"指标，对公交复杂网络模型的结构致密性进行考察。聚集系数分个体和整体两个层面，个体层面为节点聚集系数，取节点邻接点间实际连边数与最大可能连边数的比值，整体层面为网络平均聚集系数，取所有节点聚集系数的算术平均值。对于公交系统网络，站点聚集系数是以站点视角选取局部子网络进行评估，表征局部区域内站点形成致密结构的程度。站点的聚集系数越高，表明该站点处的网络局部结构致密性越高 (图 4-20)。

根据式 (1-10)，计算得到重庆、成都公交网络模型全部节点的聚集系数，将关系数据与空间数据结合，按照相同的比例尺和像素热力值，绘制站点度值分布空间热力图 (图 4-21)。

计算重庆、成都公交网络模型的平均聚集系数值，重庆为 0.722，成都为 0.707。重庆公交网络模型的局部结构致密性略高于成都。

2) 层次稳定性

现实复杂网络系统中，网络不同局部的节点并非按照同等强度均匀地联系在一起，而是按照不同强度形成不同的子图，网络层次稳定性描述了子图内部联系的紧密化程度和级别，体现了整体网络可靠性的层次结构关系。

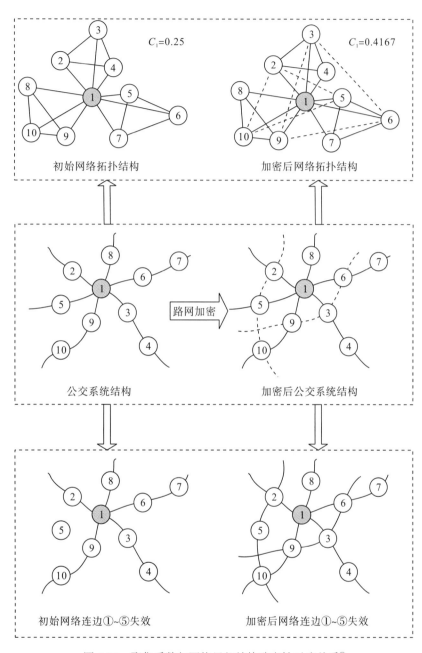

图 4-20　聚集系数与网络局部结构致密性对应关系[①]

[①] 初始网络 A，是以站点①为中心的局部子网络，网络 B 是在网络 A 的基础上做了线路加强得到的局部子网络。局部网络的可靠性对比，如果网络路径①~⑤失效，网络 A 中的站点⑤将成为孤立节点，网络 B 中的站点⑤仍然与其他站点保持直接或间接联系。网络 A 中站点①的聚集系数为 0.25，网络 B 中站点①的聚集系数为 0.42，表明网络局部可靠性强弱可以通过聚集系数指标来反映。

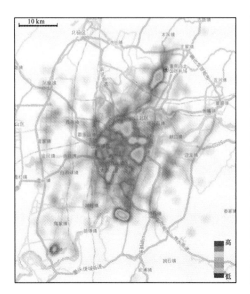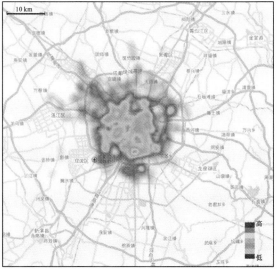

图 4-21　公交网络聚集系数热力图（见彩图）

公交网络模型中，由于受到城市功能引导或地形条件限制等因素影响，部分公交站点之间具有更强的相互联系而形成内部联系强度较高的局部子图，通过层次稳定性考察，可以从结构子图的构成关系层面对公交系统复杂网络的静态可靠性做出评价。公交网络的层次稳定性可以用"k-核"指标来考察。"k-核"指标基于点度中心度，要求子图内每个站点的点度中心度都不小于正整数 k。

经计算，重庆、成都公交复杂网络模型"k-核"统计分布如图 4-22 所示。两个城市公交网络在层次稳定性方面呈现较大差异。重庆公交网络整体呈现出"高层级较高，低层次较多"的特征。重庆公交网络最高级别"k-核"为 70 核，成都公交网络最高级别"k-核"为 69 核；低等级"k-核"层面，重庆有较多节点从属于 k 值较小的层次结构。高层级"k-核"的空间分布方面，重庆公交网络的高等级"k-核"在城镇相对中心区域呈集中分布趋势，成都公交网络的高等级"k-核"在城镇全域的分布相对分散（图 4-23）。

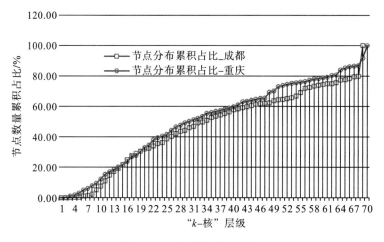

图 4-22　"k-核"累积分布

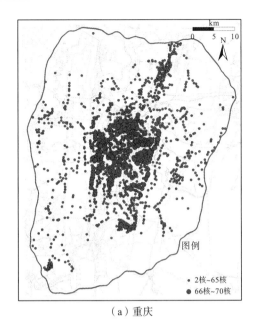
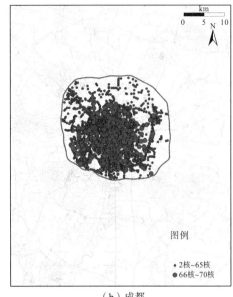

（a）重庆　　　　　　　　　　　　　　（b）成都

图 4-23　高等级"k-核"空间分布（见彩图）

3）子图脆弱性

复杂网络技术体系中，子图脆弱性反映了网络中某些局部结构与网络主体部分的连接相对较弱，具有较高概率脱离网络主体形成孤立结构。公交系统网络中，某些局部站点未能与主体结构形成较强联系，可能因某个站点失效导致局部区域站点与网络主体分离，反映了公交网络在局部区域的脆弱性程度。

可以通过"双组元"指标对公交网络中的子图脆弱性进行考察。双组元结构中包含至少 1 个特殊节点——切点，切点失效会导致双组元结构从整体网络中脱离。网络中存在较多的双组元结构时，会显著增加网络的子图脆弱性，从而降低整体网络的可靠性。

计算结果显示，重庆公交网络和成都公交网络都是由 1 个规模较大的双组元以及若干个规模较小的双组元组成。区别在于，重庆公交网络的小型双组元数量较多，规模相对较小；成都公交网络的小型双组元数量较少，规模相对较大（表 4-13）。

表 4-13　双组元结构规模数量分布

城市	大型双组元结构		小型双组元结构	
	数量	规模	数量	规模
重庆	1	2426	20	3～13
成都	1	2734	3	11～12

重庆公交网络和成都公交网络子图脆弱性结构空间布局如图 4-24 所示。

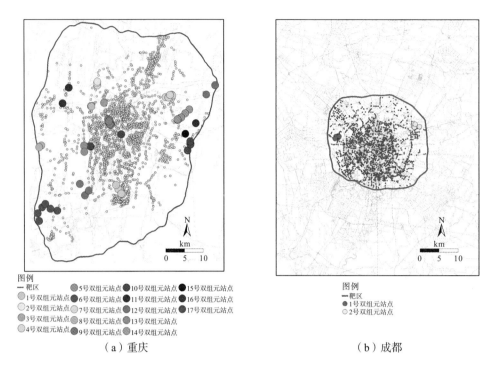

图例
━靶区

（a）重庆   （b）成都

图 4-24   公交网络小型双组元空间分布（见彩图）

4.个体均衡性分析

从直接可达性、中介枢纽性、全网通达性三个层面，考察网络在微观层面上的均衡性特征，从站点个体层面对网络的可靠性做出评价。

1）直接可达性

直接可达性指公交站点可以直接通达的其他站点数量，选用"点度中心度"指标对站点的直接可达性进行考察，点度中心度越高，表明站点可以直达的其他站点越多。从统计属性和空间分布两个层面，对站点在直接可达方面的分布均衡性进行分析。

计算得到全部节点的点度中心度值（图4-25）。从统计分布规律上看，重庆和成都公交网络点度中心度的分布趋势较为相近。极少数站点的点度中心度高于 200，绝大多数站点的点度中心度低于 200，呈现出较强的"长尾分布"规律。点度中心度高值站点如表 4-14所示。重庆公交网络中度值最高站点为"大庙"站，成都公交网络中度值最高站点为"九里堤"站，两者的点度中心度分别为 465 和 454，表明两个站点分别与各自网络中其余站点直接相邻，分别占站点总数的 18.31%和 16.41%。

按照相同的比例尺和像素热力值，绘制站点度值分布空间热力图（图 4-26）。根据式(1-17)，计算得到重庆公交网络的点度中心势为 0.158，成都公交网络的点度中心势为0.140，重庆公交网络直接可达性方面的差异化程度高于成都公交网络。

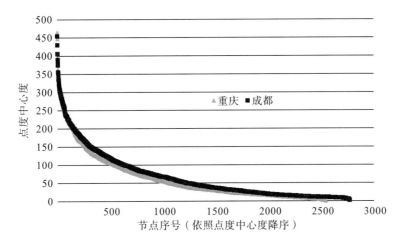

图 4-25　公交网络点度中心度分布函数

表 4-14　公交网络点度中心度高值站点及权重

排序	重庆公交站点	点度中心度值	成都公交站点	点度中心度值
1	大庙	465	九里堤公交站	454
2	江北中医院[观音桥环道]	447	茶店子公交站	430
3	重庆市会展中心	395	火车北站公交站	406
4	沙坪坝[站东路]	385	高升桥	405
5	牛角沱[上清寺](C 号出口)	374	高笋塘	390
6	杨家坪[西郊]	362	衣冠庙	379
7	加州花园[渝通宾馆]	359	磨子桥	375
8	响水路[南坪长途站]	353	石羊场公交站	356
9	动物园	352	梁家巷	354
10	肿瘤医院	351	茶店子	354
11	五里店(十字路口)	343	人民北路	342
12	石桥铺[老街印象]	342	九如村	336
13	重庆市火车北站(龙头寺汽车站)	334	金沙遗址东门	335
14	南城大道	329	茶店子西口	334
15	小龙坎新街[沙坪坝]	329	东门大桥	327
16	观音桥	325	牛市口	323
17	陈家坪长途车站	322	黄忠小区	321
18	红旗河沟(西)	319	动物园	318
19	华新街	317	三环金牛立交南内侧	313
20	毛线沟(转盘)	313	三环路川陕立交桥南	310
21	小苑[观音桥环道]	309	双桥子	310
22	建新西路[观音桥]	305	纱帽街	309

排序	重庆公交站点	点度中心度值	成都公交站点	点度中心度值
23	南坪南路	303	青羊宫	307
24	白马凼	302	万年场	306
25	花卉园(松树桥)	301	金阳路	303
26	嘉州路	298	塔子山公园	302
27	鹅岭	293	营门口北	300
28	四小区	289	红星路口	299
29	小龙坎正街	289	三环羊犀立交北内侧	298
30	大坪(轨道站)	288	西门车站	298

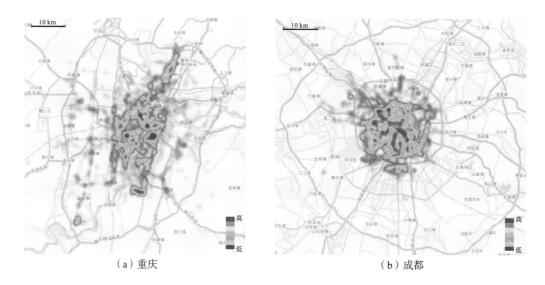

（a）重庆　　　　　　　　　　　　　　　（b）成都

图 4-26　公交网络点度中心度值空间热力图(见彩图)

2) 中介枢纽性

中介枢纽性指公交站点在多大程度上成为其他站点对之间相互连通的"桥梁"，选用"中介中心度"指标对站点的中介枢纽性进行考察，中介中心度越高，表明站点在换乘网络中成为中介枢纽的潜力越大。从统计属性和空间分布两个层面，对站点在中介枢纽方面的分布均衡性进行分析。

根据式(1-8)，获取全部节点的中介中心度值，其统计分布如图 4-27 所示。重庆和成都公交网络在中介枢纽性的统计分布方面体现出共通性和差异性。共通性体现在只有极少数站点拥有相对较高的中介枢纽性，大多数站点的中介枢纽性较低，呈现出极强的"长尾"分布特征；差异性体现在重庆公交网络中介枢纽性较高的站点相对较多，成都公交网络中介枢纽性较高的站点相对较少。重庆和成都公交站点中介中心度高值站点如表 4-15 所示。

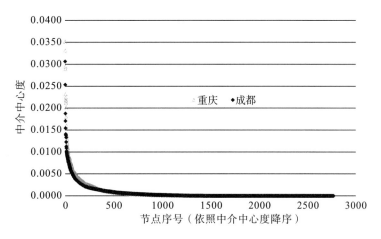

图 4-27 公交网络中介中心度分布函数

表 4-15 公交网络中介中心度高值站点及权重

排序	重庆公交站点	中介中心度值	成都公交站点	中介中心度值
1	白市驿五医院	0.0351	茶店子公交站	0.0307
2	南坪南路	0.0332	九里堤公交站	0.0254
3	重庆市火车北站(龙头寺汽车站)	0.0295	万家湾公交站	0.0188
4	江北中医院[观音桥环道]	0.0290	动物园	0.0171
5	沙坪坝[站东路]	0.0232	火车北站公交站	0.0155
6	重庆市会展中心	0.0224	高新西区公交站	0.0141
7	响水路[南坪长途站]	0.0219	塔子山公园	0.0141
8	大庙	0.0216	三环路川陕立交桥南	0.0139
9	鱼洞江州路(公交 3 公司)	0.0212	石羊场公交站	0.0138
10	南城大道	0.0202	梁家巷	0.0133
11	长生桥[茶园换乘枢纽站]	0.0180	北湖公交站	0.0123
12	肿瘤医院	0.0180	二环府南新区	0.0113
13	白市驿[三角碑]	0.0160	三环金牛立交南内侧	0.0109
14	小龙坎新街[沙坪坝]	0.0153	三环羊犀立交北内侧	0.0102
15	绿梦广场	0.0141	龙潭寺三环立交桥东	0.0101
16	重庆市火车北站(南广场)	0.0139	高升桥	0.0099
17	两路城南[公交站场]	0.0137	高笋塘	0.0096
18	加州花园[渝通宾馆]	0.0136	益州大道北段	0.0096
19	南坪(枢纽站)	0.0136	营门口北	0.0093
20	香港城[新山村站 2 号出口]	0.0129	人民北路	0.0093
21	杨家坪[西郊]	0.0128	昭觉横路	0.0091
22	南坪(星宇花园)	0.0122	昭觉寺公交站	0.0091

排序	重庆公交站点	中介中心度值	成都公交站点	中介中心度值
23	牛角沱[上清寺](C号出口)	0.0120	青羊宫	0.0089
24	陈家湾[沙坪坝]	0.0119	阳公桥	0.0089
25	白市驿五医院公交枢纽	0.0113	成仁公交站	0.0088
26	鱼胡路[轨道站]	0.0110	茶店子	0.0087
27	西永收费站	0.0109	黄土村公交站	0.0085
28	五里店(十字路口)	0.0106	盛和一路西	0.0085
29	大坪(轨道站)	0.0103	黄忠小区	0.0083
30	通江大道3号站	0.0100	十里店	0.0082

按照相同的比例尺和像素热力值，绘制站点中介中心度分布空间热力图(图4-28)。根据式(1-19)，计算得到重庆公交系统网络的中介中心势为 0.034，成都公交系统网络的中介中心势为0.030，重庆公交网络中介枢纽性方面的差异化程度高于成都公交网络。

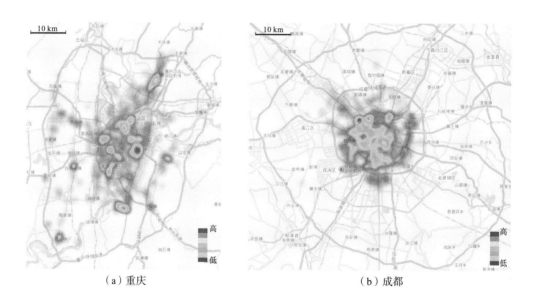

（a）重庆   （b）成都

图4-28 公交网络中介中心度值空间热力图(见彩图)

3) 全网通达性

全网通达性指公交站点到达其他所有站点的总体便利程度，选用"接近中心度"指标对站点的全网通达性进行考察，接近中心度越高，表明站点到达其他所有站点的总体便利程度越高。从统计属性和空间分布两个层面，对站点在全网通达方面的分布均衡性进行分析。

根据式(1-9)，获取全部节点的接近中心度值，其分布如图4-29所示。在整体分布趋势方面，重庆和成都公交站点的全网通达性表现出近似特征，绝大部分站点的全网通达性位于中间的线性函数段，极少部分高值站点和低值站点权重发生急剧变化。同时，从总体上看，重庆公交网络站点的全网通达性较成都公交网络要低。两地公交站点接近中心度高值站点如表 4-16 所示。

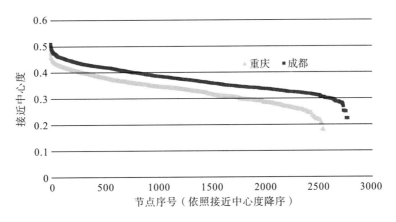

图 4-29　公交网络接近中心度分布函数

表 4-16　公交网络接近中心度高值站点及权重

排序	重庆公交站点	接近中心度值	成都公交站点	接近中心度值
1	重庆市火车北站(龙头寺汽车站)	0.4793	火车北站公交站	0.5103
2	沙坪坝[站东路]	0.4747	人民北路	0.5031
3	杨家坪[西郊]	0.4637	高笋塘	0.5005
4	响水路[南坪长途站]	0.4626	高升桥	0.4984
5	大庙	0.4619	九里堤公交站	0.4933
6	陈家坪长途车站	0.4592	茶店子	0.4912
7	石桥铺[老街印象]	0.4576	金沙遗址东门	0.4908
8	重庆市会展中心	0.4576	磨子桥	0.4902
9	南坪南路	0.4566	梁家巷	0.4899
10	江北中医院[观音桥环道]	0.4554	茶店子西口	0.4890
11	重庆市火车北站(南广场)	0.4548	茶店子公交站	0.4882
12	动物园	0.4545	黄忠小区	0.4854
13	红旗河沟(西)	0.4543	营门口北	0.4847
14	牛角沱[上清寺](C 号出口)	0.4538	金阳路	0.4842
15	花卉园(松树桥)	0.4525	东门大桥	0.4819
16	小龙坎新街[沙坪坝]	0.4521	火车北站东	0.4819
17	石坪桥[西]	0.4500	成都市东客站(东广场)	0.4814
18	石坪桥正街	0.4500	中医附院	0.4809

续表

排序	重庆公交站点	接近中心度值	成都公交站点	接近中心度值
19	江北大石坝	0.4486	石羊场公交站	0.4800
20	南城大道	0.4469	青羊宫	0.4795
21	毛线沟(转盘)	0.4458	西门车站	0.4794
22	陈家坪	0.4456	衣冠庙	0.4780
23	加州花园[渝通宾馆]	0.4442	塔子山公园	0.4777
24	鹅岭	0.4442	五桂桥公交站	0.4767
25	华新街	0.4439	青羊大道南	0.4767
26	建新西路[观音桥]	0.4438	牛市口	0.4764
27	南坪(星宇花园)	0.4429	人民北路二段北	0.4761
28	四公里	0.4419	二环蜀汉路口北	0.4753
29	五小区[市六医院]	0.4417	红星路口	0.4748
30	龙湖[西苑]	0.4416	盐市口	0.4748

按照相同的比例尺和像素热力值,绘制站点接近中心度分布空间热力图(图4-30),从空间分布上看,重庆公交网络全网通达性较佳的区域总体上分布在城镇相对中心区域,而成都公交网络全网通达性较佳的区域在城镇全域范围内分布较为平均。根据式(1-18),计算得到重庆公交系统网络的接近中心势为0.294,成都公交系统的接近中心势为0.283,重庆公交网络全网通达性方面的差异化程度高于成都公交网络。

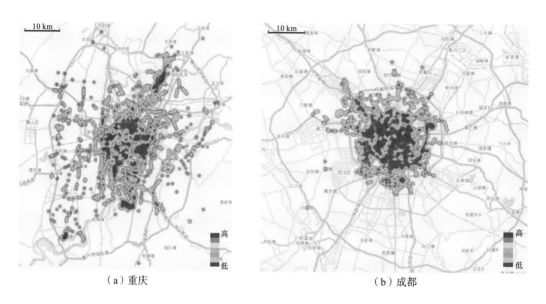

（a）重庆　　　　　　　　　　　　　　（b）成都

图4-30　接近中心度空间热力图(见彩图)

4.3.2 故障环境下动态可靠性

1.分析框架

公交网络模型在故障环境下的动态可靠性，指公交网络在拓扑结构发生改变时，仍能够维持其功能的能力或程度。就城镇公交现实系统而言，其网络连接状态并非固定不变的，在受到如交通拥堵、线路改道等事件影响时，公交网络内部联系状态往往会发生改变。为还原公交系统对于现实干扰的动态响应特征，提高网络模型反映现实系统的真实性，需要对网络模型在故障环境下的动态可靠性进行研究，从而更为全面地把握公交网络可靠性特征。

仿真干扰模式和测度指标体系，是构建城镇公交系统网络模型动态可靠性分析框架的两个主要方面。仿真干扰模式用于确立模型所受干扰的作用对象、程度和方式，测度指标体系用于对网络模型受到干扰前后的可靠性程度进行量化评价(图 4-31)。

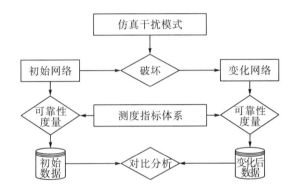

图 4-31　动态可靠性研究分析框架

1)仿真干扰模式构建

公交网络仿真干扰模式构建整体上分为干扰对象、干扰程度、干扰方式三个主要部分(图 4-32)。

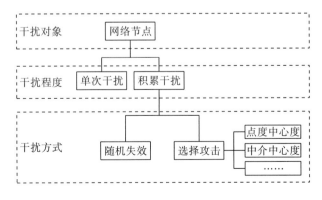

图 4-32　仿真干扰模式构建框架

从干扰对象上看，针对复杂网络模型的干扰一般分为连边干扰和节点干扰两类，连边干扰表现为网络中的单条连边失效，节点干扰表现为网络中的某个节点及其全部连边同时失效。现实中公交系统网络遭遇的干扰通常更接近于"节点干扰"模式(图 4-33)。故本章在构建仿真破坏模式时，干扰对象选取为"网络节点"。

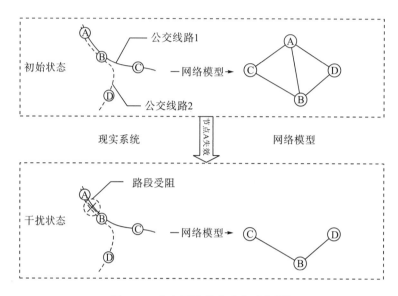

图 4-33　公交网络状态改变示意图[1]

从干扰程度上看，城市公交网络遭遇的干扰可分为单次和积累两种。单次干扰可以理解为网络中单个节点失效，积累干扰可以理解为网络中多个节点同时失效。如单条道路拥堵引发的网络故障，从程度上可以理解为"单次"干扰；而高峰时期城镇多条道路同时发生拥堵，从程度上可以理解为"积累"干扰。从动态响应规律上看，单次干扰可以评价网络中单个节点对于网络功能可靠性的影响程度，积累干扰可以评价网络中多个节点以某种机制同时失效时对网络可靠性的影响规律。

从干扰方式上看，针对城镇公交网络模型的"积累"干扰可以分为"随机失效"和"选择攻击"两种模式[2]，分别代表不同的节点故障位序选择方式。随机失效模式可以模拟随机因素造成的网络干扰[3]，如交通事故造成的公交网络干扰；选择攻击模式可以模拟按照特定规则实施的网络干扰，如恐怖袭击和交通高峰产生的干扰。两者在客观上都趋向于影响较高等级站点从而造成较大破坏。反馈到公交网络模型，即是网络拓扑结构中相对重要节点，更容易成为现实系统中"选择攻击"干扰方式的作用对象。本章在常用的节点结构重要性判别指标中，选取点度中心度和中介中心度两种常用指标，作为公交网络"选

---

[1] 以最为常见的道路交通局部阻断引发的公交网络局部失效为例，当站点 A 与站点 B 之间的路段交通受阻时，站点 A 到其余 3 个站点——站点 B、站点 C、站点 D 的连通性丧失，表现为"节点失效"模式。

[2] "单次干扰"模式并不存在不同失效顺序下由不同节点权重带来的积累性差异，故"随机失效"和"选择攻击"两种节点位序选择方式只对"积累干扰"具备意义。

[3] 严格来讲，由于道路设计不合理等原因，城镇路网中存在某些"交通事故高发路段"，交通事故发生在不同路段上的概率并非是严格随机的。但在总体上，仍然可以粗略认为交通事故在不同路段上是随机发生的。

择攻击"干扰方式的位序选择测度。

2）测度指标体系

依照现实公交系统构建"互通机理"的作用特征,将城镇公交网络在故障环境下的可靠性表征分为两类,一种是网络整体性保持能力,一种是网络高效性保持能力（表 4-17）。整体性保持能力指公交网络在干扰下仍然保持站点相互连通为一个整体,站点间通过换乘可达,不会出现部分站点被完全"孤立"的情况（图 4-34）。网络高效性保持能力指公交网络在干扰发生时,各站点之间仍然可以通过较少的换乘次数实现联系（图 4-35）。

表 4-17　动态安全性主要测度

测度	考察侧重点	干扰下网络表现
网络整体性	重点考察网络在干扰下保持全体节点连通的能力	网络在干扰下分裂为互不连通的子网络
网络高效性	重点考察网络在干扰下节点间高效连通的能力	网络在干扰下节点间连通路径变长,连通效率降低

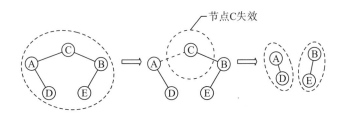

图 4-34　网络"整体性"示意图[①]

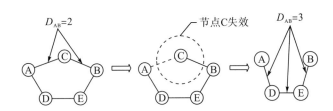

图 4-35　网络"高效性"示意图[②]

2.网络整体性分析

采用"最大连通子图规模"测度指标,对公交系统故障环境下的网络整体性进行评价。一般而言,城镇公交网络在设计状态下是"整体连通"的,即网络中任意两个站点之间相互可达,在遭受干扰时,网络局部可能脱离网络主体成为"孤立"结构,"最大连通子图规模"可以衡量网络结构状态改变后剩余节点保持整体连通的程度。同时,由于公交网络规模较大,网络内部联系紧密,单个节点的移除对"最大连通子图规模"的影响极小,故网络整体性分析只考察"积累干扰"模式下的网络动态表现,分析框架如图 4-36 所示。

---

① 初始状态下节点 A、B、C、D、E 连通为一个整体,当节点 C 失效后,网络分解为 A、D 和 B、E 两个互相不连通的子网络,网络连通的"整体性"丧失。
② 节点 A 与节点 B 的初始距离 DAB 为 2,当节点 C 失效后,该距离 DAB 变为 3,网络连通的"高效性"降低。

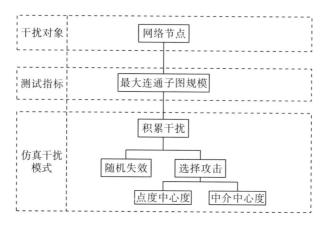

图 4-36　"网络整体性"分析框架

计算结果显示(图 4-37),面对积累干扰时,在网络整体连通性测度层面,重庆公交网络与成都公交网络表现出一定的相似性和差异性。

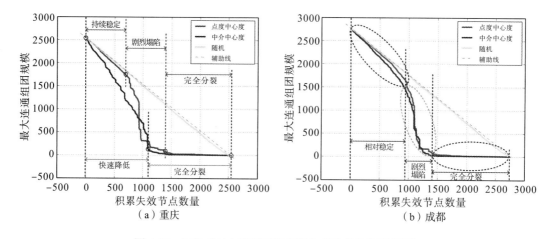

（a）重庆　　　　　　　　　　　　　　　（b）成都

图 4-37　网络"最大连通子图规模"变化趋势①(见彩图)

相似性方面,面对"随机失效"的积累攻击时,两个城市的公交网络都表现出极强的鲁棒性,随机失效积累攻击模式下的整体连通性变化曲线与理想状态的参考线②几乎重叠。同时,面对以点度值中心度为顺序的积累攻击时,两个城市的公交网络"最大连通子图规模"都表现出类似的三段式结构,分别是持续稳定阶段、剧烈塌陷阶段和完全分裂阶段。持续稳定阶段,单个节点的功能失效基本不会对网络整体性造成明显影响;剧烈塌陷阶段,随着部分公交站点的持续失效,网络结构迅速破碎化,最大连通子图规模出现"断崖式"

---

① 图中横坐标代表被移除的节点位序,纵坐标代表该位序上的节点移除后当前的"最大连通子图规模"。红线、蓝线、黄线分别代表以点度中心度、中介中心度、随机为位序进行节点移除的最大连通子图规模变化曲线。虚线为参考线,表达单个节点删除后网络的可能"最大连通子图"规模,即是每次移除 1 个节点后网络最大连通子图规模只减少 1 的理想状态。同时,对于仿真分析过程说明如下,工程实际中,交通堵塞等原因造成的节点功能失效,有着更为复杂的关联影响机制(路网某处发生交通拥堵时,往往会影响到较多条公交线路及较多的公交站点间连接路径),本次研究选择的站点失效方式,只对站点本身相关的连接路径做失效处理,只能视为对真实状态的简单模拟。

② 理想状态的参考线,按照移除 1 个节点,"最大连通子图规模"只减少 1 进行绘制。

下降，单个节点失效即造成多个节点脱离网络主体结构；完全分裂阶段，网络已基本丧失整体性，网络中不存在任何具备一定规模的连通子网络。

差异性方面，面对以中介中心度为顺序的积累攻击时，重庆公交网络连通性表现出两段式结构，分别是快速降低阶段与完全分裂阶段。快速降低阶段为攻击开始到积累攻击至大约 50% 规模阶段，网络整体性呈现持续快速降低态势，每 1 个节点功能失效都会导致多个节点同时脱离网络主体，其影响程度较以点度中心度为顺序的干扰模式更为剧烈；完全分裂阶段从攻击规模达到约 50% 阶段到攻击结束，此阶段网络已基本丧失整体性，网络中不存在任何具备一定规模的连通子网络。成都公交网络，在中介中心度为顺序的积累攻击下，网络整体性表现与以点度中心度为攻击顺序的情况基本一致。

分析重庆公交系统在积累攻击下的网络整体性表现后发现，重庆公交网络在随机发生的干扰中具备极强的鲁棒性，单个节点失效造成的影响限于节点本身，基本不会引发"连锁反应"，剩余站点始终能够较好地保持为一个连通整体。重庆公交网络在以度值为顺序的选择攻击中具备较强的鲁棒性，当失效节点总数小于全部节点数的 30% 时，节点失效基本不会引发"连锁反应"。当以中介中心度为顺序进行选择攻击时，重庆公交网络表现出较强的脆弱性，从一开始，单个节点失效就会引发多个节点脱离网络主体，且"连锁反应"的程度逐渐加大，直到网络完全破碎化。同时，对比两地公交网络的动态响应特征发现，重庆公交网络对于以中介中心性为顺序的攻击方式更为敏感，成都公交网络对于点度中心度、中介中心度两种攻击方式差异不明显。

3.网络高效性分析

根据式(1-23)计算"全局相对连通效率"，对公交系统故障环境下的网络高效性进行评价。一般而言，城镇公交网络站点间的联系以较短路径为设计目标，网络遭受干扰时，部分节点间的连接需要"绕行"而变长，导致网络连通的高效性受到影响，"全局连通效率"可以衡量网络结构状态改变后节点之间保持连通高效性的程度。通过"单次干扰"和"积累干扰"两种方式进行考察，分析框架如图 4-38 所示。

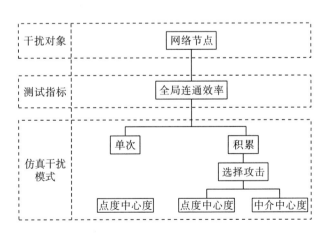

图 4-38　"网络高效性"分析框架

　　"单次干扰"模式下网络高效性动态响应结果如图 4-39 所示[①]，两地公交网络在节点单次失效的影响方面存在相似性和差异性。相似性表现在，随着失效节点的度数中心度降低，单个节点失效对于网络高效性的影响总体上都呈现出逐步递减的趋势，表现为干扰后的"全局连通效率"相比初始值降幅逐渐减小。差异性表现在，从数量上考察，重庆公交网络中存在较多对于网络高效性影响较大的节点，成都公交网络中此类节点明显较少；从分布上考察，重庆公交系统中的高影响力节点在点度中心度较高、居中、较低的区段中都有分布，而成都公交系统中的高影响力节点大多集中在点度中心度较高区段。换言之，重庆公交网络中节点度值与网络高效性的相关程度相对较低。

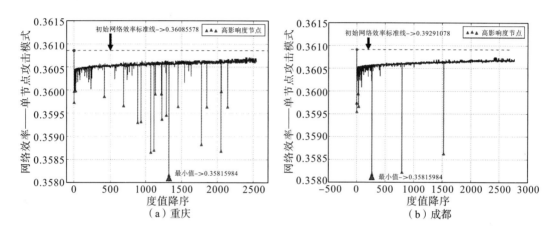

（a）重庆　　　　　　　　　　　　　　　（b）成都

图 4-39　公交网络模型"单次干扰"模式下的"全局连通效率"函数

　　"积累干扰"模式下网络高效性动态响应结果如图 4-40 所示，两地公交网络在节点积累失效对于网络高效性的影响方面，存在相似性和差异性。相似性表现在，两个城市的

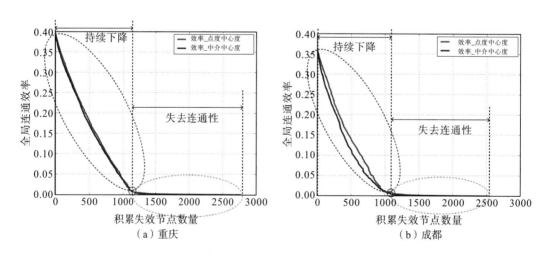

（a）重庆　　　　　　　　　　　　　　　（b）成都

图 4-40　公交网络"积累干扰"模式下的"全局连通效率"函数（见彩图）

---

① 图中横坐标代表被移除的节点位序，纵坐标代表该位序上的节点移除后当前的"全局连通效率"。三角标记了网络中节点失效导致"全局连通效率"下降幅度较大的节点。虚线为参考线，代表初始状态下的"全局连通效率"。

公交网络高效性动态变化曲线都呈现出近似的两段式结构，即"持续下降"阶段和"完全分离"阶段，阶段转换点都出现在积累 50%节点失效期间，"持续下降"阶段时每个节点失效都会对网络的"全局连通效率"产生影响，"完全分离"阶段时剩余节点基本上已经失去相互连通性，"全局连通效率"基本接近于 0。差异性表现在，重庆公交系统在网络高效性方面，对基于中介中心度的节点失效敏感度更高，成都公交系统面对基于中介中心度和点度中心度的干扰机制变化差异不大。

4.4　公交系统可靠性优化策略

前文对于公交网络可靠性的研究表明，山地城镇重庆与平原城镇成都的公交系统网络，在静态结构特征及动态功能响应两方面，存在较大差异。因此，城镇公交系统可靠性规划优化工作，也需要在充分理解公交系统网络自身结构特征和演变发展规律的基础上，综合考虑城镇公交系统规划建设基底环境，提出针对性的规划优化策略。因此，本节进一步提炼总结重庆公交系统网络结构机理，作为规划优化策略提出的工作起点和理论支撑，从整体结构优化、局部均衡性提升、个体站点及线路分类分级等方面，提出重庆公交系统可靠性规划优化策略。

4.4.1　结构机理特征与规划优化原则

1. 结构特征

前文对于重庆公交系统静态可靠性和动态可靠性的分析结果表明，重庆公交网络结构总体上呈现出 "集聚、破碎化、非均衡"的三重特征。

1）集聚特征

集聚特征具体表现为权值集聚、相关权值空间集聚两个方面。

权值集聚体现在节点关系权重的分布特征上，个体均衡性分析结果表明，代表节点结构重要性的两个重要指标点度中心度和中介中心度，都较为显著地分布于少数重要节点上；网络的中心性分析结果也表明，在站点直接可达性、中介枢纽性、全网通达性等方面，相较于成都，重庆公交网络表现出更加明显的权值集聚效应。

相关权值空间集聚体现在度值相近节点在空间上的集聚分布趋势。运用 ArcGIS 软件平台进行网络度值的空间自相关性分析[①]，结果表明，重庆公交网络度值相近节点在空间上呈现较为显著的集聚分布特征，度值较高节点倾向于与其他度值较高节点在空间分布上相互趋近，度值较低节点则倾向于与其他度值较低节点在空间分布上相互趋近。重庆公交网络相关权值空间集聚程度较成都市高。

[①] ArcGIS 软件平台对公交网络度值空间自相关性分析结果表明，重庆公交网络的"Moran 指数"为 0.123008，成都为 0.119684；重庆公交网络的"Z 得分"为 3.721203，成都为 3.488361；重庆公交网络的"p 值"为 0.000198，成都为 0.000486。

2) 破碎化特征

重庆公交网络在静态可靠性、动态可靠性两个层面，体现出网络破碎化特征。

静态可靠性层面的网络破碎化特征从整体完备性、局部稳定性、个体均衡性三方面体现。整体完备性方面，重庆公交网络的换乘可达性相对较弱，站点之间总体上需要更多的换乘来实现通勤，表现出使用效能上的破碎化特征。局部稳定性方面，结构致密性分析表明网络的局部致密结构在空间分布上表现出较为显著的斑块化非连续特征(图 4-21)；层次稳定性分析表明网络的高等级稳定结构在空间分布上并不连续(图 4-23)；子图脆弱性分析表明网络结构中的脆弱子图数量较多且规模较小(表 4-13，图 4-24)。个体均衡性方面，直接可达性、中介枢纽性、全网通达性的空间分布都同样表现出较为显著的斑块化非连续特征(图 4-26，图 4-28，图 4-30)。

动态可靠性层面的网络破碎化特征主要体现为面对干扰时的脆弱性。积累干扰模式下，重庆公交网络模型在整体连通性、高效连通性两个测度上，都呈现出面对重要节点干扰的脆弱性(图 4-37，图 4-40)；单次干扰模式下，重庆公交网络模型在高效性测度上涌现出相对更多的高脆弱性节点(图 4-39)。

3) 非均衡特征

重庆是典型的"多中心组团式"城市，理想状态下城市各个内部组团均应具备相对完善的城市功能，工作、生活用地能做到大体平衡，内部交通应相对完善，在整体发展上体现出一定的内部均衡性。从演进历史上看，重庆城市组团发展经历了不同阶段，当前发展阶段为跳跃式扩展和渐进式扩展并举，表现为城市外围组团数量不断增加，组团功能逐步完善(表 4-18)。但总体而言，从公交网络结构的发育程度上看，重庆公交网络在组团背景下呈现出较为明显的非均衡特征。

表 4-18　重庆城市组团发展阶段(据易峥[245]，整理)

组团发展阶段	时间阶段	特征表现
跳跃式扩展期	开埠至抗战时期	组团式城市结构布局形成时期——城市沿江河、交通干线等伸展轴扩展，在有利地段或传统场镇基础上发展出城市组团
渐进式扩展器	20 世纪 50 年代至 20 世纪 80 年代	组团功能逐步完善、部分组团合并、组团规模扩大
跳跃式、渐进式扩展并举	20 世纪 90 年代至今	两山两江屏障被大规模突破，两山外围小城镇变成新组团，两山以内组团不断充实、扩大及部分合并

在现有的城镇空间结构规划成果框架下[①]，以公交系统网络结构发育成熟度为依据(图 4-41)，可以将城市组团划分为三区(表 4-19)：I 区为相对成熟区，II 区为次成熟区，III 区为待加强区。

---

① 组团划分依据《重庆市城乡总体规划》(2007—2020 年)(2014 年深化)都市区城镇空间结构规划成果。

表 4-19　重庆都市区域公交网络分区[①]

分级	特征	组团
I 区	形成了明显的城市级网络极化中心，公交网络覆盖状况理想	观音桥-人和组团
		两路组团
		渝中组团
		大渡口组团
		沙坪坝组团
		大杨石组团
		南坪组团
II 区	形成了较为明显的组团级网络极化中心，公交网络覆盖状况较佳	李家沱-鱼洞组团
		西永组团
		西彭组团
		茶园-鹿角组团
		大竹林-礼嘉组团
III 区	尚未形成较为明显的城市级或组团级网络极化中心，公交网络覆盖情况待加强	鱼嘴组团
		唐家沱组团
		蔡家组团

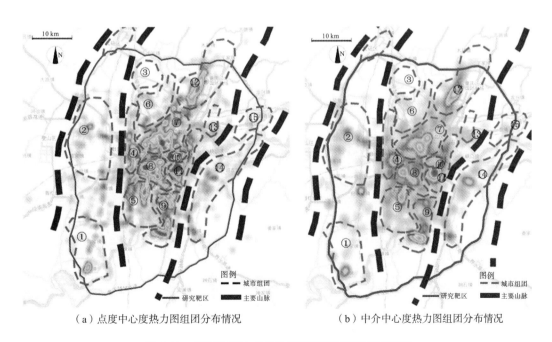

（a）点度中心度热力图组团分布情况　　（b）中介中心度热力图组团分布情况

图 4-41　重庆公交站点成熟度对应组团情况（见彩图）

---

① 北碚组团大部分区域位于本次研究靶区之外，不予考察。

2.空间机理

"地形阻隔"效应和"多中心组团式"城镇空间形态是重庆公交网络形成"集聚、破碎化、非均衡"结构特征的重要影响要素。

将重庆公交网络评价指标和城镇形态进行叠加分析(图4-42),重庆公交网络的"集聚-破碎-非均衡"结构特征,主要受到山地城镇"地形阻隔"和空间形态的约束和引导作用(图4-43)。一方面,铜锣山、明月山、长江以及嘉陵江等山脉和水系,构成公交网络呈现"破碎化、非均衡"状态的主要影响因素;另一方面,公交网络在"多中心组团式"城镇形态的引导下,形成多个点状"集聚"区域。

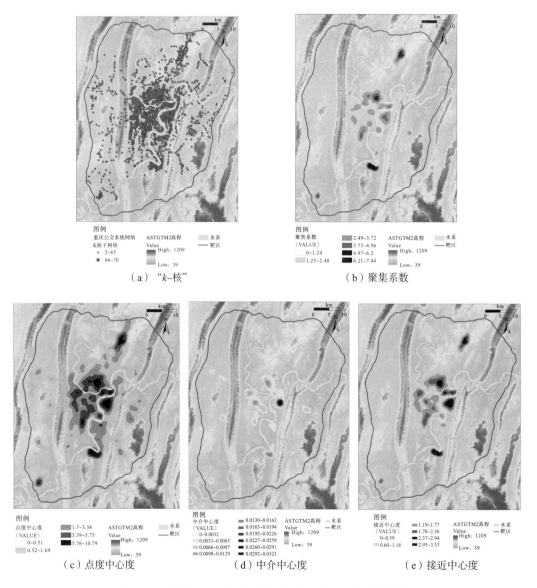

（a）"*k*-核"　　　（b）聚集系数

（c）点度中心度　　　（d）中介中心度　　　（e）接近中心度

图 4-42　重庆公交网络测度指标与地形叠加分析(见彩图)

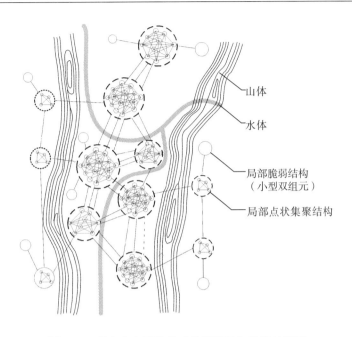

图 4-43　重庆公交网络的"地形阻隔"效应示意图

3.动力学机制

综合以上分析，将公交网络结构特征形成的动力学机制概括为四个方面，即增长性、优先连接性、资源荷载受限性、选择局限性。

1) 城镇公交网络的共通性动力学机制

增长性、优先连接性、资源荷载受限性是城镇公交网络产生和发展过程中的共通性动力学机制。

首先，重庆、成都公交网络模型在网络结构类型上，属于典型的无标度网络，"增长性"和"优先连接性"是无标度网络产生和发展的共通性动力学机制[122]，在公交网络现实系统的发展机制上得到较好体现。从演进规律来看，城镇公交网络的产生和发展总是从无到有、从小到大的动态演变过程，到达相对稳定状态之前，公交站点和公交线路数量总体上不断增加，体现出"增长性"特征。同时，新布设的站点在连接公交线路时，从社会效益和经济效益等角度，总是倾向于优先连接等级较高的原有站点，从而体现出 "穷者愈穷，富者愈富"的网络生长规律，表现为"优先连接性"特征。

其次，对于城镇公交系统这样的现实网络而言，为了同时满足内部资源合理性和外部资源合理性要求，其发展规模总是受到一定限制。公交系统运营过程中，其内部资源如公交汽车数量、驾驶及管理人员数量，外部资源如城镇道路资源的供给等，都存在合理上限。内外部资源的共同约束，决定公交站点和公交线路的数量总是与特定的城镇规模存在合理对应关系，网络的增长并非是绝对的，而是在资源环境的约束下存在确定上限，表现为城镇公交系统网络的"资源荷载受限性"动力学机制。在该机制的影响和限制下，公交站点不可能持续增加，高等级站点也不可能无限制地与新加入站点产生连边，否则过度连接必然导致高等级节点效率下降，最终导致网络整体可靠性下降。

综上所述，重庆、成都公交网络在增长性、优先连接性、资源荷载受限性三种共通性的动力学机制作用下，在结构特征上表现出一定的相似性。

2）山地城镇公交系统网络的"选择受限性"动力学机制

"选择受限性"是山地城镇重庆公交网络产生和发展过程中特有的动力学机制。在"地形阻隔"效应和城镇空间形态的共同作用下，重庆公交网络新加入站点在"优先连接"高等级站点时，选择范围受限，从而造成极少数站点被重复选择，最终形成高等级站点间在空间上相互趋近。

4.规划优化原则

基于以上分析和重庆公交网络规划优化现实需求，提出规划优化工作三条原则，分别是"有限优化"原则、"顺应组团"原则、"分级分层"原则。

1）"有限优化"原则

重庆公交系统经过几十年的逐步发展和完善，整体上已经形成特有的网络结构形态，在一定程度上形成了与城镇空间地理环境的适应性关系。同时，基于使用者习惯等因素考虑，重庆公交网络规划优化工作，并非是推倒重来式的再组织，而是应当以"有限优化"为原则，在深刻理解公交网络现状特征和生成机理的基础上，对公交网络主要结构的合理部分进行保留和强化，对合理性不足的部分进行局部调整。

2）"顺应组团"原则

城镇空间形态是公交系统规划设计工作的重要前提条件。《重庆市城乡总体规划》（2007－2020年）（2014年深化）指出，重庆主城空间结构为"一城五片，多中心组团式"，组团功能应相对完善，组团内工作、生活用地应基本平衡，紧凑发展。就组团现状交通结构而言，市民的机动化出行呈现较为显著的"组团化"分异现象，组团内部出行比例相对较高，组团间出行比例相对较低。以2014年数据为例，主城区全日组团内部出行量占比73%，跨组团出行量占比27%，大部分组团内部出行比例维持在70%~80%，拓展区外围组团内部出行比例高于80%[①]。事实表明，重庆公交网络现有空间结构已经体现出一定的组团化匹配关系，但在组团间联系结构分布、均衡性发展等方面，仍然存在一些问题。因此，重庆城镇公交网络的规划优化工作应以"顺应组团"为原则，进一步提升城镇公交网络结构对"组团"式发展格局的适应性。

3）"分级分层"原则

重庆公交网络结构在空间上的分布并非是均质的，而是体现出较为显著的层级性结构，不同站点和线路在网络系统中的结构作用存在较大差异。在重庆公交现实系统的规划设计工作中，较为缺乏与网络结构作用相呼应的层级化设计引导。因此，提出网络规划优化的"分级分层"原则，基于城镇空间地理环境，对公交网络主干线路和站点进行层级划分，以形成更为合理的公交结构体系，满足城镇居民不同出行距离、出行目的下的差异化需求，这是重庆城镇公交网络发展的重要方向之一[246]。

---

① 资源来源：《2014年重庆市主城区交通运行分析年度报告》。

4.4.2   公交系统整体结构优化

1.公交模式选择

相关研究表明，公交换乘次数是公交使用者主要考虑的影响要素之一。前文对重庆公交网络静态可靠性的联系结构分布分析表明，重庆公交网络在直达概率略高于成都的同时，1 次换乘和 2 次换乘可达概率远低于成都，体现出重庆公交网络在联系结构分布模式上具备较为鲜明的"直达模式"特征，相较而言，成都公交网络的联系结构分布模式则表现为"换乘模式"。"直达模式"和"换乘模式"是城镇公交网络应对远距离出行需求的两种主要方式，"直达模式"通常使用长线连续公交线路来实现远距离通勤，"换乘模式"通常使用多条短线公交线路相互接驳来实现远距离通勤(图 4-44)。当然，现实系统中的城镇公交系统，并非完全遵照某种模式进行组织，而是两种模式兼而有之，或以其中某一种模式较为突出。

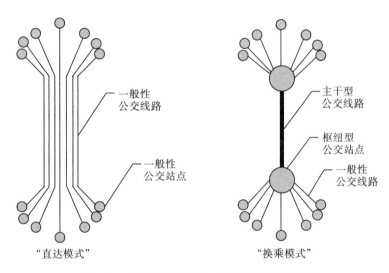

图 4-44   "直达模式"与"换乘模式"示意图

城镇公交"直达模式"一般产生于城镇发展的特定历史时期,是适应于特定交通运输环境的公交网络组织方式。2000 年左右，我国大中型城镇机动车保有量普遍较低，交通路况条件较好，为减少乘客换乘次数，提高通勤便利性，公交"直达模式"被广泛采用。但随着我国城镇化的快速发展，城镇规模扩大、人口总量增加导致交通需求增长，道路等基础设施的发展远远跟不上汽车数量的增长，道路通畅度大幅下降，"直达模式"的不合理性逐渐凸显。一方面，过长的线路设计引发线路重复率高、通行效率低下，准点到达率低等问题；另一方面，长线配置比例过高，导致短线配置不足，易造成公交网络的社区覆盖度偏低、公交接驳其他交通方式不便等问题。另外，在内部管理上，也容易造成车辆故障不易处理、司机疲劳驾驶等诸多问题。为了解决以上交通运输环境改变引起的公交网络组织模式失配问题，"直达改换乘"成为当前公交网络优化调整的主要方向之一。

2.优化策略

重庆公交网络整体结构优化具体实施分为三个主要流程。首先，在现有公交站点空间分布基础上，识别和提取出发挥重要中介枢纽作用的核心性站点；其次，综合考虑结合节点结构中心性与城市空间结构关系，在城市组团内部设定城市中心站和区域枢纽站；最后，结合现有道路关系，在城市中心站、区域枢纽站之间设定公交主干线和公交次干线，完成"换乘"模式下公交线网主干部分的规划优化调整(图4-45)。

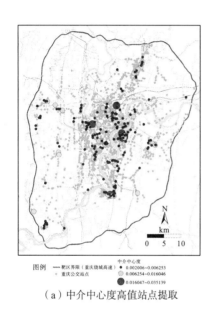

（a）中介中心度高值站点提取

（b）城市中心站、区域枢纽站提取

（c）设定公交主干线、公交次干线

图4-45　重庆公交网络"换乘"模式主干部分规划优化调整方案(见彩图)

4.4.3　公交网络局部均衡性提升

基于重庆公交网络结构在组团背景下的非均衡特征，提出公交网络局部均衡性提升策略。即以城镇组团为单位，将重庆公交网络总体上划分为三个建议发展区，分别为优化调整区、一般发展区、亟待加强区（表 4-20，图 4-46）。

表 4-20　重庆公交网络分区及发展控制策略

分区	发展控制策略	包含组团	所属片区
优化调整区	以优化调整现有公交站点和现有公交线路布局为主，少量增设新的公交站点和公交线路	观音桥-人和组团	北部片区
		两路组团	
		渝中组团	中部片区
		大渡口组团	
		沙坪坝组团	
		大杨石组团	
		南坪组团	南部片区
		李家沱-鱼洞组团	
一般发展区	合理增加新的公交站点和公交线路，同时优化调整现有公交站点和现有公交线路布局	西永组团	西部片区
		西彭组团	
		茶园-鹿角组团	东部片区
		大竹林-礼嘉组团	北部片区
亟待加强区	加快增设公交站点和公交线路，尽快形成层级明显的网络化局部结构	鱼嘴组团	东部片区
		唐家沱组团	北部片区
		蔡家组团	

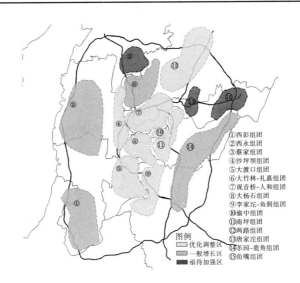

图 4-46　重庆公交网络分区优化策略示意图（见彩图）

优化调整区包括"观音桥-人和组团""两路组团""渝中组团""大渡口组团""沙坪坝组团""大杨石组团""南坪组团""李家沱-鱼洞组团"等8个城市组团，其公交网络发展控制策略为：以优化调整现有公交站点和现有公交线路布局为主，少量增设新的公交站点和公交线路。

一般发展区包括"西永组团""西彭组团""茶园-鹿角组团""大竹林-礼嘉组团"等4个城市组团，其公交网络发展控制策略为：合理增加新的公交站点和公交线路，同时优化调整现有公交站点和现有公交线路布局。

亟待加强区包括"鱼嘴组团""唐家沱组团""蔡家组团"等3个城市组团，其公交网络发展控制策略为：加快增设公交站点和公交线路，尽快形成层级明显的网络化局部结构。

4.4.4　公交站点及线路分类分级策略

参照现有研究成果和重庆交通条件实际，将公交线路划分为公交干线、公交次干线和公交支线三个层级（表 4-21）。公交干线联系城市不同组团，承担长距离、跨区域公交出行，以城市快速路和主干路为物质载体，是公交网络中的骨架性公交线路，主要为城市客流走廊服务。公交次干线在城市组团内部承担主要运输功能，承担中距离出行为主，以城市主干道和次干道为物质载体。公交支线在城市组团内部承担次要运输功能，主要以城市低等级道路为物质载体，是线网体系中的辐射型线路，以提升公交线网覆盖面积为主要目的。

表 4-21　公交线路分级设定

线路类型	定位与功能	路权设定	道路载体	主要经停站点
公交干线	联系城市不同组团	公交线路永久性专用道	城市快速路、主干道	城市中心站、区域功能站
公交次干线	承担组团内部主要运输功能	公交线路分时性专用道	城市主干道、次干道	城市中心站、区域枢纽站、一般中间站
公交支线	承担组团内部次要运输功能，以提升线网覆盖面积为主要目的	一般性公交优先措施	较低等级道路	区域枢纽站、一般首末站、一般中间站

将公交站点划分为城市中心站、组团枢纽站、一般首末站和一般中间站四个层级（表 4-22）。城市中心站定位为城市级的公交交通枢纽，数量较少，原则上与城市核心商圈、城市组团数量一一对应，城市中心站之间形成城市客流的主要输送走廊。组团枢纽站定位为组团级的枢纽中转站点，与城市中心站的距离适中，在组团内适度分散。一般首末站是位于公交支线的端头部分，一般设置在用地条件较为宽松的区域，分担公交车辆夜间停放需求。一般中间站是层级最低的普通站点，数量比例上占据全部站点的绝大部分，其作用是联系所有的居民点和出行点，提高公交网络服务覆盖率。

表 4-22　公交线路等级设定

站点分级	定位与功能	用地与城市功能要求	数量占比	涉及线路	设定标准
城市中心站	城市级公交交通枢纽	用地面积最大，要求与城市功能服务设施形成良好结合	原则上与城市核心商圈、城市组团数量一一对应，数量最少	公交主干线、公交次干线	城市核心商圈、城市组团核心位置，数量上严格控制
组团枢纽站	组团级枢纽中转站点	用地面积相对较大，以交通中转功能为主	组团内部的中转枢纽站，与组团规模有关	公交主干线、公交次干线	组团内承担主要中转枢纽作用的站点
一般首末站	公交支线端头站点	用地面积相对较大，可设置于用地条件相对宽松区域	数量较多	公交次干线	按照公交次干线线路数量设置
一般中间站	覆盖性普通站点	用地面积较小	主体地位	公交次干线	等级最低，大量设置以提高服务覆盖率

4.5　本章小结

　　本章针对重庆公交网络的静态可靠性和故障条件下的动态可靠性展开研究，提炼了重庆公交网络在特定空间地理环境下的可靠性特征规律及成因机制，相较于平原城镇成都，重庆公交网络在整体完备性、局部稳定性、个体均衡性方面的静态可靠性表现相对较弱，在面对动态干扰时具有更强的脆弱性，尤其是承担中介枢纽作用的站点对于网络的可靠性影响较大；基于分析结果和结构机理，提出了重庆公交网络可靠性规划优化策略，在整体结构上将现有的"直达模型"向"换乘模式"进行演化，在局部均衡性方面提出了三区优化策略，在个体站点及线路方面提出了分类分级策略，以期改善重庆公交系统可靠性程度。

第5章 城镇公园绿地可靠性：以西南典型城镇为例①

公园绿地是改善城镇生态环境，发挥防灾避难、休闲娱乐等社会服务功能，维持城镇可持续发展的重要设施，也是城镇生命线系统的重要构成部分。面对西南山地地形条件复杂、生态环境敏感、城镇形态灵活多变、建设用地紧张等诸多外部制约条件，加强城镇公园绿地社会服务能力的可靠性规划建设，是提升城镇公园绿地规划建设品质和居民生活质量的基础条件和物质保障。基于此，在城乡规划学和复杂系统科学交叉领域，运用复杂网络分析的基本原理及方法，凝练城镇公园绿地系统服务能力的可靠性科学问题，选择四川省内江市、云南省玉溪市和重庆市涪陵区等西南典型城镇公园绿地系统案例，构建公园绿地协同网络模型，进行协同网络静态和动态可靠性分析，提出城镇公园绿地服务可靠性规划优化策略。

5.1 公园绿地研究现状与问题

5.1.1 国内外研究与实践进展

1.公园绿地发展阶段

城镇公园绿地发展总体上可划分为公园运动、公园体系建设、重塑城市、战后大发展和后工业五个阶段[247]（表5-1）。

表5-1 城镇公园绿地发展阶段

发展阶段	时间历程	标志性事件或理论
公园运动阶段	1843~1879 年	欧洲、北美的"城市公园运动"
公园体系建设阶段	1880~1898 年	波士顿公园系统规划
重塑城市阶段	1899~1945 年	大伦敦绿带规划
战后大发展阶段	1946~1971 年	莫斯科总体规划
后工业阶段	20 世纪 70 年代至今	墨尔本以生态保护为重点的公园整治工作

① 本章内容根据张启瑞的硕士论文《西南城镇公园绿地服务网络可靠性研究》改写。

公园运动阶段，欧洲、北美出现了以保障居民安全与健康为目的的"城市公园运动"，掀起了城市公园建设的第一次高潮[248]。公园体系建设阶段，弗雷德里克·劳·奥姆斯特德等进行了波士顿公园系统规划，在为居民提供防灾避难场所的同时也缓解了城市的无序扩张。重塑城市阶段，随着新的城市理论与实践如英国大伦敦规划的提出，城市公园有了新的发展。战后大发展阶段，公园绿地建设迈入第二次高潮，相继出现用法律来确保公园绿地建设的规划，如莫斯科总体规划(1971 年)采用环形与楔状相结合的绿地系统布局模式，引导多中心城市结构的形成。后工业阶段，公园绿地建设呈现出以改善城市环境及满足景观效应为目的的特征，如 20 世纪 80 年代澳大利亚墨尔本开展以生态保护为重点的公园整治工作。

2.公园绿地核心内容

1) 理论基础

从 19 世纪后半叶开始，公园绿地规划建设代表性理论主要有"田园城市理论""有机疏散理论""生态园林理论"等，这些理论的相继出现标志着城镇公园绿地建设理论开始形成系统化的结构和布局。"田园城市理论"于 19 世纪末期由埃比尼泽·霍华德提出，该理论提出以公园绿地作为城市各个结构的骨架，构建理想的自然生态之城(图 5-1)。"有机疏散理论"由建筑师伊利尔·沙里宁提出，该理论将城市作为一个有机整体做统一考虑，形成网络状的城市绿地开放空间。20 世纪 70 年代初，生态学理论引入绿地规划，公园绿地建设开始以改善城市环境及满足景观要求为目标，"生态园林"理论进入公园绿地规划与实践阶段。

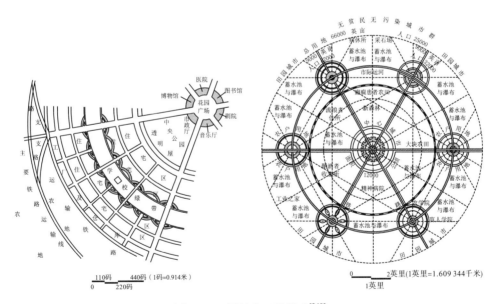

图 5-1　田园城市理论模式[249]

2) 公园绿地研究内容

为优化城镇公园绿地建设，相关学者针对公园绿地展开了大量的研究，主要包括公园绿地服务功能、公园绿地指标[250-254]、规划原则及技术[255-258]、园林植物[259]等研究内容。其中，城镇公园绿地服务功能相关研究主要聚焦在公园的生态服务及社会服务功能方面。

多位学者在绿地的生物多样性保护[260-262]、绿地网络构建[263-265]等方面进行了研究，提出了多种分析方法及角度，挖掘和评价了城市绿地的生态服务功能；社会服务功能研究多集中于公园绿地的防灾避难[266-273]、交通可达[274-276]、社会需求[277, 278]等方面。

3.公园绿地研究方法

公园绿地研究主要采用从空间数据出发的 GIS、空间句法或从属性数据出发的网络指数分析方法，以及关联空间和设施个体的复杂网络分析等方法(表 5-2)。

表 5-2　研究方法比较

研究方法	概念	优势	劣势
GIS	从几何特征、时空属性和空间计算的角度表达地理学语言的一种方式	计算机图形技术、数据库技术、网络技术以及地理信息处理技术的分析工具，对规划的分析与决策提供技术支持	难以建立地物之间的拓扑关系，不能满足社会和区域可持续发展在空间分析、预测预报、决策支持等方面的要求
空间句法	对空间的结构进行量化描述，分析研究空间与社会的关系	分析空间属性并对城市空间的模式进行量化描述，对空间进行尺度划分，可用于拓扑分析	技术实现的难度较大，不能反映关系属性，应用范围有限
网络指数分析方法	提出效能要素为主导的功效指标，构建评价体系及模式	提出以功效为目标所需具备的各类条件，构建出相应的影响因子及度量方式	从定性的评价方式转向以度量为主导的过渡方法，缺乏对关联性的考虑
复杂网络分析方法	擅长网络个体间关联关系的分析	可以从静态拓扑结构特征与动态故障影响两种时态下，挖掘系统内部整体、局部、个体三种层次的关系数据并进行量化研究	技术较复杂，定性的结论较弱

5.1.2　西南典型城镇建设现状与问题

1.研究靶区建设现状

西南城镇拥有丰富的山体、湖泊、河流水系。丰富的自然资源禀赋使得西南城镇公园绿地体现出丰富多样的布局与环境风貌。然而，西南城镇用地条件较为局促，压缩了公园绿地的建设空间，使得公园绿地建设难度增大。同时，城镇空间结构不连续，交通组织多迂回曲折，造成城镇公园绿地的建设分布较散、不成系统。

综合西南城镇及公园绿地建设的概况，选取西南地区园林城市或生态宜居城市中具有典型性的四川省内江市、云南省玉溪市、重庆市涪陵区作为研究靶区。从地形地貌、城镇空间结构、城镇生态建设定位三个方面对城镇及公园绿地建设发展情况进行梳理(表 5-3)。

表 5-3　研究靶区城镇自然条件及建设概况

城镇名称	地形地貌	城镇空间结构	城镇生态建设定位
四川省内江市	典型地貌为沱江河漫滩和阶地浅丘	以内江老城区为中心，城南新城区与城西新城区为次一级结构的总体格局	四川省具有山水园林特色的典型城镇
云南省玉溪市	四周群山环绕，中间低洼地带为河流，山水之间形成冲积平原	带型空间结构，棋盘式布局	国家园林城市
重庆市涪陵区	三峡库区腹地，位于长江、乌江交汇处；山地河道交汇口，内部江河环绕，山峦蜿蜒	"两区五组团"空间结构	兼具山城、江城和库区生态特色的山水园林型城市

1）内江市概况

四川省内江市坐落于沱江两岸，为沱江河漫滩和阶地浅丘地貌。城镇包含内江中心城区（老城区）、城南新城区、城西新城区三个片区及其之间的生态公园绿地区域。总体规划的功能组团沿沱江依次分为邓家坝、城西、东兴、旧城、乐贤、椑木、椑南、白马、谢家河、高桥、高铁等多个城市组团。内江市作为四川省山水园林特色的典型城镇，在提高公园绿地社会服务功能建设方面具有代表性（图5-2）。

2）玉溪市概况

云南省玉溪市地势西北高、东南低，四周群山环绕，中间低洼地带为河流，地形复杂。由北至南形成"带型"空间结构。总体规划的功能组团由北向南依次为北城组团、春和组团、中心组团、大营街组团、研和组团等五个组团。中心组团包含生态文化区和老城区。玉溪市是国家园林城市、全国水生态文明城市建设试点，是云南省具有高原山水特色的现代宜居生态城市（图5-3）。

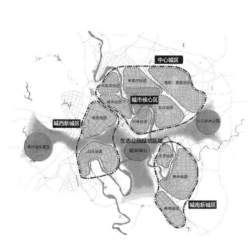

图5-2　内江市功能分区图
资料来源：根据内江市城市总体规划（2014—2030）改绘

图5-3　玉溪市功能分区图
资料来源：根据玉溪市总体规划（2011—2030）改绘

3）涪陵区概况

重庆市涪陵区内部江河环绕、山峦蜿蜒，兼具山城、江城和库区生态特色，形成"林在城中、城在林中"的城市总体风貌特征。城镇呈现出"两区五组团"的空间结构，两区为东部老城区和西部新城区，五组团包括江南组团、江东组团、江北组团、李渡组团、龙桥组团。涪陵区是重庆市级森林城市、山水园林城区、环保模范区，有"千里乌江第一城"的美誉（图5-4）。

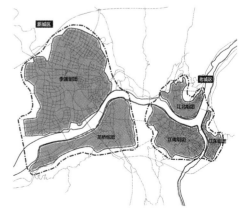

图5-4　涪陵区功能分区图
资料来源：根据涪陵区总体规划（2011—2030）改绘

2.研究靶区公园绿地建设问题

研究靶区公园绿地建设问题主要表现在公园绿地布局与居住人口分布不匹配、新老城区公园绿地分布不均衡等方面。

在公园绿地布局与居住人口分布的匹配性方面,集中体现为居住人口分布较多的区域而公园绿地分布数量较少,存在一定的失衡现象。据内江城市总体规划用地布局方案,内江市中心城区居住用地面积约占总居住用地面积的66.15%,是内江市居住人口分布最多的区域,城南新城区建设有较多的居住用地,居住用地约占总居住用地面积的23.40%,人口分布强度较高,但其公园绿地数量及规模均较小。据玉溪城市总体规划用地布局方案,玉溪市中心组团生态文化区及大营街组团内居住人口分布较多,但这两个区域内公园绿地数量及规模不足。据涪陵区城市总体规划用地布局方案,涪陵区除李渡组团外,其余组团公园绿地数量均分布有限,江南、江东、江北等组团区域内公园绿地数量稀少,且规模较小(图5-5)。

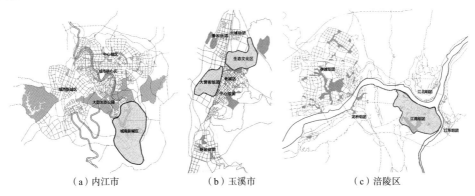

(a)内江市　　　　　　　(b)玉溪市　　　　　　　(c)涪陵区

图 5-5　公园绿地与居住用地比对示意图(见彩图)

公园绿地新老城区分布失衡方面,主要表现为公园绿地整体分散、局部集中的特征。内江市公园绿地多集中于中心城区周围,城南新城区、城西新城区的公园绿地数量分布较少;涪陵区老城区与新城区的公园绿地分布和结构存在明显差异,涪陵区的李渡组团分布着规模大、数量多的公园绿地,人口稠密的老城区江南组团内仅分布6块公园绿地,且规模较小(图5-6、表5-4)。

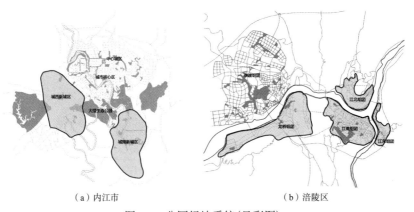

(a)内江市　　　　　　　　　　　(b)涪陵区

图 5-6　公园绿地系统(见彩图)

表 5-4　涪陵区公园绿地比对统计表

涪陵区组团	公园绿地数量	50hm² 以上公园绿地	10～50hm² 公园绿地	5～10hm² 公园绿地
李渡组团	18 个	4 个	8 个	6 个
江南组团	6 个	2 个	1 个	3 个

5.2　公园绿地系统可靠性研究设计

5.2.1　研究方案

从理论认识、整体思路、技术路线三个方面探讨公园绿地系统可靠性研究方案。

1.理论认识

1) 可靠性内涵

城镇公园绿地作为生命线系统的组成部分，在人居环境系统中发挥着生态与社会服务功能。城镇公园绿地服务能力的可靠性内涵，可以从两个层面来认识，一是公园绿地的单体可靠性，二是公园绿地的系统可靠性。单体可靠性是从个体视角出发，主要关注每一块公园绿地自身的存续性以及在局部区域中稳定承担既定功能的能力；系统可靠性是从全局视角出发，主要关注城镇范围内不同规模和层次的公园绿地作为一个完整的系统协同发挥服务能力时的整体运行状态。从研究内容上看，单体可靠性主要从工程建设角度讨论单个公园绿地的功能稳定性问题，系统可靠性主要从规划角度讨论公园绿地之间的协同关系对于全域需求的保障问题。后者是本章的主要研究内容。

2) 系统可靠性机理

就生命线系统可靠性作用机制的内涵而言，公园绿地系统可靠性主要表现为协同性机制。公园绿地以特定半径服务周边的居住用地，共同服务于同一块居住用地的公园绿地之间就会构成协同关系，从而增强公园绿地系统对该居住用地的服务可靠性，降低了单体公园绿地服务居住用地的失效概率。如图 5-7 所示，公园绿地 A、B、C、D 与居住用地 1、2、3、4 构成服务关系，其中，公

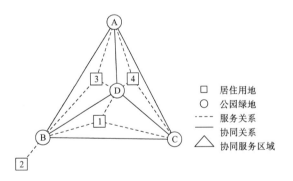

图 5-7　公园绿地服务于居住用地的现实机理

园绿地 B、C、D 通过服务共同的居住用地 1 构成协同关系，公园绿地 A、B、D 通过服务共同的居住用地 3 构成协同关系，公园绿地 A、C、D 通过服务共同的居住用地 4 构成协同关系。由此，居住用地 1、3、4 位于服务区域内，公园绿地 A、B、C、D 中任意一块失效均不会导致居住用地失去公园绿地服务；居住用地 2 位于服务区域外，公园绿地 B

单体失效将导致其失去公园绿地服务。从公园绿地服务系统可靠性的层面上看，通过协同机制，多个公园绿地构成的服务体系提升了整个公园绿地系统承担服务能力的可靠性。

2.整体思路

运用复杂网络原理，在考虑公园绿地规模等级、公园绿地与周围分布的居住用地之间的服务可达关系等因素基础上，模拟公园绿地与居住用地的服务关系，构建出公园绿地服务协同网络模型，并对其进行可靠性研究(图5-8)。

首先，公园绿地和居住用地可以分别抽象为两种不同类型的节点，公园绿地节点与居住用地节点之间构成服务关系，服务于共同居住用地的公园绿地节点相互之间构成协同关系，运用复杂网络方法，可以对上述关系进行模拟表达；其次，复杂网络方法不仅可以对常态下公园绿地的系统服务能力进行静态模拟分析，还可以对公园绿地服务状态变化后的情景进行动态模拟分析，在此基础上对规划内容提供优化建议。

3.技术路线

技术路线分为以下步骤：第一步，运用复杂网络分析原理，基于公园绿地与居住用地之间的服务关系，构建"2-模"服务网络，转换成公园绿地"1-模"协同网络；第二步，构建公园绿地协同网络的静态可靠性分析指标体系，并对其静态可靠性结构特征进行分析与评价，构建动态可靠性分析指标体系，模拟不同场景下公园绿地协同网络的动态响应规律；第三步，对公园绿地协同网络进行优化，提出公园绿地协同网络优化建议及规划策略(图5-9)。

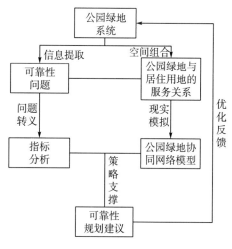

图5-8　科学问题框架

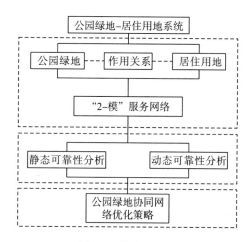

图5-9　技术路线

5.2.2　模型构建

城镇公园绿地协同网络的构建分为三个步骤：第一步是网络语义模型的构建，明确"节点"和"连线"的现实含义；第二步，数据收集与整理，根据确定的"点线关系"，对西南地区三个城镇的研究靶区进行数据收集与整理；第三步，网络模型的生成和转化（图 5-10）。

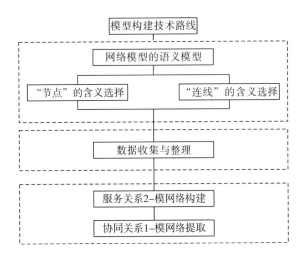

图 5-10　模型构建技术路线

1.语义模型

1) 构建思路

语义模型构建是指从现实系统中提取相关要素，界定网络模型中"节点"和"连线"的现实含义。如图 5-11 所示，现实系统中存在公园绿地和居住用地两类对象，公园绿地以一定的服务半径服务居住用地。将现实系统抽象成公园绿地与居住用地"2-模"网络，服务于居住用地的公园绿地"节点"与该居住用地"节点"之间存在"服务关系"，服务于同一居住用地的公园绿地"节点"之间存在"协同关系"。

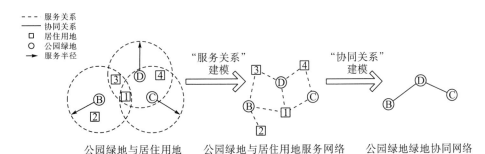

图 5-11　语义模型构建思路

2) 公园绿地与居住用地服务网络构建

公园绿地与居住用地间的"服务关系"可以依据《城市绿地分类标准》（CJJ/T85—2002）、《城市规划原理》（第四版）中对于公园服务半径的要求进行确定（表 5-5）。若公园绿地的服务半径辐射到某一居住用地，则认为此公园绿地与该居住用地存在服务关系,如图 5-12 所示,"住 1"(居住用地 1)位于"绿 1"(公园绿地 1)的服务半径内,说明"绿 1"对"住 1"存在服务关系,而"住 2"位于"绿 1"的服务半径外,则二者不存在服务关系。

表 5-5　公园服务半径界定

城市公园划分	最大服务半径	占地面积
城市级公园	2000m	大于等于 50hm²
组团级公园	1000m	大于等于 10hm²,小于 50hm²
社区公园	500m	大于等于 5hm²,小于 10hm²

3) 公园绿地协同网络构建

当两个公园绿地共同服务于一个居住用地时,则公园绿地间存在权值为 1 的协同关系。当两个公园绿地共同服务于 n 个居住用地时,则公园绿地间存在权值为 n 的协同关系。协同关系权值越高,表明公园绿地间的协同关系对越多的居住用地提供了可靠的服务保障。如图 5-13 所示,"绿 1"与"绿 2"之间存在权值为 1 的协同关系,"绿 1"与"绿 3"之间、"绿 2"与"绿 3"之间不存在协同关系。

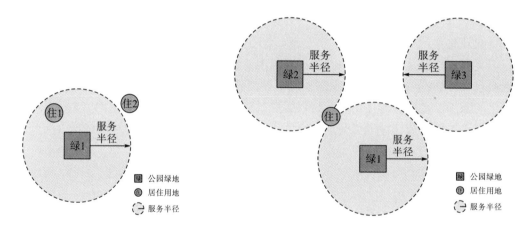

图 5-12　服务关系构建示意图　　　　图 5-13　公园绿地"1-模"网络语义模型示意图

2. 数据收集整理

以内江市、玉溪市、涪陵区的总体规划[①]为数据来源,分析规划用地布局中公园绿地和居住用地分布情况。

依据服务半径确定公园绿地与居住用地间的服务关系,以表格形式进行统计(附表 5-A、5-B、5-C),整理成公园绿地-居住用地服务关系网络模型的节点和连线描述数据。

---

① 资料来源:四川省内江市总体规划(2014—2030)、云南省玉溪市城市总体规划(2011—2030)、重庆市涪陵区城市总体规划 2011 修编版。

3.模型生成及提取

内江市公园绿地-居住用地的"2-模"网络整体上形成一个全连通网络，仅存在少量孤立节点；玉溪市公园绿地-居住用地的"2-模"网络整体上形成一个大组团与两个小组团，并存在少量孤立节点；涪陵区公园绿地-居住用地的"2-模"网络整体上存在两个较大的组团与多个小组团，并存在大量孤立节点(图 5-14)。

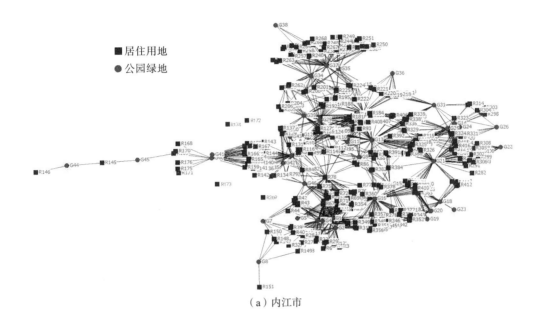

（a）内江市

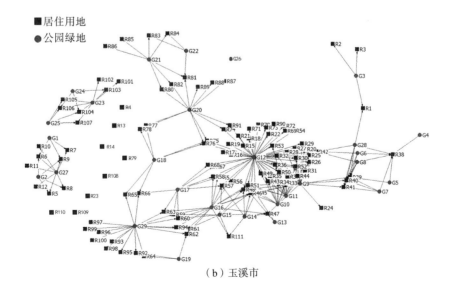

（b）玉溪市

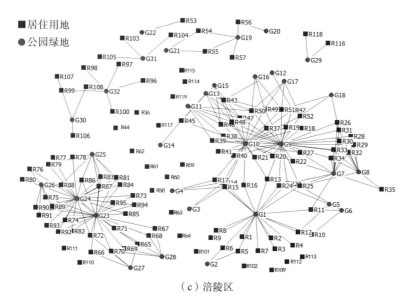

图 5-14　公园绿地与居住用地的"2-模"服务网络模型

对公园绿地与居住用地"2-模"服务网络进行提取，形成公园绿地"1-模"协同网络。内江市规划公园绿地协同网络整体性较强；玉溪市规划公园绿地协同网络由一个整体网络、两个三方组和一个孤立节点组成；涪陵区规划公园绿地协同网络由一个整体网络、两个小型网络及多个孤立节点组成(图 5-15)。

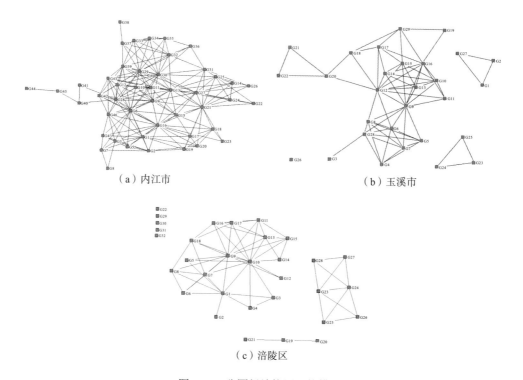

图 5-15　公园绿地协同网络模型

5.3　公园绿地协同网络可靠性分析

对内江市、玉溪市、涪陵区的城镇公园绿地协同网络拓扑结构进行静态可靠性和故障条件下的动态可靠性分析评价(图 5-16)。

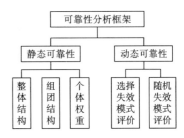

图 5-16　可靠性分析框架图

5.3.1　协同网络静态可靠性分析

1.分析框架

公园绿地协同网络静态可靠性分析分为三部分(图 5-17)：第一部分为整体结构稳定性分析，包含网络完备性、层级稳定性、网络均衡性以及核心边缘性分析；第二部分为组团结构稳定性分析，包含组团稳定性及组团凝聚性分析；第三部分为个体稳定性分析，对个体权重进行分析。

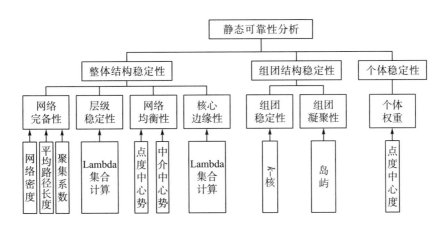

图 5-17　静态可靠性分析框架

2.整体结构稳定性

1)网络完备性

利用网络完备性分析各个城镇公园绿地协同网络的网络密度、平均路径长度及聚集系数。网络密度根据式(1-15)进行计算，内江市、玉溪市、涪陵区公园绿地协同网络密度分别为 0.2019、0.1773、0.1209。网络聚集系数及平均路径长度分别根据式(1-10)和式(1-7)进行计算，内江市公园绿地协同网络聚集系数和平均路径长度分别为 0.699、2.312；玉溪市公园绿地协同网络聚集系数和平均路径长度分别为 0.811、2.063；涪陵区公园绿地协同网络聚集系数和平均路径长度分别为 0.773、1.684。

2) 层级稳定性

通过计算可知，内江市公园绿地协同网络结构的边关联度有 17 个级别，最高边关联度为 20，最低边关联度为 1；玉溪市公园绿地协同网络结构的边关联度有 9 个级别，最高边关联度为 10，最低边关联度为 0；涪陵区公园绿地协同网络结构的边关联度有 10 个级别，最高边关联度为 13，最低边关联度为 0（图 5-18）。

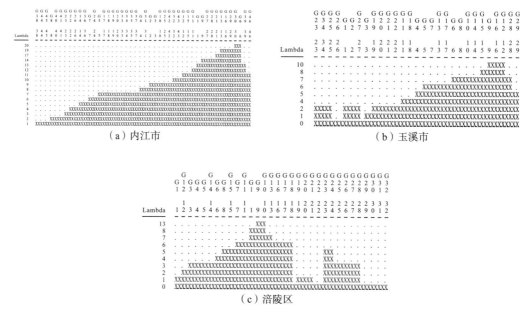

图 5-18 协同网络的层级边关联度

3) 网络均衡性

网络均衡性反映了网络中高值节点和低值节点在网络中的分布均衡程度，可以用点度中心势和中介中心势进行衡量。

根据式(1-17)计算可知，内江市公园绿地协同网络点度中心势为 0.2535，最高度数为 20，最低度数为 1，度数分布整体上较为均衡，相对而言，G6、G30、G29、G16、G13、G21、G28、G27、G9、G39、G1 等公园绿地节点的中心性较强；玉溪市公园绿地协同网络点度中心势为 0.3082，最高度数为 13，最低度数为 1，表现出以 G12、G9、G16 等公园绿地节点为中心的趋势；涪陵区公园绿地协同网络点度中心势为 0.3441，最高度数为 14，最低度数为 1，表现出以 G9、G10 等公园绿地节点为中心的趋势（图 5-19）。

根据式(1-8)和式(1-19)计算可知，内江市公园绿地协同网络的中介中心势为 0.1552，其中公园绿地节点 G28、G30、G6、G21、G16 的中介中心度相对较高；玉溪市公园绿地协同网络的中介中心势为 0.2095，其中公园绿地节点 G12、G9、G20 的中介中心度相对较高；涪陵区公园绿地协同网络的中介中心势为 0.0927，其中公园绿地节点 G10、G9、G1 的中介中心度相对较高（图 5-20）。

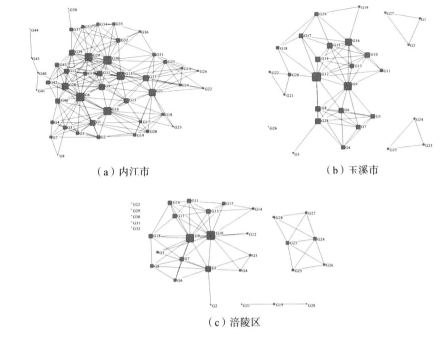

（a）内江市　　　　　　　　　　（b）玉溪市

（c）涪陵区

图 5-19　协同网络的点度中心势

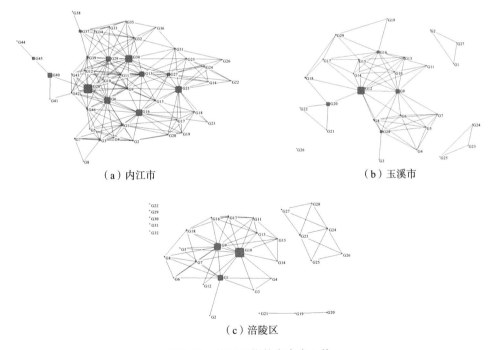

（a）内江市　　　　　　　　　　（b）玉溪市

（c）涪陵区

图 5-20　协同网络的中介中心势

4)"核心-边缘"性

通过 Lambda 集合等相关指标计算得出，内江市公园绿地协同网络的核心组与边缘组之间的相关性系数为 0.553，公园绿地 G1、G2、G3、G4、G6、G16 为核心组绿地，其他公园绿地位于网络边缘，整体上呈现出"核心-边缘"的结构特征；玉溪市公园绿地协同网络的核心组与边缘组之间的相关性系数为 0.018，G1～G24、G27、G28、G29 为一组绿地，G25、G26 为另一组绿地，不存在明显的"核心-边缘"网络结构；涪陵区公园绿地协同网络的核心组与边缘组之间的相关性系数为 0.534，公园绿地 G1、G7、G9、G10 为核心组绿地，其他公园绿地位于网络边缘，整体上呈现出"核心-边缘"的结构特征(图 5-21)。

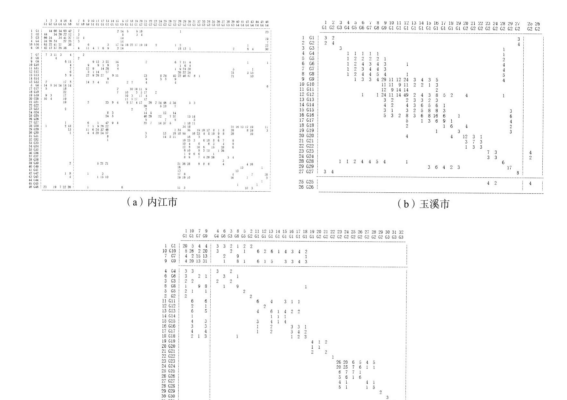

（a）内江市   （b）玉溪市

（c）涪陵区

图 5-21   公园绿地服务协同网络核心边缘结构分析

3.组团结构稳定性

网络组团结构稳定性分别运用"k-核"和"岛屿"两项指标进行组团稳定性和组团凝聚性分析。前者反映出城镇公园绿地的空间服务组团格局，后者描述城镇公园绿地对居民的现实服务状况。

1)组团稳定性

"k-核"分析结果表明，内江市公园绿地协同网络中含有 11 个"8-核"、5 个"7-核"、15 个"6-核"、6 个"5-核"、2 个"4-核"、1 个"3-核"、3 个"2-核"、3 个"1-核"。"8-核"与"7-核"总共占比 34.78%，"6-核"占比 32.61%，其余"k-核"总共占比 32.61%(图 5-22)。"k-核"层级结构表现为三个方面的特征：第一，"k-核"层级最高的"8-核"与"7-核"在网络中形成一个高密度子群，位于中心位置，是整个公园绿地协同网络的结构中心，有连接整个绿地网络的作用，该部分公园绿地间形成了致密联系，是公园绿地协同网络中的核心成分；第二，"k-核"层级较高的"6-核"被划分为两个子群，分别位于两个绿地组团，由处于中心位置的"7-核""8-核"连接起来；第三，"k-核"层级较低的"1-核"到"5-核"的节点位置分散，无法探寻出凝聚子群。

玉溪市公园绿地协同网络中含有 7 个"6-核"、6 个"5-核"、2 个"4-核"、2 个"3-核"、10 个"2-核"、1 个"1-核"、1 个"0-核"。"6-核"结构与"5-核"总共占比 44.83%，其余"k-核"总共占比 55.17%（图 5-23）。"k-核"层级结构表现为两方面的特征：第一，"k-核"层级最高的"6-核"结构与"5-核"结构在网络中形成一个高密度子群，位于中心位置，是整个公园绿地协同网络的结构中心，有连接整个绿地网络的作用，该部分公园绿地间形成了致密的联系，是公园绿地协同网络中的核心成分，网络结构较为成熟；第二，"k-核"层级较低的"1-核"到"4-核"的节点位置分散，无法寻找出凝聚子群，网络发育较不成熟。

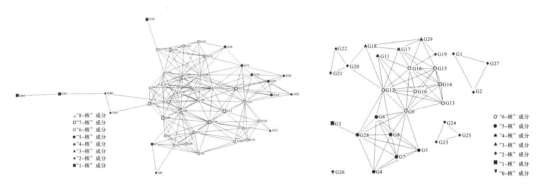

图 5-22　内江市"k-核"分布图　　　　　图 5-23　玉溪市"k-核"分布图

涪陵区公园绿地协同网络中含有 6 个"5-核"、5 个"4-核"、10 个"3-核"、1 个"2-核"、4 个"1-核"、5 个"0-核"。"5-核"与"4-核"总共占比 35.48%，"3-核"占比 32.26%，其余"k-核"总共占比 32.26%（图 5-24）。"k-核"层级结构表现为三方面的特征：第一，"k-核"层级最高的"5-核"结构与"4-核"结构在网络中形成一个高密度子群，位于中心位置，是整个公园绿地协同网络的结构中心，有连接整个绿地网络的作用，该部分公园绿地间形成了致密的联系，是公园绿地协同网络中的核心成分，网络结构较为成熟；第二，"k-核"层级较高的"3-核"结构被划分为两个部分，一部分内部联系较为紧密，另一部分内部联系较为稀疏，联系紧密的组团包含公园绿地节点 G23、G24、G25、G26、G27、G28，组成

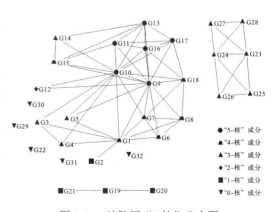

图 5-24　涪陵区"k-核"分布图

包含多个三方组的子群；第三，"*k*-核"层级最低的"1-核"结构、"2-核"结构、孤立节点的位置分散、数量较少，无法探寻出凝聚子群。

2) 组团凝聚性

"岛屿"分析是通过节点间的联系关系强弱探寻网络内部的凝聚成分，"岛屿"中内部节点的联系强度高于"岛屿"外的其他节点，是整个网络中内部联系最强的子群，体现了协同网络的组团凝聚性特征。

内江市公园绿地协同网络中含有4个"岛屿"，分别是包含节点G21和节点G25的"岛屿A"；包含节点G13、G27、G29、G30、G39的"岛屿B"；包含节点G34、G35、G37的"岛屿C"；包含节点G1、G2、G3、G4、G6、G16、G18、G46的"岛屿D"。"岛屿"的组团凝聚性由高到低排序为"岛屿A""岛屿B""岛屿C""岛屿D"（图5-25）。

玉溪市公园绿地协同网络中含有4个"岛屿"，分别是包含节点G9、G10、G11、G12、G14、G15、G16、G17、G29的"岛屿A"；包含节点G8和节点G28的"岛屿B"；包含节点G1、G2、G27的"岛屿C"；包含节点G23、G24、G25的"岛屿D"。"岛屿"的组团凝聚性由高到低排序为"岛屿A""岛屿B""岛屿C""岛屿D"（图5-26）。

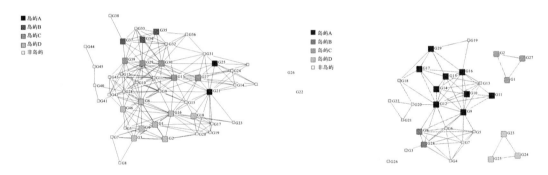

图5-25　内江市"岛屿"分布图　　　　　　　图5-26　玉溪市"岛屿"分布图

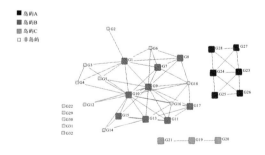

图5-27　涪陵区"岛屿"分布图

涪陵区公园绿地协同网络中含有3个"岛屿"，分别是包含节点G23、G24、G25、G26、G27、G28的"岛屿A"；包含节点G1、G7、G8、G9、G10、G11、G13、G15、G17的"岛屿B"；包含节点G19、G20、G21的"岛屿C"。"岛屿"的组团凝聚性由高到低排序为"岛屿A""岛屿B""岛屿C"（图5-27）。

4.个体稳定性

点度中心度计算结果显示了公园绿地协同网络中各节点的个体权重情况，高权重节点位于整个公园绿地协同网络的中心位置，对于网络的协同可靠性起到较大的支撑作用。

内江市公园绿地协同网络点度中心度最高为 20，度数较高的节点依次为 G6、G30、G29、G16、G13、G21、G28、G27、G9、G39、G1，权重较高节点均位于内江市中心城区、城市核心区或为生态公园绿地区域，城西与城南新城区的公园绿地中心度偏低，是整个网络协同性较低的部分；玉溪市公园绿地协同网络点度中心度最高为 13，度数较高的节点依次为 G12、G9、G16、G15、G28、G10、G8、G6、G14；涪陵区公园绿地协同网络点度中心度最高为 14，度数较高的节点依次为 G10、G9、G1、G13、G16、G18、G11、G7、G17(图 5-19)。

5. 静态可靠性分析评价

1) 公园绿地网络"核心-边缘"区域结构特征明显

通过"核心-边缘"模型测算可知，内江市、涪陵区公园绿地协同网络核心与边缘区域的密度差距明显，说明公园绿地协同网络呈现出明显的"核心-边缘"结构特征。内江市公园绿地协同网络中位于核心的绿地有 6 个，位于边缘的绿地有 40 个(表 5-6)；涪陵区公园绿地协同网络中位于核心的绿地有 4 个，位于边缘的绿地有 28 个(表 5-7)，"核心-边缘"结构特征明显。

表 5-6　内江市公园绿地服务网络核心边缘分布统计表

区域位置	节点编号	节点比例/%
核心区域	G1、G2、G3、G4、G6、G16	13.04
边缘区域	G5、G7、G8、G9、G10、G11、G12、G13、G14、G15、G16、G17、G18、G19、G20、G21、G22、G23、G24、G25、G26、G27、G28、G29、G30、G31、G32、G33、G34、G35、G36、G37、G38、G39、G40、G41、G42、G43、G44、G45、G46	86.96

表 5-7　涪陵区公园绿地服务网络核心边缘分布统计表

区域位置	节点编号	节点比例/%
核心区域	G1、G7、G9、G10	12.5
边缘区域	G2、G3、G4、G5、G6、G8、G11、G12、G13、G14、G15、G16、G17、G18、G19、G20、G21、G22、G23、G24、G25、G26、G27、G28、G29、G30、G31、G32	87.5

公园绿地协同网络的核心区域与城市公园绿地系统规划存在不匹配情况，网络整体的均衡性较弱。将公园绿地协同网络的核心区域分布与城市空间发展结构及其功能进行对比，两者呈现一定相关性，但依然存在不匹配区域。内江市公园绿地服务核心区域位于中心城区东部，属于规划新城区，为邓家坝组团、城西组团、谢家河组团所在地。但位于内江市中心城区东部的东兴组团并没有包含在本次指标计算的核心区域(图 5-28)。

2) 公园绿地网络呈现出组团结构特征

通过"k-核"与"岛屿"分析，识别出基于地理空间分布和基于服务效能强度为主导的公园绿地服务组团。

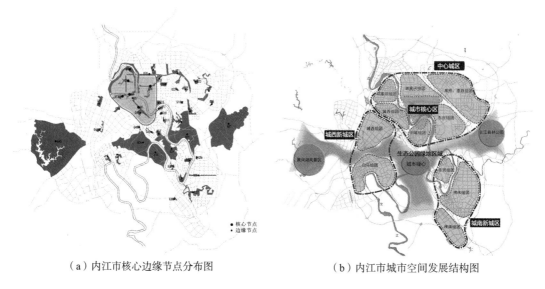

（a）内江市核心边缘节点分布图   （b）内江市城市空间发展结构图

图 5-28　内江市分析图

以玉溪市为例，通过"k-核"分析发现，玉溪市公园绿地协同网络呈现出包含组团 A、组团 B、组团 C、组团 D、组团 E 等五个地理空间分布组团单元，依据"k"值排序组团 A 为中心组团；组团 B 为次中心组团；组团 C、D、E 为局部组团。通过"岛屿"分析得出玉溪市公园绿地协同网络包含组团 a、组团 b、组团 c、组团 d 等四个服务效能强度组团单元，依据"岛屿"值大小排序依次为组团 a、组团 b、组团 c、组团 d（图 5-29）。

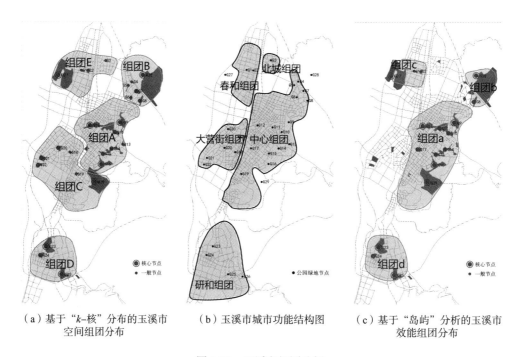

（a）基于"k-核"分布的玉溪市　　　（b）玉溪市城市功能结构图　　　（c）基于"岛屿"分析的玉溪市
　　　空间组团分布　　　　　　　　　　　　　　　　　　　　　　　　　效能组团分布

图 5-29　玉溪市组团分析

由于玉溪市公园绿地组团单元 C、D、E 的"k-值"较小，组团单元 B、C、D 的"岛屿"值较低，对应的大营街、研和、春和等功能组团的稳定性较弱。而城市总体规划中定位大营街组团为以生活居住、旅游服务等功能为主的次中心组团。但通过以上的"k-核"与岛屿分析，其所呈现的地理空间分布与服务效能强度组团结构特征与该定位并不匹配。

3) 公园绿地服务与居住人口分布存在空间不匹配

通过分析得出，部分居住人口分布的高强度区域缺少核心公园绿地，该区域的居民未能受到周围公园绿地的协同服务。以内江市为例，依据居住用地面积分布情况生成居住人口分布热力图(图 5-30)，与公园绿地协同网络的点度中心度值热力图叠合分析(图 5-31)，中心度值较高的公园绿地分布于中心城区及生态公园绿地区域,城南新城区及城西新城区的公园绿地中心度值较低，公园绿地网络高值节点位于中心城区内，居住人口分布稠密地区位于中心城区及城南新城区(图 5-32)，中心城区北部(A 区、B 区)、城西新城区东部(C 区)、城南新城区(D 区、E 区)等居住人口分布较高的区域缺少度值较高的公园绿地，公园绿地服务与居住人口分布存在空间不匹配的情况。

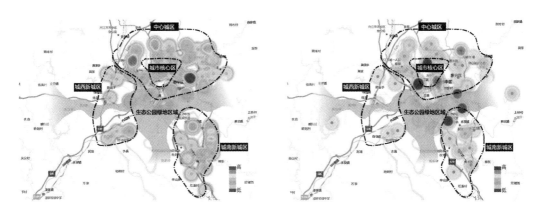

图 5-30　内江市居住人口热力图(见彩图)　　　图 5-31　内江市公园绿地节点中心度热力图(见彩图)

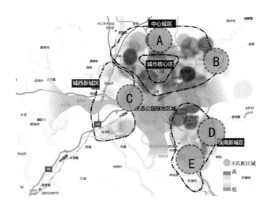

图 5-32　内江市公园绿地度值及居住人口耦合图(见彩图)

5.3.2 协同网络动态可靠性分析

1.分析框架

运用复杂网络动态攻击等仿真方法,模拟公园绿地协同网络在故障条件下发生动态变化的情况(图 5-33)。

公园绿地协同网络完整性主要关注某一块或多块公园绿地在遭遇故障的情况下,能够在多大程度上构建起完整的服务区域。现实生活中,因为火灾、地震等各种灾害情况,乃至恐怖袭击等其他特殊情况,往往会导致某些公园绿地无法正常发挥相应的服务功能。这也会直接影响到公园绿地协同网络的完整性。图 5-34 表达了协同体系完整性受损模式,部分公园绿地节点失去正常的服务能力,原来形成整体的协同网络出现了分裂的情况,网络的协同完整性遭受破坏[①],可靠性降低。这种情况可以运用最大连通子图指标进行评价。

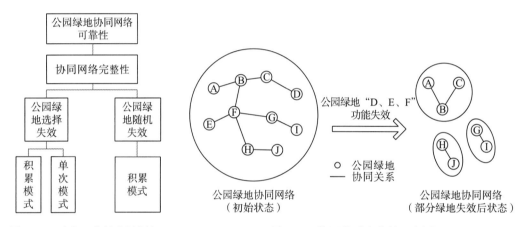

图 5-33 动态可靠性分析框架   图 5-34 协同体系完整性示意图

模拟公园绿地节点失效可采用选择失效和随机失效两种技术模式。现实生活中,游览旺季高峰时期的游人容量过载导致某些绿地无法发挥正常的服务功能,这种情况通常最先受到影响的是重要程度较高的公园绿地,一般可采用复杂网络分析方法中的"选择攻击"来进行模拟。另外,城市无序扩张及建设导致的侵占与破碎,地震、洪灾、台风等自然灾害导致的破坏,公园绿地受到的影响体现出随机特征,可采用"随机攻击"模式来进行模拟。同时,公园绿地节点在两种模式下的单次失效规律只是呈现出位序差异,故只进行某一种攻击顺序下的考察。

2.协同网络完整性

1)选择攻击模拟

以点度中心度值由大到小的顺序,依次积累攻击公园绿地协同网络,分析网络在攻

---

① 通过网络最大规模进行评价。

击过程中网络规模的变化。依据城市公园绿地协同网络的度数高低，根据式(1-20)计算积累攻击网络后的最大连通子图相对大小(图 5-35)，内江市公园绿地协同网络的最大连通子图规模在第 11 次攻击中由 0.7 下降为 0.4；玉溪市公园绿地协同网络在第 2 次攻击中由 0.7 下降为 0.4；涪陵区公园绿地协同网络在第 3 次攻击中由 0.5 下降为 0.3(见附表 5-D～附表 5-F)。

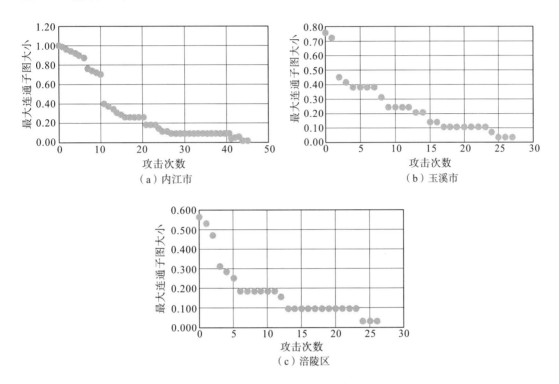

图 5-35　最大连通子图变化散点图

2)随机攻击模拟

以随机顺序积累攻击协同网络中的公园绿地节点分析网络在攻击过程中的网络规模变化，计算分析得到网络的最大连通子图变化结果(图 5-36)。内江市公园绿地协同网络受到 3 次随机攻击后最大连通子图规模共出现 3 次大幅度降低；玉溪市共出现 3 次降低；涪陵区共出现 1 次大幅度降低(见附表 5-G～附表 5-I)。

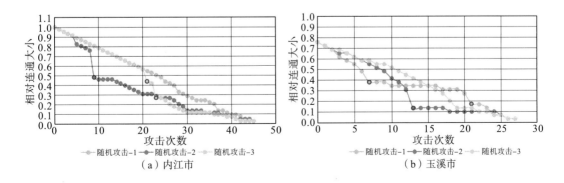

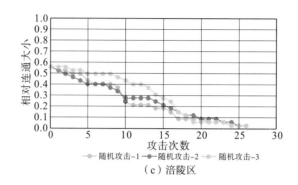

（c）涪陵区

图5-36 随机攻击下的网络连通子图变化折线图（见彩图）

3.动态可靠性分析评价

综上分析，在选择攻击模拟情况下，内江市、玉溪市、涪陵区城镇公园绿地协同网络完整性均出现了大幅下降的情况，呈现出一定的脆弱性，网络的可靠性排序依次为内江市、玉溪市、涪陵区（表5-8）。

表5-8 网络连通规模变化对比表

城市名称	网络连通子图下降比例/%	攻击次数
内江市	61	第11次攻击
玉溪市	59.21	第8次攻击
涪陵区	66.61	第6次攻击

以内江市为例，以度值为顺序，依次移除公园绿地协同网络中1%节点后，公园绿地协同网络的最大连通子图变化情况如图5-37所示。可以看出，当累积移除23%节点时，内江市公园绿地协同网络出现急剧破碎化趋势；当累积移除50%节点时，内江市公园绿地协同网络整体瘫痪，协同效能失效（图5-38）。这也可以表明度值较高的50%节点为主干网络，是整个内江公园绿地协同网络的关键部分。它们由23个公园绿地构成，分别是G1、G2、G3、G4、G6、G9、G10、G11、G12、G13、G15、G16、G21、G25、G27、G28、G29、G30、G32、G39、G42、G43、G46，分布于内江市中心城区以及生态公园绿地区域，总面积约28km^2，占公园绿地面积的41.83%，它们的有效服务对于提升公园绿地的总体协同效能具有至关重要作用（图5-39）。

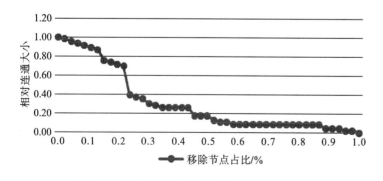

图5-37 内江市选择攻击后的网络规模变化图

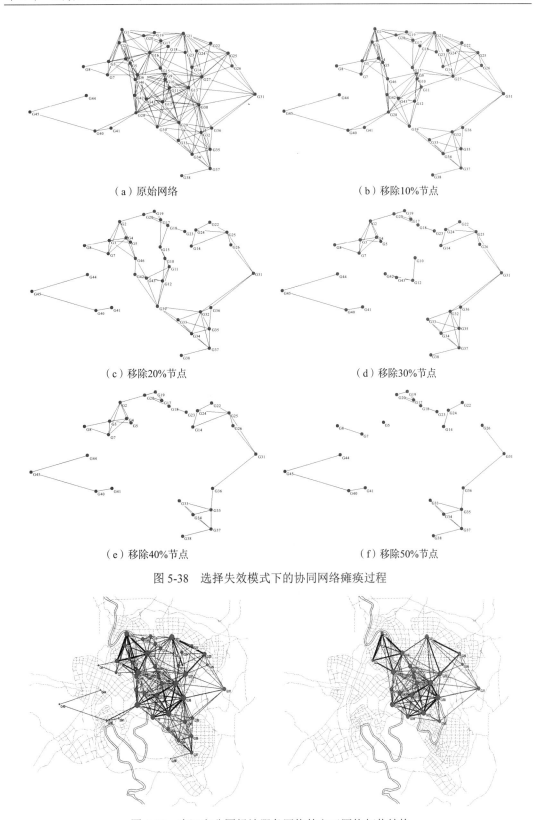

（a）原始网络　　　　　　　　　　　　　　　（b）移除10%节点

（c）移除20%节点　　　　　　　　　　　　　（d）移除30%节点

（e）移除40%节点　　　　　　　　　　　　　（f）移除50%节点

图 5-38　选择失效模式下的协同网络瘫痪过程

图 5-39　内江市公园绿地服务网络的主干网络拓扑结构

在随机攻击模拟的情况下，内江市、玉溪市、涪陵区城镇公园绿地的协同网络完整性表现差异较大。涪陵区网络完整性变化最为平滑，内江市和玉溪市的网络连通规模出现多次急剧下降。内江市、玉溪市、涪陵区公园绿地的协同网络在80%节点失效的情况下，最大连通子图规模占比趋近于0.1，网络破碎化程度严重。但总体而言，协同网络应对随机攻击的整体完整性较好，协同服务可靠性程度整体较高。

5.4 公园绿地协同服务可靠性规划策略

5.4.1 公园绿地协同网络优化

根据公园绿地协同网络的静态与动态可靠性评价结果，挖掘公园绿地协同网络中存在的问题，并依据网络指标的测算结果对研究靶区公园绿地协同网络进行优化(图5-40)。

1.基于层级性的网络优化

通过"核心-边缘"模型测算，得出靶区公园绿地协同网络中的"核心-边缘"结构，与规划的公园绿地布局情况对比，发现不匹配区域，结合现状规划布局情况及条件，提出优化措施。以提升涪陵区为例，通过提升网络局部层级加强公园绿地的可靠性。

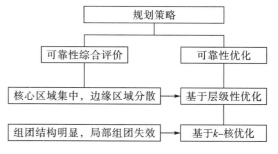

图5-40 规划策略分析框架

前文分析可知，涪陵区江南组团所在层级为1~5，其中公园绿地节点G23、G24层级最高为5，其他均为3(图5-41)。首先对江南组团内网络层级较低的公园绿地节点G25、G26、G27、G28进行分析，发现除G28外，其他公园绿地规模均为10hm²以下，公园绿地服务范围有限。结合涪陵区现状情况，可将G27规模增加至50hm²以上，G25公园绿地规模增加至10hm²以上，提高公园绿地规模等级与服务范围。其次对江南用地组团内网络层级较高的节点G23、G24进行分析，发现G23为依山而建的大规模生态公园绿地、

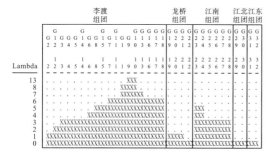

图5-41 涪陵区层级性分布图

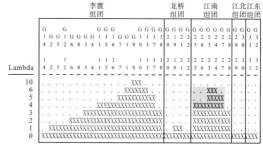

图5-42 涪陵区优化后层级分布图

G24 为 50hm² 以上点状公园绿地。建议 G24 公园绿地在面积不变条件下，结合周边 5hm² 以下的散点式小型公园绿地，由"点状"改为"带状"，形成由南至北的中心城区带状公园绿地。优化后江南用地组团公园绿地的层级结构显示，G25、G26 上升 1 层级，G27 上升 2 层级，G23、G24 上升 1 层级，网络均衡度趋于平滑(图 5-42)。

2.基于"k-核"的网络优化

以玉溪市为例，通过增加网络局部的"k-值"、提高"k-核"成分等方式增强协同网络稳定性。

玉溪市大营街用地组团中，公园绿地 G18、G20、G21、G22 的"k-值"为 2，与中心组团联系较弱。为优化网络稳定性，增加大营街用地组团的"k-核"成分与"k-值"大小，结合玉溪市现状及规划的用地布局情况，将 G18 公园绿地规模扩大至 10hm² 以上，增加与中心组团公园绿地的衔接关系；在北部增加 G30、G31 公园绿地，规模控制在 10hm² 以上，提升大营街用地组团内"k-值"大小与中心组团的衔接(图 5-43)。通过优化，大营街用地组团内形成了由 G17、G18、G20、G29、G30、G31 组成的"k-值"为 4 的稳定公园绿地分布，提升了玉溪市公园绿地协同网络的稳定性(图 5-44)。

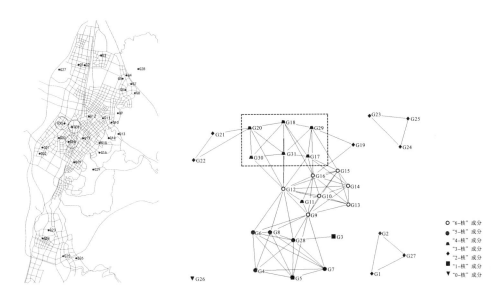

图 5-43　玉溪市组团稳定性优化方案示意图　　图 5-44　玉溪市网络组团优化后稳定性示意图

5.4.2　公园绿地系统规划

依据前文对于网络模型的计算分析，通过不同指标的作用，分别从公园绿地系统的布局、分类划定、容量控制三大方面，对公园绿地系统提出规划策略(图 5-45)。公园绿地系统布局规划从公园绿地群组识别、理想布局模式两方面衡量；公园绿地分类从公园绿地等级、避难公园绿地划分等两方面展开；针对各个公园绿地对整体系统的影响程度，进行公园绿地使用容量的不同级别控制。

1.公园绿地系统布局规划

1)公园绿地群组识别

通过"*k*-核"指标分析，提取公园绿地系统的协同片区，划分组团式公园绿地群组，在此基础上建立形成整体的城镇绿色廊道，指导公园绿地布局。

以玉溪市为例，在优化后的公园绿地组团布局基础上，计算"*k*-核"得出各个公园绿地的群组关系，参考其所在城镇组团的功能定位，控制各公园绿地服务群组关系，形成中心组团公园绿地群、北城组团公园绿地群、春和组团公园绿地群、大营街组团公园绿地群、研和组团公园绿地群，协调同一个区域内的公园绿地群分布特征，形成合理的城镇公园分布整体结构(图 5-46)。

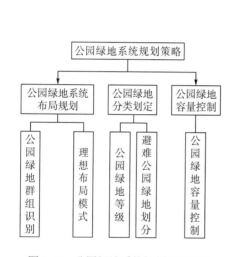

图 5-45   公园绿地系统规划策略框架

图 5-46   玉溪市公园绿地群划分图

图 5-47   公园绿地系统规划模式示意图

2)公园绿地理想布局模式

前文研究显示，不同形态的城镇公园绿地具有不同的作用及特征。城镇大型生态公园绿地位于城镇建成区周边，保护山水自然资源的同时控制城镇的无序扩张；带状公园绿地在相同的占地规模情况下，可最大效率地服务周围居住片区，服务覆盖率最强；点状公园绿地能够为不同强度、不同片区的居住组团及社区提供层级有序的社会服务。基于此，依据前文公园绿地服务网络的指标特点，提出以下公园绿地规划模式：以大型生态公园绿地(风景区、森林公园)作为城镇结构组团间的衔接，以带状公园绿地构建组团内部绿地协同联系，以点状公园绿地围绕带状绿地分散服务，构成绿点(点)-绿廊(线)-绿斑(面)有机结合、层级稳定、功能明确的公园绿地系统(图 5-47)。

2.城镇公园绿地分类划定

1)划定公园绿地等级

综合考虑公园绿地的用地规模和在协同网络中的度值大小等情况，提出等级划分(表 5-9)。以内江市为例，依据公园绿地规模分布和度值统计分布情况(表 5-10、表 5-11)，结合城镇公园绿地功能，将内江市公园绿地分为城镇级、组团级和社区级等三类(图 5-48)。

图 5-48　内江市公园绿地等级规划图

表 5-9　绿地等级划分表

等级划分	规模及度值情况
城镇级公园绿地	Aa、Ab、Ba
组团级公园绿地	Bb、Ac、Ca
社区级公园绿地	Cc、Bc、Cb

表 5-10　内江市公园绿地规模等级统计表

规模	节点
A	G1、G6、G8、G13、G16、G19、G21、G25、G27、G28、G29、G30、G31、G37、G39、G45
B	G2、G3、G4、G7、G9、G12、G15、G17、G18、G20、G22、G24、G26、G32、G33、G34、G35、G38、G40、G41、G43、G44、G46
C	G5、G10、G11、G14、G23、G36、G42

表 5-11　内江市公园绿地度值等级统计表

度值	节点
a	G6、G9、G13、G16、G21、G27、G28、G29、G30
b	G1、G2、G3、G4、G10、G11、G12、G15、G25、G31、G32、G37、G39、G42、G43、G46
c	G5、G7、G8、G14、G17、G18、G19、G20、G22、G23、G24、G26、G33、G34、G35、G36、G38、G40、G41、G44、G45

2)避难公园绿地划分

根据点度中心度和"k-核"等指标体系，可对公园绿地的防灾避难等重要社会服务能力进行等级划定。在现有防灾避难公园绿地研究[279, 280]基础上，依据城镇公园绿地防灾避难功能设计标准，将高值点作为中心避难公园绿地，与高值点联系紧密的公园绿地作为次级的固定避难公园绿地，其他公园绿地作为紧急避难公园绿地(表 5-12)。以涪陵区为例，通过"k-核"计算识别涪陵区防灾避难公园绿地分区，划分 G1、G7、G9、G10、G23、G24 为城镇中心避难公园绿地，用地规模均在 20hm² 以上；划分 G8、G11、G13、G17、G19、G25、G28 为各区域固定避难公园绿地，用地规模在 10hm² 以上；其余公园绿地划分为紧急避难公园绿地(图 5-49)。

表 5-12　优化区域公园绿地分布统计表

分类标准	划定类别	划定条件
防灾避难	中心避难公园绿地	灾害发生后可进行避难、救援工作，可作抗震救灾指挥中心、医疗中心、抢险救灾营地、外援人员休息地等功能，并为城市重建提供过渡安置场所等活动的公园绿地，面积为 20～50hm²，服务半径约为 2000m
	固定避难公园绿地	灾害发生后可供避难人员进行长时间避难生活，提供集中性救援的公园绿地，面积在 10hm² 以上，服务半径约为 1000m
	紧急避难公园绿地	灾害发生后可供避难人员就近避难，是转移到固定避难场所前进行过渡性避难的公园绿地，面积在 5hm² 以上，服务半径约为 500m

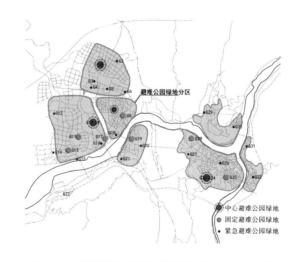

图 5-49　涪陵区避难公园.绿地片区及等级划定图

3.公园绿地容量控制

公园绿地协同网络中的枢纽节点对公园绿地服务效能可靠性影响较大。可通过控制游客容量、节假日活动频率和位置，保持公园绿地在各类突发情况下的正常使用。依据上述原理，可将公园绿地划分为核心、重要、一般等三个层级，按照层级对公园绿地的使用容量进行控制，保障高层级公园绿地在节假日期间的正常服务。

以内江市为例，对内江市公园绿地网络中的枢纽公园绿地进行容量核心控制，包括 G6、G9、G16、G13、G21、G27、G28、G29、G30 公园绿地；对其他公园绿地进行容量重要控制，包括 G1、G2、G3、G11、G12、G15、G32、G39、G42、G46 公园绿地。这些公园绿地在考虑自身用地规模及游客容量的情况下，可按照以上划分等级进行保护与控制，防止出现高峰旺季游客爆满等各种抑制公园绿地市区社会服务能力的情况发生，影响公园绿地网络的协同效果(图 5-50)。

图 5-50　内江市公园绿地容量控制规划图

5.5　本章小结

本章以公园绿地系统的协同可靠性为导向，通过运用复杂网络分析的"2-模"建模方法，构建了"公园绿地-居住用地"的"2-模"服务网络建模技术程式，并转换为"1-模"的公园绿地协同网络，对公园绿地协同网络的静态可靠性、动态可靠性进行分析。主要结论包括三个方面：第一，发现公园绿地协同网络呈现出"核心-边缘"的整体分布特征，位于网络核心位置的绿地在系统中起到了重要作用；第二，对公园绿地协同网络的动态可靠性研究，发现公园绿地协同网络完整性差异大；第三，对公园绿地系统提出规划策略与建议，如对公园绿地进行分类划定、对公园绿地运营容量进行控制、提出公园绿地系统规划布局模式等，这些工作从公园绿地服务城镇的角度做了一些探索，或是对传统公园绿地规划设计所做的一些补充。

第6章 街区步行系统可靠性：
以重庆商业街区为例①

快速城镇化引领城市商业街区蓬勃建设，随之而来的是商业街区内步行系统呈现出网络化、立体化、功能复合化的发展特点与态势。商业街区步行系统既是商业街区开放空间，又承担了交通联系功能，是城市商业街区平时场所可达性与灾时疏散安全性的重要物质载体，其连通可靠性的重要价值和综合科技含量日渐突出。

本章首先梳理重庆主城区五大商业街区及其步行系统的发展历程与建设现状，从商业街区与步行系统两个层面总结可靠性问题。其次，创新引入复杂网络理论方法，基于商业街区步行系统的开放空间与交通联系两大功能，分别构建重庆五大商业街区步行系统的"地理空间网"及"步行设施网"。基于复杂网络模型总结其统计特征，进行拓扑结构静态可靠性分析和故障条件下动态可靠性分析，进而提出重庆商业街区步行系统可靠性规划策略。

6.1 步行系统研究现状与问题

6.1.1 国内外研究与实践进展

1.研究阶段

商业街区步行系统属于步行系统范畴，可大致分为萌芽、快速发展、全面深入三个阶段。

萌芽阶段主要关注步行系统的空间设计，提出了人车分离的基本思想、居住区交通与过境交通分离等理论和方法。代表理论和实践有 1922 年勒·柯布西耶提出的立体交通系统[281]，1928 年克拉伦斯·斯坦与亨利·赖特规划完成的"雷德朋体系"[282]，1929 年西萨·佩里提出的"邻里单位"理论[283]。该阶段，由于城市的机动化发展，德国城市中心逐渐开始建设步行化交通。英国在新城开发中普遍运用"邻里单位"理论与"雷德朋体系"道路布局模式，并在新城购物中心进行步行化试点建设。

快速发展阶段的步行系统建设实践有两大特点，其一是在空间环境营造的基础上，注重使用者的情感与文化需求；其二是通过交通管理政策，自上而下地进行引导和管理。代

---

① 本章内容根据冯洁的硕士论文《重庆商圈步行路网可靠性规划研究》改写。

表理论和实践有 1956 年凯文·林奇提出的城市意象理论、1963 年布恰南报道的推行人车混行模式[284]、1965 年简·雅各布斯倡导的街道社区理论[285]以及 1970 年德国交通安宁政策[286]；此外，20 世纪 80 年代还出现了街道共享理论，如 1986 年扬·盖尔的交往与空间理论。该阶段，西方国家内城复兴运动使城市中心区大规模推进步行化。如德国通过对步行区采取车辆限行政策，改善中世纪狭窄混乱的中心区道路系统，提高其步行区商业与环境社会吸引力。

全面深入阶段，步行系统研究范围更广，涉及内容更细化，20 世纪 90 年代安德雷斯·杜安尼和伊丽莎白·普拉特赞伯克夫妇提出了体现新城市主义的传统邻里发展模式（traditional neighborhood development，TND）和公交主导发展模式（TOD），将土地利用、公共交通与步行交通相结合，创造高效的交通体系。此后，商业街区步行理论与步行系统得到深入发展与全面建设。商业街区布局形态从商业干道发展到全封闭或半封闭步行街，从自发形成的商业街坊发展到多功能的步行商业街，从单一平面的商业购物环境发展到地上地下空间综合利用的立体化巨型商业综合体。

2.研究内容

商业街区步行系统研究内容主要包括交通调查评价与需求预测、步行系统品质改善与空间设计、步行系统规划与网络化研究、疏散道路评价与安全研究四个方面。

交通调查评价与需求预测方面，包括对商业区行人步幅、步速、过街流量等情况进行调查，研究该区域交通现状和交通特性[287]，建立综合评价指标体系对交通现状进行客观评价[288]；步行系统品质改善与空间设计方面，通过研究阳光、风速[289]、复杂人流等对步行舒适度的影响，从完善道路网络、优化步行设施和提升步行环境方面提出步行品质的改善建议[290]和环境营造策略；步行系统品质改善与空间设计上，着重对不同类型的交通系统公共空间[291]、商业街区的空中步行连廊、城市中心区立体步行交通系统[292]的设计策略和实施机制进行研究探讨；步行系统规划与网络化研究方面，重点对城市中心区步行系统的通达性、商业区地面步行系统和非地面步行系统完整性、步行区规划与城市中心区城市交通规划结合程度[293]、商业步行空间网络化设计和空间网络形态模式进行研究；疏散道路评价与安全研究方面，主要包括以商业中心区避难道路为对象，建立灰关联分析法的实证研究[294]，采用层次分析法构建山地城市中心区避难疏散评价模型。

3.研究方法

步行系统研究主要采用 GIS 和空间句法两种技术方法，对其空间公共属性进行数理逻辑描述[295]。此外，复杂网络理论在步行系统的研究中也初露端倪（表 6-1）。

4.实践模式

随着商圈的扩容提质，步行系统发展迅速，如丹麦哥本哈根、加拿大蒙特利尔地下城、美国明尼苏达阿波斯利、中国苏州观前街等商业步行街区均蜚声内外。依据商圈步行活动发生的特点、组织形式等，可以将商圈步行系统总结为地面层步行系统、地上步行系统、地下步行系统、三维立体步行系统四种主要实践模式（表 6-2）。

表 6-1 步行系统三种研究方法对比

分析方法	方法优势
GIS	GIS 数据库的建立，可实现数据和图形的采集、更新、显示、查询、分析与管理，信息更全面，分析结果更高效、更可靠；通过对步行系统进行分析与评价，为城市交通规划建设、管理评估等提供重要依据
空间句法	运用空间句法研究道路的整合度、控制度、连接值、深度值、智能值等句法变量，可衡量道路空间的可达性、场所性、流动性、整体性、可记忆性等
复杂网络分析	复杂网络可以对各类实体或非实体网络的特征结构、统计属性、动力学机制、演化机理进行研究

表 6-2 商圈步行系统实践模式

模式	地面层步行系统		地上步行系统	地下步行系统	三维立体步行系统
	枢纽型	线型			
特点	地面步行街为主导，人行道为辅助	主要步行街道串联其他街道	空中步行网络串联建筑	地下步道连通地铁、公交、商铺	地面、空中、地下步道形成综合步行系统
组织形式	向心式、鱼骨式、树形式、网格式		串联式、并联式、平台式、中庭式	串联式、并联式、中心大厅式	混合式
案例	哥本哈根中心商业区步行系统	苏州观前街步行系统	美国明尼苏达阿波斯利步行系统	加拿大蒙特利尔地下城步行系统	重庆观音桥商圈步行系统
图示					

6.1.2 重庆建设现状与问题

重庆特有的"两江四山"地形地貌造就了城市空间"多中心、组团式"的发展模式，每个组团都有一个商业中心，又称"商圈"，整个城市形成典型的多核心商圈布局。商圈步行系统也从传统的线型步行系统，逐步发展为三维步行系统(图 6-1)。

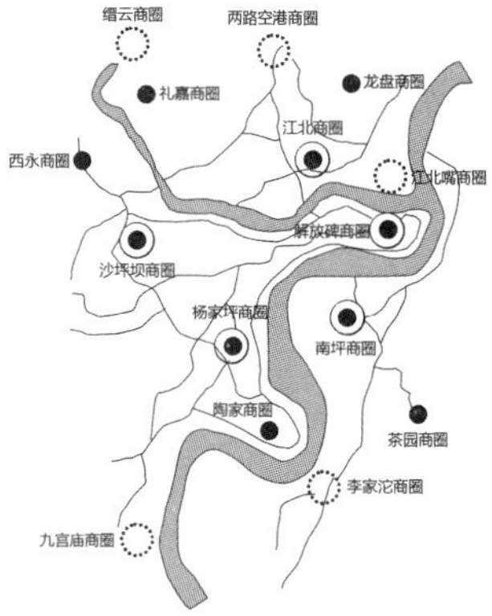

1.商圈建设发展历程

商圈发展可大致分为萌芽、集聚、扩散、成熟四个阶段，重庆商圈大多处于扩散阶段或扩散至成熟的过渡阶段。

图 6-1 重庆商圈分布图(据贾莹[296]，改绘)

1)萌芽阶段——简单集聚，发展缓慢

萌芽阶段的商业设施集聚于交通便利、人流集中的中心地段，形成最初的商业区。该阶段整个商业网点系统处于混沌无序的状态。典型的如 2002 年前的观音桥商圈，整体规模较小，观音桥商圈以建新北路两侧为主要商业集聚地[图 6-2(a)]。

2）集聚阶段——规模经济，快速发展

在集聚效应的作用下，良好的区位优势吸引了大量的商业设施，商业网点数量快速增长且规模不断扩大，人流和消费行为增多，地价大幅升值，原来零星的商业网点连接成区域，形成商圈。以 2003 年至 2006 年观音桥商圈为例，原有的沿街布局模式被打破，逐渐形成休闲、娱乐、购物为一体的空间布局模式[图 6-2（b）]。

3）扩散阶段——内部优化，稳定发展

随着商圈规模的持续增加，商业业态和空间结构开始不能适应商圈发展的要求。新的商业业态致使城市商业空间开始由水平组合向垂直组合发展，商圈内部空间结构继续调整优化。这一阶段内，商圈发展处于相对停滞的状态，商圈系统内部自身的调整能力已不能改变其结构以适应商圈发展，需通过他组织的机制改变商圈内部结构。以 2007 年至 2009 年的观音桥商圈为例，在经历了上一阶段空间的爆发式增长以后，商圈基本建成。由于其强大的集聚效应，各类大型百货纷纷入驻，商圈发展逐步稳定[图 6-2（c）]。

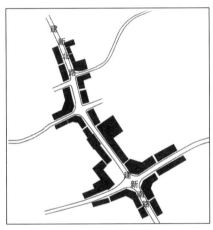

（a）2002年前观音桥商圈

（b）2002~2006年观音桥商圈

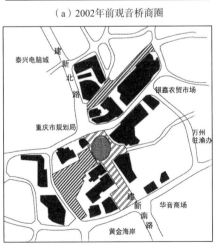

（c）2007~2009年观音桥商圈

（d）2010年至今观音桥商圈

图 6-2　观音桥商圈发展阶段示意

4) 成熟阶段——扩容提档，有序稳定

商圈在经过扩散阶段以后，系统内部结构通过优化，进入平衡稳定的状态。交通及环境恶化问题得到缓解，商圈逐步实现社会、经济、环境的包容性发展；同时经过商圈内部的优胜劣汰，商圈大、中、小型业态设施结构合理，并保持适度的集聚规模效益。整个系统进入有序状态，形成成熟稳定的商圈。以2010年至今的观音桥商圈为例，随着重庆两江新区成立，观音桥辐射范围与人口结构均发生变化，引起商圈空间布局的变化。商圈空间开始向东南部扩展，商业设施围绕步行街布局，商务办公及住宅建筑主要布局在城市道路周边，整体空间形成"中心广场+商业+商务办公"的圈层式布局模式[图6-2(d)]。

2.商圈步行系统建设发展历程

重庆商圈步行系统发展主要分为契合地形的单一功能步行空间发展阶段、机动化影响下的多样化步行空间发展阶段、直辖后立体化复合化步行空间发展三个阶段，其建设背景、特征及案例如表6-3。

表6-3 重庆商圈步行系统发展建设情况

时间	20世纪80年代之前	20世纪80~90年代中后期	1997年直辖至今
阶段	单一功能步行空间发展阶段	多样化步行空间发展阶段	立体化复合化步行空间发展阶段
背景	大规模城市建设尚未起步	人车矛盾突出，人车分离需求迫切	城市新一轮的开发，城市密度高、建设用地少
特征	相对平缓，在地形高差较大的局部地段，形成连续室外踏步、坡道、平台等步行空间	步行街兴起，出现以人车分流为目的的立体步行空间	步行空间系统化、集约化、立体化，与个体建筑、轨道枢纽相结合；注重环境行为建设，功能复合
案例	棉花街，瓷器街，解放碑(20世纪80年代)	上清寺人行天桥(1985)，观音桥玻璃钢人行天桥(1988)，沙坪坝三角碑人行地道(1987)	沙坪坝三峡广场下沉广场(1997)，龙湖时代天街地下美食街(2014)，杨家坪步行街地铁站(2016)

3.典型商圈步行系统建设现状

通过地图查询法与实地调查法，获得沙坪坝、解放碑、观音桥、杨家坪、南坪等重庆五个典型商圈步行系统的基础数据，将地面步行系统简化为步行道、人车混行道、路侧人行道三类。

1) 沙坪坝商圈步行系统

沙坪坝商圈步行系统由三峡广场地面步行与地下步行系统组成，地面步行系统以人行步道为主，地下步行系统又分为地下商业街与地铁站(图6-3)，有少量的人车混行道路；地下商业街面积较大，分为A~I九个片区，以G区中庭为中心，研究范围内包含三角碑地下转盘等16个出入口组成；沙坪坝地铁站包括3个出入口，其中2个出入口位于研究范围内。

2) 解放碑商圈步行系统

解放碑商圈步行系统有"十字金街"之称，地面步行和地下步行系统(地下商业街与地铁站)共同构成商圈步行系统(图6-4)。中央的十字步行街为步行路段，中央十字街外以人车混行和人行道为主。地下商业街包含8个出入口，地下步行系统的临江门地铁站有4个出入口。

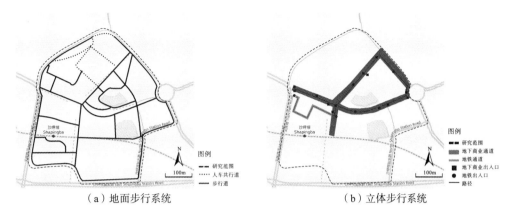

（a）地面步行系统　　　　　　　　　　（b）立体步行系统

图 6-3　沙坪坝商圈步行系统

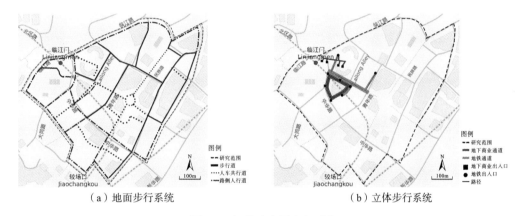

（a）地面步行系统　　　　　　　　　　（b）立体步行系统

图 6-4　解放碑商圈步行系统

3）观音桥商圈步行系统

观音桥商圈步行系统以中央街道为中心，地面高差大，道路结构复杂(图 6-5)。观音桥商圈沿干道设置人行道，地块内穿插人车混行道。观音桥地下商业呈块状分布，研究范围内包含 15 个主要出入口，观音桥地铁站有 5 个主要出入口。

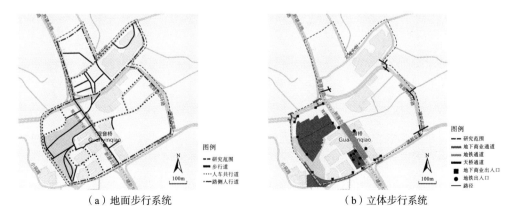

（a）地面步行系统　　　　　　　　　　（b）立体步行系统

图 6-5　观音桥商圈步行系统

4）杨家坪商圈步行系统

杨家坪商圈步行系统呈环形放射状，地块内以步行道为主，穿插少量人车混行道（图6-6）。其步行系统密度较小，南北两地块通过天桥联系；地下商业呈块状分布，有8个出入口。杨家坪地铁站位于地上层，有2个主要出入口与天桥系统相连，其天桥系统最为复杂。

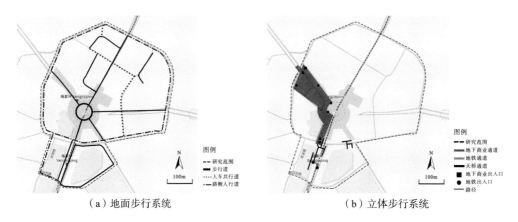

（a）地面步行系统   （b）立体步行系统

图6-6 杨家坪商圈步行系统

5）南坪商圈步行系统

南坪商圈步行系统以江南大道为核心，西侧为人行道。江南大道下为线型商业街，并与南坪地铁站相连，共有11个主要出入口（图6-7）。由于研究范围限定于万达广场，因此整体步行系统向心性明显，道路较为规整。

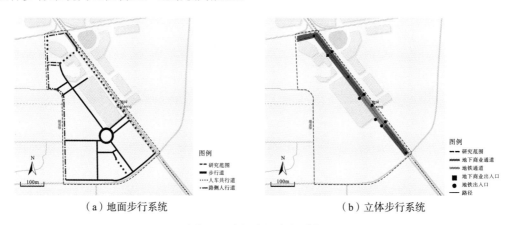

（a）地面步行系统   （b）立体步行系统

图6-7 南坪商圈步行系统

6）小结

在现状调研的基础上，总结重庆五大商圈步行系统的基本特征（表6-4）。其中观音桥、杨家坪商圈步行系统由地面、地下、地上三层组成，解放碑、沙坪坝、南坪商圈步行系统由地面、地下两层组成；沙坪坝与解放碑路网密度较大，南坪、杨家坪路网密度较小。基于步行系统的基本特征分析与总结，商圈步行系统存在步行系统不完整、步行设施相对缺乏、舒适性不佳、步行系统效能不足、容错性低等可靠性问题。

表 6-4　重庆五大商圈步行系统现状一览

商圈	解放碑	观音桥	沙坪坝	南坪	杨家坪
路网组成	地面、地下二层	地面、地下、地上三层	地面、地下二层	地面、地下二层	地面、地下、地上三层
地下设施	线型	块状	线型	线型	块状
地上设施	无	天桥系统沟通地块外部	无	无	天桥系统沟通地块内部

6.2　步行系统可靠性研究设计

6.2.1　研究方案

1.可靠性问题解析

商圈步行系统复杂的现实环境致使步行系统有着脆弱性高、可靠性不足的特点。商圈处于人流、车流、信息流交汇的城市中心地带，具有高密度、高容积率、高人流量、功能复合等特点。商圈步行设施立体化、复杂化发展的同时，也易导致连接不足、可达性差等现实问题。此外，商圈步行系统承担着"开放空间"和"交通路网"两大功能，在商圈规划建设中，步行系统作为人们购物、休闲、娱乐等日常活动的场所，交通联系作用较少考虑，而更少考虑灾时的疏散可靠性问题。

复杂网络为商圈步行系统可靠性研究提供新思路。其一，包括步行系统在内的城市基础设施可抽象为复杂的网络系统，复杂网络理论与方法可对其进行模拟；其二，复杂网络已运用于电力、市政等基础设施的研究，城市道路网络、公交网络、航空网络、轨道交通网络的研究也日益丰富，也适用于商圈步行系统的规划建设研究(图 6-8)。

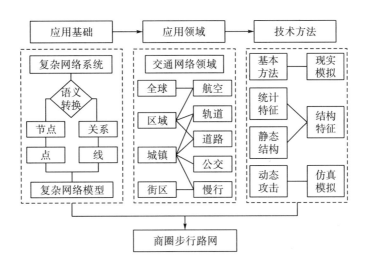

图 6-8　复杂网络理论在商圈步行系统领域的适应性研究

2.技术路线

商圈步行系统的可靠性研究总体分为四个步骤(图 6-9)，分别为数据获取、模型构建与特征评价、网络结构与可靠性分析、分析结果与优化策略，其中模型建构与特征评价、网络结构与可靠性分析是研究的核心内容。

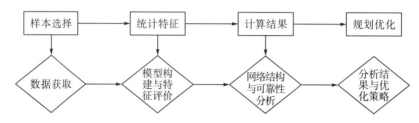

图 6-9　步行网络可靠性研究技术路线

6.2.2　模型构建

商圈步行系统包括交叉口和路段两个基本要素，由于路段间的相互连通性，可将步行网络视作无向网络。将商圈步行系统进行抽象，建立复杂网络模型。

1.商圈步行系统的语义模型构建

1)商圈步行系统的双重内涵

商圈步行系统有两个层面的重要意义，一方面是与商业设施紧密相关的开放空间；另一方面是地块商业设施间的联系通道。前者作为商业用地的附属，凸显了空间结构的重要意义；后者更注重作为路网所发挥的交通功能。(表 6-5)。

表 6-5　商圈路网的内涵与建模方法

角色	商圈开放空间	交通路网
核心内容	开放空间	交通联系
功能示意图		

2)商圈步行网络的语义模型

依据商圈步行系统的双重内涵与重庆商圈立体化交通的现状特点，针对商圈地面路网构建"地理空间网"，针对商圈三维立体路网构建"步行设施网"(图 6-10)。

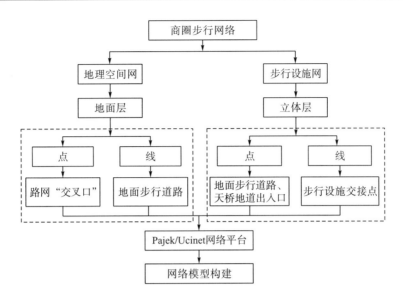

图 6-10　商圈步行网络构建方法与语义模型

地面层的步行地理空间网，以路网交叉口为"节点"，以交叉口之间的步行路径为"连边"，直接、客观地反映商圈步行网络的地理关系。需要指明的是，地理空间网仅选取地面层路网而不包含商圈地上与地下步行设施，主要反映的是步行路网地理位置与开放空间的物理环境。

步行设施网以步行设施为节点，以步行设施之间是否连接交叉为"连边"，深层次地反映商圈步行流线拓扑结构关系[①]。需要指明的是，地上与地下层步行设施网采取出入口作为"节点"，主要原因是灾害情景下人流主要通过天桥、地道出入口等设施向地面疏散，商圈步行路网地上、地下层与地面层之间交通的联系，远大于其内部路径联系的重要性。所以在地面层选取道路，在地上与地下层以步行设施代替路径，构建立体步行设施网（图 6-11）。

2.数据收集

1）步行设施基础数据

将重庆沙坪坝、解放碑、观音桥、杨家坪、南坪商圈步行系统抽象为包含步行设施组成的立体步行系统（图 6-12）。由图可知，沙坪坝、解放碑、南坪商圈路网由地面与地下两层步行系统组成；观音桥、杨家坪商圈路网由地面、地下、地上三层步行系统组成；商圈地面层步行系统中，沙坪坝、解放碑、南坪的地面步行系统相互连通，观音桥、杨家坪地面步行系统被划分为几部分，无法完全连通。

---

① 商圈三维立体路网有着与地面路网截然不同的特点：地面层路网的核心为道路路段，地上层与地下层路网的核心为与地面相连接的出入口。因此，本研究将地面层道路路网、地上与地下层天桥、地道出入口等统称为商圈路网步行设施。

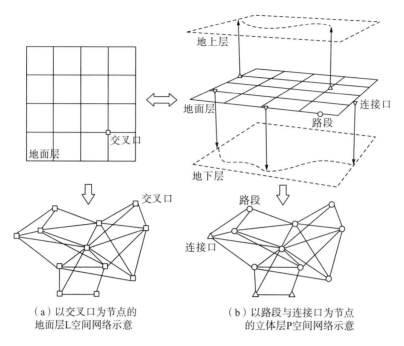

（a）以交叉口为节点的
地面层L空间网络示意

（b）以路段与连接口为节点
的立体层P空间网络示意

图6-11　商圈步行网络语义模型

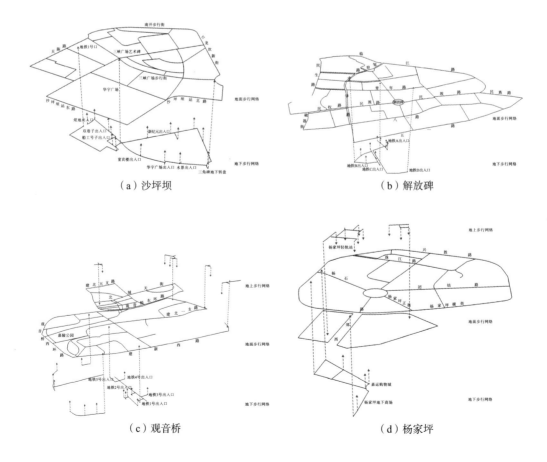

（a）沙坪坝

（b）解放碑

（c）观音桥

（d）杨家坪

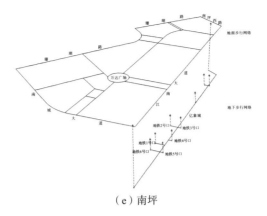

（e）南坪

图 6-12　五大商圈步行路网简要示意

2）地理空间数据处理

通过地图查询法与实地调研法获得商圈步行路径交叉点的地理空间数据。通过"百度地图坐标拾取系统"进行路网交叉点坐标采集。以沙坪坝商圈为例，收集 GCJ-02 坐标数据（表 6-6）。

表 6-6　沙坪坝区商圈路网 GCJ-02 坐标收集示意　　　　　　（单位：（°））

步行路径交叉点编号	经度	纬度	步行路径交叉点编号	经度	纬度
1	106.461 624	29.559 704 4	23	106.460 049	29.557 736 7
2	106.461 708	29.559 242 6	24	106.459 740	29.557 838 3
3	106.463 005	29.558 963 6	25	106.460 299	29.558 267 4
4	106.463 175	29.558 856 3	26	106.461 247	29.558 414 5
5	106.464 239	29.557 550 0	27	106.459 972	29.558 642 7
6	106.462 665	29.558 538 3	28	106.460 098	29.558 770 6
7	106.462 518	29.558 422 0	29	106.462 351	29.556 224 2
8	106.463 000	29.557 923 4	30	106.463 563	29.556 231 1
9	106.463 380	29.557 430 4	31	106.464 891	29.556 826 5
10	106.463 510	29.557 200 4	32	106.463 464	29.554 863 5
11	106.462 409	29.556 853 1	33	106.461 331	29.554 818 5
12	106.462 472	29.557 196 1	34	106.459 466	29.555 702 1
13	106.462 173	29.557 678 6	35	106.462 357	29.559 766 6
14	106.461 954	29.557 864 2	36	106.461 033	29.558 568 3
15	106.461 484	29.557 385 0	37	106.459 954	29.558 430 4
16	106.461 327	29.557 268 6	38	106.464 301	29.557 885 1
17	106.461 192	29.556 642 5	39	106.464 646	29.557 407 6
18	106.461 148	29.556 248 8	40	106.461 015	29.558 038 0
19	106.461 104	29.555 722 1	41	106.459 878	29.556 234 1
20	106.460 687	29.555 719 9	42	106.459 918	29.556 109 7
21	106.459 497	29.556 220 6	43	106.460 656	29.556 088 5
22	106.459 560	29.556 909 6	44	106.461 089	29.555 187 9

3.数据处理

1)地理空间数据处理

以南坪商圈步行路径为例,商圈地理空间网以地面层步行路径交叉口为"节点",以步行路径路段为"连边",以此构建步行地理空间网络(图6-13)。

2)步行设施数据处理

以南坪商圈路网为例,商圈路网交通设施网以步行设施,即地面层步行路径路段,地下地上层天桥、地道口为"节点",以步行设施间的交接点为网络的"连边",以此构建步行设施网络(图6-14)。

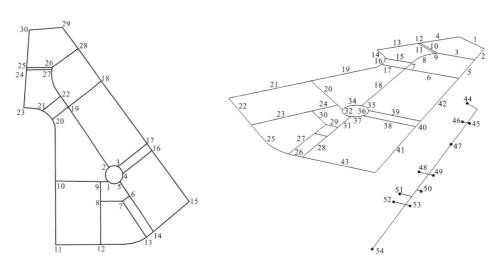

图6-13 南坪地理空间网数据编号示意图 图6-14 南坪步行设施网数据编号示意图

4.商圈步行网络模型构建

1)地理空间网模型构建

沙坪坝网络由44个节点、109条边组成;解放碑网络由85个节点、216条边组成;观音桥网络由71个节点、170条边组成;杨家坪网络由42个节点、100条边组成;南坪网络由30个节点、75条边组成。解放碑网络规模最大,南坪网络规模最小。地理空间网络上,杨家坪、南坪网络中心明显,沙坪坝网络节点分布较为均质,解放碑、观音桥呈现节点的组团集聚性(图6-15)。

2)步行设施网模型构建

沙坪坝网络由71个节点、226条边组成;解放碑网络由124个节点、386条边组成;观音桥网络由125个节点、380条边组成;杨家坪由69个节点、219条边组成;南坪网络由54个节点、68条边组成。观音桥网络规模最大,南坪最小。图6-16显示,沙坪坝、解放碑、南坪网络分布较均质,杨家坪、观音桥网络体现出一定的组团分化。

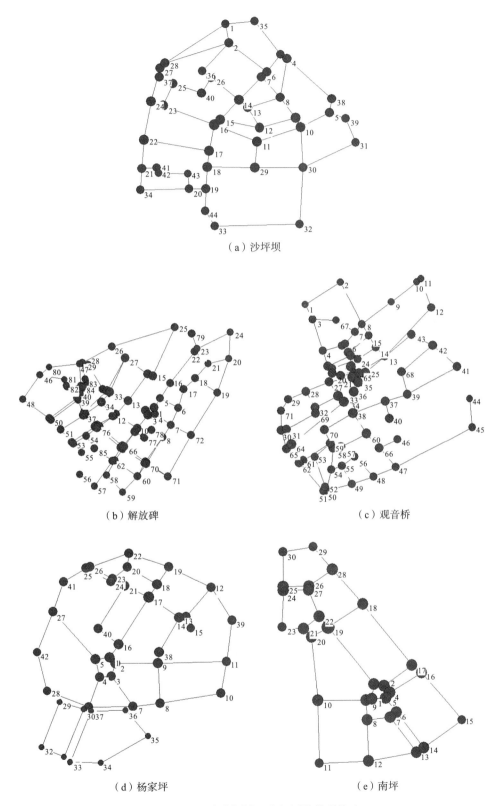

（a）沙坪坝

（b）解放碑　　　　　　　　　　　（c）观音桥

（d）杨家坪　　　　　　　　　　　（e）南坪

图 6-15　五大商圈地理空间网络模型构建

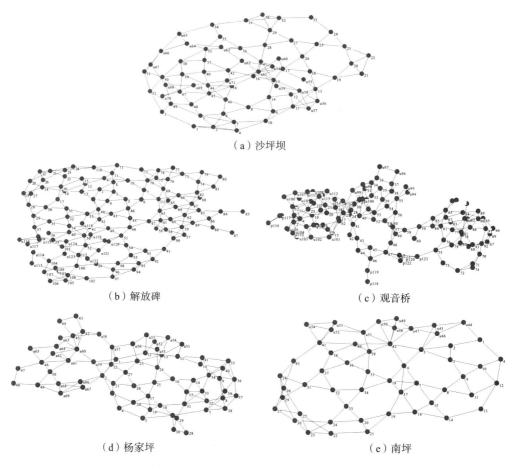

　　（a）沙坪坝

　　（b）解放碑　　　　　　　　　　　　　　（c）观音桥

　　（d）杨家坪　　　　　　　　　　　　　　（e）南坪

图 6-16　五大商圈步行设施网络模型构建

6.3　步行网络可靠性分析

6.3.1　统计特征

　　从地理空间网和步行设施网方面分别对度与度分布、聚集系数、平均路径长度进行统计特征计算（图 6-17），得出结论。

1.地理空间网

1）度与度分布

　　度表示路网某个交叉口与其他交叉口联系的个数，度分布 $p(k)$ 表示路网中与其他交叉口相连次数是 k 的交叉口的概率。根据式（1-1）与式（1-2），商圈步行网络度分布及累积度分布的计算结果显示

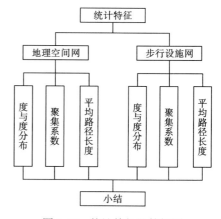

图 6-17　统计特征计算框图

（图 6-18），沙坪坝、解放碑、观音桥、杨家坪、南坪网络度值为 3 的节点占比分别为 54.5%、48.2%、57.7%、50.0%、80.0%，说明大多数步行路径交叉点与其他三个交叉点相连；度值大于等于 4 的节点占比较小，占比分别为 13.6%、28.2%、9.9%、9.5%、3.3%。

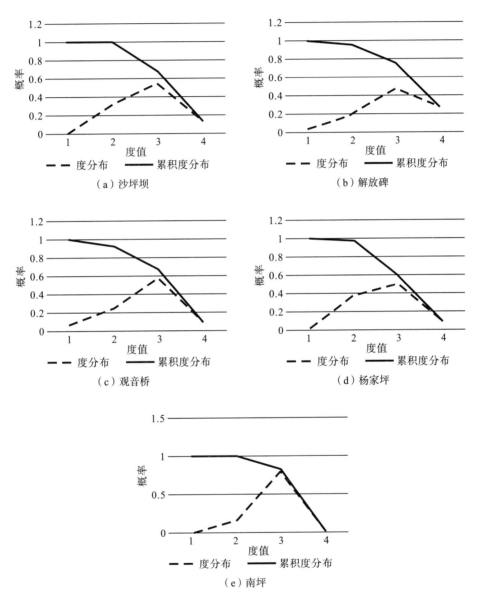

图 6-18　五大商圈步行地理空间网节点度分布与累积度分布

2) 聚集系数

聚集系数表示路网交叉口之间联系的紧密程度。根据式(1-11)，沙坪坝、解放碑、杨家坪平均聚集系数分别为 0.0189、0.0508、0.0163，观音桥、南坪网络的平均聚集系数为 0；网络整体的平均聚集系数较小。见图 6-19。

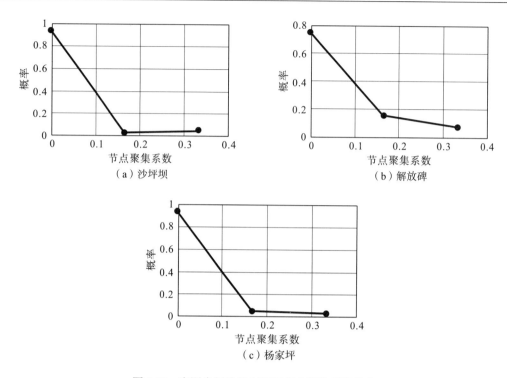

图 6-19 商圈步行地理空间网节点聚集系数分布

3）平均路径长度

平均路径长度表示两个路网交叉点相联系需要经过的步行路径平均是多少条。根据式（1-5），计算沙坪坝、解放碑、观音桥、杨家坪、南坪平均路径长度值分别为 4.4313、6.2308、6.8969、3.7665、3.8207；网络直径

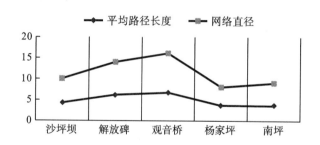

图 6-20 五大商圈步行地理空间网平均路径长度与网络直径

分别为 10、14、16、8、9（图 6-20）。网络直径与平均路径长度差异较大。由节点平均路径长度分布可知，平均路径较长的节点比例较小（图 6-21）。

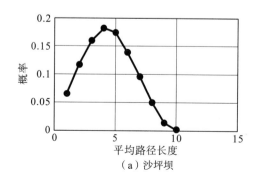

（a）沙坪坝

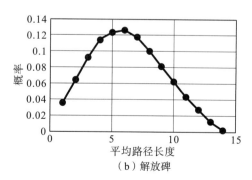

（b）解放碑

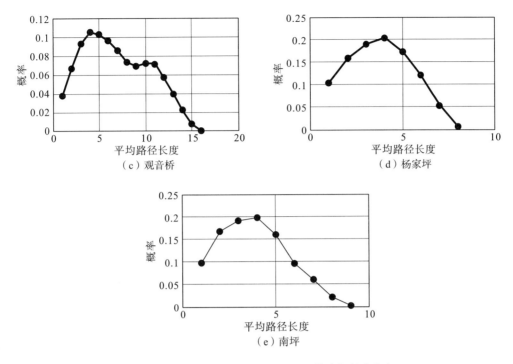

图 6-21　五大商圈步行地理空间网平均路径长度分布

2.步行设施网

1）度与度分布

度表示该路网某个地面步行路径或天桥地道出入口与其他地面步行路径或天桥地道出入口联系的个数，度分布 $p(k)$ 表示路网中与其他地面步行路径或天桥地道出入口相连次数是 k 的地面步行路径或天桥地道出入口的数量。根据式(1-1)与式(1-2)，商圈网络度分布计算结果显示(图 6-22)，沙坪坝、解放碑、观音桥、杨家坪、南坪网络度值为 4 的节点占比分别为 40.8%、43.5%、43.2%、40.6%、61.1%，说明大多数路径与其他四条路径或出入口相连；度值大于等于 6 的节点占比较小，占比分别为 11.3%、11.3%、12.0%、10.1%、5.6%。

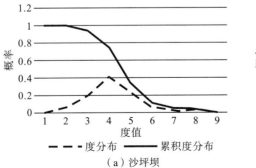

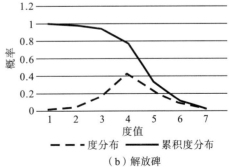

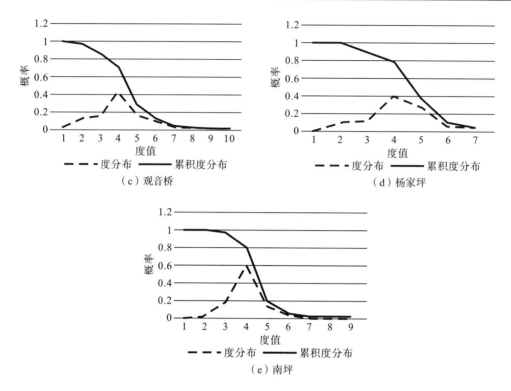

图 6-22　五大商圈步行设施网度分布与累积度分布

2）聚集系数

聚集系数表示路网地面步行路径或天桥地道出入口等"节点"之间联系的紧密程度。根据式(1-11)，沙坪坝、解放碑、观音桥、杨家坪、南坪平均聚集系数分别为 0.3440、0.3344、0.3452、0.3531、0.3731。由计算结果可知，大多数节点的聚集系数为 0.3 左右，网络聚集性较强（图 6-23）。

3）平均路径长度

平均路径长度表示任意两个路网节点相联系需要经历的路径数量。根据式(1-5)，计算沙坪坝、解放碑、观音桥、杨家坪、南坪平均路径长度值分别为 4.0793、5.8133、6.5763、4.4919、3.9490；网络直径分别为 9、13、15、10、9。见图 6-24。

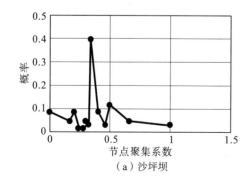

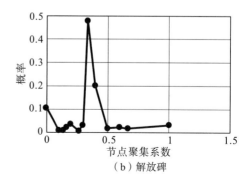

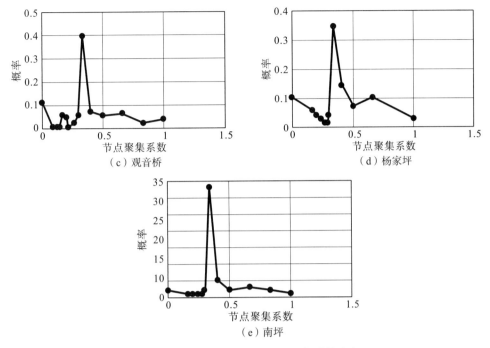

图 6-23　五大商圈步行设施网聚集系数分布

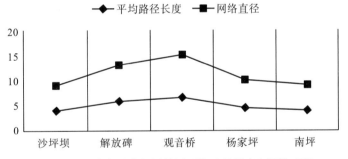

图 6-24　五大商圈步行设施网平均路径长度与网络直径

　　由节点平均路径长度分布可知(图 6-25)，平均路径较长的节点比例较小，沙坪坝、解放碑、观音桥、杨家坪、南坪步行路网节点的平均路径长度小于网络平均路径长度的比例分别为 60.4%、47.2%、52.9%、52.5%、42.0%。

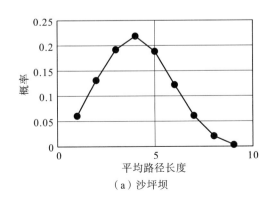

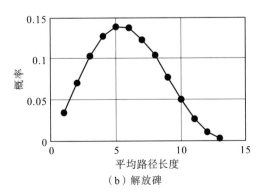

（a）沙坪坝　　　　　　　　　　（b）解放碑

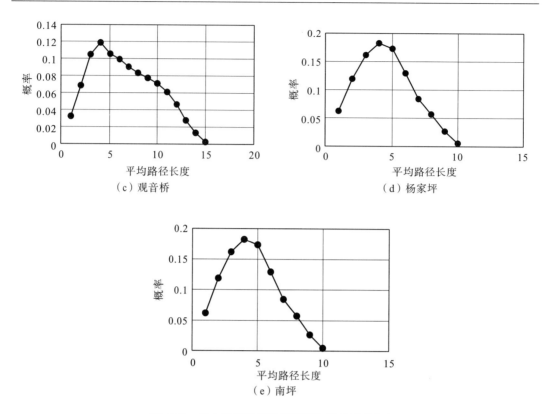

图 6-25 五大商圈步行设施网平均路径长度分布

3.小结

针对地理空间网与步行设施网，分别从度与度分布、聚集系数、平均路径长度来判断复杂网络的特性与基本类型，并对结论进行总结。

1）无标度特性

由度分布曲线可知，商圈地理空间网与步行设施网的度分布不满足幂律分布，两种网络均不具有无标度特性[297, 298]。商圈步行系统是街区尺度的道路系统，与互联网等虚拟网络或区域、城市尺度的大规模道路系统不同，其规模小，被天然的限定于某一范围中，拥有节点数量有限，在连接上不能无限制发展。这导致商圈路网天然的"规模限制"与无标度网络的"增长"特性相悖，不具有无标度特征。

2）小世界特性

通过网络聚集系数、平均路径长度与相同条件下随机网络的对比可知（表 6-7），解放碑地面步行网满足 $L \geqslant LR$（平均路径长度），$C \gg CR$（聚集系数）[1]，具有小世界特性，而其他商圈的地理空间网则不具有小世界特性。

---

① C—聚集系数，L—平均路径长度，K—网络平均节点度，N—网络规模，LR—随机网络平均路径长度，CR—随机网络聚集系数。

表 6-7 商圈地理空间网计算指标一览

	C	L	K	N	LR	CR
沙坪坝	0.0189	4.4313	2.8182	44	3.652346	0.06405
解放碑	0.0508	6.2308	3.0118	85	4.029477	0.035433
观音桥	0.0000	6.8969	2.7042	71	4.284935	0.038087
杨家坪	0.0163	3.7665	2.6667	42	3.810675	0.063493
南坪	0.0000	3.8207	2.8667	30	3.229512	0.095557

通过网络聚集系数、平均路径长度与相同条件下随机网络的对比可知(表 6-8)，沙坪坝等五大商圈步行设施网满足均 $L \geqslant LR$，$C \gg CR$，平均路径长度较低，聚集系数较大，具有小世界特征。

表 6-8 商圈步行设施网计算指标一览

	C	L	K	N	LR	CR
沙坪坝	0.344	4.0793	4.2535	71	2.944364	0.059908
解放碑	0.3344	5.8133	4.1774	124	3.371559	0.033689
观音桥	0.3452	6.5763	4.0000	125	3.482892	0.032
杨家坪	0.3531	4.4919	4.2029	69	2.949005	0.060912
南坪	0.3731	3.949	4.0741	54	2.839842	0.075446

6.3.2 地理空间网络静态可靠性分析

步行网络拓扑结构是提升商圈步行路网可靠性的重要因素。步行系统作为城镇生命线系统的形式之一，可靠性主要表现为互通性机制，通过连续联通的步行路网组织输运双向人流。因此，步行路网的结构合理性是商圈步行系统可靠性的主要内涵。地理空间网可以真实反映步行路网现实系统互通性特征。

通过网络可达性指标的计算和优化，可提升路网的整体可达性；步行网络中心节点的识别，网络层级的划分，对节点或路段的优化设计具有重要意义；识别网络节点构成的组团，也有助于对地块进行片区划分和分片管理。因此，从可达性、中心性、层级性三方面，对地理空间网的拓扑结构进行分析。主要选取 4 个指标：运用网络密度指标对网络可达性进行分析；通过度数中心性与接近中心性两方面指标对网络中心节点进行识别；通过欧几里得指标分析网络层级性(图 6-26)。

1.可达性

网络密度表示地理空间网节点之间联络的紧密程度。根据式(1-15)，沙坪坝、解放碑、观音桥、杨家坪、南坪商圈网络密度计算结果分别为 0.0651、0.0354、0.0381、0.0635、0.0956。其中，南坪商圈步行可达性最高、解放碑商圈可达性最低(图 6-27)。

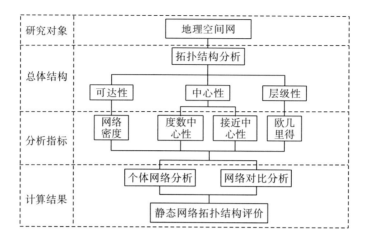

图 6-26   商圈步行网络静态可靠性分析框架

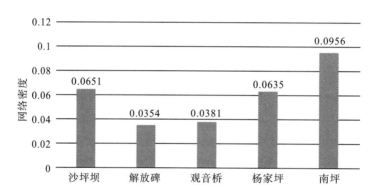

图 6-27   五大商圈步行地理空间网络密度分析

2.中心性

1) 点度中心性

根据式(1-17)计算可知,沙坪坝、解放碑、观音桥、杨家坪、南坪网络的点度中心势分别为 0.0288、0.0120、0.0190、0.0341、0.0419(图 6-28)。由图可知,解放碑点度中心势最小,节点之间较均质;南坪点度中心势最大,网络整体上表现出一定的向心性。

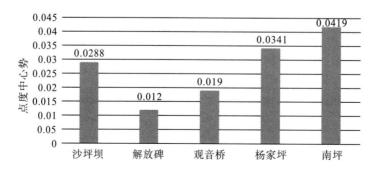

图 6-28   五大商圈地理空间网点度中心势分析

根据式(1-1)，计算五大商圈高度值节点，并将其对应的路网交叉口进行可视化表达（图 6-29）。沙坪坝、杨家坪、南坪路网高度值点呈点状分布，观音桥高度值点呈线状分布，解放碑高度值点呈片状分布。

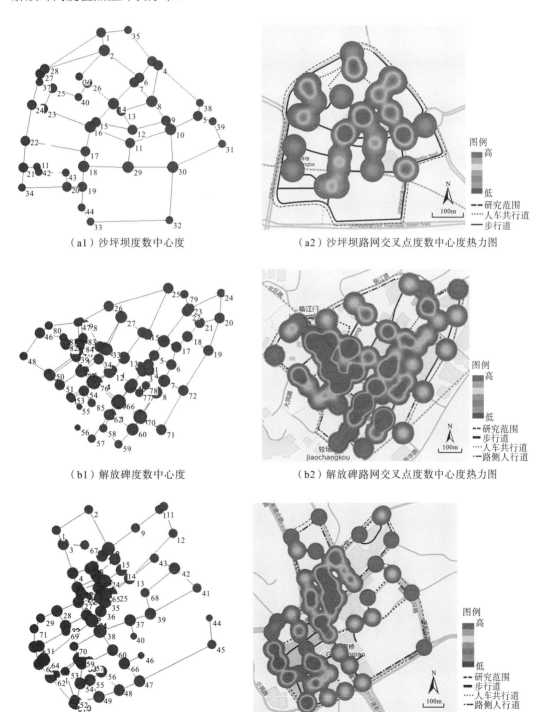

（a1）沙坪坝度数中心度　　　　　　　　　（a2）沙坪坝路网交叉点度数中心度热力图

（b1）解放碑度数中心度　　　　　　　　　（b2）解放碑路网交叉点度数中心度热力图

（c1）观音桥度数中心度　　　　　　　　　（c2）观音桥路网交叉点度数中心度热力图

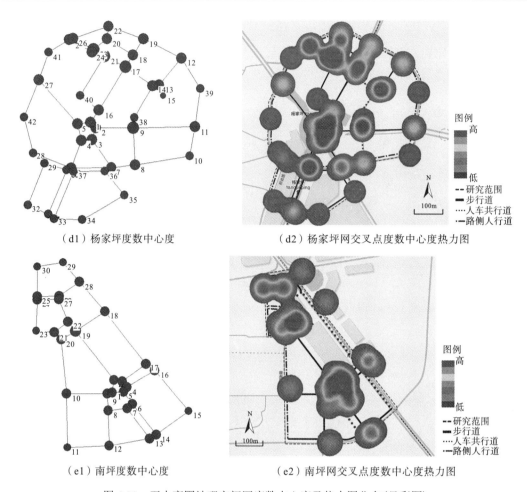

（d1）杨家坪度数中心度　　　　　　　（d2）杨家坪网交叉点度数中心度热力图

（e1）南坪度数中心度　　　　　　　　（e2）南坪网交叉点度数中心度热力图

图6-29　五大商圈地理空间网度数中心度及热力图分布（见彩图）

2）接近中心性

根据式（1-9），计算五大商圈高度值节点，并将其对应的路网交叉口进行可视化表达（图6-30），网络高值点反映了片区可达性较好的交叉点。图中显示，沙坪坝、杨家坪、南坪路网高度值点呈点状分布，解放碑高值点呈线状分布，观音桥高度值点呈片状分布。

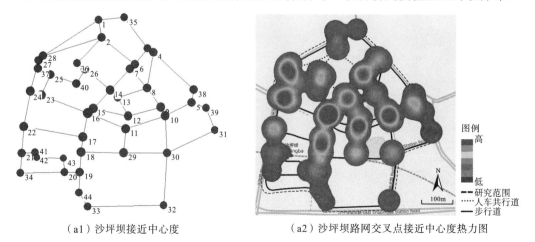

（a1）沙坪坝接近中心度　　　　　　　（a2）沙坪坝路网交叉点接近中心度热力图

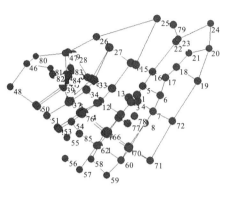

（b1）解放碑接近中心度

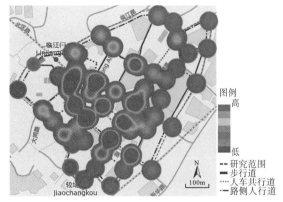

（b2）解放碑路网交叉点接近中心度热力图

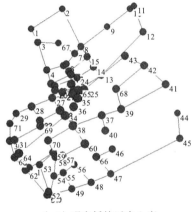

（c1）观音桥接近中心度

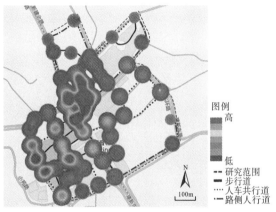

（c2）观音桥路网交叉点接近中心度热力图

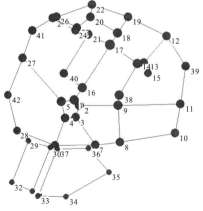

（d1）杨家坪接近中心度

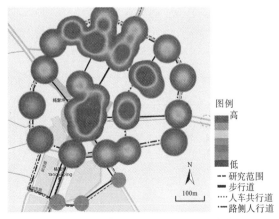

（d2）杨家坪路网交叉点接近中心度热力图

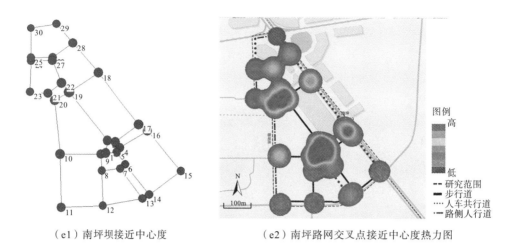

（e1）南坪坝接近中心度　　　　　　（e2）南坪路网交叉点接近中心度热力图

图 6-30　五大商圈地理空间网接近中心度热力图(见彩图)

3.层级性

用欧几里得距离可以表征网络层级值，距离越小表示网络中两个节点的结构越相似。根据式(1-16)，地理空间网层级计算结果显示：沙坪坝路网可划分为 26 个层级，其中节点占据 15 个层级；解放碑路网可划分为 42 个层级，其中节点占据 14 个层级；观音桥路网可划分为 39 个层级，其中节点占据 16 个层级；杨家坪路网可划分为 20 个层级，其中节点占据 7 个层级；南坪路网可划分为 16 个层级，其中节点占据 6 个层级(图 6-31)。

网络层级数量反映了网络内部等级差异，等级差异越大，表明网络分层越多。网络等级差异由大到小排列分布为解放碑、观音桥、沙坪坝、杨家坪、南坪；网络节点等级差异由大到小排列分布为观音桥、沙坪坝、解放碑、杨家坪、南坪。这也反映出网络的等级差异大小与网络规模大小呈正相关，较大的网络规模产生更复杂的网络层次。

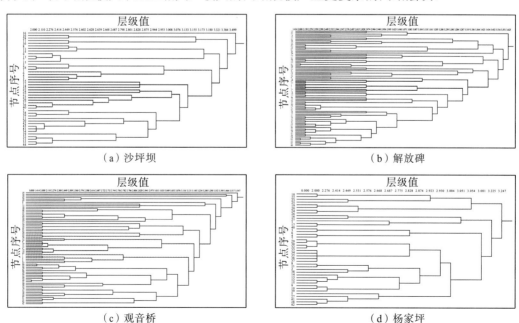

（a）沙坪坝　　　　　　　　　　　　　（b）解放碑

（c）观音桥　　　　　　　　　　　　　（d）杨家坪

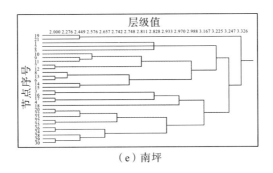

（e）南坪

图 6-31　五大商圈地理空间网欧几里得距离层级聚类图

　　五大商圈网络节点层级的数量分布如图 6-32 所示，上横坐标表示各层级的节点数量，下横坐标表示各层级的层级值，纵坐标表示由高到低的层级排列。总体而言，五大商圈网络大部分节点主要分布于较低层级，少部分分布于较高层级。其中沙坪坝、南坪有一定数量的节点分布于较高的层级，解放碑、杨家坪有一定数量的节点分布于中层级，而观音桥大部分节点都分布于低层级，呈现出金字塔分布。

　　五大商圈网络层级值分布曲线显示，南坪路网层级曲线最平缓，表明其节点各层级之间差异较小，其他网络层级曲线差异较大。

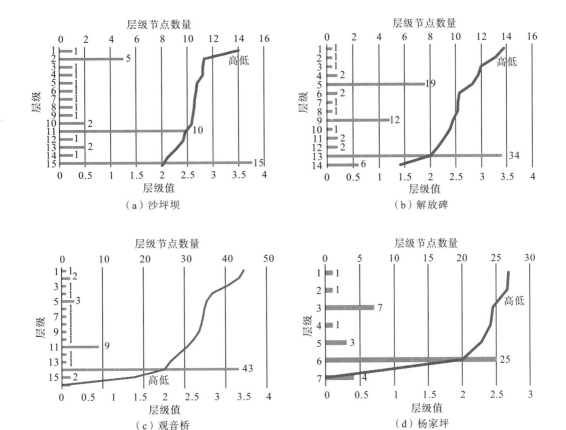

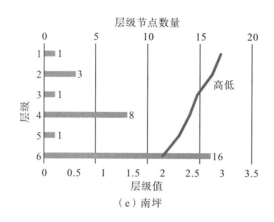

图 6-32　五大商圈地理空间网节点层级数量分布

商圈网络节点层级的数量分布对比如图 6-33 所示，横坐标表示节点的层级值，纵坐标表示节点在每个层级的分布概率。总体而言，五大商圈网络在层级值为 2 的节点分布最多，表明大部分节点位于较低的层级。其中，沙坪坝节点最少，表明其低层级节点较少；观音桥层级值不大于 2 的节点占比最多，表明其低层节点分布较多。解放碑、沙坪坝、观音桥路网分布着高层级值点，表明相对于杨家坪与南坪的高层级点，其高层级点等级更高。沙坪坝最高层级点与次高层级点差值最大，体现出沙坪坝网络中最高等级点的绝对地位。

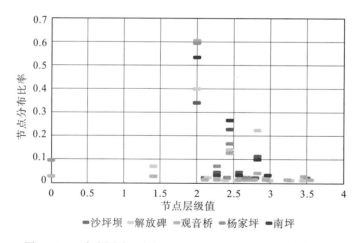

图 6-33　五大商圈地理空间网节点层级数量分布对比（见彩图）

4. 小结

针对地理空间网，分别从可达性、层级性、中心性三方面，通过网络密度、全局连通效率、度数中心、接近中心、欧几里得距离五个指标的计算，挖掘总体结构特征。

1）商圈发展有"可靠性范围"

由商圈步行网络可达性分析可知，网络达到一定规模后，可达性与网络规模呈负相关。解放碑与观音桥地理空间网的规模很大，测算出来的可达性、连通性和可靠性低于规模较小的其他商圈路网，这与现实情境相符合。现实世界中，由于地理空间的限制，当网络规模较大时，网络密度与效率均比较低，影响了商圈空间的可达性。

2)路网规模过大时，商圈中心易产生辐射不足的问题

网络向心性与网络规模呈负相关，网络规模较小的南坪、杨家坪网络的中心势大于规模一般的沙坪坝，大于规模较大的观音桥与解放碑网络。社会网络、城市群网络等现实网络中，随着网络规模的增大，中心的辐射力倾向于逐步减弱，易形成小团体结构。因此，小规模商圈规划设计宜设置单中心，中等规模网络则设置主副双中心，大规模网络设置多中心，从而避免单中心的辐射不足问题。

6.3.3　步行设施网络动态可靠性分析

现实生活中，往往会因为某段道路本身的连通性丧失，而导致商圈步行路网的"瘫痪"，特别是人流量大的重要路段，对路网结构、路网连通性和可靠性都会产生较大的影响。因此，在商圈路网建设规划中，通过故障模拟进行动态可靠性分析而识别出重要路段显得尤为重要。步行设施网采用对偶法对商圈步行路网进行抽象，保留了商圈步行路网的布局特点以及各条道路间的交通关系，是商圈真实步行系统的仿真模拟，反映了真实路网的交通属性。

现实生活中，城市商圈及其步行路网总是会面临各种风险要素导致的连通性丧失，如恐怖袭击、火灾、踩踏事件等。一般而言，大部分连通性丧失是随机性的，也有极个别，如恐怖袭击是有选择、有目的的；某些连通性丧失，如日常拥堵是小范围的、轻微的，而某些灾害，如大范围火灾影响范围广、危害较大。

这些情景都可以用复杂网络分析方法中的故障模拟进行分析，对步行设施网可靠性进行评价(图 6-34)。

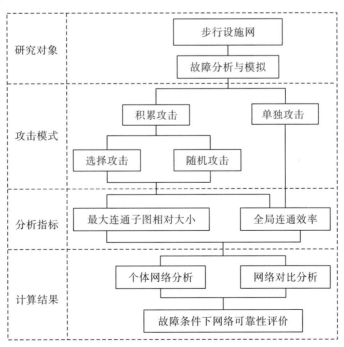

图 6-34　步行设施网动态可靠性分析思路

1.网络攻击模式与可靠性指标构建

步行系统在现实条件下面临不同程度、不同规模的运行故障或失效风险,对路网的连通程度与路网的整体效率产生较大的影响;在网络拓扑结构中进行抽象处理,网络的破坏就是节点或边的破坏,可以用网络攻击的技术方法来进行模拟和评价,评判步行路网的动态可靠性。

复杂网络攻击的基本方法如图 6-35 所示。本研究主要采用节点攻击,包括积累攻击与单独攻击。积累攻击选取初始度选择攻击、初始介数选择攻击及节点随机攻击三种模式。

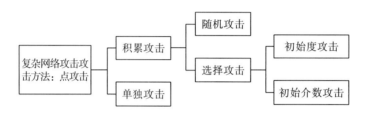

图 6-35　本研究所采用复杂网络攻击方法

步行网络在受到攻击时,网络拓扑结构的变化主要表现在网络平均最短距离和网络规模的变化[63],因此选用全局连通效率和最大连通子图规模两个指标来反映路网的可靠性。

2.积累攻击的全局连通效率计算

1)初始度选择攻击与随机攻击

对比初始度攻击与随机攻击两种模拟情景,五大商圈网络的全局连通效率如图 6-36 所示。相比两种攻击模拟而言,网络在选择攻击时连通效率值下降更迅速,这意味着网络在随机攻击下的可靠性更高。比较五大商圈的网络曲线变化可知,观音桥、杨家坪商圈网络在选择攻击与随机攻击两种模拟情景下得到的结果差异较大,解放碑商圈网络差异最小。

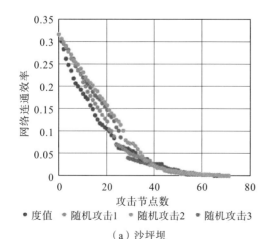

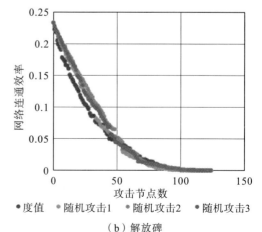

（a）沙坪坝　　　　　　　　　　　　　　　　　　（b）解放碑

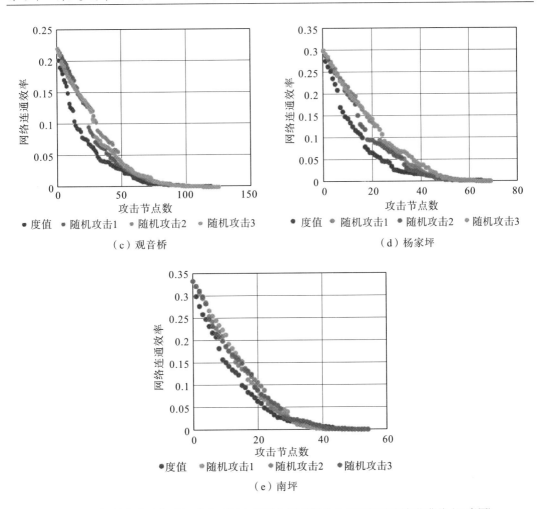

图 6-36　初始度攻击与随机攻击下五大商圈步行网络的全局连通效率变化曲线（见彩图）

　　数据分析可知，当全局连通效率降为原来的一半时，沙坪坝、解放碑、观音桥、杨家坪、南坪步行路网受到随机攻击与初始度选择攻击的节点数量百分比[①]的差值分别为7.5%，5.6%，10.9%，12.1%，7.4%；当全局连通效率降为原有效率的1/4时，该差值分别为3.8%，2.7%，10.4%，14.0%，6.8%。当全局连通效率接近于 0 时，随机攻击与选择攻击曲线近乎相同（表 6-9）。

　　2）初始介数选择攻击与随机攻击

　　对比初始介数选择攻击与随机攻击两种模拟情景，五大商圈网络连通效率如图 6-37 所示。总体而言，网络在选择攻击时连通效率值下降更迅速，意味着网络在面临随机攻击时的可靠性高于选择攻击。比较五大商圈的网络曲线变化可知，观音桥、杨家坪商圈网络在选择攻击与随机攻击两种模拟情景下得到的结果差异较大，解放碑、南坪商圈网络差异较小，沙坪坝商圈网络差异最小。

---

① 随机攻击节点数量百分比取三次随机攻击节点数百分比的平均值。

表 6-9　步行网络全局连通效率与攻击节点数量百分比

研究样本	攻击模式	攻击节点数量百分比/%								
		全局连通效率降为1/2			全局连通效率降为1/4			全局连通效率降为0		
沙坪坝	度攻击		18.3			33.8			91.5	
	介数攻击		21.1			32.4			91.5	
	随机攻击	22.5	28.2	26.8	33.8	40.8	38.0	94.4	94.4	95.8
解放碑	度攻击		17.7			34.7			93.5	
	介数攻击		17.7			29.0			91.1	
	随机攻击	22.6	25.0	22.6	36.3	39.5	36.3	99.2	95.2	92.7
观音桥	度攻击		10.4			24.0			97.6	
	介数攻击		12.8			25.6			96.8	
	随机攻击	19.2	23.2	21.6	30.4	38.4	34.4	96.8	97.6	91.2
杨家坪	度攻击		13.0			26.1			95.7	
	介数攻击		17.4			27.5			95.7	
	随机攻击	26.1	21.7	27.5	39.1	37.7	43.5	91.3	92.8	91.3
南坪	度攻击		16.7			33.3			90.7	
	介数攻击		18.5			31.5			96.3	
	随机攻击	25.9	22.2	24.1	38.9	42.6	38.9	85.2	88.9	92.6

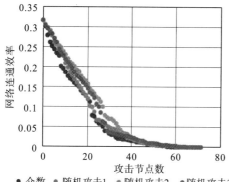

（a）沙坪坝

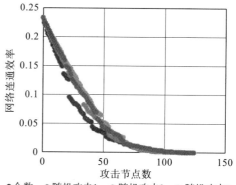

（b）解放碑

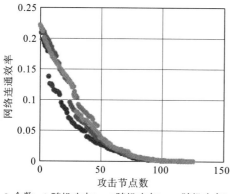

（c）观音桥

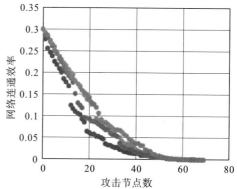

（d）杨家坪

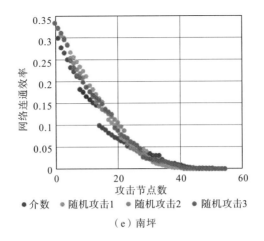

（e）南坪

图 6-37　初始介数攻击与随机攻击下五大商圈步行网络的全局连通效率变化曲线（见彩图）

数据分析可知，当全局连通效率降为原来的一半时，沙坪坝、解放碑、观音桥、杨家坪、南坪步行网络受到随机攻击与初始介数选择攻击的节点数量百分比的差值分别为4.7%，5.6%，8.5%，7.7%，5.6%；当全局连通效率降为原有效率的 1/4 时，该差值分别为5.2%，8.3%，8.8%，12.6%，8.6%。当全局连通效率接近于 0 时，随机攻击与选择曲线近乎相同。

3）初始度和初始介数的选择攻击对比

商圈步行网络在选择攻击下均表现为可靠性差、脆弱程度高的特征，但两种攻击模拟情景下的脆弱性表现不尽相同。可以通过度攻击与介数攻击两种攻击模式下的脆弱程度进行对比全局连通效率差值：若差值为正，则表明度攻击下全局连通效率值更高，脆弱性低、相对可靠性高；若差值为负，则表明介数攻击下的全局连通效率值更高，脆弱性低、相对可靠性高。

如图 6-38 所示，横坐标表示攻击节点的个数，纵坐标表示度攻击与介数攻击的全局连通效率差值。两种攻击模式的效率差值始终处于波动状态，不同攻击模式下的可靠性随攻击节点个数的不同而变化。在攻击的开始阶段，沙坪坝、杨家坪商圈路网全局连通效率差值为正，表明介数攻击对其破坏性更大；解放碑、观音桥、南坪全局连通效率差值为负，表明度攻击对其破坏性更大。总体而言，解放碑、沙坪坝商圈路网全局连通效率的正数累积面积更大，表明介数攻击对网络影响更大；杨家坪、南坪、观音桥负数累积面积更大，表明度攻击对网络影响更大。

因此，从网络高值点的角度，应更注重对沙坪坝、杨家坪网络的最高介数点的保护，以及对解放碑、观音桥、南坪网络的最高度值点的保护；从网络整体角度，更应保持解放碑、沙坪坝网络中节点的中介性，保持杨家坪、南坪、观音桥网络中节点与其他节点的连通性。

4）五大商圈步行网络全局连通效率效率对比

在度攻击与介数攻击两种模拟情景下，对大商圈步行网络的可靠性进行对比，结果如图 6-39 与图 6-40 所示。商圈网络全局连通效率值由大到小排列依次为南坪、沙坪坝、杨家坪、解放碑、观音桥。

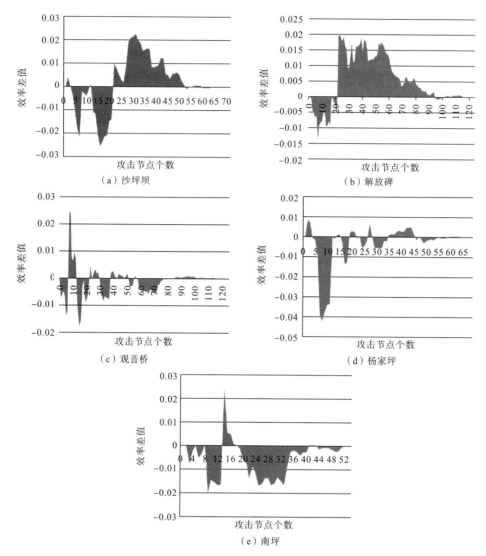

图 6-38　度攻击与介数攻击下五大商圈步行网络的全局连通效率比较

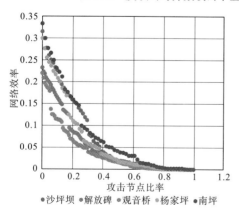

图 6-39　初始度攻击下五大商圈步行网络的全局
连通效率变化曲线对比(见彩图)

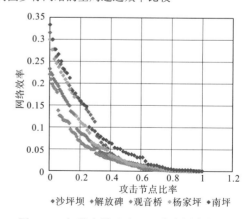

图 6-40　初始介数攻击下五大商圈步行网络的
网络连通效率变化曲线对比(见彩图)

初始度攻击分析结果显示，全局连通效率相似的解放碑与观音桥网络中，观音桥网络曲线下降更快，可靠性较差；全局连通效率相似的沙坪坝、杨家坪、南坪网络中，杨家坪网络曲线下降更快，可靠性较差。由表 6-10 可知，度攻击下，全局连通效率降为1/2 时，可能失效的节点比例从高到低排列依次为沙坪坝(18.3%)、解放碑(17.7%)、南坪(16.7%)、杨家坪(13%)、观音桥(10.4%)；全局连通效率降为 1/4 时，可能失效的节点比例从高到低依次为沙坪坝(33.8%)、解放碑(34.7%)、南坪(33.3%)、杨家坪(26.1%)、观音桥(24.0%)(图 6-39)。

表 6-10 步行网络全局连通效率与攻击节点数量百分比

研究样本	攻击模式	攻击节点数量百分比/%								
		全局连通效率降为1/2			全局连通效率降为1/4			全局连通效率降为0		
沙坪坝	度攻击		18.3			33.8			91.5	
	介数攻击		21.1			32.4			91.5	
	随机攻击	22.5	28.2	26.8	33.8	40.8	38.0	94.4	94.4	95.8
解放碑	度攻击		17.7			34.7			93.5	
	介数攻击		17.7			29.0			91.1	
	随机攻击	22.6	25.0	22.6	36.3	39.5	36.3	99.2	95.2	92.7
观音桥	度攻击		10.4			24.0			97.6	
	介数攻击		12.8			25.6			96.8	
	随机攻击	19.2	23.2	21.6	30.4	38.4	34.4	96.8	97.6	91.2
杨家坪	度攻击		13.0			26.1			95.7	
	介数攻击		17.4			27.5			95.7	
	随机攻击	26.1	21.7	27.5	39.1	37.7	43.5	91.3	92.8	91.3
南坪	度攻击		16.7			33.3			90.7	
	介数攻击		18.5			31.5			96.3	
	随机攻击	25.9	22.2	24.1	38.9	42.6	38.9	85.2	88.9	92.6

初始介数攻击分析结果显示，全局连通效率相似的解放碑与观音桥网络中，观音桥网络曲线下降更快，可靠性较差；全局连通效率相似的沙坪坝、杨家坪、南坪网络中，杨家坪网络曲线下降更快，可靠性较差。由表 6-10 可知，初始度攻击下，全局连通效率降为1/2 时，可能失效的节点比例从高到低排列依次为沙坪坝(21.1%)、南坪(18.5%)、解放碑(17.7%)、杨家坪(17.4%)、观音桥(10.4%)；全局连通效率降为 1/4 时，可能失效的节点比例从高到低依次为沙坪坝(32.4%)、南坪(31.5%)、解放碑(29.0%)、杨家坪(27.5%)、观音桥(25.6%)(图 6-40)。

因此，初始度选择攻击下网络可靠性由高到低依次为沙坪坝、解放碑、南坪、杨家坪、观音桥；初始介数选择攻击下网络可靠性由高到低依次为沙坪坝、南坪、解放碑、杨家坪、观音桥。沙坪坝网络可靠性最高，观音桥网络可靠性最低；解放碑网络对介数攻击更敏感，南坪网络对度数攻击更敏感。

3.最大连通子图的规模计算

1) 初始度选择攻击与随机攻击比较

在初始度选择攻击与随机攻击两种模拟情景下，五大商圈步行设施网的最大连通子图的规模如图 6-41 所示，图中横坐标表示攻击节点个数，纵坐标表示网络最大连通子图的规模。

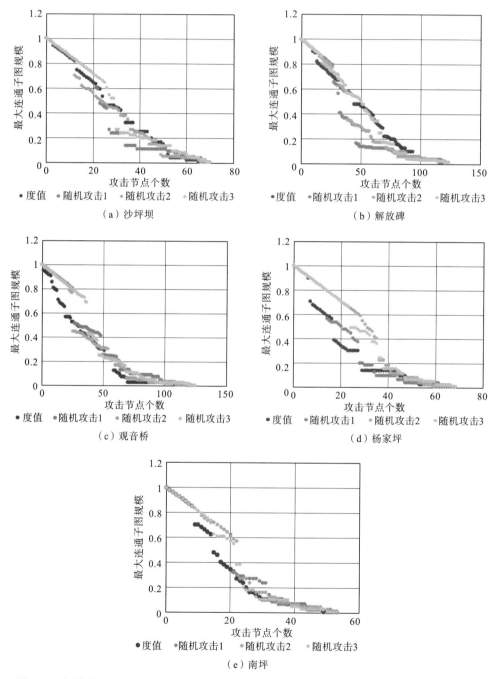

图 6-41　初始度攻击与随机攻击下五大商圈步行网络的最大连通子图规模变化曲线(见彩图)

与全局连通效率不同的是，最大连通子图的规模在初始度选择攻击与随机攻击时差异较小，尤其是沙坪坝、解放碑路网中表现明显；而观音桥、杨家坪、南坪在初始度选择攻击时，连通子图规模要比随机攻击时低，网络显现出一定的脆弱性。初始度攻击时，只有杨家坪网络的连通子图规模表现出明显的断崖式下跌，观音桥、杨家坪显现出小幅度断崖下跌。

2）初始介数选择攻击与随机攻击的对比

在初始介数选择攻击与随机攻击两种模拟情景下，五大商圈步行设施网的最大连通子图的规模如图 6-42 所示，图中横坐标表示攻击节点个数，纵坐标表示网络最大连通子图

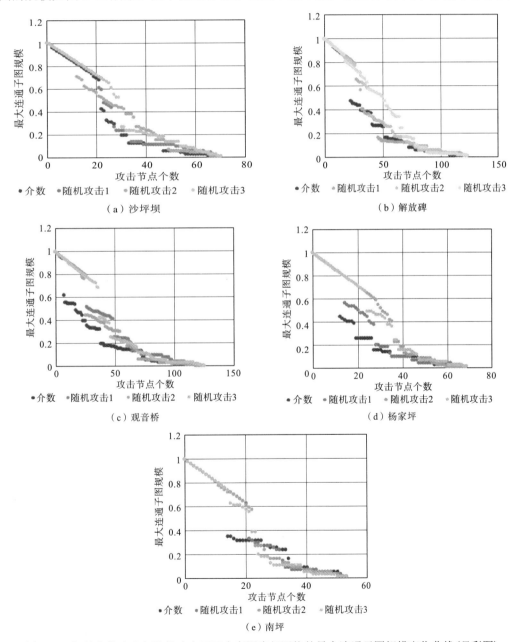

图 6-42　初始介数攻击与随机攻击下五大商圈步行网络的最大连通子图规模变化曲线(见彩图)

的规模。与随机攻击相比,网络在初始介数选择攻击时最大连通子图的规模下降更迅速,表现出明显的脆弱性。该攻击模式下,五大商圈网络的连通子图规模均表现出断崖式下跌,说明介数攻击对连通子图的规模影响更显著。

3)初始度与初始介数选择攻击的对比

在两种选择攻击模式模拟下,网络的脆弱性表现不尽相同。可从网络最大连通子图规模的差值来比较分析网络相对脆弱程度:若差值为正,则表明度攻击下最大连通子图规模更高,脆弱性低、相对可靠性高;若差值为负,则表明介数攻击下的最大连通子图规模更高,脆弱性低、相对可靠性高。

如图 6-43 所示,横坐标表示攻击节点的个数,纵坐标表示度攻击与介数攻击的最大连通子图规模差值。如图所示,杨家坪、南坪网络在两种攻击模式下最大连通子图规模的

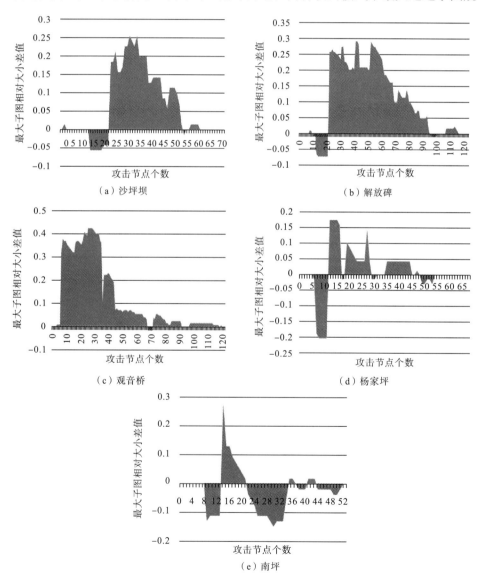

图 6-43   度攻击与介数攻击下五大商圈步行网络的最大连通子图的规模

差值处于波动状态；沙坪坝、解放碑、观音桥差值相对稳定，以正数为主。在攻击开始阶段，连通子图差值均为 0，表明两种攻击模式对最大连通子图的影响相同。总体而言，沙坪坝、观音桥、解放碑、杨家坪商圈路网最大连通子图差值出现正值较少，表明介数攻击对网络连通子图影响更大；只有南坪路网的负数累计面积更大，表明度攻击对其网络连通子图影响更大。

从网络整体角度，节点的中介性对沙坪坝、观音桥、解放碑、杨家坪网络的连通性起到更为重要的作用，节点的点度对南坪网络的连通性起到更为重要的作用。

4）五大商圈网络最大连通子图规模对比

在初始度选择攻击与初始介数选择攻击两种模拟情景下，对五大商圈步行设施网络的最大子图规模变化曲线进行对比（图 6-44，图 6-45）。

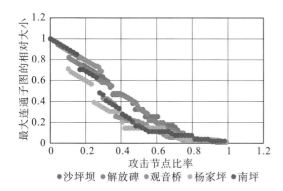

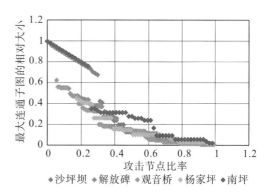

图 6-44　初始度攻击下五大商圈网络的网络最大连通子图规模变化曲线对比（见彩图）　　图 6-45　初始介数攻击下五大商圈网络的网络最大连通子图规模变化曲线对比（见彩图）

初始度攻击分析结果显示，开始阶段，观音桥网络最为稳定，解放碑、沙坪坝、南坪网络一般稳定，杨家坪网络稳定性最差；总体而言，解放碑、沙坪坝网络稳定性较好，南坪、观音桥、杨家坪稳定性较差，脆弱性最高。由表 6-11 可知，度攻击下，全局连通效率降为 1/2 时，可能失效的节点比例从高到低排列依次为解放碑（35.5%）、沙坪坝（35.2%）、南坪（27.8%）、杨家坪（24.6%）、观音桥（23.2%）；全局连通效率降为 1/4 时，可能失效的节点比例从高到低依次为沙坪坝（62.0%）、解放碑（55.6%）、南坪（44.4%）、观音桥（41.6%）、杨家坪（40.6%）。攻击完成时，网络最大连通子图规模的平均值从高到低依次为沙坪坝（0.401）、观音桥（0.344）、南坪（0.340）、解放碑（0.338）、杨家坪（0.292）（图 6-44）。

初始介数攻击分析结果显示，攻击开始阶段，解放碑、沙坪坝、南坪、杨家坪网络较为稳定，观音桥网络稳定性最差。总体而言，解放碑、沙坪坝网络稳定性较好，南坪、杨家坪、观音桥稳定性较差、脆弱性最高（图 6-45）。

初始介数攻击下，连通子图大小降为 1/2 时，可能失效的节点比例从高到低排列依次为沙坪坝（31.0%）、南坪（25.9%）、解放碑（17.7%）、杨家坪（17.4%）、观音桥（13.6%）；连通子图大小降为 1/4 时，可能失效的节点比例从高到低依次为南坪（57.4%）、解放碑

（41.9%）、沙坪坝（39.4%）、杨家坪（39.1%）、观音桥（30.4%）。攻击完成时，网络最大连通子图规模的平均值从高到低依次为南坪（0.363）、沙坪坝（0.339）、解放碑（0.287）、杨家坪（0.281）、观音桥（0.221）（表 6-11）。

表 6-11　商圈路网连通子图的规模与攻击节点数量百分比

研究样本	攻击模式	攻击节点数量百分比/%		连通子图规模平均值
		子图大小降为 1/2	子图大小降为 1/4	
沙坪坝	度攻击	35.2	62.0	0.401
	介数攻击	31.0	39.4	0.339
解放碑	度攻击	35.5	55.6	0.338
	介数攻击	17.7	41.9	0.287
观音桥	度攻击	23.2	41.6	0.344
	介数攻击	13.6	30.4	0.221
杨家坪	度攻击	24.6	40.6	0.292
	介数攻击	17.4	39.1	0.281
南坪	度攻击	27.8	44.4	0.340
	介数攻击	25.9	57.4	0.363

因此，初始度选择攻击下网络可靠性由高到低依次为沙坪坝、观音桥、南坪、解放碑、杨家坪；初始介数选择攻击下网络可靠性由高到低依次为南坪、沙坪坝、解放碑、杨家坪、观音桥。沙坪坝、观音桥网络对介数攻击更敏感，南坪、杨家坪网络对度数攻击更敏感。

4.单独点攻击

五大商圈网络节点在单独攻击时网络连通效率的变化如图 6-46 所示，图中横坐标表示路网节点度值由高到低的排列顺序，纵坐标表示该点遭受攻击后的全局连通效率值。

分析曲线总体变化趋势可知，五大商圈单点攻击后的全局连通效率变化曲线显示出向上趋势，表明随着度值的降低，节点对全局连通效率的影响逐步减小。分析曲线中的节点变化可知，不同节点的移除对全局连通效率值影响差异巨大。一方面，网络中存在一些影响整体效率的关键点，且这些关键点并不限于高度值点，度数较低的点也可能对全局连通效率产生显著影响；另一方面，关键节点个数较多，也反映了网络的不稳定性，五大商圈比较而言，观音桥路网关键节点较多，稳定性差。

五大商圈路网在节点单独攻击状态下，全局连通效率变化不同，将全局连通效率下降值最大的点视为"最大破坏点"，效率下降值最小的点视为"最小破坏点"，其下降百分数如图 6-47 所示，图中纵坐标表示移除节点后全局连通效率与原有全局连通效率的百分比。如图所示，最小破坏点对规模较大网络的破坏不显著，对规模较小的网络破坏显著，南坪网络最小破坏点的移除，使其全局连通效率下降最大。最大破坏点则不服从此规律，对观音桥、杨家坪、南坪的破坏较大，对沙坪坝、解放碑破坏较小，表明沙坪坝、解放碑网络较为稳定，而观音桥网络稳定性较差。

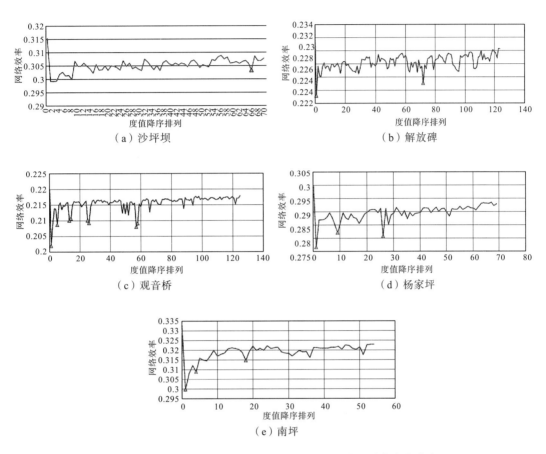

（a）沙坪坝　　　　　　　　　　　（b）解放碑

（c）观音桥　　　　　　　　　　　（d）杨家坪

（e）南坪

图 6-46　单独攻击下五大商圈步行网络的全局连通效率变化曲线

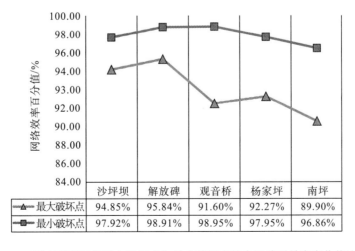

	沙坪坝	解放碑	观音桥	杨家坪	南坪
最大破坏点	94.85%	95.84%	91.60%	92.27%	89.90%
最小破坏点	97.92%	98.91%	98.95%	97.95%	96.86%

图 6-47　五大商圈网络最大破坏点与最小破坏点的全局连通效率变化值比较

5.小结

针对步行设施网，分别在积累攻击及单独攻击条件下，对全局连通效率与最大连通子图规模两项指标进行测算，揭示其动态可靠性。

1)沙坪坝网络可靠性较好，观音桥、杨家坪网络可靠性较差

全局连通效率变化曲线对比可知，初始度选择攻击下网络可靠性由高到低依次为沙坪坝、解放碑、南坪、杨家坪、观音桥；初始介数选择攻击下网络可靠性由高到低依次为沙坪坝、南坪、解放碑、杨家坪、观音桥。沙坪坝网络可靠性最高，观音桥最低。最大连通子图规模变化曲线对比可知，初始度选择攻击下网络可靠性由高到低依次为沙坪坝、观音桥、南坪、解放碑、杨家坪；初始介数选择攻击下网络可靠性由高到低依次为南坪、沙坪坝、解放碑、杨家坪、观音桥。

总体而言，沙坪坝网络可靠性较好，观音桥、杨家坪网络可靠性较差。

2)攻击开始时全局连通效率下降更迅速，重建时全局连通效率提升更缓慢

对网络进行积累攻击时，无论是选择攻击还是随机攻击，在开始阶段，小规模的节点移除均会导致全局连通效率的大幅下降，曲线均呈现指数型下降，表明网络在攻击开始阶段效率下降更快。

相反，将攻击的时间轴逆序排列，模拟路网重建过程，由全局连通效率的变化可知，在开始阶段，全局连通效率提升非常缓慢；而随着节点数目的增加，效率提升速度明显加快，强者愈强(图6-48)。

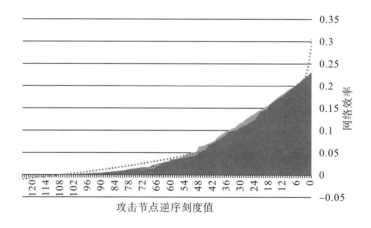

图6-48　解放碑步行设施网度值攻击节点逆序刻度值排列

3)不同网络不同指标对不同攻击模拟的敏感程度差异大

对网络进行动态攻击测试时，全局连通效率在选择攻击下表现出脆弱性，随机攻击时表现出鲁棒性；而最大连通子图规模只在介数选择攻击时表现出脆弱性高，度数选择攻击与随机攻击时差异较小。对于大多数网络而言，介数攻击对网络最大连通子图的影响更强烈。不同指标的变化曲线不同，网络遭受攻击时全局连通效率呈指数型下降，最大连通子图呈阶梯式、断崖式下降。分析表明，对于全局连通效率而言，所有节点的移除均产生较

大影响；对于最大连通子图而言，关键节点的移除产生较大影响。对于度选择攻击与介数选择攻击，不同网络的敏感性不同，如观音桥、解放碑对于介数攻击更脆弱；南坪对于度数攻击更脆弱。

4)路网规模越大，单个设施发生故障时对可靠性的影响越小

大规模网络针对单点攻击呈现鲁棒性，小规模网络针对单点攻击呈现脆弱性——步行路网规模越大，针对单一设施遭受破坏后的抗风险能力越强。对网络进行单独攻击时发现，单个节点的去除对规模较小的网络破坏力更强，单独点攻击的破坏性与网络规模呈负相关。现实世界中，小规模网络中每个成员的力量都举足轻重，"牵一发而动全身"，对于单个节点的移除脆弱性高；大规模网络则针对单点攻击具有一定的鲁棒性。

6.4 步行系统可靠性规划策略

根据前文分析，可以从步行系统整体结构优化、步行系统设计引导策略两方面，提升步行系统可靠性的规划策略。步行系统整体结构优化分为提升静态可达性与动态可靠性两个方面，前者通过密度与网络效率的提升来实现，后者通过网络效率与连通子图规模的提升来实现。步行系统设计引导分为步行路径分级和步行区域分区两个部分，步行路径分级依据步行设施网度分布来实现，步行区域分区依据度数中心度与接近中心度、接近中心度与传统规划方法来实现(图 6-49)。

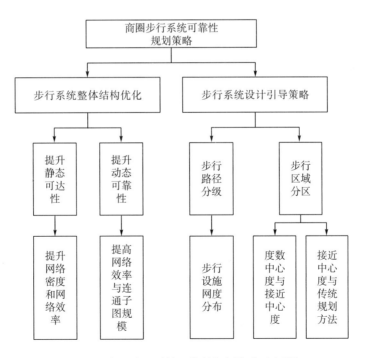

图 6-49 商圈步行系统可靠性规划策略研究框架

6.4.1 步行路网整体结构优化

1.路网优化策略

以解放碑网络为例，以现状路网为基础，根据网络优化原则，通过利用背街小巷增设人行道等措施来对现有路网进行优化以得到新路网。具体措施包括：打通民生路不连贯的断头路；增设人行横道使民生路沿街步行道连通，连接民生路与磁器路步行道；延长一条背街道路连接中华路和临江路；加密国泰艺术中心、王府井附近地块路网，增加三条道路，分别与五四路、江家巷、临江路相接，增加一条道路使民族路与江家巷连接；更改中华路西北的背街小巷的前段路为步行道路，更改邹容支路原有的路侧人行道为步行道(图 6-50)。

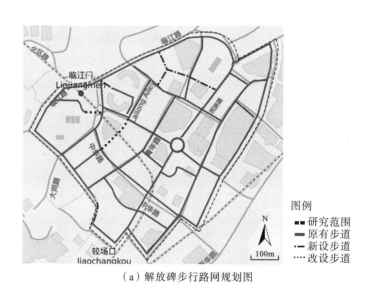

（a）解放碑步行路网规划图

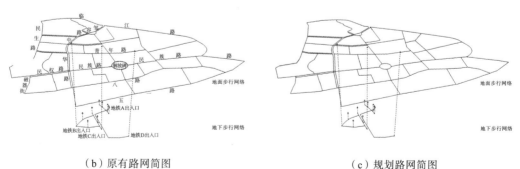

（b）原有路网简图   （c）规划路网简图

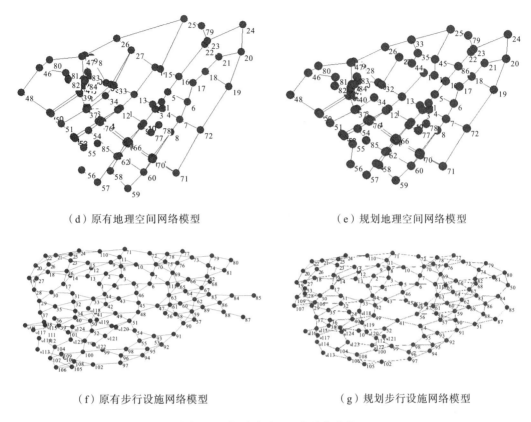

（d）原有地理空间网络模型　　　　　　　　　　（e）规划地理空间网络模型

（f）原有步行设施网络模型　　　　　　　　　　（g）规划步行设施网络模型

图 6-50　解放碑路网网络结构优化

2.优化后地理空间网的静态可靠性指标测度

对优化后地理空间网的静态可靠性指标进行测试。根据计算，网络的密度和可达性均得到了一定的提高，表明路网结构静态可靠性得到了提升（图 6-51）。

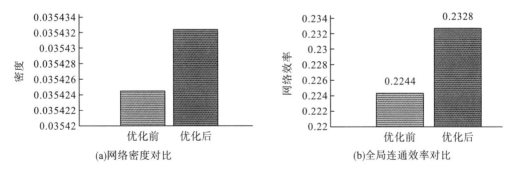

(a)网络密度对比　　　　　　　　　　　　　　　(b)全局连通效率对比

图 6-51　地理空间网优化网络静态指标对比

3.优化后步行设施网的动态可靠性指标测度

对优化后步行设施网络的动态可靠性进行测试。由前文分析可知，解放碑路网对介数选择攻击最为敏感，因此在积累攻击中，以介数选择攻击为例，对全局连通效率和最大连通子图规模两项指标进行测试，同时也对单独攻击进行测试。

对优化前后路网在不同攻击模式下的表现进行测试，结果如图 6-52 所示。图 6-52(a)中横坐标代表攻击节点的比率，纵坐标表示全局连通效率；图 6-52(b)中横坐标代表攻击节点的比率，纵坐标表示最大连通子图的规模占比；图 6-52(c)中横坐标表示度值降序排列的各节点，纵坐标表示全局连通效率。测试结果显示，积累攻击模式下，优化后网络的全局连通效率与连通子图大小均得到一定提高；单独攻击下，优化后网络的全局连通效率提升显著。分析结果表明，优化后的步行路网在可靠性方面得到较好提升。

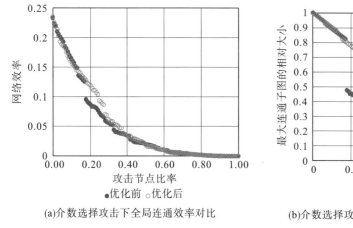

(a)介数选择攻击下全局连通效率对比

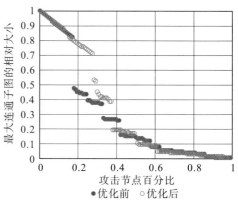

(b)介数选择攻击下最大连通子图的规模对比

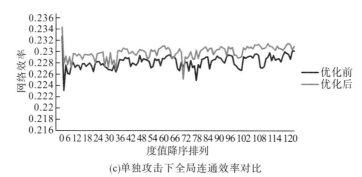

(c)单独攻击下全局连通效率对比

图 6-52　步行设施网优化网络动态可靠性对比

6.4.2　步行系统设计引导策略

1.步行路径分级

前文分析可知，高度值点对网络的总体可靠性影响更大。因此，网络节点度值的高低可作为划分步行道路及设施等级的依据。

以南坪商圈、杨家坪商圈步行路网为例，按步行设施网络节点度值，将地面步行道路划分为三类，地下通道的设施划分为三级(图 6-53、图 6-54)。其中，步行道路分为步行廊道、步行通道、步行休闲道三类。

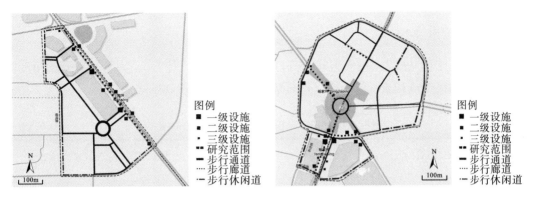

图 6-53 南坪路网等级划分   图 6-54 杨家坪路网等级划分

以江南大道为主体的步行廊道是南坪商圈步行路网的核心，是承担人流交通的重要通道；以万达广场中间步行道路为主体的步行通道，围绕万达广场向外扩散，是商圈人流活动的重点区域；以南坪大道、珊瑚路、南坪西路为主体的步行休闲道，是人流分散、地处边缘的休闲区域。在地下设施中，地铁 1 号口等设施是一级设施，是沟通地面层与地下层的核心；南坪西路地下出口则位于边缘地带。

在杨家坪商圈路网中，步行廊道以西郊路、杨石路、珠江路部分路段为主体；步行通道以前进支路、团结路、兴胜路等步行道路为主体；步行休闲道以前进路、杨家坪横街部分路段为主体。

2.步行区域分区

一般而言，步行网络中度数中心度高的节点与更多的道路衔接；接近中心度高的点相对于其他点具有更高的可达性。以此为依据可划定步行区域的枢纽区与疏散区，枢纽区应保障商圈具有维持人群集散和交通正常秩序的能力；疏散区则主要起到疏解人流的作用。以观音桥商圈为例，以步行地理空间网的高度值点，结合周边环境，对商圈枢纽区及疏散区进行划定(图 6-55)。

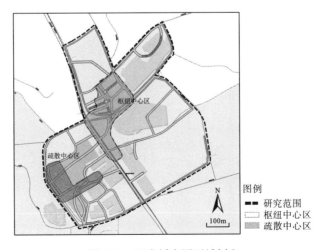

图 6-55 观音桥商圈区域划定

3.设计引导策略

在两区划定的基础上，结合现状调研与空间形态规划设计方法，从设施设置的角度对枢纽区与疏散区的规划设计做出引导，总结各项措施(表6-12)。

表6-12   枢纽核心区与疏散中心区设计导则

分类	枢纽区	疏散区
设计目标	承担人群集散和交通功能	疏解人流
设施配置	休闲服务设施	应急避难设施
交通体系	人车分流	人行、应急车行
照明	景观照明	独立电源应急照明系统
绿化种植	景观植被	绿化种植应避开疏散通道
人员配置	设置日常保卫人员	设置应急救护小组
设计图示		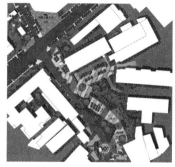

4.防灾避难应急线路设计

在应急状态下，将商圈人流快速疏散到较为空旷的开放空间地段是可靠性建设规划的关键内容之一。结合商圈特点，运用商圈边缘的高可达性点识别疏散节点，构建疏散路线系统具有十分重要的意义。应急路线图规划主要分为三步：首先，依据网络接近中心度高值点，识别商圈步行可达性高的节点，结合商圈现状划定疏散交汇点；其次，结合周边设施划定商圈内外可作为应急避难场所的节点；最后，结合商圈内外道路，划定应急疏散路线。

以沙坪坝商圈为例，划定应急疏散路线(图6-56)。沙坪坝商圈路网系统的节

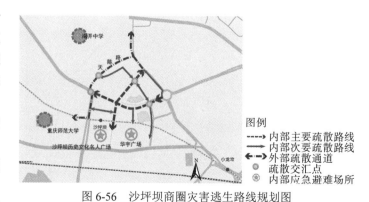

图6-56   沙坪坝商圈灾害逃生路线规划图

点分为三类，分别为可达性较高的疏散交汇点、内部应急避难场所、外部应急避难场所三类；疏散路线可分为三类，分别是内部主要疏散路线、内部次要疏散路线以及外部疏散通道。沙坪坝商圈外部应急避难场所为南开中学与重庆师范大学，内部应急避难场所为华宇广场与沙坪坝历史文化名人广场。外部疏散通道以天陈路、小龙坎新街为主。

6.5 本 章 小 结

重庆商圈步行系统可靠性规划研究从商圈步行道路"开放空间"与"交通联系"两大功能，构建了地理空间网模型与步行设施网络模型。在对网络进行类型划分的基础上，总结统计特征，分别进行了网络拓扑结构静态可靠性和故障条件下动态可靠性的分析。在实践案例上，基于步行系统可靠性对重庆商圈步行系统物质规划、安全管理等方面提出了优化建议。

参 考 文 献

[1] Harvey D. The Urbanization of Capital[M]. New Jersey: Blakwell, 1985.

[2] 列斐伏尔 H. 空间的生产[M]. 南京: 南京大学出版社, 2012.

[3] 卢明银, 徐人平, 李乃梁, 等. 系统可靠性[M]. 北京: 机械工业出版社, 2008.

[4] 祝昕昀, 郭进利. 银行竞争关系网络可靠性研究[J]. 中国安全科学学报, 2014, 24 (07): 100-105.

[5] 秦胜君. 基于复杂网络的企业创新网络级联失效可靠性模型[J]. 科技管理研究, 2017, 37 (07): 199-204.

[6] 张俊光, 杨芳芳, 徐振超. 研发项目工作量估计方法的可靠性评估与预测[J]. 科技进步与对策, 2013, 30 (06): 118-121.

[7] 钱丽, 陈秀明, 万家华. 基于混沌理论软件可靠性定性仿真建模方法[J]. 四川大学学报 (自然科学版), 2015, 52 (02): 311-318.

[8] 俞华锋. 神经网络在软件可靠性预测中的应用研究[J]. 计算机仿真, 2011, 28 (04): 203-207.

[9] 贺鹏, 王伟, 张郁. 基于复杂系统的城轨交通 ATS 可靠性研究[J]. 计算机工程与设计, 2009, 30 (23): 5534-5537.

[10] 安金霞, 朱纪洪, 王国庆, 等. 多余度飞控计算机系统分级组合可靠性建模方法[J]. 航空学报, 2010, 31 (02): 301-309.

[11] 郭建英, 孙永全, 于春雨, 等. 复杂机电系统可靠性预测的若干理论与方法[J]. 机械工程学报, 2014, 50 (14): 1-13.

[12] 王雯雯, 朱爱华, 杨建伟. 基于 Bayes-GO 的制动风源子系统可靠性评估[J]. 电工技术学报, 2015 (S1): 501-505.

[13] 聂磊, 冯金富, 李永利, 等. 基于贝叶斯网络的武器装备可靠性分析[J]. 火力与指挥控制, 2014 (12): 104-107.

[14] 孙未. 复杂机电系统可靠性预测的一种简便实用方法[J]. 制造业自动化, 2012, 34 (22): 65-67.

[15] 张晓南, 刘安心, 高清振, 等. 工程机械复杂系统可靠性设计的模糊故障树方法[J]. 机械设计, 2011, 28 (01): 9-13.

[16] 郭建英, 孙永全, 王铭义, 等. 基于计算机仿真的风电机组系统可靠性综合[J]. 机械工程学报, 2012, 48 (02): 2-8.

[17] 温旭丽, 王丹, 过秀成. 基于运输可靠性的城乡公交线路运行组织优化研究[J]. 现代城市研究, 2012 (01): 97-102.

[18] 韩纪彬, 郭进利, 张新波. 上海市轨道交通网络可靠性研究[J]. 中国安全科学学报, 2012, 22 (12): 103-108.

[19] 卫书麟, 李杰, 刘威, 等. 沈阳市主干供水管网系统抗震可靠性优化[J]. 世界地震工程, 2008, 24 (01): 17-22.

[20] 陈琪. 用故障树分析法对城市排水管网系统进行可靠性分析[J]. 给水排水, 2010, 36 (03): 104-108.

[21] 何忠华, 袁一星. 基于剩余能量熵的供水管网可靠性优化设计[J]. 浙江大学学报 (工学版), 2014, 48 (07): 1188-1194.

[22] 蒋卓臻, 刘俊勇, 向月. 配电网信息物理系统可靠性评估关键技术探讨[J]. 电力自动化设备, 2017, 37 (12): 30-42.

[23] 曹智平, 周力行, 张艳萍, 等. 基于供电可靠性的微电网规划[J]. 电力系统保护与控制, 2015, 43 (14): 10-15.

[24] 吴思谋, 蔡秀雯, 王海亮. 面向供电可靠性的配电网规划方法与实践应用[J]. 电力系统及其自动化学报, 2014, 26 (06): 70-75.

[25] 王琳, 师义民, 袁修国. 卫星通信系统的可靠性评估[J]. 计算机仿真, 2011, 28 (09): 75-78.

[26] 卢伟, 孟婥, 孙以泽, 等. 基于以太网的传感器数据传输可靠性设计[J]. 计算机工程与设计, 2015 (11): 2910-2914.

[27] 张邓霖, 姚仰平. 降雨对北京奥林匹克森林公园主山稳定性的影响[J]. 工业建筑, 2008, 38 (02): 53-58.

[28] 赵光海, 肖殿良. 紧急救援系统可靠性评价指标及评价方法研究[J]. 中国安全科学学报, 2010, 20 (03): 102-106.

[29] 宋艳, 王博石. 我国地震灾害应急协同决策系统可靠性建模与仿真[J]. 自然灾害学报, 2014, 23 (03): 171-180.

[30] 吴良镛. 中国人居史[M]. 北京: 中国建筑工业出版社, 2014.

[31] 林雪丽. 从古希腊城市规划的演变看政治因素的影响[J]. 烟台师范学院学报(哲学社会科学版), 2005, 22(02): 32-34.

[32] 董建泓. 中国城市建设史[M]. 北京: 中国建筑工业出版社, 2004

[33] 张京祥. 西方城市规划设计史纲[M]. 南京: 东南大学出版社, 2005

[34] 史守正, 石忆邵. 城市蔓延的多维度思考[J]. 人文地理, 2017(04): 54-59.

[35] 沈玉麟. 外国城市建设史[M]. 北京: 中国建筑工业出版社, 1997.

[36] 张琳琳, 岳文泽, 范蓓蕾. 中国大城市蔓延的测度研究——以杭州市为例[J]. 地理科学, 2014, 34(4): 394-400.

[37] 刘亚臣, 汤铭潭. 城市生命线系统安全概论: 理论 方法 应用[M]. 北京: 中国建筑工业出版社, 2016.

[38] 金磊. 我们的城市生命线系统, 有保障吗? [J]. 中国减灾, 1998(02): 50-53.

[39] 吴良镛. 人居环境科学导论[M]. 北京: 中国建筑工业出版社, 2001: 1-14.

[40] 邓良凯, 石亚灵, 张弘, 等. 城市群城际铁路站点空间网络研究[J]. 城市发展研究, 2017, 24(8): 64-70.

[41] 李杰. 生命线工程的研究进展与发展趋势[J]. 土木工程学报, 2006, 39(1): 1-6.

[42] 黄勇, 冯洁, 石亚灵, 等. 城镇燃气管网的健康评价及规划优化[J]. 同济大学学报(自然科学版), 2016, 44(08): 1240-1247.

[43] Newman M E J. 网络科学引导[M]. 郭世泽, 陈泽 译. 北京: 电子工业出版社, 2014.

[44] 王云才. 上海市城市景观生态网络连接度评价[J]. 地理研究, 2009, 28(2): 284-292.

[45] 刘少丽, 陆玉麒, 顾小平, 等. 城市应急避难场所空间布局合理性研究[J]. 城市发展研究, 2012, 19(3): 113-117.

[46] Castells M. City, Class and Power[M]. London: Macmillan Education UK, 1978.

[47] 城市间分工协作是发展的决定性因素[J]. 城市观察, 2009(02): 189.

[48] 曼纽尔·卡斯特. 网络社会的崛起[M]. 夏铸九, 等 译. 北京: 社会科学文献出版社, 2003.

[49] 何大愚. 一年以后对美加"8·14"大停电事故的反思[J]. 电网技术, 2004, 28(21): 1-5.

[50] 印永华, 郭剑波, 赵建军, 等. 美加"8·14"大停电事故初步分析以及应吸取的教训[J]. 电网技术, 2003, 27(10): 8-11.

[51] 李毅. 美加"8·14"大停电教训和启示——兼谈华东电网化解"8·29"和"9·4"重大风险[J]. 上海电力, 2003(5): 3-13.

[52] 蒋树瑛. 雪灾警示我们必须加强基础设施建设[J]. 金融与经济, 2008(05): 95.

[53] 朱劲松, 王洋. 基于吊索重要性的大跨度悬索桥冗余度分析[J]. 重庆交通大学学报(自然科学版)2017, 36(7): 1-6.

[54] 江杰, 顾倩燕, 胡何, 等. 双排钢板桩围堰的冗余度分析[J]. 岩土力学, 2015(S1): 518-522.

[55] 李杰, 杨卫忠. 混凝土弹塑性随机损伤本构关系研究[J]. 土木工程学报, 2009(02): 31-38.

[56] 伍云天, 李英民, 蒋薇, 等. 基于CBC 2007的南加州医院结构抗震设计[J]. 建筑结构, 2012(12): 37-43.

[57] 高鹏, 陈道政, 叶献国. 某教学楼框架结构的抗震加层加固设计[J]. 世界地震工程, 2014(03): 223-228.

[58] 彭勇波, 李杰. 高层建筑结构随机振动的最优阻尼器控制策略[J]. 土木工程学报, 2012(S2): 168-171.

[59] 贾利民, 林帅. 系统可靠性方法研究现状与展望[J]. 系统工程与电子技术, 2015, 37(12): 2887-2893.

[60] 鲁宗相. 电网复杂性及大停电事故的可靠性研究[J]. 电力系统自动化, 2005, 29(12): 93-97.

[61] 王倩, 曾俊伟, 钱勇生, 等. 基于复杂网络的西北地区铁路换乘网连通可靠性分析[J]. 铁道运输与经济, 2016, 38(03): 57-61.

[62] 王国华, 赵春燕. 基于复杂网络的长沙市道路交通网络鲁棒性研究[J]. 计算机仿真, 2014, 31(06): 178-182.

[63] 赵玲, 邓敏, 王佳璆, 等. 应用复杂网络理论的城市路网可靠性分析[J]. 测绘科学, 2013, 38(03): 83-86.

[64] 陈峰, 胡映月, 李小红, 等. 城市轨道交通有权网络相继故障可靠性研究[J]. 交通运输系统工程与信息, 2016, 16(02): 139-145.

[65] 李成兵, 郝羽成, 王文颖. 城市群复合交通网络可靠性研究[J]. 系统仿真学报, 2017, 29(03): 565-571.

[66] 刘漳辉, 陈国龙, 汤振立, 等. 加权复杂网络相继故障的节点动态模型研究[J]. 小型微型计算机系统, 2013, 34(12): 2800-2804.

[67] 王雨田. 形成中的系统科学及其存在问题[J]. 中国社会科学, 1995(04): 140-148.

[68] 钱学森. 一个科学新领域——开放的复杂巨系统及其方法论[J]. 城市发展研究, 2005(05): 1-8.

[69] 孙孝科. 还原论及其历史发展[J]. 南京邮电学院学报(社会科学版), 1999(02): 22-28.

[70] 高晨阳. 论中国传统哲学整体观[J]. 山东大学学报(哲学社会科学版), 1987(01): 113-121.

[71] 金吾伦. 整体论哲学在中国的复兴[J]. 自然辩证法研究, 1994(08): 3-4.

[72] 孙国华. 论《周易》的整体观[J]. 东岳论丛, 1998(1): 61-66.

[73] 狄增如. 系统科学视角下的复杂网络研究[J]. 上海: 上海理工大学学报, 2011, 33(02): 111-116.

[74] 王建红. 还原论和整体论之争的超越: 起源研究[J]. 自然辩证法研究, 2014(12): 108-114.

[75] 黄欣荣. 复杂性科学的研究纲领初探[J]. 系统科学学报, 2009, 17(03): 9-14.

[76] 蒋士会, 郭少东. 复杂性科学的方法论探微[J]. 广西师范大学学报(哲学社会科学版), 2009, 45(03): 33-37.

[77] 钱学森. 人体科学与当代科学技术发展纵横观[M]. 中国人体科学学会, 中国人体科学研究中心.

[78] 高自友, 赵小梅, 黄海军, 等. 复杂网络理论与城市交通系统复杂性问题的相关研究[J]. 交通运输系统工程与信息, 2006, 6(03): 41-47.

[79] Xu T, Chen J, He Y, et al. Complex network properties of Chinese power grid[J]. International Journal of Modern Physics B, 2004, 18(17n19): 402574.

[80] Jeong H, Mason S P, Barabasi A L, et al. Lethality and centrality in protein networks[J]. Nature, 2001, 411(6833): 41-42.

[81] Albert R, Jeong H, Barabasi A L. Internet-diameter of the World-Wide Web[J]. Nature, 1999, 401(6749): 130-131.

[82] Jeong H, Tombor B, Albert R, et al. The large-scale organization of metabolic networks[J]. Nature, 2000, 407(6804): 651-654.

[83] Watts D J, Strogatz S H. Collective dynamics of 'small-world' networks[J]. Nature, 1998, 393(6684): 440-442.

[84] Abbott S. Small worlds: The dynamics of networks between order and randomness. [J]. Physics Today, 2000, 53(11): 54-55.

[85] Chen X, Jiang Q, Cao Y. Impact of characteristic path length on cascading failure of power Grid[C]. 2006.

[86] Barabasi A L, Albert R. Albert R. : Emergence of scaling in random networks[J]. Science, 1999, 286(5439): 509-512.

[87] 白云, 李华强, 黄昭蒙, 等. 基于能量信息加权复杂网络的社区挖掘电压控制分区[J]. 电力系统保护与控制, 2012, 40(16): 59-64.

[88] 郭陶, 张琨, 郭文娟, 等. 一种改进的加权复杂网络聚类方法[J]. 计算机科学, 2012, 39(S1): 99-102.

[89] 陈麒, 曾东海. 关系网嵌入与新员工的组织适应: 社会网络的视角[J]. 软科学, 2011, 25(06): 69-75.

[90] 何建华. 社会网络对中小企业商业模式创新的影响——基于网络结构特征的视角[J]. 学习与实践, 2012(12): 30-37.

[91] 刘利鸽, 靳小怡. 社会网络视角下中国农村成年男性初婚风险的影响因素分析[J]. 人口学刊, 2011(02): 21-30.

[92] 黄勇, 石亚灵. 基于社会网络分析的历史文化名镇保护更新——以重庆偏岩镇为例[J]. 建筑学报, 2017(02): 86-89.

[93] 钟凌云, 苏丹, 祝婧, 等. 基于代谢组学的不同姜汁制黄连药性的比较研究[J]. 中国中药杂志, 2016, 41(14): 2712-2719.

[94] 张幼怡, 韩启德. 心脏重塑时基因表达谱改变及基因调节网络的初步研究[J]. 北京大学学报(医学版), 2002, 34(05): 585-589.

[95] 王思凯, 盛强, 储忝江, 等. 植物入侵对食物网的影响及其途径[J]. 生物多样性, 2013, 21(03): 249-259.

[96] 许雷, 郑筱祥, 俞锋, 等. 基于眼底视网膜血管网络模型的血管提取方法[J]. 浙江大学学报(工学版), 1999(04): 52-58.

[97] 张宏, 马岩, 李勇, 等. 基于遗传 BP 神经网络的核桃破裂功预测模型[J]. 农业工程学报, 2014, 30(18): 78-84.

[98] 王栋, 刘丽, 赵志军, 等. 极端路径分析及在色氨酸合成代谢网络中的应用[J]. 计算机与应用化学, 2009, 26(04):

523-528.

[99] 黄勇, 肖亮, 胡羽. 基于社会网络分析法的城镇基础设施健康评价研究——以重庆万州城区电力基础设施为例[J]. 中国科学: 技术科学, 2015(01): 68-80.

[100] 吴海峰, 孙一鸣. 引文网络的研究现状及其发展综述[J]. 计算机应用与软件, 2012, 29(02): 164-168.

[101] 胡长爱, 朱礼军. 复杂网络软件分析与评价[J]. 中国科学技术信息研究, 2010(5): 33-39.

[102] 汪小帆, 李翔, 陈关荣. 复杂网络理论及其应用[M]. 北京: 清华大学出版社, 2006.

[103] Angeloudis P, Fisk D. Large subway systems as complex networks[J]. Physica A Statistical Mechanics & Its Applications, 2006, 367: 553-558.

[104] 苏慧玲, 李扬. 基于电力系统复杂网络特征的线路脆弱性风险分析[J]. 电力自动化设备. 2014, 34(02): 101-107.

[105] 高鲁彬, 郭进利. 基于复杂网络的城市燃气输配系统失效因素分析[J]. 中国安全科学学报, 2010, 20(06): 111-115.

[106] 郑啸, 陈建平, 邵佳丽, 等. 基于复杂网络理论的北京公交网络拓扑性质分析[J]. 物理学报, 2012, 61(19): 95-105.

[107] 朱中华, 杨德刚. 公交系统复杂网络抗毁性分析——以重庆市公交换乘网络为例[J]. 重庆师范大学学报(自然科学版), 2014(01): 89-93.

[108] 黄晓燕, 张爽, 曹小曙. 广州市地铁可达性时空演化及其对公交可达性的影响[J]. 地理科学进展, 2014, 33(08): 1078-1089.

[109] 王波, 柯红红, 蒋天发. 基于复杂网络理论的杭州公交网络建模与特性分析[J]. 武汉大学学报(工学版), 2011, 44(3): 404-408.

[110] Nik M P. The diameter of the world wide web[J]. Knjinica: revija Za Podroje Bibliotekarstva in Informacijske Znanosti, 1997, 32(2): 155-159.

[111] Clark W A V, Kuijpers-Linde M. Commuting in restructuring urban regions[J]. Urban Studies, 2014, 31(31): 465-483.

[112] 石忆邵. 从单中心城市到多中心城市——中国特大城市发展的空间组织模式[J]. 城市规划学刊, 1999(3): 36-39.

[113] Champion A G. A changing demographic regime and evolving polycentric urban regions: consequences for the size, composition and distribution of city populations[J]. Urban Studies, 2001, 38(4): 657-677.

[114] 牛方曲, 刘卫东, 宋涛, 等. 城市群多层次空间结构分析算法及其应用——以京津冀城市群为例[J]. 地理研究, 2015, 34(08): 1447-1460.

[115] 赵渺希, 魏冀明, 吴康. 京津冀城市群的功能联系及其复杂网络演化[J]. 城市规划学刊, 2014(01): 46-52.

[116] 赵渺希, 朵朵. 巨型城市区域的复杂网络特征[J]. 华南理工大学学报(自然科学版), 2013, 41(6): 108-115.

[117] 何正强. 社会网络视角下办公型社区公共空间的有效性分析[J]. 南方建筑, 2014(04): 102-108.

[118] 何深静, 于涛方, 方澜. 城市更新中社会网络的保存和发展[J]. 人文地理, 2001, 16(6): 36-39.

[119] 南颖, 周瑞娜, 李银河, 等. 图们江地区城市社会网络空间结构研究——以家族关系为例[J]. 地理与地理信息科学, 2011, 27(06): 61-64.

[120] Munoz-Erickson T A. Co-production of knowledge-action systems in urban sustainable governance: The KASA approach[J]. Environmental Science & Policy, 2014, 37(3): 182-191.

[121] Enqvist J, Tengö M, Bodin Ö. Citizen networks in the garden city: Protecting urban ecosystems in rapid urbanization[J]. Landscape & Urban Planning. 2014, 130(1): 24-35.

[122] Barabasi A L, Albert R. Emergence of scaling in random networks[J]. Science, 1999, 286(5439): 509-512.

[123] 汪小帆. 网络科学导论[M]. 北京: 高等教育出版社, 2012.

[124] Knoke D, Yang S, Knoke D. Social network analysis[J]. Encyclopedia of Social Network Analysis & Mining, 2008, 22(S1):

109-127.

[125] 周荣征. 中长期铁路网规划布局及优化方法研究[D]. 成都: 西南交通大学, 2011.

[126] Gu J, Bednarz B, Caracappa P F, et al. The development, validation and application of a multi-detector CT(MDCT)scanner model for assessing organ doses to the pregnant patient and the fetus using Monte Carlo simulations. [J]. Physics in Medicine & Biology, 2009, 54(9): 2699-2717.

[127] Manheim M L. Fundamentals of Transportation Systems Analysis[M]. Massachusetts: MIT Press, 1979.

[128] Marín A, Salmerón J. Tactical design of rail freight networks. Part I: Exact and heuristic methods[J]. European Journal of Operational Research, 1996, 90(1): 26-44.

[129] 张天伟, 颜月霞. 铁路网规划的图示法[J]. 铁道运输与经济, 2007, 29(01): 87-89.

[130] 杨勉, 魏庆朝. 确定线路可达性等级的方法研究[J]. 铁道工程学报, 2008, 25(07): 18-21.

[131] 严贺祥. 铁路货运通道布局优化的模型和方法研究[D]. 北京: 北京交通大学, 2008.

[132] 王元庆, 贺竹磬. 多方式协调发展的运输通道布局规划体系[J]. 交通运输工程学报, 2004, 4(03): 73-78.

[133] 付慧敏. 运输通道公铁系统协调发展研究[D]. 西安: 长安大学, 2006.

[134] 叶婷婷. 基于复杂网络的全国铁路网络连通可靠性分析[D]. 北京: 北京交通大学, 2009.

[135] 黄树明. 基于复杂网络理论的客运专线网络可靠性分析[J]. 石家庄铁道大学学报(自然科学版), 2012, 25(02): 85-89.

[136] 秦孝敏. 基于复杂网络的城际铁路网络脆弱性分析[J]. 石家庄铁道大学学报(自然科学版), 2014(04): 82-85.

[137] Dicesare F. A systems analysis approach to urban rapid transit guideway location[D]. Dissertation, Department of Electrical Engineering, Carnegie-Mellon University, Pittsburgh, PA., 1970.

[138] Current J R, Schilling D A. The median tour and maximal covering tour problems: Formulations and heuristics[J]. European Journal of Operational Research, 1994, 73(94): 114-126.

[139] Dufourd H, Gendreau M, Laporte G. Locating a transit line using tabu search[J]. Location Science, 1996, 4(1-2): 1-19.

[140] 顾保南, 方青青. 城市轨道交通路网规划的评价指标体系研究[J]. 城市轨道交通研究, 2000(1): 24-27.

[141] Musso A, Vuchic V R. Characteristics of Metro Networks and Methodology for Their Evaluation[J]. TRB Record, 1988(1162): 43-54.

[142] 张洁. 城际轨道交通枢纽与城市土地利用整合优化研究[D]. 北京: 清华大学, 2010.

[143] 汤友富. 都市圈城际轨道交通规划方法研究[D]. 成都: 西南交通大学, 2006.

[144] 侯蓉华. 城际轨道交通系统若干问题研究[D]. 成都: 西南交通大学, 2006.

[145] 尹国栋. 城际轨道交通规划方法研究[D]. 北京: 北京交通大学, 2008.

[146] 翟宁. 我国高速铁路交通枢纽空间层次划分及规划设计方法研究[D]. 西安: 长安大学, 2008.

[147] 朱桃杏, 吴殿廷, 马继刚, 等. 京津冀区域铁路交通网络结构评价[J]. 经济地理, 2011, 31(04): 561-565.

[148] 蒋文. 都市圈轨道交通网络衔接模式研究[D]. 北京: 北京交通大学, 2011.

[149] 潘维怡. 城际轨道交通对城市阻隔及对策研究[D]. 上海: 同济大学, 2008.

[150] 周文竹, 阳建强. 交通导向的城际铁路站场地区空间发展机制[J]. 城市规划, 2010(11): 88-92.

[151] 索超, 张浩. 高铁站点周边商务空间的影响因素与发展建议——基于沪宁沿线 POI 数据的实证[J]. 城市规划, 2015, 39(07): 43-49.

[152] 王丽, 刘可文, 曹有挥. 国内外高铁站区空间结构研究进展及启示[J]. 经济地理, 2016, 36(08): 120-126.

[153] 赵月, 杜文, 陈爽. 复杂网络理论在城市交通网络分析中的应用[J]. 城市交通, 2009(01): 57-65.

[154] Kuby M, Tierney S, Roberts T, et al. A comparison of geographic information systems, complex networks, and other models for

analyzing transportation network topologies[R]. 2005.

[155] Kurant M, Thiran P. Extraction and analysis of traffic and topologies of transportation networks[J]. Physical Review E Statistical Nonlinear & Soft Matter Physics, 2005, 74(3 Pt 2): 36114.

[156] 王伟. 铁路网抗毁性分析与研究[D]. 北京: 北京交通大学, 2011.

[157] 徐峰. 郑州铁路枢纽客运系统规划研究[J]. 高速铁路技术, 2017, 8(01): 19-23.

[158] 李云耀. 江西省铁路网发展现状及规划研究[J]. 铁道工程学报, 2009, 26(02): 1-5.

[159] 陈希荣. 广西铁路网规划方案研究[J]. 铁道运输与经济, 2015, 37(09): 85-89.

[160] 张孟涛, 陈煜. 沧州市铁路网规划布局研究[J]. 铁道工程学报, 2017, 34(02): 1-4.

[161] 王伟, 刘军, 蒋熙, 等. 中国铁路网的拓扑特性[J]. 北京交通大学学报, 2010, 34(03): 148-152.

[162] 李聪颖, 马荣国, 王玉萍, 等. 城市慢行交通网络特性与结构分析[J]. 交通运输工程学报, 2011(02): 72-78.

[163] 谢华, 黄介生. 城市化地区市政排水与区域排涝关系研究[J]. 灌溉排水学报, 2007, 26(05): 10-13.

[164] 王军, 马洪涛. 城市排涝规划有关问题探讨[J]. 给水排水, 2014, 40(03): 9-12.

[165] 吴庆洲, 李炎, 吴运江, 等. 城水相依显特色, 排蓄并举防雨潦——古城水系防洪排涝历史经验的借鉴与当代城市防涝的对策[J]. 城市规划, 2014, 36(08): 71-77.

[166] 连达军, 苏群. 基于流域特征的城市排涝体系分析评价——以苏州市高新区为例[J]. 山东科技大学学报(自然科学版), 2016, 35(01): 61-65.

[167] 门绚, 李冬, 张杰. 国内外深隧排水系统建设状况及其启示[J]. 河北工业科技, 2015, 32(05): 438-442.

[168] 车伍, 王建龙, 何卫华, 等. 城市雨洪控制利用理念与实践[J]. 建设科技, 2008(21): 30-31.

[169] 刘家琳. 基于雨洪管理的节约型园林绿地设计研究[D]. 北京: 北京林业大学, 2013.

[170] 贾海峰, 姚海蓉, 唐颖, 等. 城市降雨径流控制 LID BMPs 规划方法及案例[J]. 水科学进展, 2014, 25(02): 260-267.

[171] 车伍, 吕放放, 李俊奇, 等. 发达国家典型雨洪管理体系及启示[J]. 中国给水排水, 2009, 25(20): 15

[172] 张玉鹏. 国外雨水管理理念与实践[J]. 国际城市规划, 2015, 30(S1): 89-93.

[173] 王思思, 张丹明. 澳大利亚水敏感城市设计及启示[J]. 中国给水排水, 2010, 26(20): 64-68.

[174] 黄光宇. 山地城市空间结构的生态学思考[J]. 城市规划, 2005(01): 57-63.

[175] 杜明阳, 杨柳, 张琳娜. 山水相依——山地海绵城市规划初探[Z]. 中国辽宁沈阳: 2016-10.

[176] 张智, 祖士卿. 山地城市内涝防治与雨水利用的思考[J]. 给水排水动态, 2011, 37(06): 15-16.

[177] 胡澄, 渠光华, 毛瑞勇. 山地城市水安全问题的思考[J]. 环保科技, 2013, 19(05): 7-10.

[178] 陈威, 麋宁, 宋琨. 新排水防涝标准下山地城市排水防涝规划研究[J]. 中国农村水利水电, 2015(11): 178-181.

[179] 陈明燕. 山地城市雨水系统数值模拟及优化设计[D]. 重庆: 重庆大学, 2012.

[180] 遂宁市出台国内首部海绵城市专项规划[J]. 城市规划, 2016(01): 6-7.

[181] 黄泽钧. 关于城市内涝灾害问题与对策的思考[J]. 水科学与工程技术. 2012(01): 7-10.

[182] 赵亮. 对策[J]. 西南大学学报(社会科学版), 2015, 41(01): 73-79.

[183] 符博渊. SWMM 在城市排水管网系统的应用研究[J]. 福建质量管理, 2016(03): 159-163.

[184] 任希岩, 谢映霞, 朱思诚, 等. 在城市发展转型中重构——关于城市内涝防治问题的战略思考[J]. 城市发展研究, 2012, 19(06): 71-77.

[185] 胡程城, 张坤. 城市内涝与土地过度硬化关系的分析与探讨[J]. 农村经济与科技, 2014(11): 15-17.

[186] 陈波, 包志毅. 城市景观规划中的防洪策略——以 2002 年欧洲特大洪灾为例[J]. 自然灾害学报, 2003, 12(02): 147-151.

[187] 侯雷. 对城市内涝灾害应急管理的反思及建议[J]. 行政与法, 2015(01): 5-9.

[188] 刘应明, 何瑶. 城市更新规划中市政设施配置标准研究——以深圳市为例[J]. 现代城市研究, 2013(08): 21-24.

[189] 陈成豪, 李彤彤, 冯杰, 等. 海口市极端降雨事件演变趋势分析[J]. 水资源与水工程学报, 2016, 27(03): 6-10.

[190] 汪涛, 许乐, 张继, 等. 城市公交网络的拓扑结构及其演化模型研究[J]. 公路交通科技, 2009, 26(11): 108-112.

[191] 张善峰, 王剑云. 绿色街道——道路雨水管理的景观学方法[J]. 中国园林, 2012, 28(01): 25-30.

[192] 王建华. 城市空间轴向发展的交通诱导因素分析[J]. 上海城市规划, 2009(03): 16-19.

[193] Alexandrov N, Kuby M, Tierney S, et al. A comparison of geographic information systems, complex networks, and other models for analyzing transportation network topologies[J]. British Journal of Pharmacology, 2005, 97(12): 2-3.

[194] Hansen W G. How accessibility shapes land-use[J]. Journal of The American Institute Of Planners, 1959, 25(2): 73-76.

[195] Pooler J A. The use of spatial separation in the measurement of transportation accessibility[J]. Transportation Research Part A-Policy and Practice, 1995, 29(6): 421-427.

[196] 史滢宜, 刘艳芳, 银超慧. 基于 GIS 的宁波市道路网络综合通达性研究[J]. 地理信息世界, 2017, 24(1): 30-36.

[197] O' Sullivan D, Morrison A, Shearer J. Using desktop GIS for the investigation of accessibility by public transport: an isochrone approach[J]. International Journal of Geographical Information Science, 2000, 14(1): 85-104.

[198] 李彬, 杨超, 杨佩昆. 公交最短路径算法与网络通达性指标的计算[J]. 同济大学学报(自然科学版), 1997(6): 651-655.

[199] 王姣娥. 公交导向型城市开发机理及模式构建[J]. 地理科学进展, 2013, 32(10): 1470-1478.

[200] 张启人, 王毓基. 城市公共交通系统工程——理论与实践[J]. 系统工程, 1984(1): 31-44.

[201] 杨军, 何涛, 刘玉芳, 等. 城市公共交通车辆内噪声调查与模糊数学评价——以山东省济南市为例[J]. 城市环境与城市生态, 1996(4): 44-47.

[202] 张生瑞, 严海. 城市公共交通规划的理论与实践[M]. 北京: 中国铁道出版社, 2007.

[203] 李柳. 城市公共交通问题的经济学浅析[J]. 价格月刊, 2007(7): 28-29.

[204] 毕岩岩, 肖敏, 周溪召. 国外大中城市公交优先发展及启示[J]. 城市发展研究, 2013, 20(11): 87-90.

[205] 卡尔索普, 郭亮. 未来美国大都市: 生态·社区·美国梦[M]. 北京: 中国建筑工业出版社, 2009.

[206] 丁川, 吴纲立, 林姚宇. 美国 TOD 理念发展背景及历程解析[J]. 城市规划, 2015, 39(05): 89-96.

[207] 陈燕萍. 城市交通问题的治本之路——公共交通社区与公共交通导向的城市土地利用形态[J]. 城市规划, 2000, 24(03): 10-14.

[208] 王缉宪. 国外城市土地利用与交通一体规划的方法与实践[J]. 国际城市规划, 2009, 24(S1): 205-209.

[209] 王治, 叶霞飞. 国内外典型城市基于轨道交通的"交通引导发展"模式研究[J]. 城市轨道交通研究, 2009, 12(5): 1-5.

[210] 丁金学, 梁月林. 城市绿色交通发展的回顾与展望[J]. 综合运输, 2013(9): 17-21.

[211] 李苗裔, 龙瀛. 中国主要城市公交站点服务范围及其空间特征评价[J]. 城市规划学刊, 2015(06): 30-37.

[212] 杨涛, 陈阳. 城市公共交通优先发展的目标与指标体系研究[J]. 城市规划, 2013, 37(4): 57-61.

[213] 赵航, 安实, 何世伟. 城市公交系统宏观网络优化整合研究[J]. 交通运输系统工程与信息, 2011, 11(02): 112-118.

[214] 郁嬛君. 城市轨道交通与常规公交协同机理分析[J]. 交通科技与经济, 2012, 14(05): 81-84.

[215] 黄建中, 余波. 接驳城市轨道交通的社区公交研究——以上海市为例[J]. 城市规划学刊, 2014(03): 77-84.

[216] 王国新, 李家斌. 无锡轨道交通开通后地面公交系统调整策略[J]. 交通标准化, 2014(23): 53-57.

[217] 范海雁, 杨晓光, 严凌, 等. 蒙特卡罗法在公交线路运行时间可靠性计算中的应用[J]. 上海理工大学学报, 2006, 28(01): 59-62.

[218] 胡继华, 程智锋, 詹承志, 等. 基于时空路径的城市公交时间可靠性研究[J]. 地理科学, 2012, 32(06): 673-679.

[219] 宋晓梅, 于雷. 常规公交微观区间运行时间可靠性评价模型研究[J]. 交通运输系统工程与信息, 2012, 12(02): 144-149.

[220] 黎茂盛, 龙佳, 陈大飞, 等. 公交站点停站服务可靠性分析[J]. 交通运输系统工程与信息, 2011, 11(S1): 81-89.

[221] 安健, 杨晓光, 刘好德, 等. 基于乘客感知的公交服务可靠性测度模型[J]. 系统仿真学报, 2012, 24(05): 1092-1097.

[222] 高桂凤, 魏华, 严宝杰. 城市公交服务质量可靠性评价研究[J]. 武汉理工大学学报(交通科学与工程版), 2007, 31(01): 140-143.

[223] 魏明, 靳文舟, 孙博. 区域公交车辆调度问题的可靠性[J]. 华南理工大学学报(自然科学版), 2012, 40(02): 50-56.

[224] 曹诗淇. GIS 在城市智能公交系统中的应用[J]. 测绘与空间地理信息, 2016(05): 125-128.

[225] 傅搏峰, 吴娇蓉, 陈小鸿. 空间句法及其在城市交通研究领域的应用[J]. 国际城市规划, 2009, 24(01): 79-83.

[226] Chiaradia A, Moreau E, Raford N. Configurational exploration of public transport movement networks: a case study, the London underground[J]. International Space Syntax Symposium, 2005.

[227] Sienkiewicz J, Hołyst J A. Statistical analysis of 22 public transport networks in Poland[J]. Physical Review E Statistical Nonlinear & Soft Matter Physics, 2005, 72(4 Pt 2): 46127.

[228] 田书广, 袁逸萍, 倪一由. 乌鲁木齐公交网络拓扑结构及鲁棒性分析[J]. 机械工程与自动化, 2013(5): 4-6.

[229] 齐壮, 赵山春. 兰州市公交网络的静态复杂性研究[J]. 交通标准化, 2011(21): 47-52.

[230] 钟少颖, 王宁宁, 陈锐. 北京市公交网络枢纽性和抗毁性——基于复杂网络分析方法的研究[J]. 城市发展研究, 2016, 23(06): 123-132.

[231] 汪涛, 吴琳丽. 基于复杂网络的城市公交网络抗毁性分析[J]. 计算机应用研究, 2010, 27(11): 4084-4086.

[232] 胡萍, 范文礼. 不同攻击模式下城市公交网络抗毁性分析[J]. 计算机应用研究, 2014(11): 3385-3387.

[233] 段后利, 李志恒, 张毅. 城市公交网络的鲁棒性分析模型[J]. 华南理工大学学报(自然科学版), 2010, 38(03): 70-75.

[234] 戴德胜, 姚迪. 全球步行化语境下的步行交通策略研究——以苏黎世市为例[J]. 城市规划, 2010, 274(8): 48-55.

[235] 文国玮. 绿色交通背景下我国城市 BRT 存在问题及发展建议——科学认识 BRT 及其应用[J]. 规划师, 2010, 26(9): 21-24.

[236] 顾媛媛. 慕尼黑公共交通系统特征研究[J]. 规划师, 2012, 28(S2): 33-36.

[237] 李泽新, 王蓉. 山地城市道路交通环境特点及其控制对策[J], 山地学报. 2014, 32(01): 46-51.

[238] 崔叙, 赵万民. 西南山地城市交通特征与规划适应对策研究[J], 规划师. 2010, 26(02): 79-83.

[239] 陶灵. 漫忆老重庆出租车和公交车[J]. 红岩春秋, 2015(11): 41-45.

[240] 沈媛媛. 重庆公交历史掠影[J]. 人民公交, 2010(06): 83-84.

[241] 张宜华, 郭春侠. 重庆市主城区城市交通的现状、挑战及建议[J]. 重庆交通大学学报(自然科学版), 2012, 31(S1): 579-582.

[242] 段德忠, 刘承良, 陈欣怡. 基于分形理论的公交网络空间结构复杂性研究——以武汉市中心城区为例[J]. 地理与地理信息科学, 2013, 29(02): 66-71.

[243] 李朝奎, 陈良, 李佳伶, 等. GIS 城市公交网络评价方法探讨——以湘潭市为例[J]. 测绘科学, 2010, 35(05): 98-100.

[244] 刘松阳. 系统论的基本原则及其哲学意义[J]. 华中师范大学学报(哲学社会科学版), 1986(02): 14-18.

[245] 易峥. 重庆组团式城市结构的演变和发展[J]. 规划师, 2004, 20(9): 33-36.

[246] 陆建, 胡刚. 常规公交线网布局层次规划法及其应用[J]. 城市交通, 2004, 2(04): 34-37.

[247] 王保忠, 王彩霞, 何平, 等. 城市绿地研究综述[J]. 城市规划汇刊, 2004(02): 62-68.

[248] 吴人韦. 国外城市绿地的发展历程[J]. 城市规划, 1998(06): 39-43.

[249] Howard E. Tomorrow: A Peaceful Path to Real Reform[M]. london: Swan Sonnenschein & Co., Ltd. 1898

[250] 刘骏, 蒲蔚然. 小议城市绿地指标[J]. 重庆建筑大学学报(社科版), 2001(04): 35-38.

[251] 王祥荣. 论生态城市建设的理论、途径与措施——以上海为例[J]. 复旦学报(自然科学版). 2001, 40(04): 349-354.

[252] 周一凡, 周坚华. 基于绿化三维量的城市生态环境评价系统[J]. 中国园林, 2001, 17(05): 78-80.

[253] 刘立民, 刘明. 绿量——城市绿化评估的新概念[J]. 中国园林, 2000(05): 32-34.

[254] 黄晓鸾, 张国强. 城市生存环境绿色量值群的研究(1)[J]. 中国园林, 1998(01): 59-61.

[255] 吴效军. 新时期城市绿地系统规划的基本思路和方法研究[J]. 现代城市研究, 2001(06): 24-26.

[256] 吴承照. 风景园林研究进展——'99国际公园及康乐设施管理协会亚太地区会议综述[J]. 中国园林, 2000, 16(03): 86-91.

[257] 苏俏云. 以"人"为本规划城市园林绿地系统——论中国城市园林绿地建设[J]. 华南师范大学学报(自然科学版), 2000(04): 90-94.

[258] 况平. 城市园林绿地系统规划中的适宜度分析[J]. 中国园林, 1995(04): 48-51.

[259] 胡长龙, 吴祥艳, 余压芳. 我国十年来园林绿化学科研究动态分析[J]. 中国园林, 1997(05): 28-32.

[260] Cook E A. Landscape structure indices for assessing urban ecological networks[J]. Landscape & Urban Planning, 2002, 58(2-4): 269-280.

[261] Hermy M, Cornelis J. Towards a monitoring method and a number of multifaceted and hierarchical biodiversity indicators for urban and suburban parks[J]. Landscape & Urban Planning, 2000, 49(3): 149-162.

[262] Xu L, You H, Li D, et al. Urban green spaces, their spatial pattern, and ecosystem service value: The case of Beijing[J]. Habitat International, 2016, 56: 84-95.

[263] 孔繁花, 尹海伟. 济南城市绿地生态网络构建[J]. 生态学报, 2008, 28(04): 1711-1719.

[264] 王海珍, 张利权. 基于GIS、景观格局和网络分析法的厦门本岛生态网络规划[J]. 植物生态学报, 2005, 29(01): 144-152.

[265] 吴承照, 刘滨谊. 游憩与景观生态理论研究——在绍兴市中心城绿地系统规划中的综合应用[J]. 城市规划汇刊, 2000(01): 71-73.

[266] Sekine H, Yamazaki T, Kohno S, et al. Disaster management system in japan(on the advanced traffic control system of the tokyo metropolitan police department, at an earthquake)[C]. 1996.

[267] 付建国, 梁成才, 王都伟, 等. 北京城市防灾公园建设研究[J]. 中国园林, 2009, 25(08): 79-84.

[268] 李景奇, 夏季. 城市防灾公园规划研究[J]. 中国园林. 2007, 23(07): 16-22.

[269] 林展鹏. 高密度城市防灾公园绿地规划研究——以香港作为研究分析对象[J]. 中国园林, 2008, 24(09): 37-42.

[270] 苏幼坡, 马亚杰, 刘瑞兴. 日本防灾公园的类型、作用与配置原则[J]. 世界地震工程, 2004, 20(04): 27-29.

[271] 唐进群, 刘冬梅, 贾建中. 城市安全与我国城市绿地规划建设[J]. 中国园林, 2008, 24(09): 1-4.

[272] 徐波, 郭竹梅. 城市绿地的避灾功能及其规划设计研究[J]. 中国园林, 2008, 24(12): 56-59.

[273] 朱颖, 王浩, 昝少平, 等. 乌鲁木齐市防灾公园绿地建设对策[J]. 城市规划, 2009, 265(12): 48-52.

[274] 尹海伟, 孔繁花, 宗跃光. 城市绿地可达性与公平性评价[J]. 生态学报, 2008, 28(07): 3375-3383.

[275] 王松涛, 郑思齐, 冯杰. 公共服务设施可达性及其对新建住房价格的影响——以北京中心城为例[J]. 地理科学进展, 2007, 26(06): 78-85.

[276] 俞孔坚, 段铁武, 李迪华, 等. 景观可达性作为衡量城市绿地系统功能指标的评价方法与案例[J]. 城市规划, 1999(08): 7-10.

[277] 谭少华, 赵万民. 城市公园绿地社会功能研究[J]. 重庆建筑大学学报, 2007, 29(05): 6-10.

[278] 王进, 陈爽, 姚士谋. 城市规划建设的绿地功能应用研究新思路[J]. 地理与地理信息科学, 2004(06): 99-103.

[279] 刘军. 构建安全、高效、综合的城市防灾避难系统[J]. 江苏城市规划, 2011(11): 41-43.

[280] 杨培峰, 尹贵. 城市应急避难场所总体规划方法研究——以攀枝花市为例[J]. 城市规划, 2008(09): 87-92.

[281] W·博奥席耶. 勒·柯布西耶全集[M]. 北京: 中国建筑工业出版社, 2005.

[282] 叶彭姚, 陈小鸿. 雷德朋体系的道路交通规划思想评述[J]. 国际城市规划, 2009, 24(04): 69-73.

[283] 李强. 从邻里单位到新城市主义社区——美国社区规划模式变迁探究[J]. 世界建筑, 2006(07): 92-94.

[284] 卢柯, 潘海啸. 城市步行交通的发展——英国、德国和美国城市步行环境的改善措施[J]. 国外城市规划, 2001(06): 39-43.

[285] Jane J, 金衡山. 美国大城市的死与生[M]. 南京: 译林出版社, 2006: 56-57.

[286] 卡门·哈斯·克劳, 陈祯耀. 交通安宁: 前联邦德国道路交通的新概念[J]. 国外城市规划, 1993(01): 32-36.

[287] 金晓琼, 韩萍, 左忠义, 等. 大连市西安路商业区行人交通特性分析[J]. 大连交通大学学报, 2008, 29(02): 27-31.

[288] 孙玉. 城市中心商业区交通环境评价研究[J]. 山东建筑工程学院学报, 2004(03): 22-25.

[289] Bosselmann P. Sun, wind, and comfort: a study of open spaces and sidewalks in four downtown areas[J]. Pedestrian Areas, 1984.

[290] 李晔, 沈子明. 城市步行品质交通改善设计研究[J]. 交通标准化, 2013(13): 108-112.

[291] 姜洋, 解建华, 余军, 等. 城市传统商业区步行交通系统规划——以重庆市解放碑商圈为例[J]. 城市交通, 2014(04): 37-45.

[292] 黄莉. 城市中心区立体步行交通系统建设策略和实施机制研究[J]. 城市发展研究, 2012, 19(08): 95-101.

[293] 刘涟涟, 陆伟. 德国城市中心步行区规划策略——以弗赖堡为例[J]. 国际城市规划, 2013, 28(01): 104-110.

[294] 周铁军, 何晓丽, 王大川. 基于灰关联分析法的商业中心区避难道路安全评价研究——以重庆市沙坪坝商业中心为例[J]. 西部人居环境学刊, 2013(06): 1-5.

[295] 邓浩, 宋峰, 蔡海英. 城市肌理与可步行性——城市步行空间基本特征的形态学解读[J]. 建筑学报, 2013(06): 8-13.

[296] 贾莹. 重庆南坪中心城市商圈空间品质研究[D]. 重庆: 重庆大学, 2013.

[297] 叶彭姚. 城市道路网拓扑结构的复杂网络特性研究[J]. 交通运输工程与信息学报. 2012, 10(01): 13-19.

[298] 曹祥. 基于复杂网络理论的区域公路交通网络可靠性研究[D]. 南京: 南京信息工程大学, 2011.

附　　录

附表 2-A　节点编号及所属城市一览表(2016 年)

节点编号	节点名称	所属城市	所属区域	节点编号	节点名称	所属城市	所属区域
1	重庆站			31	白沙站		
2	重庆北站			32	平等站		
3	北碚站			33	朱杨溪站		
4	洛碛站			34	茨坝站	江津	
5	茄子溪站	重庆		35	夏坝站		
6	小南海站			36	民福寺站		
7	石场站			37	七龙星站		
8	铜罐驿站			38	綦江站		
9	重庆南站			39	三江站		
10	黄磏站			40	镇紫街站	綦江	
11	璧山站	璧山		41	赶水站		重庆片
12	合川站	合川		42	石门坎站		
13	潼南站	潼南		43	涪陵站		
14	大足站			44	涪陵北站		
15	大足南站	大足		45	白涛站	涪陵	
16	长河碥站		重庆片	46	磨溪站		
17	荣昌站			47	长寿站		
18	荣昌北站			48	长寿北站	长寿	
19	峰高铺站	荣昌		49	万州站	万州	
20	广顺场站			50	丰都站	丰都	
21	安富镇站			51	梁平站	梁平	
22	永川站			52	黔江站		
23	永川东站			53	核桃园站	黔江	
24	柏林站	永川		54	成都站		
25	临江场站			55	成都东站		
26	双石桥站			56	成都南站		
27	江津站			57	双流机场站	成都	四川片
28	古家沱站			58	双流西站		
29	油溪站	江津		59	新津站		
30	金刚沱站			60	新津南站		

续表

节点编号	节点名称	所属城市	所属区域	节点编号	节点名称	所属城市	所属区域
61	新都东站	成都	四川片	93	自贡站	自贡	四川片
62	青白江东站			94	大山铺站		
63	德阳站	德阳		95	俞冲站		
64	罗江东站			96	内江站	内江	
65	广汉北站			97	内江北站		
66	绵阳站	绵阳		98	内江南站		
67	江油站			99	隆昌站		
68	青莲站			100	隆昌北站		
69	眉山站	眉山		101	李市镇站		
70	彭山站			102	迎祥街站		
71	彭山北站			103	双凤驿站		
72	眉山东站			104	椑木镇站		
73	青神站			105	资中站		
74	资阳站	资阳		106	资中北站		
75	资阳北站			107	南充站	南充	
76	简阳南站			108	南充北站		
77	简阳站			109	营山站		
78	遂宁站	遂宁		110	蓬安站		
79	大英东站			111	阆中站		
80	乐山站	乐山		112	南部站		
81	乐山北站			113	达州站	达州	
82	峨眉站			114	开江站		
83	峨眉山站			115	渡市站		
84	燕岗站			116	宣汉站		
85	峨边站			117	渠县站		
86	汉源站	雅安		118	三汇镇站		
87	宜宾站	宜宾		119	土溪站		
88	宜宾南站			120	广安站	广安	
89	一步滩站			121	广安南站		
90	敬梓场站			122	岳池站		
91	王场站			123	华蓥站		
92	孔滩站			124	武胜站		

注：由于本研究始于 2015 年，所以各行政区划及节点名称仍以 2015 年的为准。后同。

附表 2-B　邻接矩阵表达

	1	2	3	4	5	6	…	…	124
1	0	a_{12}	a_{13}	a_{14}	a_{15}	a_{16}	…	…	$a_{1(124)}$
2	a_{21}	0	a_{13}	a_{24}	a_{25}	a_{26}	…	…	$a_{2(124)}$
3	a_{31}	a_{32}	0	a_{34}	a_{35}	a_{36}	…	…	$a_{3(124)}$
4	a_{41}	a_{42}	a_{43}	0	a_{45}	a_{46}	…	…	$a_{4(124)}$
5	a_{51}	a_{52}	a_{53}	a_{54}	0	a_{56}	…	…	$a_{5(124)}$
6	a_{61}	a_{62}	a_{63}	a_{64}	a_{65}	0	…	…	$a_{6(124)}$
…	…	…	…	…	…	…	0	a_{ji}	$a_{j(124)}$
…	…	…	…	…	…	…	a_{ij}	0	$a_{i(124)}$
124	$a_{(124)1}$	$a_{(124)2}$	$a_{(124)3}$	$a_{(124)4}$	$a_{(124)5}$	$a_{(124)6}$	$a_{(124)j}$	$a_{(124)i}$	0

附表 2-C　网络模型的节点相对地理坐标（对应 Pajek 坐标）

节点编号	节点名称	坐标		
		x	y	z
1	重庆站	0.6197	0.742	0.5
2	重庆北站	0.6193	0.7298	0.5
3	北碚站	0.6085	0.7165	0.5
4	洛碛站	0.6823	0.6998	0.5
5	茄子溪站	0.6074	0.7565	0.5
6	小南海站	0.5996	0.76	0.5
7	石场站	0.5919	0.7617	0.5
8	铜罐驿站	0.5882	0.7709	0.5
9	重庆南站	0.6148	0.7505	0.5
10	黄磏站	0.5777	0.7771	0.5
11	璧山站	0.5677	0.7173	0.5
12	合川站	0.5764	0.6524	0.5
13	潼南站	0.5078	0.6132	0.5
14	大足站	0.4887	0.7004	0.5
15	大足南站	0.4814	0.7358	0.5
16	长河碥站	0.494	0.7403	0.5
17	荣昌站	0.4672	0.7537	0.5
18	荣昌北站	0.4698	0.7458	0.5
19	峰高铺站	0.4787	0.7504	0.5
20	广顺场站	0.4534	0.7677	0.5
21	安富镇站	0.4449	0.7681	0.5
22	永川站	0.5203	0.7611	0.5
23	永川东站	0.5305	0.7573	0.5
24	柏林站	0.52	0.7929	0.5

节点编号	节点名称	坐标		
		x	y	z
25	临江场站	0.5232	0.7785	0.5
26	双石桥站	0.5044	0.7511	0.5
27	江津站	0.5669	0.7798	0.5
28	古家沱站	0.5626	0.7886	0.5
29	油溪站	0.5528	0.7863	0.5
30	金刚沱站	0.5463	0.7962	0.5
31	白沙站	0.551	0.8058	0.5
32	平等站	0.5171	0.8002	0.5
33	朱杨溪站	0.5275	0.8081	0.5
34	茨坝站	0.5273	0.7997	0.5
35	夏坝站	0.615	0.8157	0.5
36	民福寺站	0.6064	0.7964	0.5
37	七龙星站	0.6006	0.7827	0.5
38	綦江站	0.6366	0.8202	0.5
39	三江站	0.6469	0.834	0.5
40	镇紫街站	0.6416	0.8574	0.5
41	赶水站	0.6486	0.8691	0.5
42	石门坎站	0.6629	0.8731	0.5
43	涪陵站	0.7463	0.7031	0.5
44	涪陵北站	0.7372	0.6935	0.5
45	白涛站	0.7767	0.7288	0.5
46	磨溪站	0.7648	0.7142	0.5
47	长寿站	0.6982	0.6834	0.5
48	长寿北站	0.7159	0.6614	0.5
49	万州站	0.9045	0.498	0.5
50	丰都站	0.8145	0.6807	0.5
51	梁平站	0.8039	0.5261	0.5
52	黔江站	0.976	0.7422	0.5
53	核桃园站	0.9439	0.725	0.5
54	成都站	0.2177	0.5328	0.5
55	成都东站	0.2286	0.5397	0.5
56	成都南站	0.2196	0.5444	0.5
57	双流机场站	0.2092	0.547	0.5
58	双流西站	0.1964	0.5524	0.5
59	新津站	0.1894	0.5706	0.5
60	新津南站	0.1848	0.5802	0.5

节点编号	节点名称	坐标		
		x	y	z
61	新都东站	0.2354	0.5144	0.5
62	青白江东站	0.2468	0.4968	0.5
63	德阳站	0.2947	0.4442	0.5
64	罗江东站	0.3173	0.4218	0.5
65	广汉北站	0.2665	0.4663	0.5
66	绵阳站	0.3245	0.3843	0.5
67	江油站	0.343	0.3284	0.5
68	青莲站	0.3254	0.3474	0.5
69	眉山站	0.1778	0.6522	0.5
70	彭山站	0.1796	0.6178	0.5
71	彭山北站	0.1798	0.6092	0.5
72	眉山东站	0.1862	0.6526	0.5
73	青神站	0.1795	0.6868	0.5
74	资阳站	0.3078	0.6361	0.5
75	资阳北站	0.3223	0.6225	0.5
76	简阳南站	0.3016	0.5943	0.5
77	简阳站	0.3109	0.5816	0.5
78	遂宁站	0.4588	0.5649	0.5
79	大英东站	0.4217	0.5516	0.5
80	乐山站	0.1802	0.7273	0.5
81	乐山北站	0.1498	0.7065	0.5
82	峨眉站	0.1426	0.7218	0.5
83	峨眉山站	0.1239	0.7298	0.5
84	燕岗站	0.1432	0.7373	0.5
85	峨边站	0.0869	0.7934	0.5
86	汉源站	0.0199	0.7757	0.5
87	宜宾站	0.3161	0.8756	0.5
88	宜宾南站	0.305	0.8929	0.5
89	一步滩站	0.3307	0.8522	0.5
90	敬梓场站	0.3203	0.8377	0.5
91	王场站	0.3192	0.8234	0.5
92	孔滩站	0.3233	0.8081	0.5
93	自贡站	0.3292	0.7751	0.5
94	大山铺站	0.3432	0.7644	0.5
95	俞冲站	0.3242	0.7954	0.5
96	内江站	0.3751	0.7278	0.5

节点编号	节点名称	坐标		
		x	y	z
97	内江北站	0.387	0.7178	0.5
98	内江南站	0.3682	0.7377	0.5
99	隆昌站	0.4164	0.7747	0.5
100	隆昌北站	0.4183	0.7559	0.5
101	李市镇站	0.433	0.7774	0.5
102	迎祥街站	0.4049	0.7637	0.5
103	双凤驿站	0.3961	0.7547	0.5
104	椑木镇站	0.3882	0.7472	0.5
105	资中站	0.3522	0.6982	0.5
106	资中北站	0.3583	0.6809	0.5
107	南充站	0.5413	0.5267	0.5
108	南充北站	0.5354	0.4999	0.5
109	营山站	0.6364	0.4454	0.5
110	蓬安站	0.6045	0.4598	0.5
111	阆中站	0.5282	0.3664	0.5
112	南部站	0.5309	0.4093	0.5
113	达州站	0.766	0.4384	0.5
114	开江站	0.8215	0.4542	0.5
115	渡市站	0.7352	0.4901	0.5
116	宣汉站	0.807	0.4015	0.5
117	渠县站	0.6925	0.5195	0.5
118	三汇镇站	0.7098	0.486	0.5
119	土溪站	0.6913	0.4868	0.5
120	广安站	0.6599	0.5712	0.5
121	广安南站	0.6164	0.5848	0.5
122	岳池站	0.6053	0.5548	0.5
123	华蓥站	0.6503	0.6058	0.5
124	武胜站	0.5712	0.5954	0.5

附表 2-D　铁路物理网边中介中心度值排名前 20 的情况

排名	边	介数	排名	边	介数
1	成都站(54)—大英东站(79)	0.3929	11	北碚站(3)—铜罐驿站(8)	0.1664
2	合川站(12)—潼南站(13)	0.3384	12	黄磏站(10)—江津站(27)	0.1633
3	潼南站(13)—大英东站(79)	0.3079	13	重庆北站(2)—合川站(12)	0.1571
4	成都站(54)—简阳站(77)	0.2950	14	江津站(27)—古家沱站(28)	0.1513
5	资阳站(74)—简阳站(77)	0.2857	15	成都东站(55)—成都南站(56)	0.1419
6	资阳站(74)—资中站(105)	0.2764	16	双凤驿站(103)—桦木镇站(104)	0.1391
7	内江(96)—资中站(105)	0.2670	17	成都南站(56)—双流机场站(57)	0.1379
8	北碚站(3)—合川站(12)	0.2355	18	大山铺站(94)—内江南站(98)	0.1379
9	成都东站(55)—大英东站(79)	0.2315	19	遂宁站(78)—大英东站(79)	0.1352
10	铜罐驿站(8)—黄磏站(10)	0.1753	20	遂宁站(78)—南充站(107)	0.1351

附表 2-E　铁路车流网节点强度和度值排名前 20 的站点

排名	节点	强度	节点	度值
1	成都东站(55)	389	成都东站(55)	61
2	重庆北站(2)	355	重庆站(1)	53
3	达州站(113)	217	内江站(96)	51
4	成都站(54)	181	重庆北站(2)	42
5	遂宁站(78)	166	隆昌站(99)	41
6	绵阳站(66)	154	茄子溪站(5)	38
7	江油站(67)	131	重庆南站(9)	38
8	南充站(107)	125	荣昌站(17)	36
9	德阳站(63)	123	永川站(22)	36
10	广安站(120)	106	江津站(27)	36
11	合川站(12)	106	达州站(113)	34
12	潼南站(13)	98	成都站(54)	34
13	内江站(96)	97	白沙站(31)	30
14	渠县站(117)	97	长河碥站(16)	30
15	重庆站(1)	93	桦木镇站(104)	30
16	涪陵北站(44)	87	双凤驿站(103)	30
17	营山站(109)	80	迎祥街站(102)	30
18	乐山站(80)	76	李市镇站(101)	30
19	宣汉站(116)	71	茨坝站(34)	30
20	内江北站(97)	68	朱杨溪站(33)/平等站(32)/金刚沱站(30)/油溪站(29)/古家沱站(28)/双石桥站(26)/临江场站(25)/柏林站(24)/安富镇站(21)/广顺场站(20)/峰高铺站(19)/大足站(14)/黄磏站(10)/铜罐驿站(8)/石场站(7)/小南海站(6)	30

附表 2-F 铁路车流网边中介中心度值排名前 20 的情况

排名	边	介数	排名	边	介数
1	成都东站(55)—内江站(96)	0.0555	11	成都站(54)—隆昌站(99)	0.0130
2	成都东站(55)—重庆站(1)	0.0528	12	成都东站(55)—新津站(59)	0.0124
3	重庆北站(2)—白沙站(31)	0.0339	13	成都东站(55)—双流西站(58)	0.0124
4	成都东站(55)—宜宾站(87)	0.0193	14	成都东站(55)—青神站(73)	0.0124
5	成都东站(55)—自贡站(93)	0.0193	15	成都东站(55)—罗江东站(64)	0.0124
6	成都东站(55)—赶水站(41)	0.0171	16	成都东站(55)—青莲站(68)	0.0124
7	成都东站(55)—綦江站(38)	0.0169	17	成都东站(55)—彭山北站(71)	0.0124
8	成都站(54)—内江站(96)	0.0160	18	成都东站(55)—双流机场站(57)	0.0124
9	永川东站(23)—长河碥站(16)	0.0146	19	成都东站(55)—新津南站(60)	0.0124
10	成都东站(55)—青白江东站(62)	0.0130	20	成都东站(55)—新都东站(61)/成都东站(55)—广汉北站(65)/成都东站(55)—眉山东站(72)/成都东站(55)—乐山站(80)/成都东站(55)—峨眉山站(83)	0.0124

附表 2-G 铁路物理网"k-核"分布列表

类型	站点	个数	比例/%
2-核	重庆站、重庆北站、北碚站、茄子溪站、小南海站、石场站、铜罐驿站、重庆南站、黄磏站、璧山站、合川站、潼南站、大足站、大足南站、长河碥站、荣昌站、荣昌北站、峰高铺站、广顺场站、安富镇站、永川站、永川东站、柏林站、临江场站、双石桥站、江津站、古家沱站、油溪站、金刚沱站、白沙站、平等站、朱杨溪站、茨坝站、七龙星站、成都站、成都东站、成都南站、新都东站、青白江东站、德阳站、罗江东站、广汉北站、绵阳站、江油站、青莲站、资阳站、资阳北站、简阳南站、简阳站、遂宁站、大英东站、内江站、内江北站、内江南站、隆昌站、隆昌北站、李市镇站、迎祥街站、双凤驿站、榉木镇站、资中站、资中北站、南充站、南充北站、营山站、蓬安站、渠县站、华蓥站、武胜站、三汇镇站、土溪站、广安站	72	58.06
1-核	洛碛站、夏坝站、民福寺站、綦江站、三江站、镇紫街站、赶水站、石门坎站、涪陵站、涪陵北站、白涛站、磨溪站、长寿站、长寿北站、万州站、丰都站、梁平站、黔江站、核桃园站、双流机场站、双流西站、新津站、新津南站、眉山站、彭山站、彭山北站、眉山东站、青神站、乐山站、乐山北站、峨眉站、峨眉山站、燕岗站、峨边站、汉源站、宜宾站、宜宾南站、一步滩站、敬梓场站、王场站、孔滩站、自贡站、大山铺站、俞冲站、阆中站、南部站、达州站、开江站、渡市站、宣汉站、广安南站、岳池站	52	41.94

附表 2-H 铁路物理网点度中心势排名前 20 的情况

编号	站点名称	绝对度数中心度	相对度数中心度
3	北碚站	6	4.878
6	小南海站	6	4.878
1	重庆站	4	3.252
2	重庆北站	4	3.252
66	绵阳站	4	3.252
12	合川站	4	3.252
79	大英东站	4	3.252
54	成都站	4	3.252
55	成都东站	4	3.252

编号	站点名称	绝对度数中心度	相对度数中心度
78	遂宁站	4	3.252
63	德阳站	4	3.252
5	茄子溪站	3	2.439
7	石场站	3	2.439
76	简阳南站	3	2.439
108	南充北站	3	2.439
13	潼南站	3	2.439
56	成都南站	3	2.439
104	椑木镇站	3	2.439
96	内江站	3	2.439
113/98/37/8/118/117/119/107	达州站/内江南站/七龙星站/铜罐驿站/三汇镇站/渠县站/土溪站/南充站	3	2.439

附表 2-I　铁路物理网接近中心势排名前 20 的情况

编号	站点名称	与其他点距离值	相对接近中心度
79	大英东站	830	14.819
13	潼南站	840	14.643
12	合川站	847	14.522
78	遂宁站	870	14.138
54	成都站	873	14.089
3	北碚站	877	14.025
55	成都东站	914	13.457
2	重庆北站	921	13.355
108	南充北站	940	13.085
77	简阳站	943	13.043
6	小南海站	950	12.947
124	武胜站	957	12.853
7	石场站	961	12.799
1	重庆站	963	12.773
107	南充站	965	12.746
8	铜罐驿站	966	12.733
123	华蓥站	976	12.602
63	德阳站	982	12.525
70	彭山站	983	12.513
56	成都南站	1011	12.166

附表 2-J　铁路车流网"k-核"分布列表

分级	类型	站点	个数	比例/%
1 级	30-核	重庆站、茄子溪站、小南海站、石场站、铜罐驿站、重庆南站、黄磏站、大足站、长河碥站、荣昌站、峰高铺站、广顺场站、安富镇站、永川站、柏林站、临江场站、双石桥站、江津站、古家沱站、油溪站、金刚沱站、白沙站、平等站、朱杨溪站、茨坝站、内江站、隆昌站、李市镇站、迎祥街站、双凤驿站、桦木镇站	31	25.00
2 级	15-核	成都东站、成都南站、双流机场站、双流西站、新津站、新津南站、新都东站、德阳站、罗江东站、广汉北站、绵阳站、江油站、青莲站、彭山北站、眉山东站、青神站、乐山站、峨眉山站	18	14.52
	14-核	青白江东站	1	0.81
	11-核	北碚站、宜宾站、自贡站、达州站、渠县站、广安站	6	4.84
	10-核	夏坝站、民福寺站、七龙星站、綦江站、三江站、镇紫街站、赶水站、石门坎站、宜宾南站、一步滩站、敬梓场站、王场站、孔滩站、大山铺站、俞冲站、内江南站	16	12.90
3 级	9-核	重庆北站、合川站、潼南站、涪陵站、万州站、梁平站、黔江站、成都站、眉山站、资阳站、遂宁站、大英东站、乐山北站、峨眉站、资中站、南充站、营山站、蓬安站、开江站、宣汉站、华蓥站	21	16.94
	8-核	璧山站、大足南站、荣昌北站、永川东站、涪陵北站、长寿北站、丰都站、资阳北站、内江北站、隆昌北站、资中北站、土溪站、	12	9.68
	7-核	洛碛站、白涛站、磨溪站、长寿站、核桃园站、简阳南站、简阳站、汉源站、南充北站、阆中站、南部站	11	8.87
	6-核	彭山站、燕岗站、峨边站、武胜站	4	3.23
	5-核	广安南站、岳池站	2	1.61
	4-核	渡市站、三汇镇站	2	1.61

附表 2-K　铁路车流网点度中心势排名前 20 的情况

编号	站点名称	绝对度数中心度	相对度数中心度
55	成都东站	61	49.593
1	重庆站	53	43.089
96	内江站	51	41.463
2	重庆北站	42	34.146
99	隆昌站	41	33.333
9	茄子溪站	38	30.894
5	重庆南站	38	30.894
22	荣昌站	36	29.268
17	永川站	36	29.268
27	江津站	36	29.268
113	达州站	34	27.642
54	成都站	34	27.642
16	长河碥站	31	25.203
31	白沙站	31	25.203
104	桦木镇站	30	24.39
19	峰高铺站	30	24.39
14	大足站	30	24.39
30	金刚沱站	30	24.39
34	茨坝站	30	24.39
28/33/7/8/21/25/26/103/10/29/6/24/32/102/20/101	古家沱站/朱杨溪站/石场站/铜罐驿站/安富镇站/临江场站/双石桥站/双凤驿站/黄磏站/油溪站/小南海站/柏林站/平等站/迎祥街站/广顺场站/李市镇站	30	24.39

附表 2-L 铁路车流网接近中心度排名前 20 的情况

编号	站点名称	与其他点距离值和	相对接近中心度
55	成都东站	188	65.426
96	内江站	199	61.809
1	重庆站	201	61.194
113	达州站	212	58.019
2	重庆北站	218	56.422
54	成都站	218	56.422
87	宜宾站	226	54.425
93	自贡站	226	54.425
99	隆昌站	233	52.79
3	北碚站	236	52.119
116	宣汉站	238	51.681
12	合川站	238	51.681
13	潼南站	241	51.037
31	白沙站	242	50.826
117	渠县站	243	50.617
120	广安站	243	50.617
38	綦江站	245	50.204
41	赶水站	246	50
108	南充北站	247	49.798
27/17/22	江津站/荣昌站/永川站	249	49.398

附表 2-M 站点功能类型划分

功能类型	取值范围（P 为加权度数中心性，S 为客运班次数量）	站点数目	站点
区域集散中心	$P>10$；$100<S\leqslant 389$	11	成都东站、重庆北站、达州站、成都站、遂宁站、绵阳站、江油站、南充站、德阳站、广安站、合川站
区域集散副中心	$7<P\leqslant 10$；$50<S\leqslant 100$	23	潼南站、内江站、渠县站、重庆站、涪陵北站、营山站、乐山站、宣汉站、内江北站、眉山东站、丰都站、双流机场站、峨眉山站、成都南站、宜宾站、自贡站、隆昌站、江津站、永川站、荣昌站、茄子溪站、重庆南站、长河碥站
一般集散中心	$5.5<P\leqslant 7$；$30<S\leqslant 50$	19	蓬安站、涪陵站、綦江站、大英东站、长寿北站、黔江站、新津南站、彭山北站、资阳站、广汉北站、新都东站、永川东站、万州站、资阳北站、土溪站、荣昌北站、资中北站、北碚站、白沙站
一般集散节点	$3.5<P\leqslant 5.5$；$12<S\leqslant 30$	47	小南海站、石场站、铜罐驿站、黄磏站、大足站、峰高铺站、广顺场站、安富镇站、柏林站、临江场站、双石桥站、古家沱站、油溪站、金刚沱站、平等站、朱杨溪站、茨坝站、青神站、李市镇站、迎祥街站、双凤驿站、椑木镇站、赶水站、大足南站、资中站、罗江东站、简阳站、青白江东站、青莲站、隆昌北站、峨眉站、新津站、眉山站、华蓥站、广安南站、岳池站、汉源站、阆中站、南部站、璧山站、南充北站、双流西站、梁平站、简阳南站、乐山北站、长寿站、武胜站
初级客运站点	$2\leqslant P\leqslant 3.5$；$4\leqslant S\leqslant 12$	24	开江站、夏坝站、民福寺站、七龙星站、三江站、镇紫街站、石门坎站、宜宾南站、一步滩站、敬梓场站、王场站、孔滩站、大山铺站、俞冲站、内江南站、洛碛站、白涛站、磨溪站、核桃园站、彭山站、燕岗站、峨边站、渡市站、三汇镇站

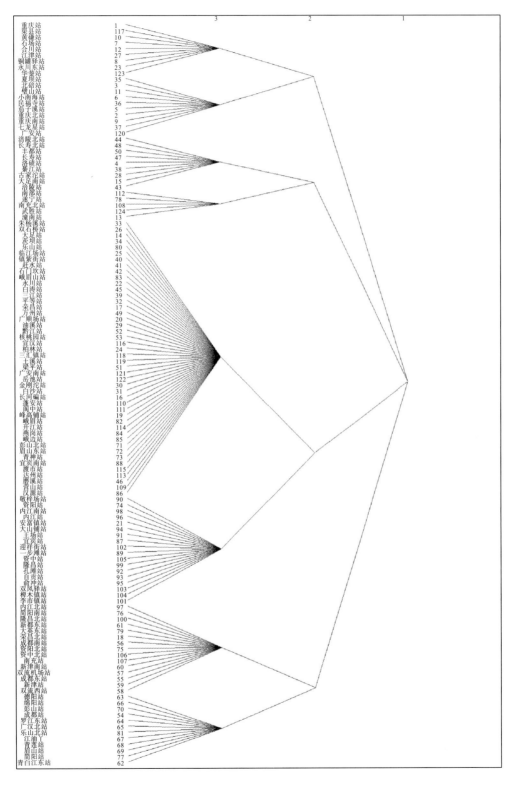

附图 2-A 铁路物理网集聚区划分树状图

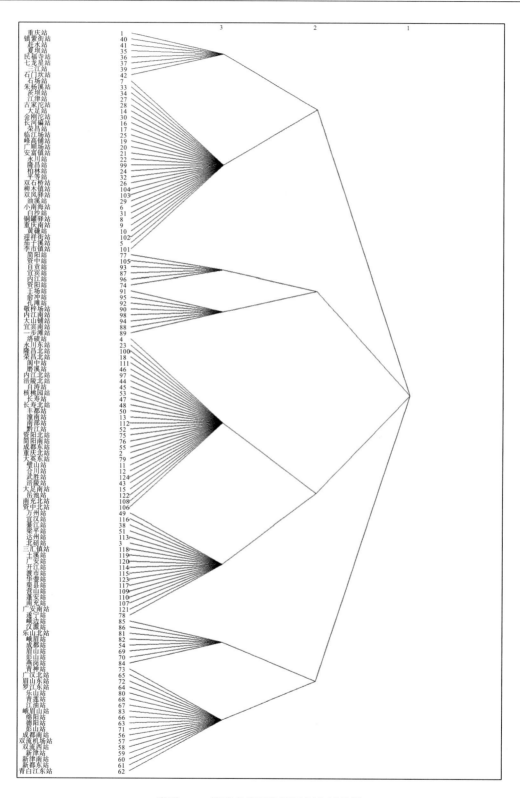

附图 2-B　铁路车流网集聚区划分树状图

附表 3-A　长寿雨水管渠节点度数中心度 top60 一览表

雨水管渠编号	度数中心度	雨水管渠编号	度数中心度	雨水管渠编号	度数中心度
20	352	108	209	147	126
135	316	633	205	402	125
591	316	159	199	103	121
120	304	379	199	99	115
116	272	144	193	238	115
121	272	17	184	154	112
1	266	18	176	239	108
2	266	687	172	27	107
10	261	378	168	161	106
11	255	14	164	356	106
48	248	107	163	596	105
47	240	24	161	376	102
12	233	160	160	149	100
115	233	399	160	86	97
16	228	54	159	357	94
145	226	85	157	439	93
53	224	510	157	344	92
551	221	25	136	80	88
419	219	59	131	28	87
418	212	140	130	270	86

附表 3-B　綦江雨水管渠节点度数中心度 top60 一览表

雨水管渠编号	度数中心度	雨水管渠编号	度数中心度	雨水管渠编号	度数中心度
200	137	192	40	263	32
199	136	253	39	280	29
198	118	249	39	42	29
197	97	218	39	128	27
196	72	134	39	142	27
272	66	103	37	281	26
38	61	207	37	402	26
269	61	194	37	14	26
270	60	191	36	205	25
252	58	217	36	61	25
220	58	250	36	404	25
219	55	156	36	47	25
195	55	241	35	16	25
239	53	237	34	216	25
242	51	277	34	135	24
157	49	141	34	240	24
262	48	255	34	129	24
279	47	209	33	153	24
278	44	254	33	210	23
40	42	251	32	400	23

附表 3-C　潼南雨水管渠节点点度数中心度 top60 一览表

雨水管渠编号	度数中心度	雨水管渠编号	度数中心度	雨水管渠编号	度数中心度
206	230	338	92	326	63
271	210	249	91	23	63
209	135	221	86	339	62
316	131	219	86	204	62
272	126	251	85	171	62
184	121	173	81	306	61
186	113	283	80	13	60
275	112	267	80	108	59
205	107	193	74	233	57
247	105	308	73	98	57
179	104	284	72	287	56
177	104	324	71	207	55
313	102	314	71	95	55
212	101	264	68	224	54
112	101	111	67	231	52
191	99	24	67	328	51
217	96	246	66	10	50
25	96	255	65	242	49
340	95	223	65	195	49
269	94	72	65	159	49

附表 3-D　雨水管渠片区内涝风险强度

长寿			綦江			潼南		
k-核值	平均点度	风险强度	k-核值	平均点度	风险强度	k-核值	平均点度	风险强度
34	84.2	0.105 12	13	29.1	0.210 306 9	14	76.48	0.297 935 3
33	126.3	0.153 05	11	45.5	0.278 241	13	31	0.112 137 6
30	177.9	0.195 98	10	19	0.105 626	12	49.9	0.166 620 3
27	48	0.047 59	9	29.1	0.145 597 1	11	17.9	0.054 788 8
26	70	0.066 83	8	19	0.084 500 8	10	38	0.105 737 7
25	70.3	0.064 54	7	19.2	0.074 716 5	9	33	0.082 642 3
23	72.7	0.061 40	6	13.1	0.043 695 8	8	33.5	0.074 572 9
21	91.48	0.070 54	5	10.4	0.028 908 2	7	21.8	0.042 462
20	51	0.037 45	4	6.6	0.014 676 5	6	15.4	0.025 710 9
19	55.3	0.038 58	3	5.6	0.009 339 6	5	17.4	0.024 208 4
18	32.9	0.021 75	2	2.9	0.003 224 4	4	6.4	0.007 123 4
17	44.3	0.027 65	1	2.1	0.001 167 4	3	5.6	0.004 674 7
16	39.7	0.023 32				2	2.5	0.001 391 3
15	32.6	0.017 96						
14	26.97	0.013 86						
13	24.6	0.011 74						
12	20.6	0.009 08						
11	18.25	0.007 37						

续表

长寿			綦江			潼南		
k-核值	平均点度	风险强度	k-核值	平均点度	风险强度	k-核值	平均点度	风险强度
10	23.4	0.008 59						
9	15.1	0.004 99						
8	17.1	0.005 02						
7	11.2	0.002 88						
6	9.4	0.002 07						
5	6.3	0.001 16						
4	5.9	0.000 87						
3	3.6	0.000 40						
2	2.3	0.000 17						
1	1	0.000 04						

附图 3-A　长寿城市建设用地和雨水管渠编号

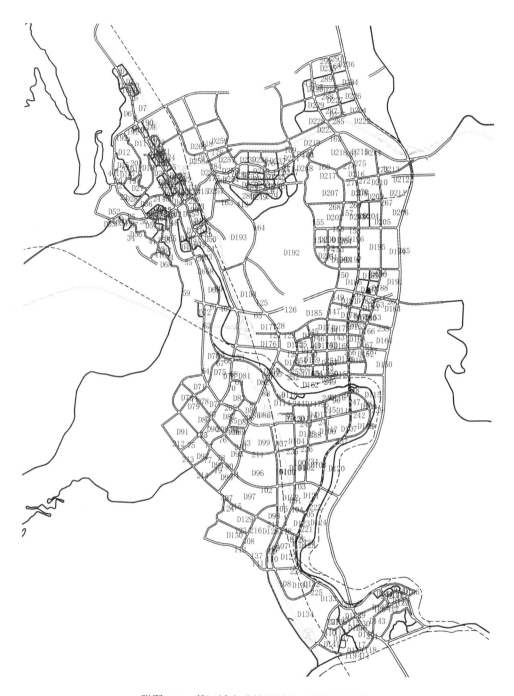

附图 3-B 綦江城市建设用地和雨水管渠编号

附图 3-C 潼南城市建设用地和雨水管渠编号

附表 5-A 内江市公园绿地网络度数中心度

编号	度值	编号	度值
G1	13	G24	6
G2	9	G25	9
G3	9	G26	4
G4	8	G27	14
G5	7	G28	16
G6	20	G29	19
G7	6	G30	20
G8	2	G31	8
G9	14	G32	10
G10	9	G33	7

编号	度值	编号	度值
G11	12	G34	7
G12	11	G35	7
G13	19	G36	5
G14	5	G37	8
G15	11	G38	1
G16	19	G39	13
G17	7	G40	3
G18	7	G41	2
G19	7	G42	9
G20	7	G43	10
G21	17	G44	1
G22	4	G45	2
G23	3	G46	11

附表 5-B   玉溪市公园绿地网络度数中心度

编号	度值	编号	度值
G1	2	G16	10
G2	2	G17	6
G3	1	G18	4
G4	5	G19	2
G5	6	G20	4
G6	7	G21	2
G7	6	G22	2
G8	7	G23	2
G9	12	G24	2
G10	7	G25	2
G11	4	G26	0
G12	13	G27	2
G13	6	G28	8
G14	7	G29	5
G15	8		

附表 5-C   涪陵区公园绿地网络度数中心度

编号	度值	编号	度值
G1	9	G17	6
G2	1	G18	6
G3	3	G19	2
G4	3	G20	1
G5	3	G21	1
G6	4	G22	0
G7	6	G23	5
G8	5	G24	5

编号	度值	编号	度值
G9	13	G25	3
G10	14	G26	3
G11	6	G27	3
G12	2	G28	3
G13	7	G29	0
G14	3	G30	0
G15	5	G31	0
G16	6	G32	0

附表 5-D　内江市初始度选择攻击的变化统计表

攻击次数	网络连通子图		网络服务效率		
	积累攻击		积累攻击	单独攻击	
	连通数目	连通大小	服务效率	服务效率	效率下降比率
0	46	1.0000	0.5281	0.5281	0
1	45	0.9783	0.4907	0.4907	3.74%
2	44	0.9565	0.4585	0.4940	3.41%
3	43	0.9348	0.4253	0.4947	3.34%
4	42	0.9130	0.3911	0.4929	3.52%
5	41	0.8913	0.3552	0.4972	3.09%
6	40	0.8696	0.3223	0.4916	3.65%
7	35	0.7609	0.2591	0.4499	7.82%
8	34	0.7391	0.2399	0.5003	2.78%
9	33	0.7174	0.2084	0.5003	2.78%
10	32	0.6957	0.1885	0.5025	2.56%
11	18	0.3913	0.1217	0.5018	2.63%
12	17	0.3696	0.1128	0.5018	2.63%
13	16	0.3478	0.1042	0.5029	2.52%
14	14	0.3043	0.0943	0.5025	2.56%
15	13	0.2826	0.0798	0.5026	2.55%
16	12	0.2609	0.0700	0.5046	2.35%
17	12	0.2609	0.0690	0.5034	2.47%
18	12	0.2609	0.0527	0.5051	2.31%
19	12	0.2609	0.0487	0.5042	2.40%
20	12	0.2609	0.0487	0.5036	2.46%
21	8	0.1739	0.0353	0.5046	2.35%
22	8	0.1739	0.0353	0.5037	2.44%
23	8	0.1739	0.0321	0.5055	2.26%
24	6	0.1304	0.0267	0.5047	2.34%
25	5	0.1087	0.0206	0.4930	3.51%
26	5	0.1087	0.0206	0.5060	2.21%
27	4	0.0870	0.0172	0.5059	2.23%
28	4	0.0870	0.0134	0.5060	2.21%

续表

攻击次数	网络连通子图		网络服务效率		
	积累攻击		积累攻击	单独攻击	
	连通数目	连通大小	服务效率	服务效率	效率下降比率
29	4	0.0870	0.0124	0.5062	2.19%
30	4	0.0870	0.0124	0.5062	2.19%
31	4	0.0870	0.0100	0.5068	2.13%
32	4	0.0870	0.0085	0.5068	2.13%
33	4	0.0870	0.0076	0.5068	2.13%
34	4	0.0870	0.0066	0.5073	2.08%
35	4	0.0870	0.0042	0.5069	2.12%
36	4	0.0870	0.0042	0.5074	2.07%
37	4	0.0870	0.0042	0.5078	2.03%
38	4	0.0870	0.0042	0.5093	1.88%
39	4	0.0870	0.0042	0.5090	1.91%
40	4	0.0870	0.0042	0.5083	1.98%
41	2	0.0435	0.0010	0.4887	3.94%
42	2	0.0435	0.0010	0.5128	1.54%
43	2	0.0435	0.0010	0.5102	1.79%
44	1	0.0217	0.0000	0.5048	2.33%
45	1	0.0217	0.0000	0.5138	1.43%
46			0.0000	0.5176	1.06%

附表 5-E 玉溪市初始度选择攻击的变化统计表

攻击次数	网络连通子图		网络服务效率		
	积累攻击		积累攻击	单独攻击	
	连通数目	连通大小	服务效率	服务效率	效率下降比率
0	22	0.7586	0.3735	0.3735	0
1	21	0.7241	0.3051	0.3051	6.84%
2	13	0.4483	0.1855	0.3245	4.89%
3	12	0.4138	0.1574	0.3295	4.39%
4	11	0.3793	0.1363	0.3369	3.66%
5	11	0.3793	0.1138	0.3170	5.64%
6	11	0.3793	0.1033	0.3382	3.53%
7	11	0.3793	0.0953	0.3382	3.53%
8	9	0.3103	0.0751	0.3382	3.53%
9	7	0.2414	0.0586	0.3382	3.53%
10	7	0.2414	0.0534	0.3413	3.22%
11	7	0.2414	0.0507	0.3413	3.22%
12	7	0.2414	0.0507	0.3395	3.40%
13	6	0.2069	0.0410	0.3404	3.31%
14	6	0.2069	0.0410	0.3457	2.78%
15	4	0.1379	0.0291	0.3430	3.04%
16	4	0.1379	0.0291	0.3422	3.13%

续表

攻击次数	网络连通子图		网络服务效率		
	积累攻击		积累攻击	单独攻击	
	连通数目	连通大小	服务效率	服务效率	效率下降比率
17	3	0.1034	0.0238	0.3413	3.22%
18	3	0.1034	0.0185	0.3095	6.39%
19	3	0.1034	0.0132	0.3682	0.53%
20	3	0.1034	0.0106	0.3682	0.53%
21	3	0.1034	0.0106	0.3483	2.51%
22	3	0.1034	0.0079	0.3516	2.18%
23	3	0.1034	0.0079	0.3516	2.18%
24	2	0.0690	0.0026	0.3682	0.53%
25	1	0.0345	0.0000	0.3682	0.53%
26	1	0.0345	0.0000	0.3682	0.53%
27	1	0.0345	0.0000	0.3682	0.53%
28			0.0000	0.3510	2.25%

附表 5-F 涪陵区初始度选择攻击的变化统计表

攻击次数	网络连通子图		网络服务效率		
	积累攻击		积累攻击	单独攻击	
	连通数目	连通大小	服务效率	服务效率	效率下降比率
0	18	0.5625	0.3300	0.3300	0
1	17	0.5313	0.2752	0.2752	5.48%
2	15	0.4688	0.1934	0.2825	4.75%
3	10	0.3125	0.1255	0.2721	5.79%
4	9	0.2813	0.1057	0.2963	3.37%
5	8	0.2500	0.0921	0.2972	3.28%
6	6	0.1875	0.0703	0.2977	3.23%
7	6	0.1875	0.0622	0.2977	3.23%
8	6	0.1875	0.0570	0.2977	3.23%
9	6	0.1875	0.0527	0.2977	3.23%
10	6	0.1875	0.0499	0.2991	3.09%
11	6	0.1875	0.0470	0.2991	3.09%
12	5	0.1563	0.0328	0.3158	1.42%
13	3	0.0938	0.0157	0.3158	1.42%
14	3	0.0938	0.0157	0.3006	2.94%
15	3	0.0938	0.0128	0.3015	2.85%
16	3	0.0938	0.0128	0.3015	2.85%
17	3	0.0938	0.0128	0.3015	2.85%
18	3	0.0938	0.0128	0.3029	2.71%
19	3	0.0938	0.0100	0.3186	1.14%
20	3	0.0938	0.0100	0.3186	1.14%
21	3	0.0938	0.0071	0.3186	1.14%

续表

攻击次数	网络连通子图		网络服务效率		
	积累攻击		积累攻击	单独攻击	
	连通数目	连通大小	服务效率	服务效率	效率下降比率
22	3	0.0938	0.0071	0.3186	1.14%
23	3	0.0938	0.0071	0.3034	2.66%
24	1	0.0313	0.0000	0.3229	0.71%
25	1	0.0313	0.0000	0.3082	2.18%
26	1	0.0313	0.0000	0.3257	0.43%
27			0.0000	0.3257	0.43%

附表 5-G　内江市随机攻击的变化统计表

攻击次数	网络连通子图						网络服务效率		
	随机攻击 1		随机攻击 2		随机攻击 3		随机攻击 1	随机攻击 2	随机攻击 3
	连通数目	连通大小	连通数目	连通大小	连通数目	连通大小	服务效率	服务效率	服务效率
0	46	1.0000	46	1.0000	46	1.0000	0.5281	0.5281	0.5281
1	45	0.9783	45	0.9783	45	0.9783	0.5046	0.5176	0.5018
2	44	0.9565	44	0.9565	44	0.9565	0.4686	0.4877	0.4780
3	43	0.9348	43	0.9348	43	0.9348	0.4496	0.4632	0.4566
4	42	0.9130	42	0.9130	42	0.9130	0.4212	0.4632	0.4246
5	41	0.8913	38	0.8261	41	0.8913	0.4009	0.4497	0.3987
6	40	0.8696	37	0.8043	40	0.8696	0.3700	0.4265	0.3860
7	39	0.8478	36	0.7826	39	0.8478	0.3410	0.3923	0.3678
8	38	0.8261	35	0.7609	38	0.8261	0.3259	0.3739	0.3475
9	37	0.8043	22	0.4783	37	0.8043	0.2948	0.3556	0.2854
10	36	0.7826	21	0.4565	36	0.7826	0.2711	0.3337	0.2693
11	35	0.7609	21	0.4565	35	0.7609	0.2538	0.3174	0.2660
12	34	0.7391	21	0.4565	34	0.7391	0.2356	0.3054	0.2462
13	33	0.7174	21	0.4565	33	0.7174	0.2213	0.2846	0.2324
14	32	0.6957	20	0.4348	32	0.6957	0.2047	0.2626	0.2176
15	31	0.6739	19	0.4130	31	0.6739	0.1894	0.2466	0.2039
16	30	0.6522	18	0.3913	30	0.6522	0.1805	0.2247	0.2039
17	29	0.6304	17	0.3696	29	0.6304	0.1674	0.1959	0.1794
18	28	0.6087	16	0.3478	28	0.6087	0.1557	0.1701	0.1661
19	27	0.5870	15	0.3261	27	0.5870	0.1460	0.1582	0.1509
20	26	0.5652	14	0.3043	26	0.5652	0.1267	0.1454	0.1391
21	25	0.5435	14	0.3043	20	0.4348	0.1209	0.1348	0.1276
22	24	0.5217	14	0.3043	19	0.4130	0.1102	0.1180	0.1172
23	23	0.5000	13	0.2826	12	0.2609	0.0977	0.0610	0.1061
24	22	0.4783	12	0.2609	12	0.2609	0.0977	0.0532	0.0915
25	20	0.4348	12	0.2609	11	0.2391	0.0876	0.0523	0.0841
26	19	0.4130	12	0.2609	9	0.1957	0.0784	0.0523	0.0702
27	18	0.3913	11	0.2391	8	0.1739	0.0554	0.0451	0.0692
28	15	0.3261	9	0.1957	7	0.1522	0.0494	0.0382	0.0616

续表

攻击次数	网络连通子图						网络服务效率		
	随机攻击 1		随机攻击 2		随机攻击 3		随机攻击 1	随机攻击 2	随机攻击 3
	连通数目	连通大小	连通数目	连通大小	连通数目	连通大小	服务效率	服务效率	服务效率
29	14	0.3043	8	0.1739	6	0.1304	0.0453	0.0323	0.0558
30	13	0.2826	6	0.1304	5	0.1087	0.0346	0.0268	0.0504
31	12	0.2609	6	0.1304	5	0.1087	0.0300	0.0172	0.0430
32	11	0.2391	6	0.1304	5	0.1087	0.0280	0.0158	0.0344
33	11	0.2391	6	0.1304	5	0.1087	0.0192	0.0158	0.0303
34	11	0.2391	5	0.1087	5	0.1087	0.0164	0.0138	0.0263
35	10	0.2174	5	0.1087	5	0.1087	0.0087	0.0129	0.0222
36	9	0.1957	5	0.1087	4	0.0870	0.0058	0.0119	0.0118
37	6	0.1304	5	0.1087	4	0.0870	0.0039	0.0119	0.0118
38	6	0.1304	4	0.0870	4	0.0870	0.0039	0.0053	0.0072
39	5	0.1087	3	0.0652	3	0.0652	0.0019	0.0010	0.0048
40	4	0.0870	3	0.0652	3	0.0652	0.0019	0.0010	0.0024
41	4	0.0870	2	0.0435	2	0.0435	0.0010	0.0010	0.0024
42	3	0.0652	2	0.0435	1	0.0217	0.0000	0.0010	0.0024
43	2	0.0435	2	0.0435	1	0.0217	0.0000	0.0010	0.0000
44	2	0.0435	2	0.0435	1	0.0217	0.0000	0.0000	0.0000
45	1	0.0217	1	0.0217	1	0.0217	0.0000	0.0000	0.0000
46							0.0000	0.0000	0.0000

附表 5-H 玉溪市随机攻击的变化统计表

攻击次数	网络连通子图						网络服务效率		
	随机攻击 1		随机攻击 2		随机攻击 3		随机攻击 1	随机攻击 2	随机攻击 3
	连通数目	连通大小	连通数目	连通大小	连通数目	连通大小	服务效率	服务效率	服务效率
0	22	0.7586	22	0.7586	22	0.7586	0.3735	0.3735	0.3735
1	21	0.7241	21	0.7241	21	0.7241	0.3413	0.3382	0.3413
2	20	0.6897	20	0.6897	20	0.6897	0.3086	0.3086	0.3086
3	18	0.6207	19	0.6552	20	0.6897	0.3034	0.2773	0.2687
4	17	0.5862	19	0.6552	19	0.6552	0.2725	0.2310	0.2634
5	16	0.5517	18	0.6207	18	0.6207	0.2698	0.1808	0.2607
6	14	0.4828	17	0.5862	17	0.5862	0.2310	0.1504	0.2451
7	11	0.3793	16	0.5517	17	0.5862	0.2257	0.1362	0.2399
8	11	0.3793	15	0.5172	16	0.5517	0.2017	0.1310	0.2125
9	11	0.3793	14	0.4828	16	0.5517	0.1753	0.1102	0.1834
10	10	0.3448	12	0.4138	15	0.5172	0.1592	0.0908	0.1662
11	10	0.3448	11	0.3793	14	0.4828	0.1418	0.0882	0.1464
12	10	0.3448	9	0.3103	13	0.4483	0.1270	0.0829	0.1318
13	10	0.3448	4	0.1379	12	0.4138	0.1129	0.0675	0.1032
14	10	0.3448	4	0.1379	11	0.3793	0.1102	0.0648	0.0882
15	10	0.3448	4	0.1379	10	0.3448	0.0930	0.0560	0.0575
16	10	0.3448	4	0.1379	9	0.3103	0.0802	0.0432	0.0474
17	9	0.3103	4	0.1379	8	0.2759	0.0635	0.0344	0.0474
18	9	0.3103	3	0.1034	6	0.2069	0.0494	0.0238	0.0357
19	9	0.3103	3	0.1034	4	0.1379	0.0494	0.0146	0.0132

续表

攻击次数	网络连通子图						网络服务效率		
	随机攻击1		随机攻击2		随机攻击3		随机攻击1	随机攻击2	随机攻击3
	连通数目	连通大小	连通数目	连通大小	连通数目	连通大小	服务效率	服务效率	服务效率
20	8	0.2759	3	0.1034	4	0.1379	0.0366	0.0093	0.0132
21	5	0.1724	3	0.1034	4	0.1379	0.0212	0.0026	0.0106
22	5	0.1724	3	0.1034	3	0.1034	0.0132	0.0026	0.0053
23	4	0.1379	3	0.1034	3	0.1034	0.0132	0.0026	0.0026
24	2	0.0690	3	0.1034	2	0.0690	0.0066	0.0026	0.0026
25	2	0.0690	2	0.0690	2	0.0690	0.0000	0.0000	0.0026
26	1	0.0345	1	0.0345	1	0.0345	0.0000	0.0000	0.0000
27	1	0.0345	1	0.0345	1	0.0345	0.0000	0.0000	0.0000
28							0.0000	0.0000	0.0000

附表 5-I　涪陵区随机攻击的变化统计表

攻击次数	网络连通子图						网络服务效率		
	随机攻击1		随机攻击2		随机攻击3		随机攻击1	随机攻击2	随机攻击3
	连通数目	连通大小	连通数目	连通大小	连通数目	连通大小	服务效率	服务效率	服务效率
0	18	0.5625	18	0.5625	18	0.5625	0.3300	0.3300	0.3300
1	17	0.5313	17	0.5313	18	0.5625	0.2721	0.2963	0.3034
2	17	0.5313	16	0.5000	18	0.5625	0.2422	0.2849	0.2920
3	16	0.5000	15	0.4688	17	0.5313	0.2013	0.2555	0.2640
4	16	0.5000	14	0.4375	17	0.5313	0.1871	0.2077	0.2555
5	14	0.4375	13	0.4063	16	0.5000	0.1681	0.1963	0.2260
6	13	0.4063	13	0.4063	16	0.5000	0.1595	0.1781	0.2009
7	13	0.4063	13	0.4063	16	0.5000	0.1420	0.1709	0.1553
8	13	0.4063	12	0.3750	16	0.5000	0.1377	0.1667	0.1372
9	12	0.3750	11	0.3438	15	0.4688	0.1206	0.1484	0.0964
10	8	0.2500	9	0.2813	14	0.4375	0.1011	0.1413	0.0812
11	7	0.2188	9	0.2813	13	0.4063	0.0983	0.1413	0.0812
12	7	0.2188	9	0.2813	13	0.4063	0.0869	0.1194	0.0584
13	7	0.2188	9	0.2813	12	0.3750	0.0689	0.1000	0.0484
14	6	0.1875	8	0.2500	10	0.3125	0.0456	0.0864	0.0399
15	6	0.1875	7	0.2188	9	0.2813	0.0456	0.0684	0.0399
16	5	0.1563	6	0.1875	8	0.2500	0.0427	0.0655	0.0356
17	3	0.0938	5	0.1563	5	0.1563	0.0427	0.0503	0.0285
18	3	0.0938	4	0.1250	4	0.1250	0.0313	0.0503	0.0285
19	3	0.0938	4	0.1250	2	0.0625	0.0228	0.0380	0.0256
20	3	0.0938	3	0.0938	2	0.0625	0.0228	0.0285	0.0171
21	2	0.0625	3	0.0938	2	0.0625	0.0142	0.0285	0.0114
22	2	0.0625	3	0.0938	2	0.0625	0.0071	0.0142	0.0114
23	2	0.0625	2	0.0625	2	0.0625	0.0028	0.0085	0.0085
24	1	0.0313	2	0.0625	1	0.0313	0.0000	0.0085	0.0028
25	1	0.0313	1	0.0313	1	0.0313	0.0000	0.0028	0.0000
26	1	0.0313	1	0.0313	1	0.0313	0.0000	0.0000	0.0000
27							0.0000	0.0000	0.0000

附表 6-A　　2-派系计算结果

区域		2-派系划分		
	1	5 9 10 11 30	31	12 13 14 15
	2	5 10 30 31 39	32	14 26 36 40
	3	10 29 30 31 32	33	12 14 15 16
	4	10 11 29 30	34	11 15 16 17 23
	5	8 9 10 12	35	9 11 15
	6	8 10 38	36	11 16 17 18 29
	7	10 12 16	37	16 17 22 23 24
	8	10 11 16 29	38	16 17 18 22
	9	5 10 38 39	39	17 18 19 29
	10	1 2 6 28 35	40	17 21 22 24
	11	1 2 6 28 36	41	18 19 20 44
	12	1 2 3 6 35	42	11 18 29 30
	13	2 3 6 7	43	19 20 34 43
	14	2 7 26	44	19 33 44
	15	2 26 36	45	20 21 42
沙坪坝	16	1 2 27 28	46	20 42 43
	17	3 4 6 7 8	47	20 21 34
	18	3 4 6 35	48	21 22 34 41
	19	3 4 8 38	49	21 41 42
	20	4 7 8 9 13	50	22 23 24 27
	21	4 5 9	51	23 24 25 27 37
	22	4 5 38	52	16 23 24 25
	23	6 7 8 14	53	23 25 37 40
	24	6 14 36	54	24 27 28 37
	25	7 13 14 15 26	55	25 26 40
	26	7 8 13 14	56	30 32 33
	27	7 9 13 15	57	32 33 44
	28	8 9 12 13	58	34 41 43
	29	9 12 13 15	59	41 42 43
	30	8 12 13 14		
	1	7 8 67 68 71	57	25 26 27 29
	2	7 8 67 68 78	58	26 29 83
	3	7 8 68 71 72	59	27 32 33 34 35
	4	4 67 8 72	60	27 31 32 33 35
解放碑	5	1 4 5 6 7	61	28 30 31 32
	6	5 6 7 17	62	29 30 83
	7	1 3 4 7	63	30 31 83 84
	8	7 17 19	64	30 32 40
	9	7 19 71 72	65	30 40 84

区域		2-派系划分		
	10	2 3 10 11 13	66	31 35 84
	11	2 11 13 14 33	67	32 33 34 35 36
	12	1 2 3 13	68	32 35 36 40
	13	1 2 4 5	69	34 35 36 37 73
	14	1 2 3 4	70	35 40 41 84
	15	2 3 4 10	71	36 37 38 51 75
	16	9 63 64 65 66	72	36 37 73 75
	17	9 63 65 66 67	73	37 52 73 75 76
	18	9 10 65 66 77	74	37 51 52 75
	19	9 64 65 66 74	75	37 50 51 52
	20	3 9 10 11	76	37 38 39 50
	21	9 11 74	77	37 38 50 51
	22	9 67 78	78	38 39 41 49
	23	9 77 78	79	38 39 49 50
	24	10 11 12 13	80	38 49 50 51
	25	10 12 65	81	39 40 41 42
	26	11 12 13 33 34	82	39 48 49 50
	27	11 12 34 73 74	83	41 42 43 45
	28	12 34 36 73 74	84	42 43 44 45 82
	29	12 36 73 74 75	85	42 43 44 47
解放碑	30	12 65 73 74 76	86	43 47 80
	31	12 73 74 75 76	87	44 45 81 82
	32	12 33 34 36	88	46 48 80 81
	33	13 14 27 32 33	89	46 48 49
	34	13 14 15 27	90	46 47 80
	35	13 27 32 33 34	91	46 81 82
	36	14 15 25 26 27	92	53 54 76 85
	37	14 26 27 32 33	93	53 54 55
	38	14 15 16 25	94	54 64 74 75 76
	39	5 15 16 17 22	95	54 62 64 76 85
	40	15 25 26 79	96	56 57 62
	41	15 22 79	97	57 62 64 85
	42	16 17 18 21 22	98	58 59 60 61
	43	6 16 17 18	99	58 60 61 63
	44	5 6 16 17	100	59 60 61 69 70
	45	1 5 6 16	101	60 67 68 69 70 71
	46	16 21 22 23	102	60 63 67 69 70
	47	16 23 25	103	60 61 63 69 70
	48	17 18 19 21	104	61 63 64 66 69
	49	18 19 20 21	105	62 63 64 65 76

区域		2-派系划分		
解放碑	50	18 19 20 72	106	63 66 67 69
	51	18 20 21 22	107	64 65 74 76
	52	6 18 72	108	8 66 67 68 69
	53	20 21 22 23 24	109	8 66 77
	54	19 20 21 24	110	8 67 68 69 70 71
	55	22 23 24 79	111	8 68 70 71 72
	56	23 25 79	112	8 77 78
观音桥	1	26 27 33 34 36	47	27 28 29 32
	2	33 34 36 38 64	48	27 28 32 33
	3	27 32 33 34	49	26 27 28 33
	4	31 34 61 63 64	50	28 32 33 69
	5	31 32 34	51	28 29 71
	6	26 34 35 36	52	29 30 71
	7	34 37 38 60 70	53	30 31 63 64
	8	34 61 70	54	30 31 63 71
	9	2 7 8 9 15	55	30 31 64 69
	10	2 3 7	56	30 62 63 64
	11	1 2 8	57	37 38 39 40
	12	1 2 3	58	37 39 41 68
	13	3 4 5 18	59	39 41 42 68
	14	1 3 4 67	60	41 42 43 68
	15	3 5 7	61	44 45 47
	16	3 7 67	62	45 47 48 66
	17	4 5 16 17 18	63	46 47 60 66
	18	4 5 6 16	64	47 48 49 56
	19	4 17 18 20	65	47 56 60
	20	4 6 67	66	48 49 50 55
	21	5 7 15 24	67	48 49 55 56
	22	5 15 16 17	68	48 55 56 57
	23	5 6 7 24	69	48 57 66
	24	6 14 19 24 65	70	49 50 51 52 54
	25	6 8 14 16	71	49 50 54 55
	26	6 7 8 67	72	49 54 55 56
	27	8 14 15 16	73	50 54 55 58
	28	8 9 10	74	50 52 53
	29	1 8 67	75	50 53 58
	30	9 10 11	76	50 51 62
	31	10 11 12	77	51 61 62 63
	32	11 12 13	78	52 54 59
	33	12 13 14 65	79	52 53 59

区域		2-派系划分		
	34	13 14 15 24	80	53 58 59 61 70
	35	13 14 24 65	81	54 55 56 57 58
	36	13 20 24 65	82	54 57 58 59
	37	16 17 18 22	83	56 57 58 60
	38	17 18 20 22	84	38 57 60 66
	39	17 20 22 23	85	38 57 59
观音桥	40	18 20 22 65	86	58 60 70
	41	21 22 23 35	87	59 61 62 64
	42	23 25 35 36	88	38 59 64
	43	25 26 35 36	89	38 59 70
	44	25 26 35 43	90	61 62 63 64
	45	25 26 27 36	91	31 32 69
	46	25 42 43	92	33 64 69
	1	14 16 17 18 21	24	6 28 42
	2	17 18 20 21 23	25	7 8 9 10
	3	17 20 21 23 24	26	8 9 10 11
	4	17 21 23 24 40	27	9 10 11 39
	5	16 17 21 40	28	9 14 38
	6	1 16 17 40	29	11 12 39
	7	17 18 19 20	30	12 13 14 15
	8	13 17 19	31	12 13 19 39
	9	13 14 17 38	32	12 18 19 22
	10	1 2 3 4 5	33	12 14 18
	11	2 3 4 7	34	18 19 20 22
杨家坪	12	2 3 7 8 9	35	19 20 22 26
	13	1 2 3 9	36	18 20 22 23
	14	2 8 9 11 38	37	20 22 23 26
	15	1 2 5 16	38	22 23 25 26
	16	3 4 5 6	39	21 23 24 25 26
	17	3 4 6 7	40	24 25 26 41
	18	3 6 7 8	41	25 27 41
	19	4 6 7 28	42	20 21 23 24 26
	20	4 27 28	43	27 28 42
	21	1 4 5 27	44	29 30 31 32
	22	5 27 41 42	45	33 34 35 36 37
	23	5 6 42		
	1	2 3 17 18 19	23	6 13 14 15
南坪	2	2 18 19 20 22	24	1 6 8
	3	1 2 3 19	25	7 8 9 12
	4	10 19 20 21	26	7 8 12 13

区域		2-派系划分		
	5	1 10 19	27	7 12 13 14
	6	19 20 21 22	28	8 9 10 11 12
	7	19 21 22 27	29	1 8 9 10
	8	19 27 28	30	8 11 12 13
	9	17 18 19 28	31	9 10 11 20
	10	1 2 3 4 5	32	2 9 20
	11	2 3 4 17	33	14 15 16
	12	3 4 5 16	34	3 16 17 18
	13	3 4 16 17	35	21 22 23 24 27
南坪	14	1 4 5 6	36	20 21 22 23
	15	4 6 15	37	23 24 25 27
	16	4 15 16 17	38	24 25 26 27
	17	5 6 7 14	39	24 25 26 30
	18	5 14 16	40	22 24 26 27
	19	5 7 9	41	25 26 28 29 30
	20	1 2 5 9	42	25 26 27 28
	21	6 7 8 13	43	18 26 28 29
	22	6 7 13 14	44	18 22 26

附表 6-B 积累攻击下的全局连通效率与最大连通子图大小

附表 6-B-1 沙坪坝路网

攻击点数	全局连通效率					最大连通子图大小				
	选择攻击		随机攻击			选择攻击		随机攻击		
	度攻击	介数攻击	攻击 1	攻击 2	攻击 3	度攻击	介数攻击	攻击 1	攻击 2	攻击 3
0	0.3153	0.3153	0.3153	0.3153	0.3153	71	71	71	71	71
1	0.2991	0.2993	0.3046	0.3047	0.3033	70	70	70	70	70
2	0.2812	0.2773	0.2977	0.2952	0.2946	69	68	69	69	69
3	0.2607	0.2607	0.2901	0.2869	0.2854	67	67	68	68	68
4	0.2470	0.2504	0.2770	0.2767	0.2808	66	66	67	67	67
5	0.2341	0.2434	0.2610	0.2702	0.2703	65	65	66	66	66
6	0.2160	0.2335	0.2554	0.2583	0.2601	64	64	65	65	65
7	0.2051	0.2266	0.2469	0.2521	0.2437	63	63	64	64	64
8	0.1987	0.2008	0.2361	0.2473	0.2347	62	62	63	63	63
9	0.1915	0.1944	0.2260	0.2379	0.2274	61	61	62	62	62
10	0.1821	0.1861	0.2081	0.2301	0.2185	60	60	61	61	61
11	0.1753	0.1761	0.1979	0.2194	0.2107	59	59	60	60	60
12	0.1707	0.1700	0.1869	0.2112	0.2029	58	58	59	50	59
13	0.1560	0.1669	0.1778	0.2073	0.1963	53	57	58	49	58

攻击点数	全局连通效率					最大连通子图大小				
	选择攻击		随机攻击			选择攻击		随机攻击		
	度攻击	介数攻击	攻击1	攻击2	攻击3	度攻击	介数攻击	攻击1	攻击2	攻击3
14	0.1481	0.1595	0.1683	0.2008	0.1866	52	56	57	48	57
15	0.1344	0.1536	0.1603	0.1917	0.1780	51	55	56	44	56
16	0.1249	0.1502	0.1522	0.1877	0.1737	50	54	55	43	55
17	0.1169	0.1405	0.1448	0.1766	0.1683	49	53	54	42	54
18	0.1130	0.1342	0.1354	0.1711	0.1610	48	52	53	42	53
19	0.1069	0.1276	0.1273	0.1640	0.1540	47	50	52	41	52
20	0.1043	0.1190	0.1206	0.1566	0.1463	46	49	51	40	51
21	0.0986	0.1123	0.1020	0.1456	0.1352	45	48	43	38	50
22	0.0893	0.0795	0.0989	0.1388	0.1309	43	30	42	37	49
23	0.0835	0.0757	0.0878	0.1332	0.1214	42	29	34	36	48
24	0.0703	0.0649	0.0677	0.1239	0.1077	38	23	33	35	47
25	0.0615	0.0586	0.0677	0.1199	0.0996	33	22	32	34	46
26	0.0605	0.0586	0.0645	0.1125	0.0848	33	22	31	33	43
27	0.0595	0.0516	0.0609	0.1004	0.0631	33	21	19	32	39
28	0.0595	0.0403	0.0571	0.0789	0.0597	33	17	17	32	37
29	0.0595	0.0386	0.0528	0.0735	0.0392	33	17	17	31	37
30	0.0561	0.0348	0.0490	0.0706	0.0366	32	14	17	31	19
31	0.0533	0.0308	0.0459	0.0706	0.0354	31	14	17	30	19
32	0.0502	0.0304	0.0442	0.0664	0.0337	30	14	17	27	17
33	0.0433	0.0245	0.0424	0.0585	0.0319	27	9	17	27	17
34	0.0366	0.0213	0.0403	0.0507	0.0303	23	9	10	27	17
35	0.0360	0.0203	0.0374	0.0428	0.0303	23	9	10	25	17
36	0.0356	0.0193	0.0357	0.0334	0.0278	23	9	10	19	16
37	0.0356	0.0193	0.0339	0.0328	0.0265	23	9	10	19	16
38	0.0272	0.0187	0.0318	0.0231	0.0265	18	9	10	18	16
39	0.0258	0.0176	0.0267	0.0224	0.0253	18	9	8	18	15
40	0.0248	0.0161	0.0224	0.0204	0.0242	18	8	8	17	15
41	0.0248	0.0157	0.0196	0.0176	0.0221	18	8	8	17	14
42	0.0248	0.0126	0.0171	0.0176	0.0192	18	8	8	16	14
43	0.0248	0.0126	0.0171	0.0161	0.0170	18	8	8	15	14
44	0.0180	0.0126	0.0116	0.0151	0.0155	14	8	8	11	14
45	0.0174	0.0122	0.0099	0.0126	0.0155	14	8	8	11	13
46	0.0146	0.0112	0.0095	0.0126	0.0125	12	8	8	11	13
47	0.0136	0.0080	0.0083	0.0114	0.0105	12	4	8	11	13
48	0.0130	0.0074	0.0079	0.0104	0.0099	12	4	8	10	10
49	0.0126	0.0064	0.0061	0.0104	0.0099	12	4	8	5	10
50	0.0112	0.0064	0.0061	0.0088	0.0099	11	4	8	4	10
51	0.0080	0.0056	0.0040	0.0084	0.0090	9	4	8	4	10

攻击点数	全局连通效率					最大连通子图大小				
	选择攻击		随机攻击			选择攻击		随机攻击		
	度攻击	介数攻击	攻击1	攻击2	攻击3	度攻击	介数攻击	攻击1	攻击2	攻击3
52	0.0049	0.0040	0.0040	0.0059	0.0072	5	4	7	4	10
53	0.0026	0.0036	0.0040	0.0051	0.0064	3	4	7	4	10
54	0.0022	0.0022	0.0040	0.0051	0.0054	3	3	7	4	7
55	0.0022	0.0022	0.0030	0.0047	0.0054	3	3	6	4	7
56	0.0018	0.0016	0.0030	0.0047	0.0054	3	2	6	4	7
57	0.0018	0.0012	0.0030	0.0030	0.0044	3	2	6	4	6
58	0.0014	0.0008	0.0030	0.0030	0.0024	3	2	5	3	6
59	0.0014	0.0008	0.0030	0.0024	0.0024	3	2	5	3	6
60	0.0004	0.0008	0.0014	0.0018	0.0024	2	2	5	3	5
61	0.0004	0.0008	0.0014	0.0018	0.0014	2	2	4	3	4
62	0.0004	0.0008	0.0008	0.0014	0.0010	2	2	4	3	4
63	0.0004	0.0008	0.0004	0.0014	0.0010	2	2	4	3	3
64	0.0004	0.0004	0.0004	0.0008	0.0010	2	2	3	3	3
65	0.0000	0.0000	0.0004	0.0008	0.0004	1	1	3	2	3
66	0.0000	0.0000	0.0004	0.0004	0.0004	1	1	3	1	2
67	0.0000	0.0000	0.0000	0.0000	0.0004	1	1	2	1	2
68	0.0000	0.0000	0.0000	0.0000	0.0000	1	1	1	1	2
69	0.0000	0.0000	0.0000	0.0000	0.0000	1	1	1	1	1
70	0.0000	0.0000	0.0000	0.0000	0.0000	1	1	1	1	1
71	0.0000	0.0000	0.0000	0.0000	0.0000					

附表 6-B-2　解放碑路网

攻击点数	全局连通效率					最大连通子图大小				
	选择攻击		随机攻击			选择攻击		随机攻击		
	度攻击	介数攻击	攻击1	攻击2	攻击3	度攻击	介数攻击	攻击1	攻击2	攻击3
0	0.2328	0.2328	0.2328	0.2328	0.2328	124	124	124	124	124
1	0.2232	0.2232	0.2289	0.2273	0.2272	123	123	123	123	123
2	0.2180	0.2187	0.2222	0.2221	0.2232	122	122	122	122	122
3	0.2052	0.2099	0.2171	0.2176	0.2194	121	121	121	121	121
4	0.1995	0.2051	0.2112	0.2117	0.2155	120	120	120	120	120
5	0.1944	0.2010	0.2046	0.2090	0.2103	119	119	119	119	119
6	0.1907	0.1972	0.2008	0.2048	0.2067	118	118	118	118	118
7	0.1784	0.1928	0.1962	0.2024	0.2016	117	117	117	117	117
8	0.1757	0.1852	0.1918	0.1981	0.1971	116	115	116	116	116
9	0.1729	0.1812	0.1895	0.1955	0.1930	115	114	115	115	115
10	0.1672	0.1754	0.1830	0.1918	0.1880	112	113	114	114	114
11	0.1648	0.1695	0.1785	0.1874	0.1842	111	112	113	113	113

续表

攻击点数	全局连通效率					最大连通子图大小				
	选择攻击		随机攻击			选择攻击		随机攻击		
	度攻击	介数攻击	攻击1	攻击2	攻击3	度攻击	介数攻击	攻击1	攻击2	攻击3
12	0.1609	0.1651	0.1747	0.1837	0.1795	110	111	112	112	112
13	0.1510	0.1607	0.1722	0.1804	0.1760	102	110	111	111	111
14	0.1472	0.1567	0.1693	0.1773	0.1735	100	109	110	110	110
15	0.1430	0.1511	0.1626	0.1729	0.1701	99	108	109	107	109
16	0.1392	0.1484	0.1605	0.1681	0.1669	98	107	108	106	108
17	0.1352	0.1357	0.1567	0.1644	0.1624	97	106	107	105	107
18	0.1331	0.1337	0.1530	0.1580	0.1589	96	105	106	104	100
19	0.1289	0.1311	0.1501	0.1559	0.1491	95	104	105	103	99
20	0.1250	0.1280	0.1468	0.1535	0.1471	94	103	104	102	98
21	0.1191	0.1258	0.1380	0.1491	0.1444	93	102	103	101	97
22	0.1145	0.0954	0.1330	0.1463	0.1420	91	59	102	100	96
23	0.1113	0.0914	0.1310	0.1440	0.1347	90	58	101	99	95
24	0.1074	0.0889	0.1270	0.1396	0.1264	89	56	100	98	94
25	0.1045	0.0867	0.1235	0.1364	0.1229	88	56	99	97	93
26	0.1027	0.0836	0.1209	0.1340	0.1195	87	55	98	96	92
27	0.0997	0.0836	0.1186	0.1299	0.1168	86	55	81	91	91
28	0.0973	0.0824	0.1152	0.1264	0.1130	85	54	80	90	90
29	0.0900	0.0807	0.1118	0.1211	0.1115	84	54	79	89	89
30	0.0863	0.0774	0.1092	0.1189	0.1092	83	54	78	89	88
31	0.0861	0.0729	0.1074	0.1155	0.1049	83	49	70	88	85
32	0.0861	0.0691	0.1044	0.1100	0.1023	83	49	50	78	84
33	0.0784	0.0673	0.1024	0.1065	0.1008	76	48	50	77	83
34	0.0768	0.0657	0.0824	0.1044	0.0988	75	47	47	76	82
35	0.0757	0.0595	0.0800	0.1020	0.0975	74	47	46	75	81
36	0.0735	0.0574	0.0779	0.1000	0.0944	72	47	45	73	78
37	0.0727	0.0565	0.0736	0.0968	0.0895	72	47	45	72	78
38	0.0722	0.0553	0.0702	0.0938	0.0857	72	47	45	72	71
39	0.0718	0.0530	0.0691	0.0897	0.0826	72	46	44	43	70
40	0.0663	0.0523	0.0669	0.0858	0.0803	71	46	43	43	70
41	0.0622	0.0441	0.0656	0.0802	0.0758	70	34	42	42	69
42	0.0584	0.0407	0.0637	0.0760	0.0728	69	33	41	42	69
43	0.0568	0.0407	0.0615	0.0743	0.0691	68	33	39	40	68
44	0.0505	0.0391	0.0595	0.0714	0.0690	59	33	39	39	67
45	0.0500	0.0383	0.0580	0.0690	0.0578	59	33	38	38	67
46	0.0496	0.0378	0.0564	0.0674	0.0558	59	33	20	38	66
47	0.0491	0.0371	0.0543	0.0662	0.0531	59	33	19	38	66
48	0.0486	0.0368	0.0539	0.0649	0.0505	59	33	19	37	65
49	0.0486	0.0356	0.0522	0.0534	0.0451	59	33	17	37	64

攻击点数	全局连通效率					最大连通子图大小				
	选择攻击		随机攻击			选择攻击		随机攻击		
	度攻击	介数攻击	攻击1	攻击2	攻击3	度攻击	介数攻击	攻击1	攻击2	攻击3
50	0.0466	0.0340	0.0498	0.0514	0.0444	57	32	17	36	63
51	0.0466	0.0328	0.0467	0.0514	0.0433	57	32	17	35	59
52	0.0454	0.0279	0.0454	0.0494	0.0417	56	20	17	33	59
53	0.0439	0.0278	0.0449	0.0484	0.0401	55	20	17	33	53
54	0.0424	0.0248	0.0323	0.0448	0.0394	54	20	16	32	53
55	0.0402	0.0236	0.0292	0.0348	0.0369	53	19	16	32	51
56	0.0390	0.0232	0.0287	0.0339	0.0369	52	19	16	32	50
57	0.0376	0.0232	0.0265	0.0334	0.0360	51	19	16	32	49
58	0.0364	0.0227	0.0257	0.0333	0.0336	50	19	16	27	46
59	0.0354	0.0220	0.0250	0.0333	0.0323	49	19	16	26	44
60	0.0344	0.0220	0.0228	0.0318	0.0310	48	19	15	22	44
61	0.0314	0.0217	0.0224	0.0316	0.0303	44	19	15	22	42
62	0.0283	0.0202	0.0220	0.0301	0.0292	41	18	15	21	42
63	0.0266	0.0192	0.0211	0.0290	0.0287	40	17	15	21	42
64	0.0258	0.0188	0.0206	0.0274	0.0256	39	17	15	21	42
65	0.0249	0.0184	0.0203	0.0266	0.0221	38	17	15	21	30
66	0.0240	0.0177	0.0191	0.0256	0.0195	37	17	15	21	30
67	0.0230	0.0169	0.0184	0.0188	0.0146	36	16	15	21	30
68	0.0217	0.0163	0.0183	0.0175	0.0145	35	15	15	21	21
69	0.0177	0.0144	0.0171	0.0163	0.0143	27	15	15	21	21
70	0.0174	0.0137	0.0149	0.0152	0.0139	27	15	15	21	21
71	0.0174	0.0130	0.0144	0.0147	0.0133	27	15	15	16	21
72	0.0174	0.0110	0.0129	0.0138	0.0127	27	10	15	15	20
73	0.0166	0.0106	0.0118	0.0128	0.0121	26	10	14	15	20
74	0.0157	0.0106	0.0094	0.0122	0.0116	25	10	13	14	20
75	0.0147	0.0101	0.0088	0.0112	0.0116	24	10	13	14	19
76	0.0145	0.0097	0.0085	0.0109	0.0114	24	10	13	14	19
77	0.0141	0.0092	0.0076	0.0093	0.0108	24	10	12	14	19
78	0.0136	0.0075	0.0076	0.0093	0.0107	24	7	12	10	12
79	0.0123	0.0068	0.0061	0.0089	0.0104	22	7	11	10	12
80	0.0103	0.0066	0.0053	0.0088	0.0097	19	7	11	10	12
81	0.0102	0.0064	0.0045	0.0088	0.0095	19	7	11	7	10
82	0.0093	0.0064	0.0044	0.0080	0.0086	18	7	11	7	10
83	0.0089	0.0059	0.0037	0.0077	0.0082	17	7	11	7	10
84	0.0079	0.0059	0.0037	0.0072	0.0080	15	7	11	7	10
85	0.0079	0.0059	0.0036	0.0072	0.0079	15	7	11	7	10
86	0.0070	0.0052	0.0035	0.0068	0.0071	15	6	11	7	10
87	0.0068	0.0049	0.0035	0.0067	0.0071	15	6	11	7	10

攻击点数	全局连通效率					最大连通子图大小				
	选择攻击		随机攻击			选择攻击		随机攻击		
	度攻击	介数攻击	攻击 1	攻击 2	攻击 3	度攻击	介数攻击	攻击 1	攻击 2	攻击 3
88	0.0056	0.0045	0.0033	0.0067	0.0071	12	6	11	7	5
89	0.0052	0.0044	0.0027	0.0057	0.0051	12	6	6	7	4
90	0.0049	0.0044	0.0027	0.0054	0.0046	12	6	6	7	4
91	0.0049	0.0039	0.0019	0.0050	0.0046	12	6	5	7	4
92	0.0048	0.0036	0.0018	0.0047	0.0039	12	6	5	7	4
93	0.0048	0.0031	0.0014	0.0034	0.0038	12	5	4	7	4
94	0.0028	0.0028	0.0012	0.0034	0.0036	7	5	4	7	4
95	0.0020	0.0028	0.0012	0.0026	0.0035	5	5	4	7	4
96	0.0017	0.0025	0.0012	0.0023	0.0035	4	5	4	7	4
97	0.0016	0.0024	0.0012	0.0019	0.0032	4	5	4	7	4
98	0.0016	0.0020	0.0010	0.0019	0.0029	4	5	4	7	4
99	0.0016	0.0020	0.0009	0.0014	0.0028	4	5	4	7	3
100	0.0016	0.0018	0.0008	0.0014	0.0023	4	5	4	6	3
101	0.0016	0.0014	0.0008	0.0014	0.0017	4	4	4	5	3
102	0.0016	0.0014	0.0007	0.0011	0.0017	4	4	4	5	3
103	0.0016	0.0012	0.0005	0.0011	0.0017	4	4	4	5	3
104	0.0014	0.0010	0.0005	0.0009	0.0012	4	4	4	5	3
105	0.0012	0.0010	0.0004	0.0007	0.0010	4	4	4	4	3
106	0.0011	0.0010	0.0004	0.0004	0.0010	4	4	4	4	3
107	0.0010	0.0005	0.0004	0.0004	0.0010	4	2	4	4	3
108	0.0010	0.0004	0.0004	0.0003	0.0005	4	2	4	4	3
109	0.0008	0.0004	0.0003	0.0003	0.0005	4	2	4	4	3
110	0.0008	0.0004	0.0003	0.0003	0.0004	4	2	4	4	3
111	0.0008	0.0003	0.0003	0.0001	0.0004	4	2	4	4	3
112	0.0007	0.0001	0.0003	0.0001	0.0003	4	2	4	4	3
113	0.0006	0.0000	0.0003	0.0001	0.0003	4	1	4	4	3
114	0.0003	0.0000	0.0003	0.0001	0.0001	3	1	4	2	2
115	0.0001	0.0000	0.0003	0.0001	0.0000	2	1	4	2	2
116	0.0000	0.0000	0.0003	0.0001	0.0000	1	1	4	2	2
117	0.0000	0.0000	0.0001	0.0001	0.0000	1	1	3	2	2
118	0.0000	0.0000	0.0001	0.0000	0.0000	1	1	3	2	2
119	0.0000	0.0000	0.0001	0.0000	0.0000	1	1	2	2	2
120	0.0000	0.0000	0.0001	0.0000	0.0000	1	1	2	1	1
121	0.0000	0.0000	0.0001	0.0000	0.0000	1	1	1	1	1
122	0.0000	0.0000	0.0001	0.0000	0.0000	1	1	1	1	1
123	0.0000	0.0000	0.0000	0.0000	0.0000	1	1	1	1	1
124	0.0000	0.0000	0.0000	0.0000	0.0000					

附表 6-B-3　观音桥路网

攻击点数	全局连通效率					最大连通子图大小				
	选择攻击		随机攻击			选择攻击		随机攻击		
	度攻击	介数攻击	攻击1	攻击2	攻击3	度攻击	介数攻击	攻击1	攻击2	攻击3
0	0.2202	0.2202	0.2202	0.2202	0.2202	125	125	125	125	125
1	0.2017	0.2089	0.2171	0.2159	0.2147	119	124	124	124	124
2	0.1911	0.1972	0.2137	0.2106	0.2113	118	123	123	123	123
3	0.1871	0.1918	0.2094	0.1979	0.2003	117	122	122	122	122
4	0.1810	0.1874	0.2057	0.1937	0.1969	116	120	121	121	121
5	0.1709	0.1849	0.2016	0.1897	0.1933	115	119	120	120	120
6	0.1669	0.1789	0.1983	0.1853	0.1856	114	118	119	119	119
7	0.1615	0.1374	0.1953	0.1824	0.1826	113	78	118	118	118
8	0.1501	0.1258	0.1901	0.1773	0.1774	107	70	117	117	117
9	0.1332	0.1250	0.1855	0.1742	0.1736	101	70	116	116	116
10	0.1280	0.1218	0.1803	0.1686	0.1701	100	69	115	115	115
11	0.1250	0.1154	0.1764	0.1658	0.1674	99	69	114	114	113
12	0.1223	0.1151	0.1743	0.1631	0.1644	98	69	113	113	112
13	0.1051	0.1134	0.1703	0.1599	0.1608	89	69	112	112	111
14	0.0981	0.1130	0.1611	0.1568	0.1572	86	69	111	110	110
15	0.0939	0.1116	0.1589	0.1535	0.1542	85	69	110	109	109
16	0.0925	0.1080	0.1486	0.1508	0.1516	84	68	109	108	108
17	0.0914	0.0943	0.1459	0.1479	0.1486	83	62	108	107	107
18	0.0887	0.0895	0.1425	0.1449	0.1460	82	60	107	106	106
19	0.0789	0.0877	0.1402	0.1425	0.1430	71	59	106	105	105
20	0.0782	0.0859	0.1351	0.1401	0.1385	71	59	105	104	104
21	0.0771	0.0836	0.1334	0.1379	0.1383	71	59	104	103	103
22	0.0767	0.0781	0.1317	0.1358	0.1361	71	56	103	98	102
23	0.0750	0.0704	0.1288	0.1331	0.1308	70	50	102	97	101
24	0.0691	0.0692	0.0959	0.1306	0.1279	66	50	101	96	100
25	0.0686	0.0674	0.0906	0.1276	0.1246	66	50	100	56	99
26	0.0658	0.0628	0.0873	0.1251	0.1205	65	45	65	56	98
27	0.0644	0.0615	0.0836	0.1217	0.1086	64	44	64	56	97
28	0.0613	0.0595	0.0820	0.1132	0.1046	63	43	63	55	96
29	0.0582	0.0560	0.0722	0.1066	0.0809	62	42	63	55	95
30	0.0548	0.0555	0.0706	0.1030	0.0796	61	42	62	55	94
31	0.0492	0.0554	0.0680	0.0910	0.0772	56	42	61	54	93
32	0.0467	0.0538	0.0668	0.0884	0.0754	55	42	60	54	92
33	0.0434	0.0518	0.0652	0.0866	0.0740	54	42	60	53	92
34	0.0428	0.0493	0.0635	0.0846	0.0692	54	41	60	52	91
35	0.0419	0.0490	0.0623	0.0821	0.0667	53	41	60	51	87
36	0.0416	0.0489	0.0615	0.0803	0.0666	53	41	60	50	86

攻击点数	全局连通效率					最大连通子图大小				
	选择攻击		随机攻击			选择攻击		随机攻击		
	度攻击	介数攻击	攻击1	攻击2	攻击3	度攻击	介数攻击	攻击1	攻击2	攻击3
37	0.0411	0.0489	0.0604	0.0790	0.0654	53	41	59	49	54
38	0.0410	0.0395	0.0542	0.0773	0.0654	53	25	58	48	53
39	0.0410	0.0385	0.0522	0.0739	0.0629	53	25	57	48	53
40	0.0399	0.0374	0.0518	0.0719	0.0616	52	25	57	48	53
41	0.0364	0.0353	0.0474	0.0719	0.0596	46	23	56	47	52
42	0.0355	0.0353	0.0463	0.0708	0.0579	45	23	56	44	51
43	0.0345	0.0342	0.0442	0.0680	0.0537	44	23	55	43	49
44	0.0336	0.0318	0.0439	0.0602	0.0537	43	23	55	42	48
45	0.0316	0.0303	0.0401	0.0597	0.0489	40	23	55	41	47
46	0.0308	0.0299	0.0372	0.0577	0.0477	39	23	54	41	32
47	0.0300	0.0292	0.0358	0.0568	0.0458	38	22	53	41	32
48	0.0292	0.0292	0.0358	0.0442	0.0444	38	22	52	39	31
49	0.0289	0.0282	0.0345	0.0423	0.0380	38	22	32	39	31
50	0.0284	0.0266	0.0335	0.0374	0.0380	38	21	32	39	30
51	0.0267	0.0266	0.0323	0.0364	0.0360	37	21	32	39	29
52	0.0227	0.0256	0.0295	0.0352	0.0336	31	20	32	39	29
53	0.0223	0.0250	0.0295	0.0348	0.0320	31	20	31	38	29
54	0.0221	0.0250	0.0286	0.0330	0.0312	31	20	31	38	29
55	0.0219	0.0219	0.0266	0.0285	0.0307	31	20	31	28	28
56	0.0217	0.0208	0.0249	0.0272	0.0299	31	19	31	28	28
57	0.0207	0.0208	0.0247	0.0264	0.0293	30	19	31	28	28
58	0.0187	0.0193	0.0243	0.0231	0.0272	28	19	31	28	27
59	0.0147	0.0188	0.0236	0.0221	0.0237	16	19	30	27	27
60	0.0144	0.0181	0.0219	0.0213	0.0224	16	19	30	22	26
61	0.0132	0.0176	0.0210	0.0205	0.0222	15	19	30	22	26
62	0.0122	0.0170	0.0205	0.0198	0.0211	14	19	27	22	26
63	0.0117	0.0162	0.0200	0.0185	0.0196	13	18	26	21	25
64	0.0105	0.0155	0.0190	0.0183	0.0193	11	17	17	21	24
65	0.0100	0.0147	0.0175	0.0181	0.0190	10	17	17	21	24
66	0.0084	0.0142	0.0168	0.0181	0.0190	10	17	17	20	22
67	0.0084	0.0126	0.0150	0.0165	0.0186	10	17	17	20	22
68	0.0079	0.0121	0.0147	0.0158	0.0175	9	17	17	17	21
69	0.0073	0.0118	0.0115	0.0148	0.0165	8	17	17	8	15
70	0.0062	0.0114	0.0110	0.0128	0.0161	4	17	17	8	15
71	0.0058	0.0113	0.0099	0.0119	0.0159	4	17	17	8	15
72	0.0055	0.0107	0.0098	0.0114	0.0157	4	17	13	8	15
73	0.0055	0.0077	0.0091	0.0104	0.0130	4	10	13	8	15
74	0.0052	0.0075	0.0084	0.0098	0.0102	4	10	13	8	14

攻击点数	全局连通效率					最大连通子图大小				
	选择攻击		随机攻击			选择攻击		随机攻击		
	度攻击	介数攻击	攻击1	攻击2	攻击3	度攻击	介数攻击	攻击1	攻击2	攻击3
75	0.0052	0.0063	0.0082	0.0097	0.0085	4	7	13	8	14
76	0.0051	0.0057	0.0080	0.0093	0.0080	4	7	13	8	14
77	0.0049	0.0052	0.0077	0.0092	0.0078	4	7	13	7	13
78	0.0049	0.0050	0.0077	0.0072	0.0077	4	7	13	7	13
79	0.0047	0.0050	0.0069	0.0069	0.0067	4	7	12	7	12
80	0.0045	0.0045	0.0065	0.0061	0.0067	4	6	12	7	10
81	0.0045	0.0045	0.0065	0.0059	0.0064	4	6	12	7	10
82	0.0041	0.0042	0.0064	0.0059	0.0059	4	6	12	7	8
83	0.0040	0.0040	0.0054	0.0056	0.0059	4	6	12	7	8
84	0.0040	0.0037	0.0053	0.0051	0.0058	4	6	12	7	7
85	0.0036	0.0034	0.0053	0.0045	0.0055	4	6	12	7	7
86	0.0033	0.0029	0.0051	0.0043	0.0042	4	4	12	7	7
87	0.0032	0.0028	0.0051	0.0037	0.0037	4	4	12	4	7
88	0.0032	0.0026	0.0043	0.0034	0.0034	4	4	12	4	7
89	0.0029	0.0026	0.0035	0.0032	0.0032	4	4	12	4	7
90	0.0028	0.0024	0.0031	0.0028	0.0029	4	4	10	4	7
91	0.0028	0.0023	0.0030	0.0025	0.0029	4	4	10	4	7
92	0.0028	0.0021	0.0027	0.0025	0.0026	4	4	10	4	7
93	0.0028	0.0021	0.0027	0.0024	0.0023	4	4	10	4	4
94	0.0028	0.0020	0.0026	0.0024	0.0022	4	4	10	4	4
95	0.0027	0.0017	0.0026	0.0021	0.0020	4	4	10	4	4
96	0.0024	0.0015	0.0018	0.0018	0.0018	4	4	7	4	4
97	0.0020	0.0013	0.0018	0.0018	0.0017	4	4	7	3	4
98	0.0020	0.0012	0.0017	0.0010	0.0017	4	4	5	3	4
99	0.0016	0.0008	0.0015	0.0007	0.0015	4	2	5	3	4
100	0.0015	0.0008	0.0012	0.0007	0.0014	4	2	5	3	4
101	0.0012	0.0008	0.0012	0.0007	0.0011	3	2	5	3	4
102	0.0010	0.0008	0.0012	0.0007	0.0011	3	2	5	3	4
103	0.0008	0.0006	0.0009	0.0006	0.0009	3	2	5	3	4
104	0.0008	0.0005	0.0009	0.0006	0.0008	3	2	5	3	4
105	0.0008	0.0005	0.0009	0.0006	0.0004	3	2	5	3	4
106	0.0007	0.0005	0.0007	0.0006	0.0004	3	2	5	3	4
107	0.0007	0.0004	0.0007	0.0004	0.0004	3	2	5	3	4
108	0.0005	0.0003	0.0007	0.0004	0.0004	2	2	5	3	4
109	0.0005	0.0003	0.0006	0.0004	0.0004	2	2	3	2	4
110	0.0005	0.0003	0.0006	0.0004	0.0004	2	2	3	2	4
111	0.0005	0.0003	0.0006	0.0003	0.0003	2	2	3	2	4
112	0.0005	0.0003	0.0006	0.0003	0.0003	2	2	3	2	4

续表

攻击点数	全局连通效率					最大连通子图大小				
	选择攻击		随机攻击			选择攻击		随机攻击		
	度攻击	介数攻击	攻击1	攻击2	攻击3	度攻击	介数攻击	攻击1	攻击2	攻击3
113	0.0005	0.0001	0.0005	0.0003	0.0001	2	2	3	2	4
114	0.0004	0.0001	0.0005	0.0001	0.0000	2	2	3	2	4
115	0.0004	0.0001	0.0005	0.0001	0.0000	2	2	3	2	4
116	0.0003	0.0001	0.0003	0.0001	0.0000	2	2	2	2	3
117	0.0003	0.0001	0.0003	0.0001	0.0000	2	2	1	2	3
118	0.0003	0.0001	0.0001	0.0001	0.0000	2	2	1	1	3
119	0.0003	0.0001	0.0001	0.0001	0.0000	2	2	1	1	3
120	0.0001	0.0001	0.0001	0.0001	0.0000	2	2	1	1	2
121	0.0001	0.0000	0.0000	0.0001	0.0000	2	1	1	1	2
122	0.0000	0.0000	0.0000	0.0000	0.0000	1	1	1	1	1
123	0.0000	0.0000	0.0000	0.0000	0.0000	1	1	1	1	1
124	0.0000	0.0000	0.0000	0.0000	0.0000	1	1	1	1	1
125	0.0000	0.0000	0.0000	0.0000	0.0000					

附表 6-B-4　杨家坪路网

攻击点数	全局连通效率					最大连通子图大小				
	选择攻击		随机攻击			选择攻击		随机攻击		
	度攻击	介数攻击	攻击1	攻击2	攻击3	度攻击	介数攻击	攻击1	攻击2	攻击3
0	0.2995	0.2995	0.2995	0.2995	0.2995	69	69	69	69	69
1	0.2764	0.2764	0.2890	0.2873	0.2912	68	68	68	68	68
2	0.2635	0.2550	0.2828	0.2792	0.2851	67	67	67	67	67
3	0.2524	0.2453	0.2740	0.2703	0.2712	66	66	66	66	66
4	0.2363	0.2370	0.2642	0.2608	0.2643	65	65	65	65	65
5	0.2235	0.2247	0.2579	0.2494	0.2509	64	64	64	64	64
6	0.2086	0.2173	0.2469	0.2431	0.2431	62	63	63	63	63
7	0.1690	0.2087	0.2369	0.2321	0.2305	49	62	62	62	62
8	0.1586	0.2004	0.2292	0.2240	0.2241	47	61	61	61	61
9	0.1477	0.1852	0.2212	0.2077	0.2142	46	60	60	60	60
10	0.1436	0.1775	0.2157	0.2001	0.2066	45	59	59	59	59
11	0.1348	0.1683	0.2059	0.1925	0.1973	44	58	58	58	58
12	0.1244	0.1247	0.1994	0.1866	0.1904	43	31	57	57	57
13	0.1170	0.1178	0.1952	0.1767	0.1853	42	30	56	56	56
14	0.1115	0.1104	0.1805	0.1509	0.1798	41	29	39	55	55
15	0.1074	0.1061	0.1732	0.1302	0.1731	40	28	38	54	54
16	0.1008	0.1031	0.1650	0.1248	0.1683	39	28	37	53	53
17	0.0791	0.0926	0.1581	0.1191	0.1580	27	28	37	52	52
18	0.0738	0.0863	0.1478	0.0960	0.1539	26	27	37	51	51

攻击点数	全局连通效率					最大连通子图大小				
	选择攻击		随机攻击			选择攻击		随机攻击		
	度攻击	介数攻击	攻击1	攻击2	攻击3	度攻击	介数攻击	攻击1	攻击2	攻击3
19	0.0669	0.0647	0.1385	0.0949	0.1486	25	18	36	50	50
20	0.0651	0.0620	0.1355	0.0944	0.1429	24	18	35	49	49
21	0.0606	0.0583	0.1269	0.0886	0.1313	23	18	33	48	48
22	0.0566	0.0575	0.1269	0.0873	0.1272	22	18	33	47	47
23	0.0534	0.0530	0.0947	0.0856	0.1196	21	18	32	46	46
24	0.0468	0.0524	0.0889	0.0813	0.1073	21	18	31	45	34
25	0.0452	0.0495	0.0812	0.0766	0.0916	21	18	28	44	34
26	0.0452	0.0470	0.0755	0.0736	0.0863	21	18	27	43	34
27	0.0426	0.0358	0.0718	0.0680	0.0863	21	11	26	42	33
28	0.0345	0.0338	0.0718	0.0680	0.0817	14	11	14	41	32
29	0.0268	0.0323	0.0704	0.0605	0.0763	10	11	14	38	32
30	0.0252	0.0305	0.0671	0.0566	0.0725	10	11	13	36	32
31	0.0227	0.0280	0.0634	0.0562	0.0685	10	10	13	34	31
32	0.0219	0.0272	0.0520	0.0532	0.0680	10	10	13	33	30
33	0.0213	0.0232	0.0511	0.0382	0.0674	10	10	13	32	26
34	0.0203	0.0223	0.0433	0.0296	0.0636	10	10	9	29	26
35	0.0194	0.0180	0.0366	0.0262	0.0579	10	7	7	28	25
36	0.0183	0.0166	0.0356	0.0248	0.0543	10	7	7	16	17
37	0.0177	0.0162	0.0349	0.0237	0.0473	10	7	7	16	17
38	0.0172	0.0146	0.0328	0.0237	0.0440	10	7	7	16	11
39	0.0172	0.0139	0.0287	0.0188	0.0391	10	7	7	13	11
40	0.0164	0.0135	0.0247	0.0171	0.0369	10	7	7	13	11
41	0.0159	0.0131	0.0202	0.0152	0.0369	10	7	7	9	11
42	0.0155	0.0107	0.0168	0.0142	0.0319	10	7	7	8	11
43	0.0155	0.0107	0.0149	0.0126	0.0319	10	7	7	8	11
44	0.0155	0.0107	0.0128	0.0115	0.0227	10	7	5	8	10
45	0.0124	0.0107	0.0124	0.0099	0.0206	7	7	5	8	9
46	0.0088	0.0102	0.0109	0.0072	0.0190	7	7	5	8	8
47	0.0088	0.0082	0.0103	0.0068	0.0131	7	6	3	6	6
48	0.0071	0.0082	0.0094	0.0060	0.0121	6	6	3	6	5
49	0.0053	0.0082	0.0094	0.0055	0.0073	4	6	3	6	5
50	0.0038	0.0056	0.0089	0.0049	0.0073	3	5	3	6	5
51	0.0034	0.0046	0.0075	0.0043	0.0063	3	4	3	6	5
52	0.0030	0.0040	0.0050	0.0038	0.0046	3	4	3	6	5
53	0.0021	0.0036	0.0042	0.0030	0.0046	2	4	3	3	5
54	0.0017	0.0021	0.0034	0.0030	0.0023	2	2	3	3	5
55	0.0017	0.0017	0.0028	0.0026	0.0023	2	2	3	2	4
56	0.0013	0.0017	0.0021	0.0021	0.0023	2	2	3	2	4

攻击点数	全局连通效率					最大连通子图大小				
	选择攻击		随机攻击			选择攻击		随机攻击		
	度攻击	介数攻击	攻击1	攻击2	攻击3	度攻击	介数攻击	攻击1	攻击2	攻击3
57	0.0013	0.0017	0.0021	0.0015	0.0023	2	2	3	2	4
58	0.0009	0.0013	0.0017	0.0015	0.0019	2	2	3	2	4
59	0.0009	0.0009	0.0013	0.0004	0.0015	2	2	3	1	4
60	0.0009	0.0004	0.0009	0.0004	0.0011	2	2	3	1	2
61	0.0009	0.0004	0.0004	0.0004	0.0011	2	2	3	1	2
62	0.0009	0.0004	0.0004	0.0004	0.0011	2	2	1	1	2
63	0.0009	0.0004	0.0000	0.0004	0.0000	2	2	1	1	2
64	0.0004	0.0004	0.0000	0.0000	0.0000	2	2	1	1	2
65	0.0004	0.0004	0.0000	0.0000	0.0000	2	2	1	1	2
66	0.0000	0.0000	0.0000	0.0000	0.0000	1	1	1	1	2
67	0.0000	0.0000	0.0000	0.0000	0.0000	1	1	1	1	1
68	0.0000	0.0000	0.0000	0.0000	0.0000	1	1	1	1	1
69	0.0000	0.0000	0.0000	0.0000	0.0000					

附表 6-B-5　南坪路网

攻击点数	全局连通效率					最大连通子图大小				
	选择攻击		随机攻击			选择攻击		随机攻击		
	度攻击	介数攻击	攻击1	攻击2	攻击3	度攻击	介数攻击	攻击1	攻击2	攻击3
0	0.3332	0.3332	0.3332	0.3332	0.3332	54	54	54	54	54
1	0.2996	0.2996	0.3212	0.3211	0.3225	53	53	53	53	53
2	0.2770	0.2770	0.3064	0.3107	0.3106	52	52	52	52	52
3	0.2586	0.2661	0.2947	0.2992	0.2965	51	51	51	51	51
4	0.2478	0.2499	0.2836	0.2851	0.2825	50	50	50	50	50
5	0.2317	0.2317	0.2667	0.2535	0.2479	49	49	49	49	49
6	0.2174	0.2227	0.2553	0.2424	0.2320	48	48	48	48	48
7	0.2087	0.2121	0.2447	0.2273	0.2142	47	47	47	47	47
8	0.1832	0.1825	0.2339	0.2185	0.2083	46	46	46	46	46
9	0.1566	0.1765	0.2237	0.2097	0.1987	38	45	45	45	45
10	0.1513	0.1657	0.2125	0.1866	0.1876	38	44	44	44	44
11	0.1434	0.1589	0.1917	0.1768	0.1768	37	43	43	42	43
12	0.1347	0.1513	0.1822	0.1654	0.1692	36	42	42	41	42
13	0.1294	0.1462	0.1717	0.1526	0.1633	35	41	41	40	41
14	0.1236	0.0996	0.1619	0.1438	0.1573	34	19	40	39	40
15	0.1002	0.0945	0.1536	0.1365	0.1486	26	19	39	39	34
16	0.0952	0.0902	0.1379	0.1322	0.1361	25	18	38	38	33
17	0.0840	0.0831	0.1128	0.1267	0.1310	22	17	37	37	33
18	0.0786	0.0785	0.1061	0.1201	0.1250	21	17	36	36	33

| 攻击点数 | 全局连通效率 | | | | | 最大连通子图大小 | | | | |
| | 选择攻击 | | 随机攻击 | | | 选择攻击 | | 随机攻击 | | |
	度攻击	介数攻击	攻击 1	攻击 2	攻击 3	度攻击	介数攻击	攻击 1	攻击 2	攻击 3
19	0.0717	0.0727	0.0996	0.1131	0.0947	20	17	35	35	32
20	0.0642	0.0699	0.0996	0.1064	0.0886	19	17	34	33	31
21	0.0586	0.0649	0.0723	0.0976	0.0789	18	17	18	32	30
22	0.0485	0.0622	0.0677	0.0881	0.0746	15	17	17	31	21
23	0.0438	0.0528	0.0670	0.0585	0.0708	14	17	16	15	21
24	0.0400	0.0511	0.0584	0.0481	0.0629	13	17	16	15	11
25	0.0332	0.0500	0.0544	0.0452	0.0594	11	17	15	15	10
26	0.0281	0.0442	0.0511	0.0414	0.0544	9	15	15	13	10
27	0.0281	0.0417	0.0468	0.0356	0.0477	9	15	15	10	10
28	0.0248	0.0383	0.0453	0.0346	0.0279	8	14	15	9	7
29	0.0210	0.0376	0.0410	0.0303	0.0253	7	14	14	9	6
30	0.0193	0.0353	0.0237	0.0243	0.0232	6	14	13	9	6
31	0.0176	0.0308	0.0170	0.0213	0.0218	6	13	13	9	6
32	0.0160	0.0308	0.0129	0.0183	0.0218	6	13	8	7	6
33	0.0142	0.0308	0.0113	0.0166	0.0194	6	13	5	7	6
34	0.0132	0.0223	0.0092	0.0166	0.0194	6	9	5	7	6
35	0.0125	0.0150	0.0079	0.0166	0.0174	6	5	4	5	6
36	0.0125	0.0143	0.0062	0.0159	0.0151	6	5	4	5	6
37	0.0102	0.0127	0.0038	0.0115	0.0124	5	5	4	5	6
38	0.0087	0.0127	0.0031	0.0093	0.0107	4	5	4	5	6
39	0.0073	0.0099	0.0031	0.0070	0.0087	4	5	4	4	3
40	0.0066	0.0092	0.0031	0.0024	0.0049	4	5	4	4	3
41	0.0066	0.0063	0.0031	0.0007	0.0042	4	3	4	4	3
42	0.0052	0.0049	0.0024	0.0007	0.0035	4	3	4	3	2
43	0.0045	0.0042	0.0024	0.0007	0.0035	4	3	4	3	2
44	0.0014	0.0028	0.0024	0.0007	0.0021	2	3	3	3	2
45	0.0014	0.0021	0.0017	0.0007	0.0014	2	3	3	3	2
46	0.0014	0.0021	0.0000	0.0007	0.0007	2	3	2	3	2
47	0.0014	0.0021	0.0000	0.0007	0.0007	2	3	2	3	2
48	0.0007	0.0021	0.0000	0.0000	0.0007	2	3	2	3	2
49	0.0000	0.0021	0.0000	0.0000	0.0007	1	3	2	2	2
50	0.0000	0.0021	0.0000	0.0000	0.0000	1	3	2	2	1
51	0.0000	0.0007	0.0000	0.0000	0.0000	1	2	2	1	1
52	0.0000	0.0000	0.0000	0.0000	0.0000	1	1	1	1	1
53	0.0000	0.0000	0.0000	0.0000	0.0000	1	1	1	1	1
54	0.0000	0.0000	0.0000	0.0000	0.0000					

后　记

2010 年以来，重庆大学"城乡复杂网络分析"研究组瞄准城乡规划学、人居环境科学和复杂性科学等学科的交叉研究领域，运用复杂网络分析等理论和方法，针对西南山地区域城镇化发展和城乡规划建设的具体情况，凝练科学问题和研究框架，在国家和地方相关课题及工程实践的支持下，结合研究生的培养，拟定研究计划，渐次开展工作。

研究伊始，首先面临的问题是复杂网络分析这种研究方法在城乡规划学科中的适应性问题。研究组尝试以人的社会活动为出发点，构建人居环境的建筑、场所或其他物质要素在与人的互动过程中形成的内在"关系"的科学问题，讨论城乡人居环境复杂系统的客观规律，探索建立城乡规划的复杂网络分析方法。这些思考以及由此产生的一些认识，整理形成了《城乡规划的社会网络分析方法及应用》阶段性成果，并由中国建筑工业出版社出版。

《城镇生命线复杂网络系统可靠性规划》是随着研究工作逐步深入而整理形成的第二个阶段性成果。研究组越来越深刻地认识到，城乡人居环境作为一个复杂巨系统，既包含道路、互联网、市政管网等各种有形的物质网络，也包含居民的社会关系、企业的隶属关系等各种隐形的非物质网络。而保障居民正常生产生活和维持城镇基本功能的，主要是电力、燃气、给排水、热力、交通、通信等这些由有形的物质网络构成的生命线系统。这些系统是否可靠，不仅关乎一个村落或城镇能否得以存在并持续发展，也是面对重大灾害时居民人身财产安全能否得到保障的关键因素。换言之，生命线系统的可靠性问题是城乡人居环境建设发展的底线，是城乡规划学科应该去探索和揭示的基本客观规律之一。由此，研究组尝试以可靠性问题为导向，对西南山地人居环境的生命线系统展开研究，旨在为城镇人居环境防灾减灾建设的规划设计原理及方法提出一些认识和判断。

随着复杂性科学的不断兴起，研究城乡复杂系统及其复杂网络结构特征和发现城乡人居环境建设的基本规律，越来越显示出自身的科学价值和现实意义。迅猛发展的互联网技术和计算设备，为这些工作提供了良好的物质条件和创新能力，也进一步促进了城乡规划与其他学科的交叉融贯。展望未来，用复杂网络刻画城乡复杂系统、揭示城乡复杂网络模型的动力学规律、城乡复杂网络分析方法的有效性验证和应用等问题值得我们持续关注。

"诗意的居住"在我国西南地区美好的山川风景之中，既是美好的愿望，也有现实的风险。尤其是"汶川大地震"等一系列重特大自然灾害造成了人民生命财产的损失，这时刻警示我们，城乡人居环境的安全保障与可靠性建设，任重而道远。

黄勇
重庆大学"城乡复杂网络分析"研究小组
2018 年 12 月于重庆

彩 色 图 版

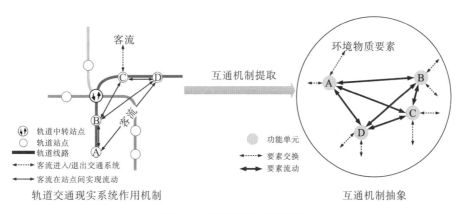

图 1-19　互通性机制示意图

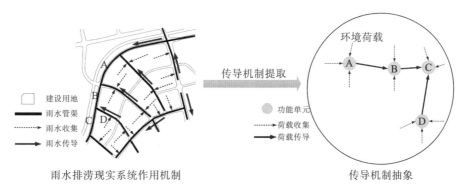

图 1-20　传导性机制示意图

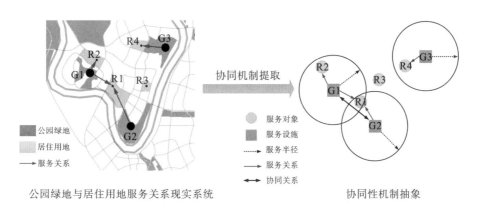

图 1-21　协同性机制示意图

图 2-4　成渝城市群综合交通网框架示意图

资料来源：《成渝城市群发展规划》

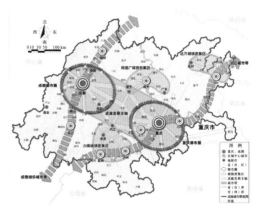

图 2-5　成渝城市群空间格局示意图

资料来源：《成渝城市群发展规划》

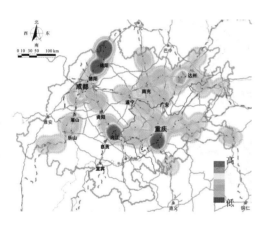

图 2-18　铁路物理网节点聚集系数空间热力图

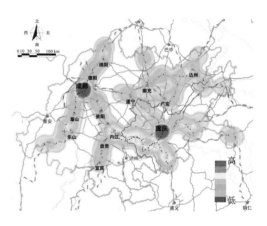

图 2-25　铁路车流网节点强度分布空间热力图

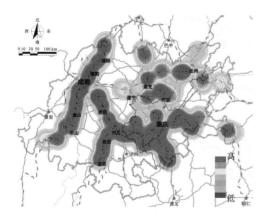

图 2-28　铁路车流网节点聚集系数空间热力图

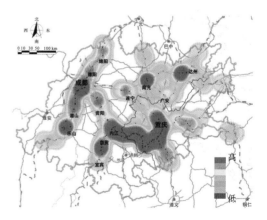

图 2-35　铁路物理网结构均衡度空间热力图

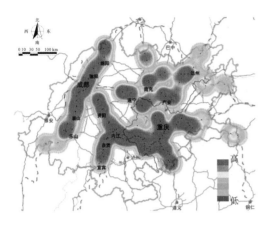

图 2-37　铁路物理网结构差异程度空间热力图

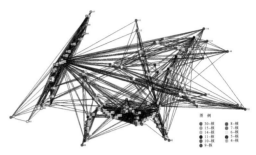

图 2-41　铁路车流网"*k*-核"分布

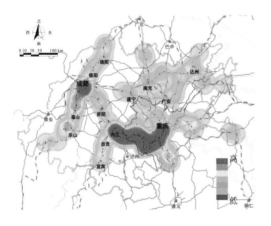

图 2-43　铁路车流网结构均衡度空间热力图

图 2-44　铁路车流网接近中心度分析图

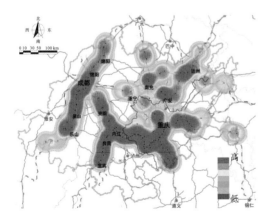

图 2-45　铁路车流网结构差异程度空间热力图

图 2-46　铁路车流网度数中心度分析图

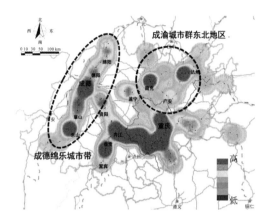

图 2-48　铁路线网区域均衡度热力分布

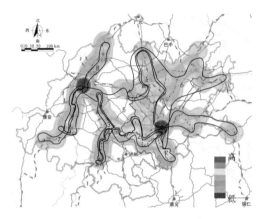

图 2-49　铁路片区车流运营格局

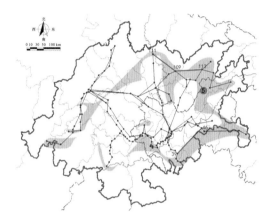

图 2-71　集聚区内部增加铁路连接

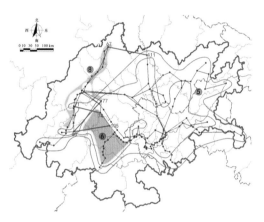

图 2-72　第 5 集聚区与第 6、第 8 集聚区之间
增加铁路连接

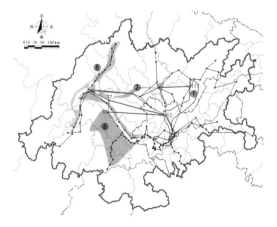

图 2-73　第 1 集聚区与其他区域增加
铁路连接

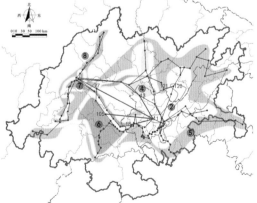

图 2-74　第 2 集聚区与其他区域增加
铁路连接

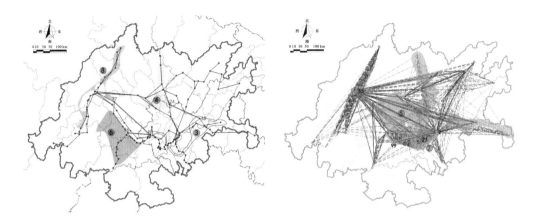

图 2-75　第 3 集聚区与其他区域增加铁路连接　图 2-82　第 2 集聚区与第 5 集聚区之间增加客运联系

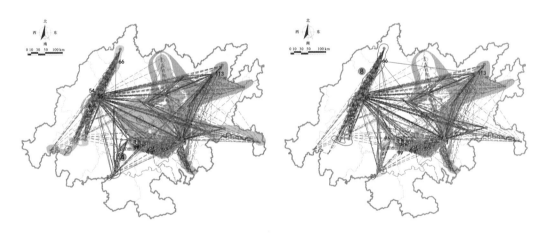

图 2-83　第 4 集聚区与其他区域客运联系　　　图 2-84　第 8 集聚区与其他区域客运联系

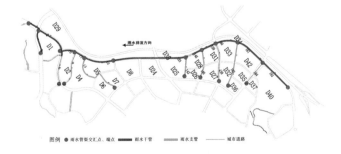

图 3-24　城镇建设用地与雨水管渠空间关系

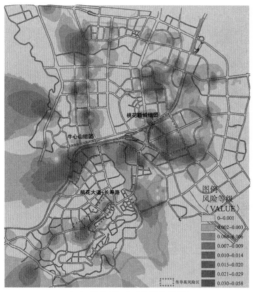

（a）长寿城区雨水管渠网络

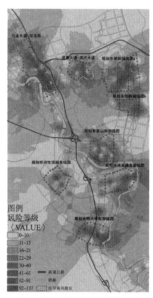

（b）綦江城区雨水管渠网络

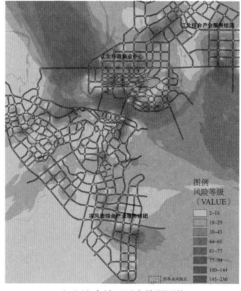

（c）潼南城区雨水管渠网络

图 3-47　基于累积传导的排涝风险区识别

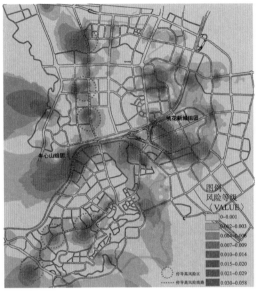

（a）长寿城区雨水管渠网络

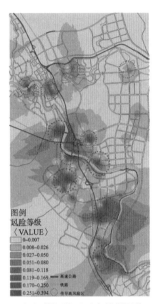

（b）綦江城区雨水管渠网络

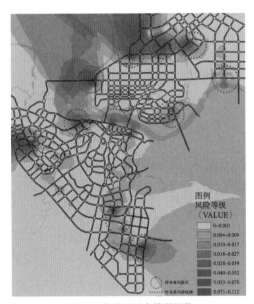

（c）潼南城区雨水管渠网络

图 3-48　基于中介传导的排涝风险区识别

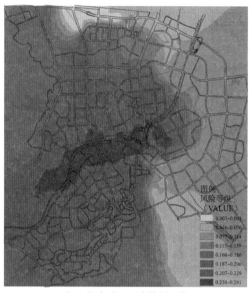
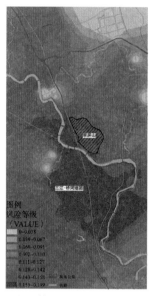

（a）长寿城区雨水管渠网络　　　　　　（b）綦江城区雨水管渠网络

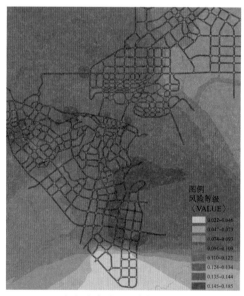

（c）潼南城区雨水管渠网络

图3-49　基于邻接传导的排涝风险区识别

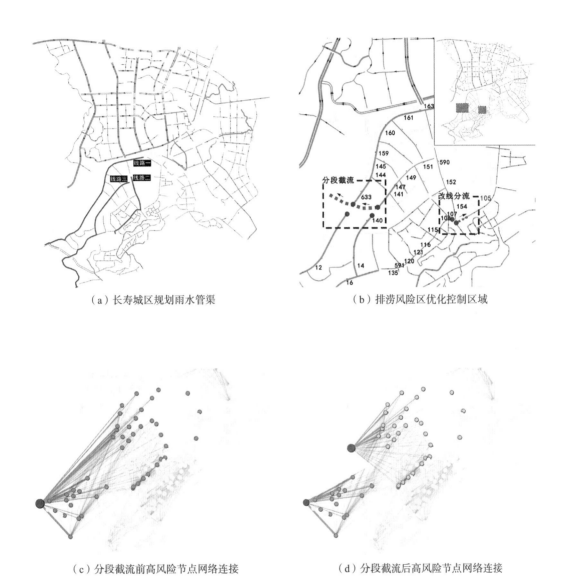

（a）长寿城区规划雨水管渠 （b）排涝风险区优化控制区域

（c）分段截流前高风险节点网络连接 （d）分段截流后高风险节点网络连接

图 3-50　长寿城区排涝网络规划控制

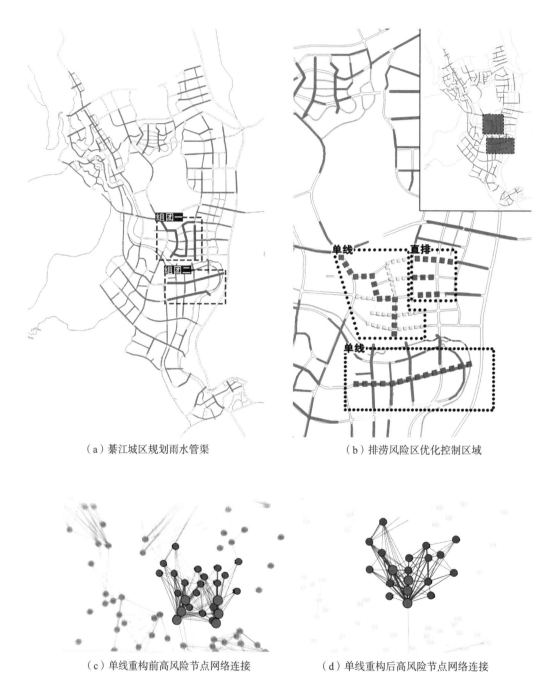

（a）綦江城区规划雨水管渠　　　　　　　　　（b）排涝风险区优化控制区域

（c）单线重构前高风险节点网络连接　　　（d）单线重构后高风险节点网络连接

图3-51　綦江排涝网络规划控制

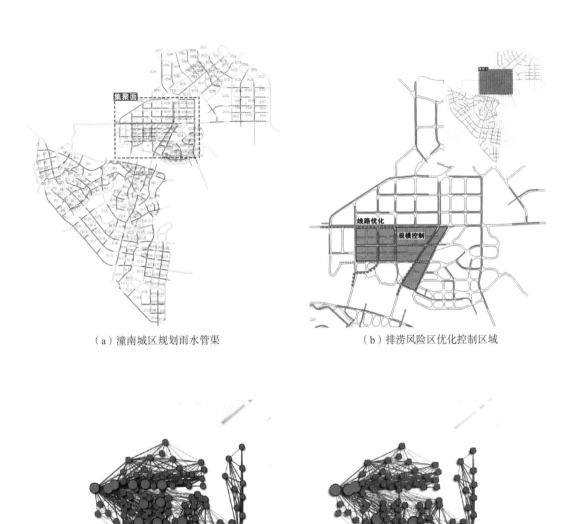

（a）潼南城区规划雨水管渠　　　　　　　　（b）排涝风险区优化控制区域

（c）优化控制前高风险节点网络连接　　　　（d）优化控制后高风险节点网络连接

图 3-52　潼南排涝网络规划控制

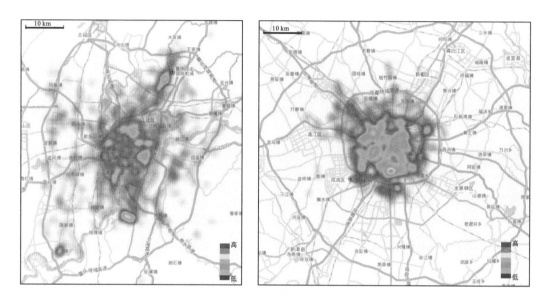

图 4-21　公交网络聚集系数热力图

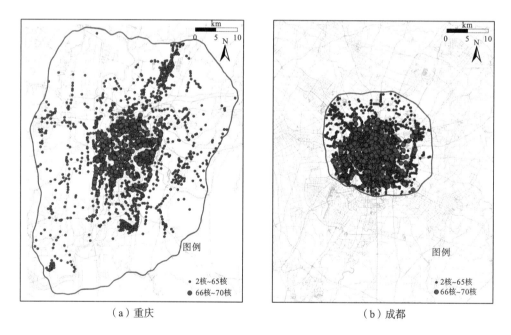

（a）重庆　　　　　　　　　　　（b）成都

图 4-23　高等级"k-核"空间分布

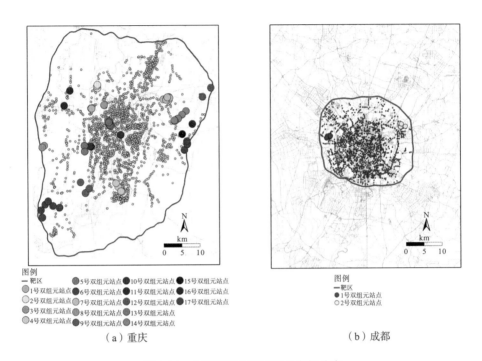

图例
— 靶区
● 1号双组元站点　● 5号双组元站点　● 10号双组元站点　● 15号双组元站点
● 2号双组元站点　● 6号双组元站点　● 11号双组元站点　● 16号双组元站点
● 3号双组元站点　● 7号双组元站点　● 12号双组元站点　● 17号双组元站点
● 4号双组元站点　● 8号双组元站点　● 13号双组元站点
　　　　　　　　● 9号双组元站点　● 14号双组元站点

图例
— 靶区
● 1号双组元站点
○ 2号双组元站点

（a）重庆　　　　　　　　　　　　（b）成都

图 4-24　公交网络小型双组元空间分布

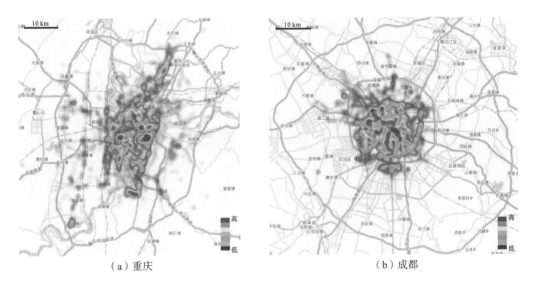

（a）重庆　　　　　　　　　　　　（b）成都

图 4-26　公交网络点度中心度值空间热力图

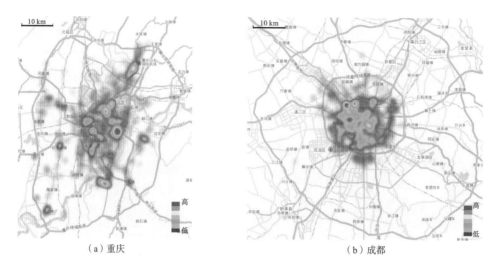

（a）重庆   （b）成都

图 4-28   公交网络中介中心度值空间热力图

（a）重庆   （b）成都

图 4-30   接近中心度空间热力图

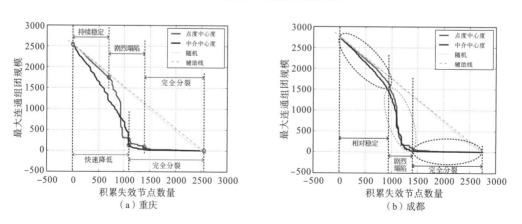

（a）重庆   （b）成都

图 4-37   网络"最大连通子图规模"变化趋势

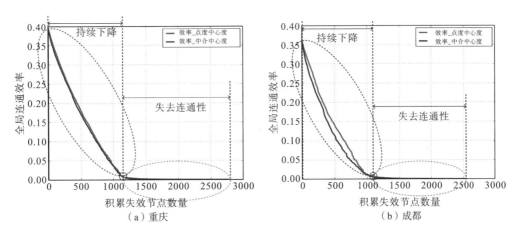

图 4-40　公交网络"积累干扰"模式下的"全局连通效率"函数

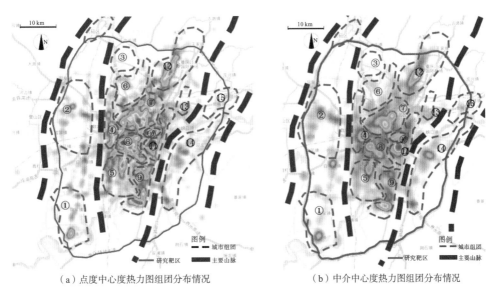

（a）点度中心度热力图组团分布情况　　　　　　（b）中介中心度热力图组团分布情况

图 4-41　重庆公交站点成熟度对应组团情况

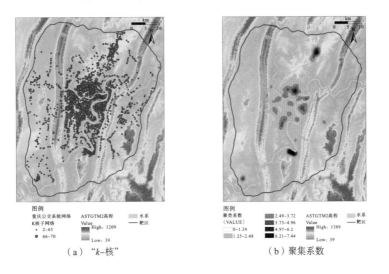

（a）"k-核"　　　　　　　　　　　　　（b）聚集系数

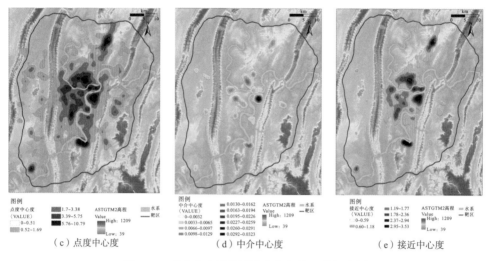

（c）点度中心度　　　　　　　　　（d）中介中心度　　　　　　　　　（e）接近中心度

图 4-42　重庆公交网络测度指标与地形叠加分析

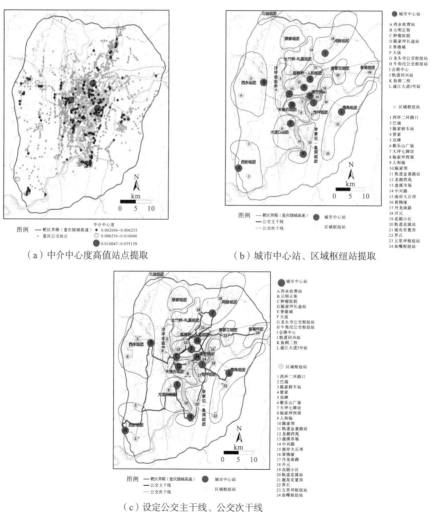

（a）中介中心度高值站点提取　　　　　　（b）城市中心站、区域枢纽站提取

（c）设定公交主干线、公交次干线

图 4-45　重庆公交网络"换乘"模式主干部分规划优化调整方案

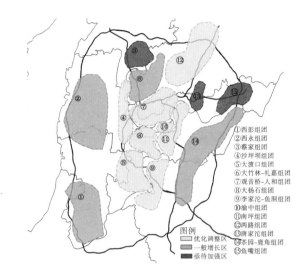

图 4-46　重庆公交网络分区优化策略示意图

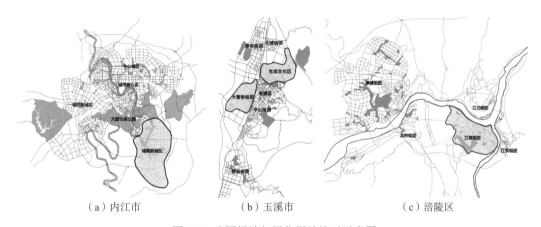

（a）内江市　　　　　　（b）玉溪市　　　　　　（c）涪陵区

图 5-5　公园绿地与居住用地比对示意图

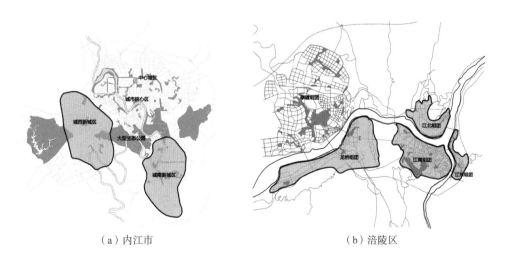

（a）内江市　　　　　　　　　　（b）涪陵区

图 5-6　公园绿地系统

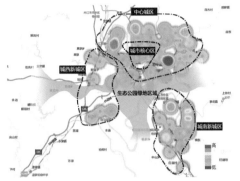

图 5-30　内江市居住人口热力图

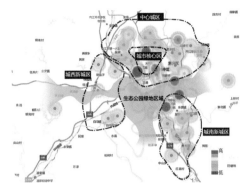

图 5-31　内江市公园绿地节点中心度热力图

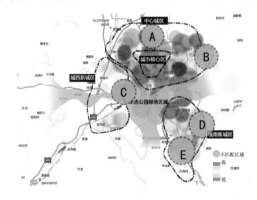

图 5-32　内江市公园绿地度值及居住人口耦合图

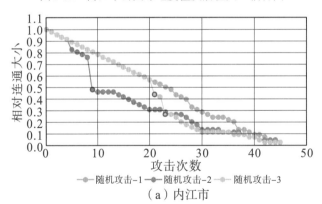

（a）内江市

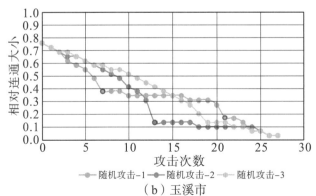

（b）玉溪市

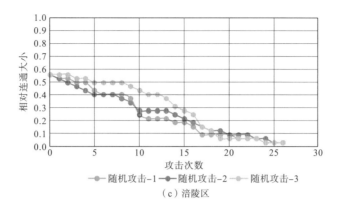

（c）涪陵区

图 5-36　随机攻击下的网络连通子图变化折线图

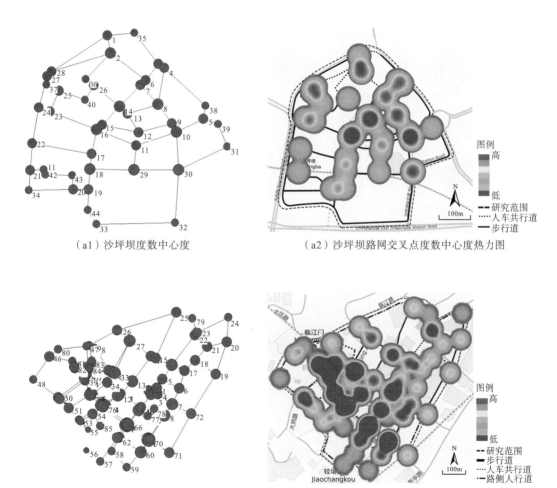

（a1）沙坪坝度数中心度

（a2）沙坪坝路网交叉点度数中心度热力图

（b1）解放碑度数中心度

（b2）解放碑路网交叉点度数中心度热力图

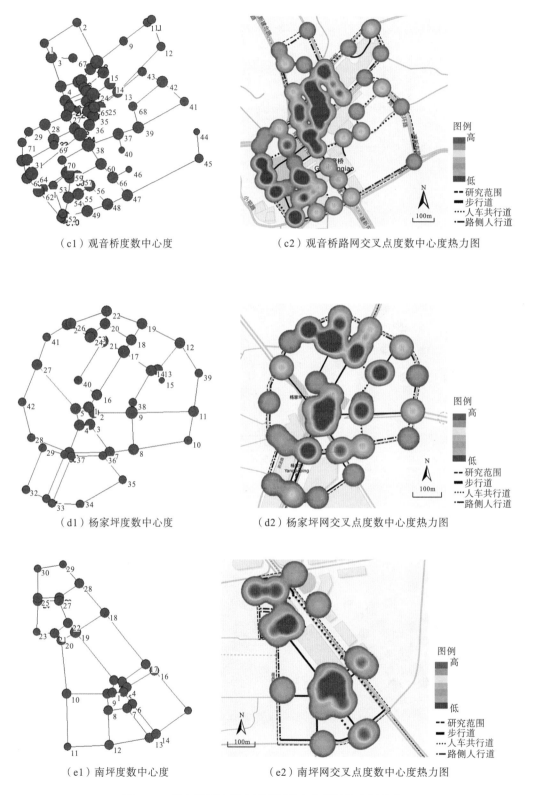

（c1）观音桥度数中心度　　　　　　　（c2）观音桥路网交叉点度数中心度热力图

（d1）杨家坪度数中心度　　　　　　　（d2）杨家坪网交叉点度数中心度热力图

（e1）南坪度数中心度　　　　　　　　（e2）南坪网交叉点度数中心度热力图

图 6-29　五大商圈地理空间网度数中心度及热力图分布

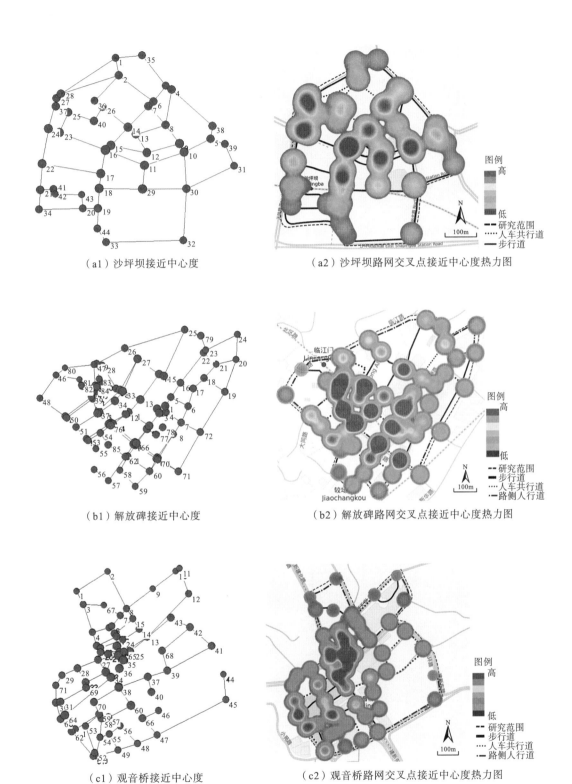

（a1）沙坪坝接近中心度

（a2）沙坪坝路网交叉点接近中心度热力图

（b1）解放碑接近中心度

（b2）解放碑路网交叉点接近中心度热力图

（c1）观音桥接近中心度

（c2）观音桥路网交叉点接近中心度热力图

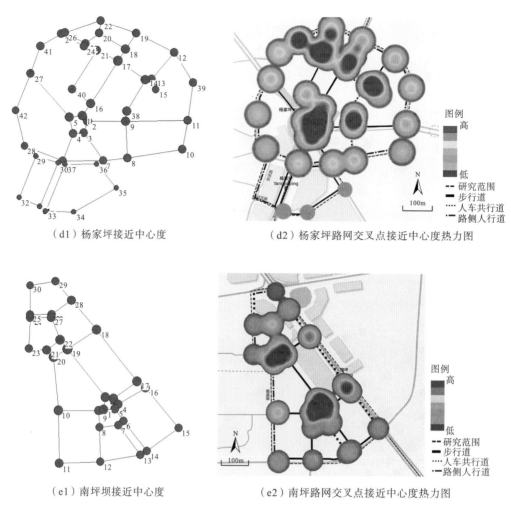

（d1）杨家坪接近中心度　　　　　　　　　（d2）杨家坪路网交叉点接近中心度热力图

（e1）南坪坝接近中心度　　　　　　　　　（e2）南坪路网交叉点接近中心度热力图

图 6-30　五大商圈地理空间网接近中心度热力图

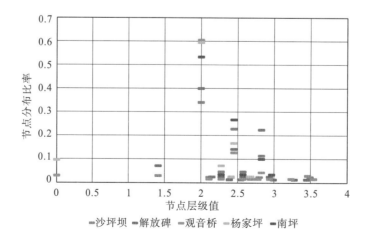

图 6-33　五大商圈地理空间网节点层级数量分布对比

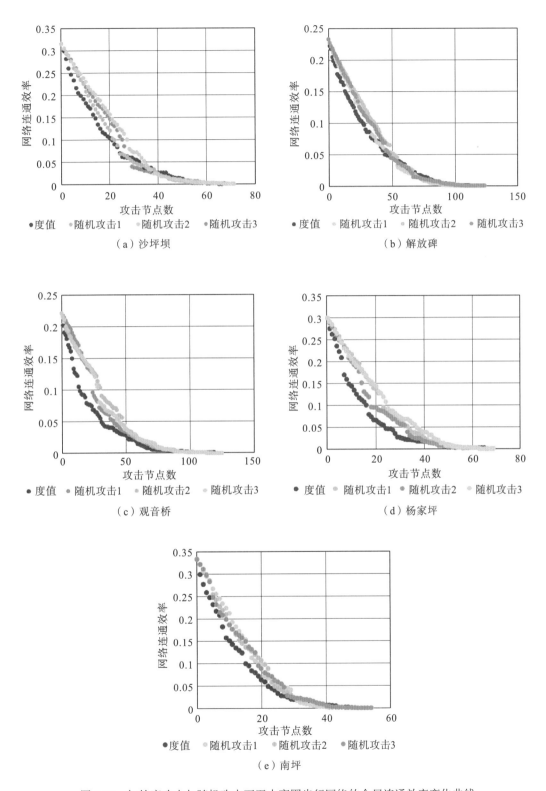

图 6-36　初始度攻击与随机攻击下五大商圈步行网络的全局连通效率变化曲线

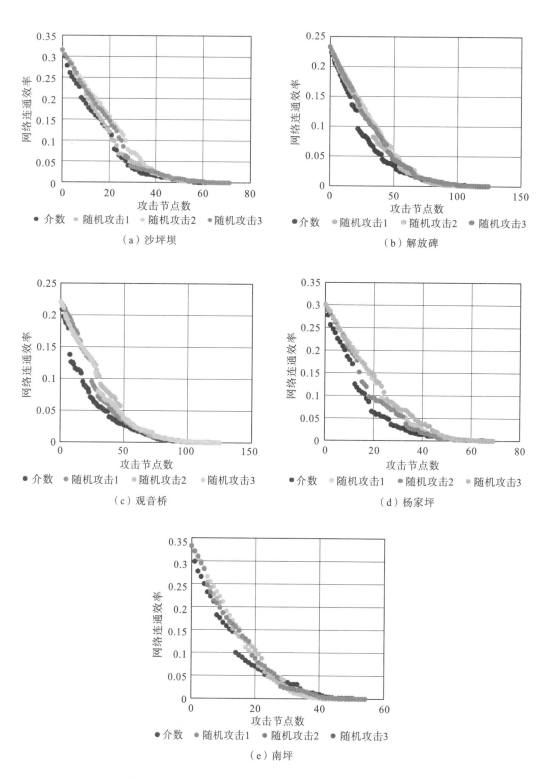

（a）沙坪坝

（b）解放碑

（c）观音桥

（d）杨家坪

（e）南坪

图 6-37　初始介数攻击与随机攻击下五大商圈步行网络的全局连通效率变化曲线

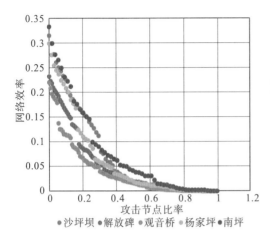

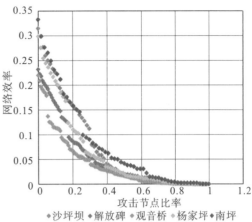

图 6-39　初始度攻击下五大商圈步行网络的
全局连通效率变化曲线对比

图 6-40　初始介数攻击下五大商圈步行网络的
网络连通效率变化曲线对比

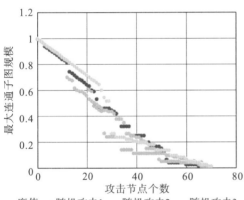

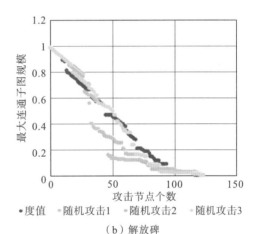

（a）沙坪坝

（b）解放碑

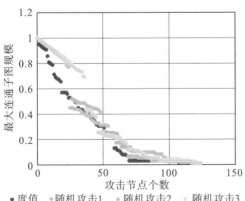

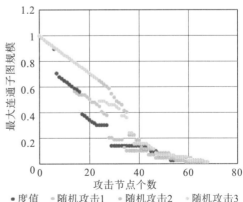

（c）观音桥

（d）杨家坪

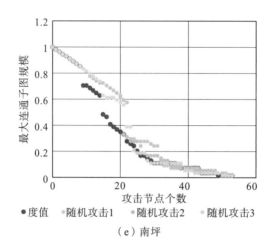

（e）南坪

图6-41 初始度攻击与随机攻击下五大商圈步行网络的最大连通子图规模变化曲线

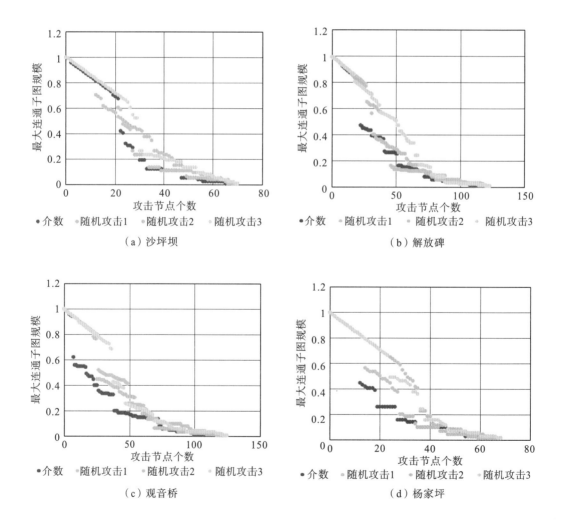

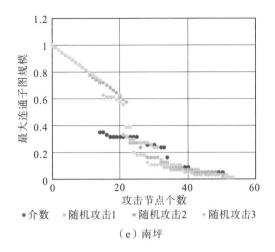

（e）南坪

图 6-42　初始介数攻击与随机攻击下五大商圈步行网络的最大连通子图规模变化曲线

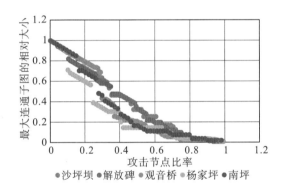

图 6-44　初始度攻击下五大商圈网络的网络
最大连通子图规模变化曲线对比

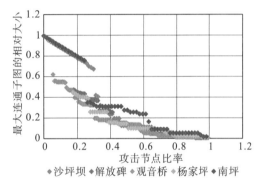

图 6-45　初始介数攻击下五大商圈网络的网络
最大连通子图规模变化曲线对比